浙江省高职院校“十四五”重点立项建设教材

高等职业教育化工技术类专业新形态教材

化工生产工艺与DCS控制

主　编　童国通　刘松晖

副主编　吴　健　周有平

参　编　丁晓民　匡新谋

北京理工大学出版社

BEIJING INSTITUTE OF TECHNOLOGY PRESS

内容提要

本书是化工相关专业的配套教材。全书以聚氯乙烯生产工艺自控系统设计为主线，主要内容包括聚氯乙烯生产工艺分析、生产过程控制系统分析、被控对象的特性与辨识、聚氯乙烯生产检测仪表选型与使用、氯乙烯聚合冷却系统执行器选型、控制器选型与参数整定、聚氯乙烯生产复杂控制系统设计与投运、氯乙烯精馏工艺 DCS 选型与监控组态 8 个项目，共 37 个任务。为适应新形态教材开发需求，全书配有微课视频 38 个、Simulink 仿真程序 5 个及若干个 gif 动画，并在相应位置提供了二维码链接，读者可以通过扫码学习，有助于翻转学习、混合学习、移动学习、碎片化学习等新型学习方式的实现。

本书可作为精细化工、应用化工等相关专业的教材，也可作为化工尤其是氯碱化工行业工程技术人员的参考用书。

图书在版编目（CIP）数据

化工生产工艺与DCS控制 / 童国通，刘松晖主编.
北京：北京理工大学出版社，2024.6（2025.1重印）.
ISBN 978-7-5763-4287-1

Ⅰ.TQ06
中国国家版本馆CIP数据核字第2024CF6247号

责任编辑：阎少华　　**文案编辑**：阎少华
责任校对：周瑞红　　**责任印制**：王美丽

出版发行 / 北京理工大学出版社有限责任公司
社　　址 / 北京市丰台区四合庄路 6 号
邮　　编 / 100070
电　　话 /（010）68914026（教材售后服务热线）
（010）63726648（课件资源服务热线）
网　　址 / http://www.bitpress.com.cn

版 印 次 / 2025 年 1 月第 1 版第 2 次印刷
印　　刷 / 河北鑫彩博图印刷有限公司
开　　本 / 787 mm×1092 mm　1/16
印　　张 / 19
字　　数 / 480 千字
定　　价 / 55.00 元

前言 PREFACE

化工生产规模日益扩大的现状，企业降本增效的客观需要，以及国家应急管理政策的强制性要求，都使集散控制系统（DCS）成为当今化工生产必不可少、基本的支撑系统。如果把生产装置比喻成骨骼和肌肉，生产物料是血液，以 DCS 为代表的过程控制系统就是中枢神经系统，一起构成了化工生产这个有机体。从某种意义上，对生产的操作实质就是对各种自控回路的操作。这种产业新形态对从业人员的自动化知识与技能要求越来越高，企业迫切需要既熟悉生产工艺又具备扎实自控素养与技能的复合型人才。

鉴于此，本书编者与杭州电化集团有限公司合作，以习近平新时代中国特色社会主义思想为指导，贯彻落实党的二十大报告提出的“推进职普融通、产教融合、科教融汇”精神，尝试将具体生产工艺与过程控制有机结合，以杭州电化集团 PVC 生产自控系统的设计与投运为主线，基于工作过程系统化原则，以项目引领、任务驱动的模式编写了本书。

本书共 8 个项目 37 个任务。项目 1 主要学习 PVC 的悬浮聚合工艺，以及生产过程中自动化技术的应用情况。项目 2 以 PVC 汽提塔液位控制为载体，学习过程控制系统的组成、原理、类型、硬件实现、品质指标和传递函数的概念。项目 3 归纳生产中常见被控对象的类型及其特性，并学习如何根据试验数据确定被控对象的类型及其传递函数，然后探究通道特性对控制质量的影响，在此基础上完成奶粉喷雾干燥系统被控变量与操纵变量的选择任务。项目 4 以 PVC 生产中氯乙烯聚合、PVC 汽提等装置的仪表选型和应用为例，学习化工生产中检测仪表的原理、选型与应用。项目 5 以氯乙烯聚合釜夹套冷却水调节阀的选型为载体，学习如何确定执行器的类型、作用方向，执行机构与控制阀类型与作用方向，控制阀的流向、流量特性与口径。项目 6 以 PVC 浆料汽提塔控制回路的控制器选型为载体，学习如何选择控制规律、确定控制器的作用方式，并以塔温控制回路为例，通过 Simulink 仿真的方式模拟其控制器参数的整定。项目 7 围绕氯乙烯的合成、聚合、精馏等工艺中的复杂控制系统设计展开，重点学习串级、分程、比值、选择、前馈等在工业上广泛应用的几种复杂控制系统的原理、应用场景、设计与投运。项目 8 的主要任务是为氯乙烯精馏工艺选择合适的 DCS 硬件，并利用组态软件实现其监控操作画面。

本书在编写过程中注重新工艺、新技术的引入。例如，项目1中氯乙烯的最新生产工艺，项目2中液位的现场总线控制系统实现，项目8中氯乙烯精馏空冷器的创新应用等内容的介绍。

为破解课程素质教育的“表面化”“硬融入”问题，本书在每个项目中都结合具体知识点有机地融入“安全环保”“家国情怀”“科技报国”“求实创新”等课程素质元素。例如，项目1中氯乙烯生产新工艺、自控系统相关安监法规的介绍；项目2中关于都江堰水量自动调节，郭雷院士对反馈机制最大能力研究的介绍；项目7中我国古代指南车的前馈补偿原理解释等。

本书适度引入传递函数等控制理论知识，并以此为基础引入Simulink仿真内容，克服以往以过程控制教材定性分析为主，缺乏定量分析内容的缺点，使书中控制器参数整定部分内容可通过Simulink仿真方式更好地掌握。

本书由杭州职业技术学院童国通、刘松晖担任主编；由杭州职业技术学院吴健、杭州电化集团有限公司信息智能中心主任周有平担任副主编，杭州职业技术学院丁晓民、宁波职业技术学院匡新谋参与本书的编写。具体编写分工为：项目1由童国通编写；项目2、项目3、项目5的任务5.3、项目6、项目7和项目8由刘松晖编写；项目4由吴健编写；项目5中的任务5.1由匡新谋编写；项目5中的任务5.2由丁晓民编写。周有平同志负责审订本书中与PVC生产工艺仪表选型、控制方案设计方面相关的内容，并提供宝贵的工程经验与素材，使本书理论和实践紧密结合，具有很强的应用性。

由于编者水平有限且时间仓促，书中难免有不妥与错误之处，恳请广大读者批评指正。

编　者

目录

CONTENTS

化工生产工艺与 DCS 控制

项目 1

聚氯乙烯生产工艺分析

项目背景

聚氯乙烯(Polyvinyl Chloride，PVC)是一种热塑性树脂，主要用于生产门窗型材、板材、UPVC 管道、容器等塑料硬制品，也用于制造人造革、薄膜、电缆护套、密封条、耐酸碱软管等塑料软制品。PVC 是世界五大通用树脂之一，产量仅次于聚乙烯(Polyethylene，PE)居于第二位，而从 2005 年起，PVC 在我国一直是产量最大的通用树脂。

PVC 是以氯乙烯(Vinyl Chloride Monomer，VCM)为原料通过悬浮聚合、乳液聚合、本体聚合等工艺聚合而成的。本项目主要学习 PVC 的悬浮聚合工艺流程、反应机理、影响因素、操作要点，以及生产过程中自动化技术的应用情况。

知识目标

1. 了解氯乙烯悬浮聚合机理、聚合的影响因素；
2. 了解氯乙烯生产新工艺及其优势；
3. 了解 PVC 生产中自动化技术的应用，建立化工生产自动化整体概念。

技能目标

1. 能绘制 PVC 的悬浮聚合生产工艺流程图，指出主要设备用途及工艺控制要点；
2. 能正确标注各设备的进出物料。

素养目标

1. 了解电石法氯乙烯生产的缺点，增强环保、绿色生产意识；
2. 了解国家安监法规对自动化技术的要求，增强安全生产意识与信心，打消从业疑虑。

任务1.1　氯乙烯悬浮聚合

任务描述

PVC是通过氯乙烯聚合、分离、干燥等工序生产出来的。氯乙烯聚合的主流工艺为悬浮聚合，由悬浮聚合生产PVC的流程如下：

$$\xrightarrow[\text{引发剂、助剂}]{\text{VCM、脱盐水}}\text{悬浮聚合}\xrightarrow{\text{蒸汽}}\text{浆料汽提}\longrightarrow\text{离心分离}\xrightarrow{\text{热空气}}\text{干燥}\longrightarrow\text{PVC}$$

其中，悬浮聚合是最重要的环节。本任务将学习氯乙烯悬浮聚合机理、影响因素、工艺流程及操作要点。

1.1.1　悬浮聚合机理与影响因素

工业上由氯乙烯单体(VCM)聚合生产聚氯乙烯的生产方法一般有本体聚合、悬浮聚合、乳液聚合、微悬浮聚合和溶液聚合五种。其中，悬浮聚合是主要的PVC生产工艺，以美国为例，使用各种聚合方法生产的树脂比例：悬浮聚合法87.8%、乳液和微悬浮聚合法6.4%、本体聚合法4.4%、溶液聚合法1.4%。在我国，90%以上的PVC是采用悬浮法制备生产的。

悬浮聚合是VCM单体以小液滴状悬浮在水中进行聚合的。单体中溶有油溶性引发剂，小液滴相当于本体聚合的一个单元。为了防止粒子相互黏结在一起，体系中加有分散剂，分散剂在粒子表面形成保护膜。因此，悬浮聚合体系一般由单体、油溶性引发剂、水、分散剂四种基本组分组成。悬浮聚合实质上是对本体聚合的改进，是一种微型化的本体聚合。这样，既保留了本体聚合的优点，又克服了本体聚合难以控制温度等不足。

1. 氯乙烯的聚合机理

氯乙烯悬浮聚合是以过氧化二碳酸二(2-乙基己基)酯(EHP)等为引发剂的自由基加聚连锁反应。该工艺以HPMC、PVA等为分散剂，去离子水为分散和导热介质，借助搅拌作用，使液体氯乙烯(氯乙烯在一定压力下为液体，常压下为气体)以微珠形状悬浮于水中。对每个微珠而言，其反应和本体聚合相似，总反应式如下：

$$n\mathrm{CH_2{=\!=}CHCl}\longrightarrow\mathrm{[\!\!-CH_2-CHCl-\!\!]_n}$$

反应的活性中心是自由基，其反应历程包括链引发、链增长、链转移和链终止等基元反应。

(1)链引发。链引发包括两个步骤：一是引发剂分解为初期自由基(简称R·)；二是初期自由基与单体生成单体自由基(或称最初活性链)。

以EHP为例，生成初期自由基的反应式如下：

$$\mathrm{CH_3-(CH_2)_3-\underset{\displaystyle C_2H_5}{\underset{|}{CH}}-CH_2-O-\overset{\displaystyle O}{\overset{\|}{C}}-O-O-\overset{\displaystyle O}{\overset{\|}{C}}-O-CH_2-\underset{\displaystyle C_2H_5}{\underset{|}{CH}}-(CH_2)_3-CH_3\longrightarrow 2CH_3-(CH_2)_3-\underset{\displaystyle C_2H_5}{\underset{|}{CH}}-CH_2-O\cdot+2CO_2\uparrow}$$

初期自由基与单体生成单体自由基：

$$\mathrm{R\cdot+CH_2=CHCl\longrightarrow R-CH_2-CHCl\cdot}-(20.9\sim33.5)\,\mathrm{kJ/mol}$$

引发剂的分解及初期自由基的形成是吸热反应，因此，在聚合反应引发阶段需要外界提供热量。

(2)链增长。具有活性的单体自由基很快与氯乙烯分子结合形成长链，这个过程称为链增长。其反应式如下：

$$R-CH_2-CHCl\cdot + CH_2=CHCl \longrightarrow R-CH_2-CHCl-CH_2-CHCl\cdot$$

$$R-CH_2-CHCl-CH_2-CHCl\cdot + CH_2=CHCl \longrightarrow R-CH_2-CHCl-CH_2-CHCl-CH_2-CHCl\cdot$$

$$\vdots$$

$$R\text{-}[CH_2-CHCl]_{n-1}CH_2-CHCl\cdot + CH_2=CHCl \longrightarrow R(CH_2-CHCl)_nCH_2CHCl\cdot$$

其总反应式如下：

$$R-CH_2-CHCl\cdot + nCH_2=CHCl \longrightarrow R(CH_2-CHCl)_nCH_2-CHCl\cdot + (62.8\sim83.7)kJ/mol$$

链增长是聚合反应的主要过程，该过程为放热反应，需要通过外界冷却将反应热移出。链增长速度极快，几秒即可达到数千甚至上万的聚合度。

(3)链终止。在反应中可能有以下四种反应：一是PVC大分子自由基与单体、引发剂或单体中的杂质等发生链转移反应；二是两个大分子自由基发生偶合反应；三是两个大分子自由基发生歧化反应；四是大分子自由基与初期自由基发生链终止反应。其中，后三种反应将使链的增长停止。

1)大分子自由基与单体之间的链转移反应式：

$$R(CH_2-CHCl)_nCH_2-CHCl\cdot + CH_2=CHCl \longrightarrow R(CH_2-CHCl)_nCH_2=CHCl + CH_3-CHCl\cdot$$

现有研究证明，当转化率在80%以下时，上述转移占主导地位，致使PVC高分子链端部存在双键。

2)两个大分子自由基发生偶合反应式：

$$R\text{-}[CH_2-CHCl]_{n-1}CH_2CHCl\cdot + R\text{-}[CH_2-CHCl]_{m-1}CH_2CHCl\cdot \longrightarrow R\text{-}[CH_2-CHCl]_n\text{-}[CH_2-CHCl]_m R$$

3)两个大分子自由基发生歧化反应式：

$$R\text{-}[CH_2-CHCl]_nCH_2CHCl\cdot + R\text{-}[CH_2-CHCl]_mCH_2-CHCl\cdot \longrightarrow$$

$$R\text{-}[CH_2-CHCl]_nCH_2CH_2Cl + R\text{-}[CH_2-CHCl]_mCH=CHCl$$

4)大分子自由基与初期自由基发生链终止反应式：

$$R\text{-}[CH_2-CHCl]_{n-1}CH_2-CHCl\cdot + R-CH_2-CHCl\cdot \longrightarrow R\text{-}[CH_2-CHCl]_nCH_2-CHCl-R$$

上述这些是关于链终止反应是复杂的反应过程。在一般聚合反应的条件下，引发剂的用量与单体量相比，浓度很低，因此，生成的大分子自由基彼此相遇形成双分子偶合、终止反应的可能性很小，而通过单体的扩散作用，大分子自由基与单体之间的链增长与链转移的可能性很大。

由于引发剂的不断分解，活性中心值随反应时间的增大而增大，产生了聚合反应的“自动加速”现象。因此，大分子自由基与单体之间，链增长与链转移存在于每个PVC大分子形成的整个过程中。

当PVC大分子自由基在链增长过程中达到一个临界值，即其链节上有超过3个氯乙烯分子时，就形成了不溶于单体，而可被单体溶胀的胶粘体从单体中沉析出来。这些沉析的孤立大分子自由基则很难偶合或歧化形成链终止，因此，大分子自由基与单体之间的链转移成为氯乙烯悬浮聚合中起主导作用的链终止过程。只有在提高引发剂的浓度及聚合反应后期单体浓度下降以后，大分子自由基发生双分子偶合链终止反应的可能性才增加。

2. 聚合反应的影响因素

(1)聚合温度对聚合的影响。随着温度的升高，VC分子运动速度加快，链引发和链增长的速度也加快，整个聚合反应速度加快。另外，聚合温度升高，活性中心增多，相互碰撞机会增多，容易造成链终断，使主链长度下降，分子量变小，聚合度下降。一般来说，当温度波动2 ℃时，平均聚合度相差366。在实际操作中，应控制温度波动在0.5 ℃以内，以保证黏数稳定，产品型号不转型。此外，反应温度还影响分散溶液的保胶能力和界面活性，从而影响产品的颗粒形态和表观密度。反应温度还会增加链的歧化倾向，这种结构对聚合物的性质有很大影响。

(2)水质对聚合反应的影响。聚合投料的水质直接影响产品树脂的质量，如硬度(表征水中金属等阳离子含量)过高，会影响产品的电绝缘性能和热稳定性；氯根(表征水中阴离子含量)过高，特别是对聚乙烯醇分散体系，容易使颗粒变粗，影响产品的颗粒形态；pH 值影响分散剂的稳定性，较低的 pH 值对明胶有明显的破坏作用，较高或较低的 pH 值都会引起聚乙烯醇的部分醇解，不仅会影响分散效果及颗粒形态，还会影响引发剂的分解速率。此外，水质还会影响粘釜及“鱼眼”的生成。

(3)乙炔对聚合反应的影响。乙炔会与引发剂游离基、单体游离基或链游离基发生链转移反应，不仅使 PVC 聚合度降低，还使聚合速率变慢。所产生的炔型游离基进行链增长反应，会使 PVC 大分子中含烯丙基氯(或乙炔基)链节，导致 PVC 产品的热稳定性变差。

(4)乙醛对聚合反应的影响。单体中的乙醛是活泼的链转移剂，能降低聚氯乙烯聚合度及反应速度。低含量的乙醛存在，可以清除 PVC 大分子端基双键，对 PVC 热稳定性有一定的好处，一般认为，乙醛等高沸物在较高含量下才显著影响聚合度及反应速率。

(5)二氯乙烷对聚合反应的影响。二氯乙烷也是活泼的链转移剂，能降低聚氯乙烯聚合度及反应速度，低含量的二氯乙烷存在，可以消除 PVC 大分子端基双键，对 PVC 热稳定性有一定好处，因此一般认为，二氯乙烷等高沸物杂质在较高的含量下才显著影响聚合度及反应速率。

(6)氧对聚合反应的影响。氧对氯乙烯聚合起阻聚作用，一般认为氯乙烯单体易吸收氧，而生成平均聚合度低于 10 的氯乙烯过氧化物，此种过氧化物存在聚氯乙烯中，将使热稳定性显著变差，产品易变色。

(7)铁对聚合反应的影响。无论水、单体、引发剂还是分散剂中的铁，都对聚合反应有不利的影响。它使聚合诱导期增长，反应速率减慢，产品的热稳定性变差，还会降低产品的介电性能。此外，铁还会影响产品的均匀度。铁质能与有机过氧化物引发剂反应，影响反应速率。

(8)分散剂用量对聚合反应的影响。分散剂用量的选择，要根据聚合釜(聚合反应釜)的形状、大小、搅拌状态、水比、产品要求而定。一般都由试验确定，用量过多，不仅不经济，还会增加体系黏度，造成悬浮液泡沫多，气相粘釜严重，浆料汽提操作困难，VCM 回收泡沫夹带增加，树脂颗粒变细，堵塞回收管路，用量少则起不到应有的稳定作用，体系稳定性差，容易产生大颗粒料，产品颗粒不规整，甚至造成聚合颗粒的黏结，酿成事故。

(9)引发剂用量对聚合反应的影响。引发剂用量是根据聚合釜设备的传热能力和实际需要确定的，用量多，则单位时间所产生的游离基相对增多，因此，反应速度快，聚合时间短，设备利用率高。但一旦反应热不能及时移出，将发生爆聚，另外，引发剂过量易使产品颗粒变粗，孔隙率降低；反之，引发剂用量太少，则反应速率慢，聚合时间长，设备利用率低。目前，引发剂用量的确定都要经过估算、试验等步骤。

(10)涂壁剂对聚合反应的影响。涂壁效果不好易造成粘釜。粘釜会导致聚合釜传热系数和生产能力降低，粘釜料若混入产品，会导致塑化加工中不塑化的“鱼眼”，影响制品外观及质量；粘釜物的清理将延长聚合釜的辅助时间及增加人工劳动强度，降低设备的利用率。此外，粘釜还影响聚合釜自动控制的实施。

(11)缓冲剂对聚合反应的影响。在聚合生产中，溶液的 pH 值对树脂颗粒的粗细有很大的影响，过高或过低，都会使颗粒变粗。在聚合系统中加入缓冲剂(pH 值调解剂)碳酸氢铵，维持釜体系的 pH 值在中性范围，确保分散剂和聚合体系的稳定性，使 PVC 树脂具有较好的粒度。

1.1.2 悬浮聚合工艺流程

氯乙烯悬浮聚合采用过氧化物或偶氮化合物作引发剂，将液态氯乙烯(VCM)单体在搅拌的作用下分散成小液滴、悬浮于水介质中进行聚合。溶于单体中的引发剂在聚合温度(45～65 ℃)

下分解成自由基，引发 VCM 聚合，而水中溶有分散剂，可防止 VCM 液滴的聚并，也可阻止达到一定转化率后 PVC—VCM 溶胀粒子的粒并，避免聚合粗料的形成。氯乙烯聚合是放热反应，放出的热量由聚合釜冷却系统中冷却水带走，放热速度与传热速度必须相等，以保证聚合温度的恒定。

聚氯乙烯生产工艺发展到现在，聚合釜冷却传统的手动开放式入料已被集散控制系统(DCS)控制的密闭式入料工艺所取代。目前，在国内使用得较多的入料方式有冷水入料工艺、等温水入料工艺(热水入料工艺)等。这里介绍主流的 70.4 m^3 聚合釜等温水入料悬浮合工艺。其聚合反应系统如图 1-1 所示，整个生产过程由 DCS 程序控制，自动化程度高。

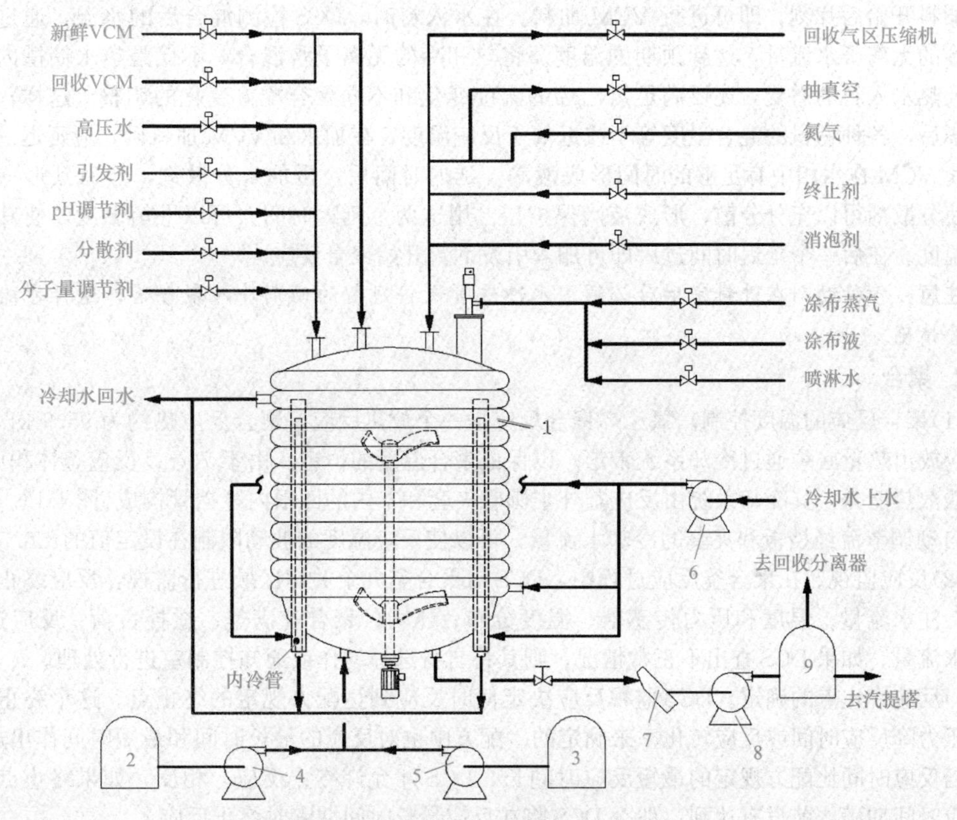

图 1-1　等温水入料悬浮聚合反应系统

1—聚合釜；2—冷脱盐水水槽；3—热脱盐水水槽；4—冷水泵；5—热水泵；6—冷却水泵；7—过滤器；8—出料泵；9—出料槽

等温水入料工艺的前提是密闭方式加料。为消除空气中的氧气对聚合反应的负面影响，第一次加料前必须对所有能接触到 VCM 气体或液体的设备和管道进行排空置换，以除去其中的氧气。同时，为防止粘釜现象，进料前必须进行聚合釜的涂壁操作。

国产 70M3 PVC 聚合釜

1. 进料

涂壁操作之后即可进行进料操作。进料顺序如下：

(1)缓冲剂加料。

(2)开始加水。

(3)开始加入回收 VCM。

(4)切换到加新鲜 VCM。

(5)停止加水和 VCM。

(6)如需要，用温度平衡方法延迟配方分散剂加入时间，以保证 VCM 在水相中形成液滴。

(7)加入分散剂。

(8)如果需要，用温度平衡方法延迟配方引发剂的加料时间，以保证分散剂充分分散，液滴保护良好。

(9)加入引发剂。上述原料和助剂是在搅拌情况下，按上述程序由 DCS 根据 PVC 树脂产品的配方顺序加入聚合釜的。首先将缓冲剂压入设在计量表和聚合釜之间的无离子水加料管道中。在水加料开始后片刻，即可进行 VCM 加料。在水入料时，DCS 检测混合后的水温，通过控制热和冷的无离子水流量，达到预期的温度。将热和冷的无离子水混合，不仅是热水储槽内控制水温及热水入料的需要，还要满足氯乙烯的温度变化和不同聚合配方变化的调整。这样，在加料完毕后，各种物料的混合温度等于或近似于反应温度，在加水和 VCM 加料后，应延迟一段时间，使 VCM 在水相中有足够的时间形成液滴。延迟时间后，再加入分散剂，然后延迟一段时间，使分散剂得以充分分散，形成液滴保护层。用这两个延迟时间，可以平衡温度，使其达到反应温度。在后一个延迟时间过后即可加入引发剂，开始聚合反应。

注意：各种助剂在进料完毕后必须用水冲洗管道将残留的助剂冲入聚合釜，这样才能确保进料量精确。

2. 聚合

(1)聚合反应的温度控制。氯乙烯聚合反应是一个放热反应，聚合反应热约为 95.9 kJ/mol，其反应放出热量必须通过冷却系统带走，以保证聚合温度的恒定。由于 70 m^3 反应釜体积庞大，为增强散热能力，其冷却系统由反应釜外半圆管夹套和釜内的四根内冷挡管构成(图 1-1)。通过 DCS 自动调节流经挡板和夹套的冷却水流量，可以使反应温度的波动限制在设定值的±0.5 ℃。

(2)反应监视。在聚合釜反应过程中，DCS 对聚合釜九个关键区域进行监视：反应终止点的确定、注水流量、温度和压力传感器、温度分布、压力、聚合釜满釜、搅拌负荷、反应速率、冷却水流量。如果 DCS 查出不正常情况，则其将自身选择动作或通知控制室进行处理。

1)反应终止点的确定。DCS 监视反应决定何时反应到达配方规定的终止点。这个终止点是基于压力降反应时间或反应转化率来确定的。配方中也对反应的最长时间和最短时间作出规定。只有当反应时间比配方规定的最短反应时间长，DCS 才允许终止反应。相反，如果终止点在最长反应时间期满之前没有达到，那么 DCS 将在反应最长时间期满时终止反应。

2)注水的控制。在聚合反应过程中，由于单体变成了聚合物，密度发生了变化，物料体积减小。在聚合初期，就需要向聚合釜注水，使物料体积恒定，以便最大限度地利用热传导面积。注入水从聚合釜顶部和搅拌器节流套筒两处进入聚合釜。流经节流套筒的水的流量是恒定的。从釜顶注入聚合釜内的水量应满足两股注入水之和等于聚合反应中任何时刻釜内物料的体积降。

在反应期间，DCS 要么根据反应转化率，要么根据一个恒定值来控制注水的加入量，注水的方法在配方中已作出规定。

3)传感器的监视。DCS 按照程序监视主温度和压力传感器。如果 DCS 检查出一个或两个仪表指示是错误的读数，它将切换到使用副温度或压力传感器并且通知操作工。

4)温度分布。DCS 通过聚合釜五个测温点与温度给定点的比较来监视聚合釜的温度分布。在这五个测温点中有一个位于汽相，因此通常它测出温度最低。其他四个测定点理论上应给出同样的读数。如果测温点之间的偏差比程序极限值大，那么 DCS 将短期增大注水量到最大值并且通知操作工。如果温度偏差仍不能回到正常值，那么由操作工负责决定是终止反应还是继续反应，并且要密切监视。

5)反应压力。若反应压力超过DCS给定的极限值，则DCS将通知操作工聚合釜内超压。

6)搅拌功率。DCS在反应期间监视实际搅拌功率，若超出规定的范围，则DCS通知操作工。操作工可以选择终止反应或对聚合反应继续进行监视。

7)紧急事故终止剂加入。为防止反应失控出现重大安全事故，每台聚合釜都备有一个终止剂贮罐和氮气钢瓶，用管道与聚合釜底部相连，连接处安装防爆膜，用人工干涉方法将终止剂注入釜内。当出现事故时，操作人员打开各手阀，氮气压力冲破防爆膜，终止剂进入聚合釜，终止聚合反应或降低聚合反应速度。通常采用α－甲基苯乙烯作为紧急事故终止剂。

(3)常规终止剂进料。当聚合反应到达预定的终点时，或当聚合釜加料由于某些加料程序不正常，需要停止加料时，则由DCS控制向聚合釜加入终止剂溶液，以终止反应。终止剂溶液是从聚合釜顶部的注水管注入聚合釜内的，因为这根管道最不容易被聚合物堵塞。

3. 出料

当反应到达终点时，即可向聚合釜内注入终止剂终止反应，开始出料。

将一釜料输送到出料槽时，在输送前，应检查出料槽的液位，判断是否可以容纳这釜料。当打开浆液出料阀和聚合釜底阀，启动出料泵后，DCS观察流量累积器，当流量累计达到一个设定值时，打开聚合釜上的电动喷淋阀，启动加压泵，然后打开电动喷淋阀冲洗水管道上的切断阀，此时观察搅拌器上和出料泵上的安培计所指示的安培数，当两个安培计上的安培数降到最低数值时，说明釜内物料已经抽空，此时可打开聚合釜冲洗水切断阀和顶部切断阀，冲洗聚合釜。

聚合出料完毕后，聚合釜底部可能会沉积少量的树脂，用上述方法冲洗30 s，可将沉积在釜底的树脂冲走。当泵上的安培计再次指示出最低安培数时，即可终止电动喷淋阀冲洗。关闭底阀，然后打开浆料管道冲洗阀，冲洗浆料管道1 min。此时，全部浆料出料操作结束，各个阀门和泵的开关恢复到原来的位置。

在聚合釜往出料槽出料的同时，浆料泵同时向汽提塔供料槽供料。在通常情况下，应在回收单体之前，将聚合釜的浆料输送到出料槽内。在这里进行部分单体回收。浆料输送完成后，即可冲洗聚合釜，为下一步的涂壁工作做好准备。

1.1.3 悬浮聚合操作要点

(1)在聚合釜入料前必须首先进行现场设定和控制室设定。现场设定包括确保与聚合釜相连的工艺总管手阀已打开、紧急事故终止剂钢瓶压力大于10 MPa，冷却水系统上水和回水总管上的手阀已打开、聚合釜人孔盖已关闭并锁紧等。

控制室设定包括确保事故表盘的开关处于DCS位置、聚合釜上所有控制阀处于计算机模式、所有控制器处于计算机模式、搅拌电动机处于计算机模式等。

(2)如果打开过聚合釜人孔，在入料前必须进行聚合釜的排空置换工作，这个程序是先将聚合釜内抽成很低的真空度，移出釜内的大部分空气，然后用VCM破坏这个真空度，使釜内压力恢复，再进一步除去釜内的残留空气。

(3)进下一釜料之前应进行聚合釜涂壁操作。聚合釜的涂壁操作过程包括涂壁前的冲洗、涂壁和涂壁后冲洗三个操作。

(4)在加入分散剂或引发剂之前，DCS检查聚合釜内温度。如果釜内温度在配方反应温度设定值的范围之内，DCS将继续入料，如果釜内温度不在反应温度要求的范围之内，则必须调整釜内温度，即所谓釜内温度调谐。其操作如下：

1)DCS对照配方检查聚合釜温度。

2)如果聚合釜温度高于极限值时，DCS按照配方规定的流量打开冷却水阀门。

3)DCS监视釜内温度，当釜内温度达到目标值时，停止冷却水。

4)如果釜温低于极限值，DCS将提示操作工是否通过蒸汽升温。如果需要，则首先手动关闭聚合釜夹套冷却水回水阀，打开聚合釜进夹套冷却水排污阀，然后将夹套冷却水进水调节阀输出调节为零。当通过蒸汽加热使釜温达到指示值时，关闭聚合釜夹套冷却水排污阀，打开聚合釜夹套冷却水回水阀。

知识拓展

氯乙烯生产新工艺

PVC的原料为氯乙烯，受我国资源禀赋限制，国内氯乙烯的生产主要采用电石法。电石法使煤炭和石灰石反应生产出电石(碳化钙)，电石与水反应生成乙炔，乙炔与HCl气体通过催化剂HgCl作用反应生成VCM单体。电石法工艺生产过程简单、设备安全投资少，且符合我国富煤贫油的资源特点。但是，该工艺大量使用氯化汞，在反应过程中存在汞流失，形成大量含汞废水，对环境污染严重。《关于汞的水俣公约》要求缔约国需要在2025年之前淘汰使用汞或汞化合物生产氯碱。此外，电石法耗能严重，吨排二氧化碳高。因此，PVC的电石法生产路线越来越举步维艰。

与我国不同，当前国际上的主流氯乙烯生产方法为乙烯法。该工艺主要包括直接氯化、氧氯化和二氯乙烷(EDC)裂解三部分。在直接氯化单元，乙烯和氯气进行反应，生产EDC；在氧氯化单元，HCl和乙烯、氧气发生反应，生产EDC和水；在EDC单元，EDC裂解生产VCM和HCl，HCl回到氧氯化单元参与反应，实现循环。

乙烯法相对于电石法工艺流程更长，但其氧氯化反应可采用纯氧，气体可循环使用，排放气体量少，裂解气可充分回收，“三废”能充分处理。此外，乙烯法生产的氯乙烯质量一般比电石法好。由于电石法在氯乙烯生产过程中使用氯化汞作为催化剂，PVC树脂中有时能检测到残留的汞，影响了乙烯法PVC在高端领域的应用。

除电石法和乙烯法外，最近一种新的氯乙烯生产工艺——乙烷氧氯化法正得到越来越多的关注。古德里奇(Goodrich)、鲁姆斯(Lummus)、欧洲乙烯公司(EVC)及我国大庆油田有限责任公司与吉林大学等都对此投入巨大精力进行研究。

该新工艺将乙烷和氯气经一步反应转化为VCM，仅使用一个反应器，不必依赖乙烯裂解装置，也不像电石乙炔法那样面临能耗高、汞污染等问题，具有原料(乙烷)资源丰富、价格低、生产成本低的优势。

目前，关于乙烷氧氯化制氯乙烯的研究可分为气相法和液相法。经扩大试验证明，液相一步氧氯化法是氯乙烯合成的各种路线中最经济的一种方法，其关键在于催化剂的开发。

吉林大学与大庆油田有限责任公司天然气利用研究合作项目是以乙烷为原料，采用氧氯化法催化合成VCM，该项目已取得重大进展。以$\gamma-Al_2O_3$为载体，采用常规浸渍法制备了负载型$CuCl_2-KCl-LaCl_3$三组分催化剂，并对乙烷氧化反应的催化性能进行研究。结果表明，该催化剂体系中乙烷的转化率较稳定，乙烷和氯乙烯初始选择性之和超过80%。但随着反应时间的延长，氯乙烯的选择性和收率明显下降。XRD、N_2吸附、TGA/DTA和XPS测试结果进一步说明，随着反应的进行，催化剂中的活性物种Cu^{2+}还原成Cu^{+}，并且积碳的产生使催化剂的比表面积和孔容积减小，活性物种Cu^{2+}的减少与比表面积的降低是使催化剂失活的主要原因。这为催化剂的改进及乙烷氧氯化制VCM的工业化提供了重要依据。

任务测评

1. 查阅资料，从成本、国情、环保等方面分析比较电石法、乙烯法两条生产路线。

2. 查阅资料，比较氯乙烯本体聚合、悬浮聚合、乳液聚合、微悬浮聚合和溶液聚合等聚合工艺的优点、缺点。

3. 说出氯乙烯悬浮聚合过程中分散剂、引发剂、缓冲剂、涂壁剂、终止剂、链转移剂等助剂的作用。

4. 查阅相关资料，说出氯乙烯聚合中的分散剂、引发剂、缓冲剂、涂壁剂、终止剂、链转移剂等都是什么物质。

5. 查阅资料，了解《关于汞的水俣公约》内容，并了解我国PVC生产中低汞、无汞催化剂的应用现状及存在的问题。

任务1.2　PVC粗成品处理

任务描述

氯乙烯聚合完成后，聚合釜内有由PVC颗粒、水、未反应完全的VCM等物质构成的浆料状混合物，需要对VCM气体进行回收，脱除PVC颗粒吸附的VCM，并将水分脱除，最终才能得到合格的PVC产品，整个过程分为出料－汽提－VCM回收－离心分离－干燥等几个步骤。

本任务将学习PVC粗成品的处理工艺，要求能够在不参考资料的情况下，绘制出汽提与VCM回收、离心分离与干燥两个工序的流程图，并指出各个设备的作用及进出物料。

1.2.1　PVC浆料汽提

1. 汽提目的及主要汽提技术

在VCM悬浮聚合过程中，为了保证树脂质量在转化率达到80%～85%时加入终止剂结束反应，此时PVC浆料中存在15%～20%(质量分数，下同)未反应的VCM。由于氯乙烯对树脂颗粒具有溶胀和吸附作用，使聚合出料时浆料中仍含有2%～3%的单体，即使按通常的自压、真空单体回收进行处理，也还残留1%～2%的单体。PVC浆料如果不经过汽提而直接进入干燥系统，不但在后续工序逸出的氯乙烯单体会严重污染环境，还使相应的制品中残留VC超标；另外，造成VC巨大的浪费，影响经济效益。目前，我国要求疏松型PVC产品中残留VC含量≤5 mg/kg，卫生级PVC中残留VC含量≤2 mg/kg。

国内常用的汽提方式有釜式汽提和塔式汽提两种。

(1)釜式汽提技术。早期的PVC浆料汽提大多采用釜式汽提槽。汽提操作时，将浆料直接打入抽成真空的槽顶，并在槽底直接通入蒸汽进行鼓泡。这种方式的主要优势在于浆料升温较快，且鼓泡有助于VCM的脱出，但由于浆料和回收气在槽内返混严重导致VCM的脱出速率偏低。釜式汽提操作过程为聚合反应结束后，自压出料至釜式汽提槽，没有反应的氯乙烯单体进行自压回收，同时槽内浆料经蒸汽升温至85 ℃，将压力回收至0.05 MPa后，进行真空抽提，维持真空度为0.046～0.058 MPa，持续45 min～1 h。真空脱吸出的残留氯乙烯单体，经真空罐、真空泵、气体冷凝器，合格的回收至气柜，不合格的放空，经汽提合格后的 PVC 浆料送行干燥。

(2)塔式汽提技术。塔式汽提是采用水蒸气与 PVC 浆料在塔板上连续逆流接触进行传质的过程，是高温下物料停留时间短的连续操作，既可大量脱除和回收 PVC 浆料中残留 VCM 单体，又较小影响产品质量，从而满足了大规模、高标准生产的要求。现有的塔式汽提技术基本为引进技术，在消化吸收引进技术后有所创新。目前我国 PVC 厂家大多已采用塔式汽提技术。

2. 汽提工艺流程

塔式汽提的典型工艺流程如图 1-2 所示。当已做好 PVC 浆料输送准备，并确信釜料的质量合格后，可将浆料输送到出料槽 4 和汽提塔进料槽 8 两个槽中。

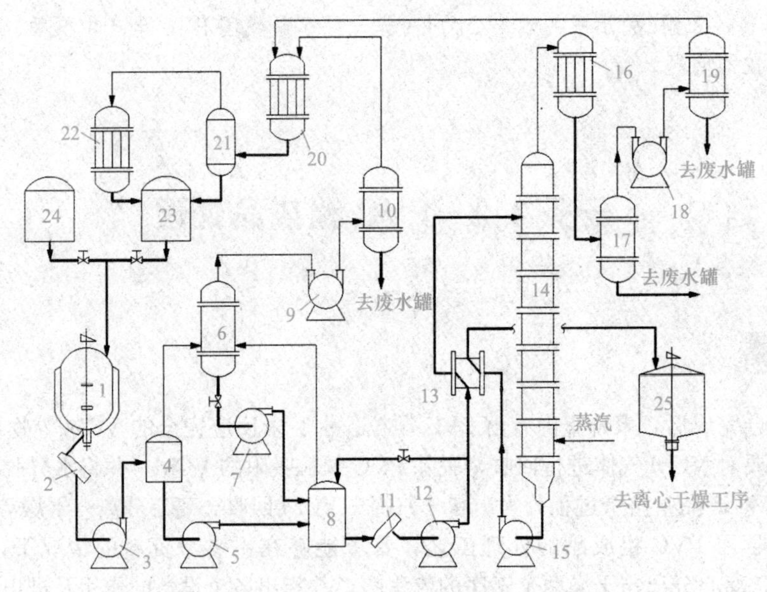

图 1-2 PVC 浆料汽提与 VCM 回收工艺流程

1—聚合釜；2、11—树脂过滤器；3—聚合釜出料泵；4—出料槽；5—浆料泵；6—回收分离器；7—分离器出料泵；8—进料槽；9—间歇回收压缩机；10—密封水分离器 1；12—汽提塔进料泵；13—螺旋板换热器；14—汽提塔；15—汽提塔出料泵；16—塔顶冷凝器；17—气液分离器；18—连续回收压缩机；19—密封水分离器 2；20—一级回收冷凝器；21—VCM 缓冲罐；22—二级回收冷凝器；23—回收 VCM 储罐；24—新鲜 VCM 储罐；25—混料槽

出料前，打开浆料出料阀和聚合釜底阀，启动相应的聚合釜出料泵 3。出料槽 4 既是浆料贮槽，又是 VCM 脱气槽。随着浆料不断地进入这个出料槽，槽内的压力会升高，安装在出料槽蒸汽回收管道上的自控截止阀会自动打开。VCM 蒸汽管道上的调节阀可以防止回收系统在高脱气速率下发生超负荷现象。

控制出料槽 4 的贮存量是达到平稳、连续操作的关键。出料槽 4 的液位应既能容纳下一釜输送来的物料和冲洗水的量，又能保证稳定不间断地向浆料汽提塔进料槽 8 供料。可以根据聚合釜 1 送料的情况和物料贮存的变化，慢慢地调整汽提塔供料的流量。

浆料在出料槽中经过部分单体回收后，经汽提塔浆料泵 5 打入汽提塔进料槽 8。再由汽提塔进料泵 12 送至汽提塔 14。用电磁流量计可以测得流向汽提塔的浆料流量。其流量可以通过安装在通向汽提塔的浆料管道上的流量调节阀进行控制。浆料供料进入一个螺旋板换热器 13，并在热交换器中被从汽提塔 14 底部传来的热浆料预热。这种浆料之间热交换的方法可以节省汽提所需的蒸汽，并能通过冷却汽提塔浆料的方法，缩短产品的受热时间。

带有饱和水蒸气的 VCM 蒸气，从汽提塔 14 的塔顶逸出，进入塔顶冷凝器 16 冷凝后进入气液分离器 17，被水饱和的 VCM 从气液分离器顶部逸出，依次进入连续回收压缩机系统、密封水分离器 10 及一、二级回收冷凝器，最后被冷凝回收储存到回收 VCM 储罐 23；冷凝液打入废水槽中，集中处理。安装在汽提塔出口管道上的压力调节器可以自动调节 VCM 气体出口的流量，来调节汽提塔的塔顶压力，以使塔内压力稳定。

经过汽提后的浆料，可从汽提塔底部打出，经过螺旋板换热器 13 换热后，打入浆料混料槽 25 中。在通向浆料混料槽的浆料管道上，装有一个液位调节阀，通过控制这个调节阀，调节浆料流量，可以使塔底浆料的液位维持在一定的高度。

3. 汽提操作要点

(1)汽提塔的浆料排放到混料槽 25 之后，要增加汽提塔的进料量。当汽提塔的操作稳定在恒定的进料量和蒸汽量时，操作处于最佳状态。因此，要根据聚合釜 1 和进料槽 8 的存料情况，平衡进料量。使聚合釜准备出料时，汽提塔进料槽 8 可以容纳下一釜物料的空间。

(2)不得使进料槽 8 内没有浆料，当进料槽 8 内浆料不多时，可降低塔的进料量和塔的加热蒸汽量。

(3)改变汽提进料量要小幅度进行，这个方法允许对塔没有主要扰动的情况进行调整，每次的变化范围为 10%～20%。

(4)在每次变化后，要让塔稳定。塔顶压力、塔顶温度、差压、冷凝水流量和塔底温度是塔的五个控制点。

1.2.2 VCM 回收

1. VCM 回收工艺流程

VCM 回收工艺流程如图 1-2 所示。在正常情况下，不是在聚合釜内进行 VCM 的回收，而是将未经回收的浆料打到出料槽 4 中，绝大部分的 VCM 在这个槽里得到回收，剩余的 VCM 将在汽提塔 14 中得到回收。

在浆料打入出料槽时，该槽上的回收阀门打开，浆料回收物料管道上的截止阀打开，夹带泡沫的 VCM 气体进入回收分离器 6，经过泡沫捕集后，通过间歇回收压缩机 9，VCM 蒸汽进入密封水分离器 10，把浆料中的残存 VCM 分离出来。

从工艺过程中回收的 VCM 气体，通过一级回收冷凝器 20 进入 VCM 缓冲罐 21。如果冷凝器的操作压力达不到足以将 VCM 的露点升高到冷凝器的冷却水温度的水平时，VCM 的一级回收冷凝器内就不能有效地冷凝。在系统中装有一个压力调节器，可以控制 VCM 缓冲罐 21 的压力。当 VCM 缓冲罐 21 压力低时，这个压力调节阀便开始关闭，限制排入二级回收冷凝器 22 的供料流量。随着这个压力调节阀的关闭，一级回收冷凝器中的压力将开始升高，使除流入二级回收冷凝器 22 外的所有蒸汽都能冷凝下来。

VCM 一级回收冷凝器 20 的单体下料量由一个液位调节阀进行控制。其液位调节器可以将附在 VCM 一级回收冷凝器上的 VCM 缓冲罐 21 的液位控制恒定。冷凝器冷凝的液相单体进入一个回收 VCM 储罐 23。

2. VCM 回收操作要点

(1)间歇和连续回收压缩机都是水环式压缩机，是利用水流压缩气体。首先要启动压缩机的密封水系统，然后才能启动压缩机。

(2)如果密封水分离器和压缩机已经打开过盖并进入空气，必须使用“抽空程序”进行空气抽空。

(3)在压缩机上具有几种情况的报警和停车。当压缩机停车时，操作工要对报警盘进行检查，查看压缩机停车的原因。压缩机停车的原因大多是分离器的液位过高或压缩机的密封水流量太低。这些通过调整分离器的液位控制器和切换密封水过滤器可以得到纠正。

1.2.3 离心分离与干燥

1. 工艺流程

经汽提后的PVC浆料含水率为70%～85%，在物料进入干燥工序前应进行脱水处理，使PVC滤饼含水率控制在25%以下。目前，国内外PVC行业均采用螺旋沉降式离心机进行脱水。

浆料经离心脱水后仍有20%～25%的水分，需要通过干燥的方法除去，才能达到含水率在0.3%以下的要求。PVC树脂通常采用气流干燥和沸腾(流化床)干燥相结合的工艺或气流－旋风干燥工艺进行干燥。

当前PVC行业典型的浆料离心与干燥工艺流程如图1-3所示。贮存于混料槽1中的浆料，经树脂过滤器2，用浆料泵3打入沉降式离心机4中进行离心脱水，PVC母液水(含有微量树脂、分散剂和其他助剂等)排入母液池回收。水洗、脱水后的湿树脂由螺旋输送机5和松料器6，输入气流干燥器7；过滤后的空气在鼓风机11的作用下，经散热片12加热，空气达160 ℃，与物料并流行进、接触，进行传热和传质。经串联的旋风分离器8和布袋除尘器17进行气固分离，湿热空气从顶部排入大气。树脂从旋风分离器底部出来，由加料器9输入内热式沸腾干燥器10进行二段干燥。空气经过滤后，由鼓风机11及散热片12加热到80 ℃送入沸腾干燥器中；80 ℃左右的热水由循环泵送入沸腾干燥器内的加热管(循环槽热水可利用散热片12的蒸汽冷凝水)中，同时对物料进行加热。干燥器最后一室内通入冷空气，U形盘管中通入冷却水，将树脂冷却到45 ℃以下。由沸腾干燥器排出的湿空气，经旋风分离器和布袋除尘器17后，由抽风机13排入大气，干燥后的树脂由溢流板流出，借滚动筛15及振动筛16过筛包装，入库待售。

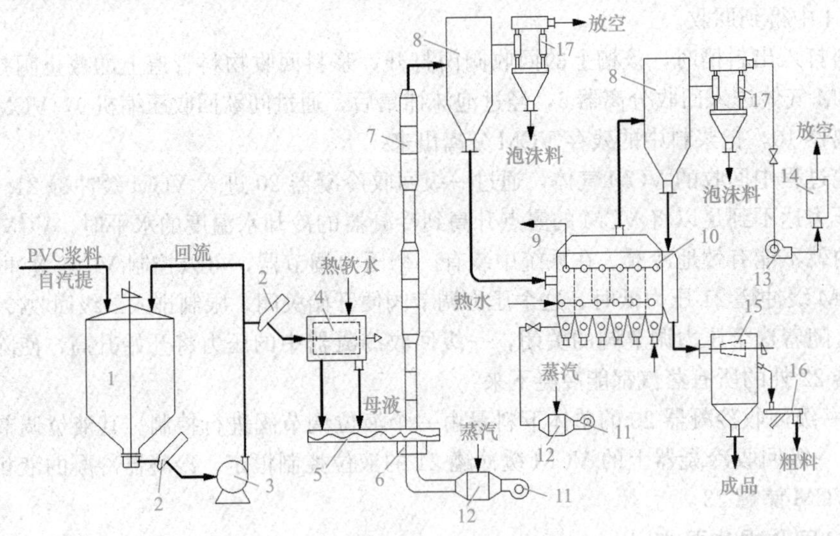

图1-3 浆料离心与干燥工艺流程

1—混料槽；2—树脂过滤器；3—浆料泵；4—沉降式离心机；5—螺旋输送机；6—松料器；7—气流干燥器；8—旋风分离器；9—加料器；10—内热式沸腾干燥器；11—鼓风机；12—散热片；13—抽风机；14—消声器；15—滚动筛；16—振动筛；17—布袋除尘器

2. 操作要点

(1)离心机油泵液位必须高于70%。

(2)油泵运转正常后，启动离心机主机(必须多次启动)，待开关跳上后即正常运转，此时空车主机电流应小于50 A。

(3)离心机按规定流量冲洗5 min以上方可进料。

(4)离心机低量运行0.5 h以上后，方可缓慢提量，在增加入料量的同时，要适当加大蒸汽量，维持干燥器出口温度稳定，以保证成品水分，在加料时，切忌过快、过猛。

(5)在调整进料量时，要同步调整蒸汽流量。

(6)停离心机油泵之前，主机必须完全停止。

(7)停风机时，要先关蝶阀，再停风机。

(8)每次离心完后，要及时用冲洗水冲洗离心机进料管，循环管道。

任务测评

1. 简述PVC粗成品的处理流程，分别采用哪些设备。画出工艺流程图。
2. 简述釜式汽提与塔式汽提的区别，当前哪种汽提工艺应用更广泛。
3. 简述图1-2所示的工艺流程，指出每台设备的作用及进出物料。
4. 简述图1-3所示的工艺流程，指出每台设备的作用及进出物料。

任务1.3 聚氯乙烯生产中自动化技术的应用

任务描述

随着生产规模的扩大、产品的高质量要求及全社会对安全生产的日益重视，当前石化、化工等行业大量采用先进的自动化技术，已普遍实现了化工生产的自动化操作与监控。

化工生产自动化系统包括自动检测系统、自动控制系统、安全仪表系统、自动操纵与开停车系统四个子系统。本学习任务将通过聚氯乙烯生产自动化技术的应用介绍，对这些系统作概略了解，建立起化工生产自动化系统的整体性认识。

1.3.1 工艺参数的自动检测系统

化工生产中的工艺参数对产品质量和安全生产起决定性作用，必须对其进行严密的监视和控制。如氯乙烯悬浮聚合工艺的反应釜温度，当温度波动2 ℃时，平均聚合度相差366，在实际操作中，应控制温度波动在设定值的±0.5 ℃以内，以保证黏数稳定、产品型号不转型。

又如，在乙炔发生环节要保证电石加料管插入液位下300 mm。如液位过高，使气相缓冲容积过少，容易使排出乙炔夹带渣浆和泡沫，同时造成上斗压力过高，以及使水向上浸入电石振荡加料器及贮斗的危险。液位过低，甚至低于电石加料管时，电石在第一挡板上反应没有水移走热量致使温度过高影响加料安全，且易使发生器气相部分的乙炔气大量逸入加料器及贮斗，影响加料的安全操作。

为显著降低单位产品的成本，当前化工生产采用大型化装置实现规模化生产已经成为趋势。

例如，国家发展改革委2007年发布的《氯碱行业准入条件》规定，新建PVC项目产能不得低于30万吨/年。当前我国PVC企业平均产能已达到32万吨/年，其中新疆中泰化学、新疆天业集团和陕西北元化工集团的产能均超过了100万吨/年。在这些大型化工生产中，类似的温度、液位，以及各种流量、压力等工艺参数数不胜数。例如，内蒙古中天合创公司的煤制烯烃项目，与生产相关的信号点数超过了18万点。

显然，面对如此巨大数量的工艺参数采用人工抄表的方式进行检测和监控是绝对不可能的。必须利用各种自动化仪表实时检测并显示生产过程中的温度、压力、流量、液位和pH值等工艺参数，这就是所谓的自动检测系统。

1.3.2 工艺参数的自动控制系统

在生产中，有些工艺参数对产品的质量或生产安全有显著影响，在它们受到干扰偏离正常数值时，需要将它们尽快调回到规定的范围内。

生产干扰通常频繁且难以预测，人工调节很难胜任大规模生产的需要，自动控制系统就可以代替人工进行工艺参数的调节。从生产安全方面考虑，利用自动控制系统代替人工进行调节也可以使操作工远离危险的现场装置，保障人身安全。

PVC生产的各个工序都有大量的自动控制系统。这里仅列举其中一部分实例。

在氯乙烯精馏过程中，全凝器的下料温度、低沸塔的塔顶和塔釜温度、尾气冷凝器压力和下料温度、低沸塔与高沸塔之间的过料槽液位等工艺参数，都需要实现自动控制，仅一个氯乙烯精馏工序就有十几个控制回路。

在氯乙烯的聚合反应中，聚合釜的温度决定了产品的质量与生产安全，必须精确控制在±0.5 ℃，同时，还要考虑能源的高效利用，以Goodrich为首的众多生产工艺综合应用串级控制、分程控制、选择控制等复杂控制方案对其进行控制，取得了良好的效果。

当前生产中各种工艺参数的自动控制基本上是通过集散控制系统(Distributed Control System，DCS)来实现的。DCS是一种强大的、可靠性极高的综合自动化系统，操作员通过它在中控室即可对生产进行监控和操作，现场只需留几位巡检人员定期进行巡检即可。

视频：DCS控制下的PVC生产

本书后续内容聚焦自动控制系统的设计及DCS系统的选型和组态。

1.3.3 安全仪表系统

化工安全仪表系统(Safety Instrumented System，SIS)是用仪表实现安全功能的系统，其包括传感器、逻辑运算器、最终执行元件及相应软件，具有安全联锁、紧急停车和有毒有害、可燃气体及火灾检测保护等功能。在化工生产中，与安全仪表系统相对的，实现工艺参数的自动检测和自动控制的系统，如前面所述的DCS，称为基本过程控制系统(Basic Process Control System，BPCS)。

SIS系统独立于BPCS，且优先级高于BPCS系统。当生产正常时处于休眠或静止状态，由BPCS系统操作、控制生产；一旦生产装置或设施出现可能导致安全事故的情况，SIS系统将取代BPCS系统接管生产的控制权，瞬间准确动作，使生产过程安全停止运行或自动导入预定的安全状态。

SIS系统的设计应符合《石油化工安全仪表系统设计规范》(GB/T 50770—2013)的规定，严格按照SIL定级报告设计，对SIL验证报告中的建议措施予以落实。

此处，安全完整性等级(Safety Integrity Level，SIL)衡量了安全仪表系统执行安全功能的可靠性，分为四级，分别为SIL1、SIL2、SIL3和SIL4。其中，SIL1可靠性最低，SIL4可靠性最高。

具体设计时应遵循以下几个原则：

(1)独立设置(含检测和执行单元)。其指的是安全仪表系统的检测、逻辑运算和执行单元原则上不应与BPCS(如DCS)共用，而应单独设置。

(2)中间环节最少。

(3)故障安全型。组成SIS的各环节自身出现故障的概率不可能为零，且供电、供气中断也可能发生。当内部或外部原因使SIS失效时，被保护的对象(装置)应按预定的顺序安全停车，自动转入安全状态(Fault to Safety)，这就是故障安全原则。

(4)采用冗余、容错结构。冗余指的是用多个相同模块或部件实现特定功能或数据处理；容错指的是当功能模块出现故障或错误时，仍具备继续执行特定功能的能力。例如，利用两个相同的气动阀门控制进入聚合釜的紧急终止剂，当发生紧急情况时，SIS的逻辑运算器发出指令打开两个气动阀门，即使其中一个气动阀门卡住不能打开，只要另外一个气动阀门能打开使终止剂进入聚合釜，也能停止聚合反应。

在设计安全仪表系统时，首先应该对需要的安全仪表功能进行等级划分，然后按照确定好的SIL等级按照设计规范采用符合要求的仪表构成安全仪表系统。

氯乙烯悬浮聚合装置容易因停水、停电、停气、操作异常等情况出现聚合釜高温、高压，一旦发生氯乙烯泄漏，会导致火灾爆炸事故。为了保证反应过程的控制安全性，某大型PVC生产企业根据相关工艺资料对聚合装置的安全仪表功能(SIF)回路开展SIL研究，确定了每个SIF回路的SIL等级，具体见表1-1。

表1-1 聚合釜SIF回路SIL定级结果

序号	SIF名称	SIF功能	SIL
1	聚合釜压力高联锁	压力高于配方值，打开事故终止剂加入阀门	2
2	聚合釜温度高联锁	温度高于(设定值+10)℃，打开事故终止剂加入阀门	2
3	聚合釜冷却水失效联锁	循环水压力低于设定值，打开事故终止剂加入阀门	2
4	聚合釜搅拌失效联锁	聚合釜发生搅拌失效，搅拌功率低于50 kW时，打开事故终止剂加入阀门	1
5	全厂失电联锁	全厂失电(10 kV失电信号)时，打开事故终止剂加入阀门	2

根据定级结果，设计了图1-4所示的氯乙烯聚合釜安全仪表系统。该SIS系统触发条件如下：聚合釜压力≥设定值；聚合釜温度≥设定值(根据树脂型号手动输入)；紧急事故盘上“紧急终止剂加入”按钮激活；聚合釜搅拌功率＜设定值且釜压≥设定值(根据树脂型号手动输入)；全厂失电信号触发；聚合釜循环冷却水总管压力≤设定值。当满足以上触发条件时，SIS系统联锁打开事故终止剂加入阀门，即可终止聚合釜反应。

1.3.4 自动操纵与开停车系统

自动操纵系统可以按照预先规定的步骤自动地对生产设备执行某种周期操作。例如，合成氨造气车间的煤气发生炉，要求按照吹风、上吹、下吹制气、吹净等步骤周期性地接通空气和水蒸气，这种场合利用自动操纵系统就可以极大地减轻操作人员重复性的体力劳动。

自动开停车系统可以按照预先规定好的步骤，将生产过程自动地投入运行或自动停车。例如，在PVC的生产过程中，当启动生产时，需要依次执行抽真空、单体置换、聚合釜涂壁、入料等操作。当前各大PVC生产厂家都已经在DCS上实现了自动开车操作，只要在操作界面上单击，即可自动运行上述步骤。

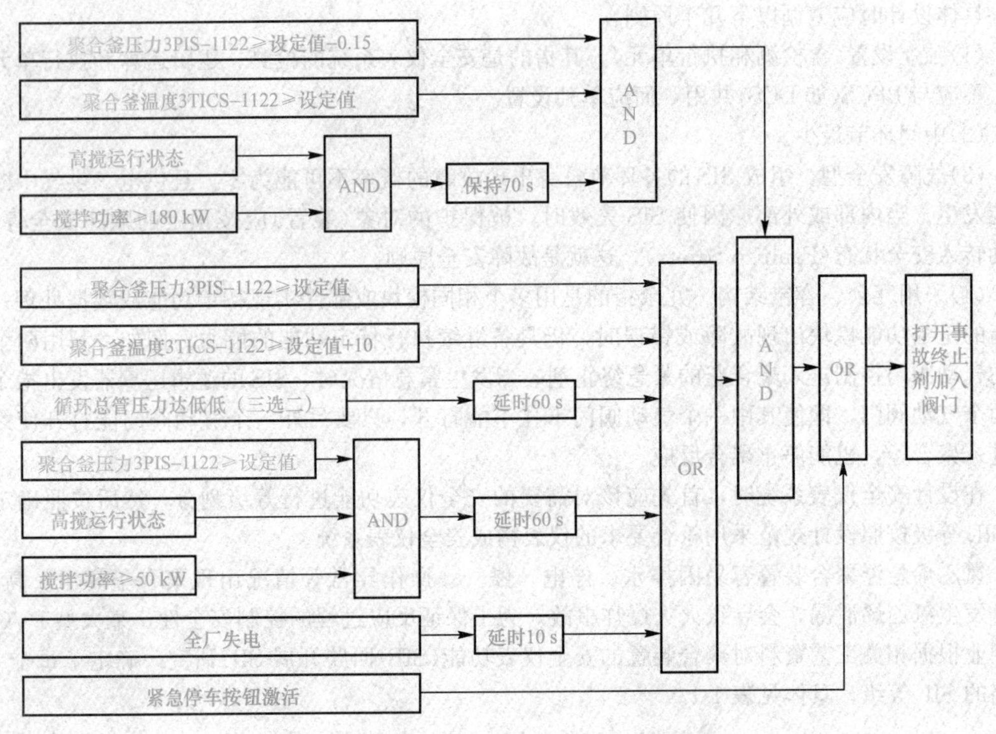

图 1-4　氯乙烯聚合釜安全仪表系统运行逻辑

知识拓展

与化工生产自动化技术有关的安全法律法规

1.《危险化学品重大危险源监督管理暂行规定》(2011—8—5，国家安全监管总局)

该规定要求：重大危险源配备温度、压力、液位、流量、组分等信息的不间断采集和监测系统及可燃气体和有毒有害气体泄漏检测报警装置，并具备信息远传、连续记录、事故预警、信息存储等功能；一级或二级重大危险源，具备紧急停车功能。记录电子数据的保存时间不少于 30 d；重大危险源的化工生产装置装备满足安全生产要求的自动化控制系统；一级或二级重大危险源，装备紧急停车系统；涉及毒性气体、液化气体、剧毒液体的一级或二级重大危险源，配备独立的安全仪表系统。

2.《危险化学品生产企业安全生产许可证实施办法》(2011—12—1，国家安全监管总局)

该办法要求涉及危险化工工艺、重点监管危险化学品的装置装设自动化控制系统；涉及危险化工工艺的大型化工装置装设紧急停车系统。

3.《国家安全监管总局关于进一步加强化学品罐区安全管理的通知》(2014—7—11)

该通知要求进一步完善化学品罐区监测监控设施。根据规范要求设置储罐高低液位报警，采用超高液位自动联锁关闭储罐进料阀门和超低液位自动联锁停止物料输送措施。确保易燃易爆、有毒有害气体泄漏报警系统完好可用。大型、液化气体及剧毒化学品等重点储罐要设置紧急切断阀。

4.《国家安全监管总局关于加强化工安全仪表系统管理的指导意见》(2014—11—13)

该意见要求加强化工安全仪表系统管理的基础工作；进一步加强安全仪表系统全生命周期的管理；高度重视其他相关仪表保护措施管理；从源头加快规范新建项目安全仪表系统管理工作；积极推进在役安全仪表系统评估工作。

5.《化工和危险化学品生产经营单位重大生产安全事故隐患判定标准(试行)》(2017—11)

该标准明确指出：涉及重点监管危险化工工艺的装置未实现自动化控制，系统未实现紧急停车功能，装备的自动化控制系统、紧急停车系统未投入使用，构成重大隐患；一级、二级重大危险源的危险化学品罐区未实现紧急切断功能；涉及毒性气体、液化气体、剧毒液体的一级、二级重大危险源的危险化学品罐区未配备独立的安全仪表系统也构成重大隐患。

6.《全国安全生产专项整治三年行动计划》(2020—4，国务院安委会)

该计划要求进一步提升危险化学品企业自动化控制水平，强制要求所有涉及"两重点一重大"的生产项目必须保证自动化控制系统的装备使用率达到100%，涉及重点监管危险化工工艺的生产装置实现全流程自动化控制，2022年年底前所有涉及硝化、氯化、氟化、重氮化、过氧化工艺装置的上下游配套装置必须实现自动化控制，最大限度地减少作业场所人数。

任务测评

1. 化工生产自动化包括哪几个子系统？

2. 国家安监政策对自动检测系统、自动控制系统、安全仪表系统分别做了哪些规定？

3. 说说对安全仪表系统的理解，其与自动控制系统的区别，以及在生产中，哪个系统的优先级更高。

4. 正常生产时，是由自动控制系统来控制生产还是由安全仪表系统来控制生产的？

5. 查阅相关资料，列举几个本书中未提及的PVC生产涉及的自动化技术。

项目2

生产过程控制系统分析

项目背景

在化工生产过程采用的各种自动化技术中，自动控制系统处于核心地位。自动控制系统也称为自动调节系统，在化工、冶金、电力、造纸等流程工业部门，又习惯称其为过程控制系统，有时也简称控制系统。它可以自动地调节工艺参数，使其符合生产要求。本项目将从以下几个方面学习自动控制系统的相关内容：

(1)自动控制系统的组成、工作原理与类型。

(2)衡量自动控制系统控制质量的指标。

(3)自动控制系统的响应。

(4)自动控制系统 Simulink 仿真模型的构建。

知识目标

1. 掌握自动控制系统的组成与工作原理，厘清被控变量、操纵变量等概念；

2. 熟悉单元组合仪表系统、分布式控制系统、现场总线控制系统的组成与特点；

3. 掌握控制系统的过渡形式及衡量过渡过程的品质指标；

4. 掌握拉普拉斯变换的性质，以及阶跃函数 1(t)、自然指数函数 e^{-at} 的拉普拉斯变换；

5. 掌握传递函数概念，熟悉闭环零极点对自动控制系统响应的影响。

技能目标

1. 能正确辨识自动控制系统组成，绘制其方框图，指出其被控变量、操纵变量、干扰等；

2. 会计算控制系统的品质指标，判别控制质量的优劣；

3. 会计算控制系统的闭环传递函数，能利用拉普拉斯变换表求系统单位阶跃响应；

4. 会计算误差传递函数，能利用拉普拉斯变换终值定理求系统稳态误差；

5. 能根据闭环零极点判断自动控制系统响应的大致形状；

6. 能快速搭建自动控制系统的 Simulink 仿真模型，并对其进行仿真分析。

素养目标

1. 了解都江堰水利工程的自动调节原理，增强民族自信心与自豪感；

2. 了解我国科学家在自动控制基础理论方面所做的贡献。

任务 2.1　汽提塔液位控制系统分析

任务描述

在 PVC 浆料汽提操作过程中，汽提塔的液位影响工艺负荷的稳定性，工艺上要求将其控制在 45%～55%。为降低人力成本，改善劳动条件，该液位的控制通常由自动控制来实现。本任务从液位控制的人工操作分析开始，学习构成自动控制系统的要素(自动控制系统的组成)、控制系统的工作原理、控制系统的方框图表示及相关术语等，要求达到以下目标：

(1)能正确辨别自动控制系统的组成，指出系统的被控变量、操纵变量、干扰等。

(2)掌握自动控制系统的结构特点，正确绘制控制系统的方框图。

2.1.1　汽提塔液位的人工操作分析

在 PVC 生产中，汽提塔用来脱除 PVC 浆料中的 VCM。生产中要求塔底液位保持在 50%左右。

此处有个重要术语：设定值也称为给定值，指的是需要控制的工艺参数的目标值，通常用字母 *SP* 或 *SV* 表示。

显然，本例中工艺参数为塔底液位，设定值 *SP*＝50%。

假设生产中进入汽提塔的 PVC 浆料受到干扰突然增加，塔底液位必然要增加。此时，怎么做才能让液位继续维持在设定值附近呢？

若采用人工控制，则可安排一名操作工守在塔底出料阀附近。当操作工通过玻璃管液位计观察到液位上升超过设定值一定程度时，其肯定会自然地将出口阀门开大一点，液位上升越多，出口阀门开得越大。相反，如果液位下降就将出口阀门关小一点，液位下降越多，阀门关得越小。

在此调节过程中，操作工首先通过眼睛观察到液位变化，然后将液位的大小转换成神经信号传递到大脑。大脑将当前液位与设定值进行比较后，按照一定的规则进行计算和决策，判定阀门应该开多少，然后通过神经信号将阀门开度的指令传递给手，手再根据指令转动阀门手柄就可以将阀门开到适当的开度，如此反复循环，直到液位等于或接近设定值为止(图 2-1)。

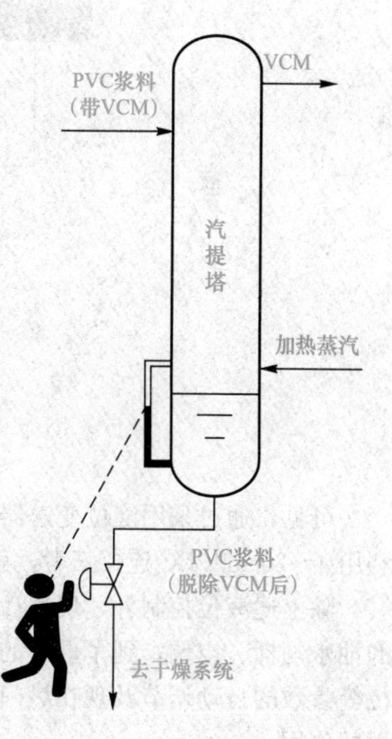

图 2-1　液位控制的人工操作

可见，操作工利用眼睛、大脑和手三个器官实现了液位的调节。其眼睛将液位信号变换为神经信号并将其传送到大脑，起到工艺参数的测量和变送作用；而大脑起到比较、计算和决策的作用；手则负责执行大脑发出的指令。

这就提示人们，只要能够找到合适的设备分别代替人的眼睛、大脑、手的相应功能，并将它们用适当的信号连接起来，就能摆脱人工操作从而实现自动控制。

2.1.2　汽提塔液位控制系统的组成

如图 2-2 所示，在实际生产中，通常采用液位变送器来代替人眼，它可以将当前液位的大小转换成 4～20 mA 的直流电流信号(简写为 4～20 mA DC)传送出去；大脑的功能可用一个具有比较和计算功能的电子设备来代替，称为液位控制器。液位控制器根据液位变送器传送过来的电流信号大小就知道当前的液位大小，并将其与设定值 *SP* 比较，计算得到阀门的开度，然后同样以 4～20 mA DC 传递出去。此外，代替人手的通常是气动调节阀，它可以将控制器发来的代表阀门开度的电流信号转换成气压信号，使阀门转动到控制器要求的开度上。

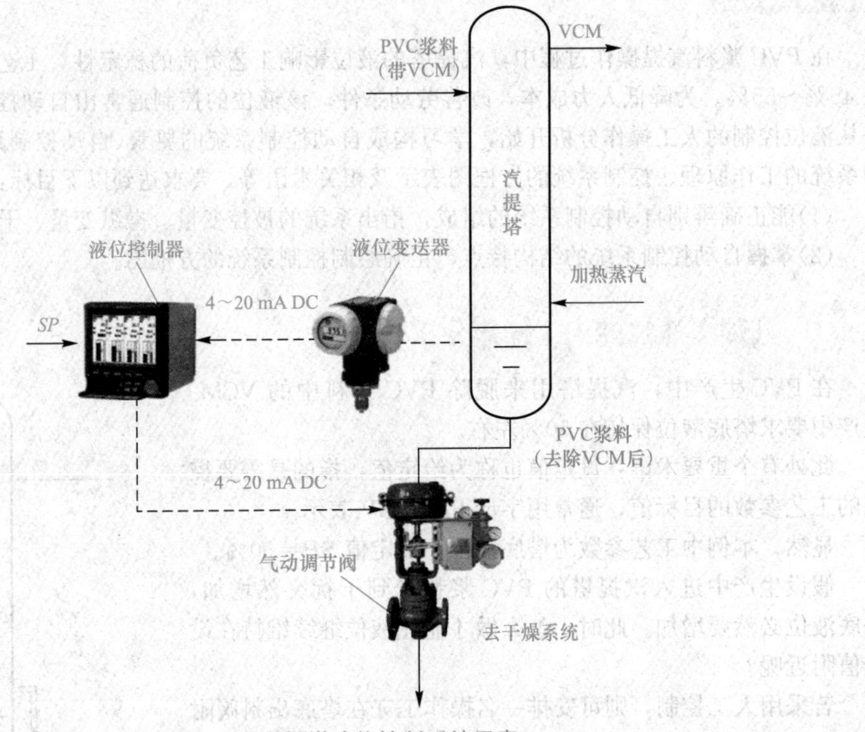

图 2-2　汽提塔液位控制系统示意

可见，通过采用液位变送器、液位控制器和气动调节阀替代人眼、大脑和人手的功能，并利用 4～20 mA DC 连接三者，就实现了液位的自动控制。

除上述液位控制外，现代社会中自动控制系统在各个方面都得到广泛应用。从日常生活中的抽水马桶、空调，到军事上的坦克火控系统、导弹制导系统，以工业生产中温度、压力、液位等参数的自动调节及现在热门的汽车自动驾驶、机器人等，自动控制系统都在其中起到决定性的作用。

无论这些自动控制系统的外在形式如何，采用何种零部件，都具有类似人眼、人脑和人手的部件。

为表述方便，人们将自动控制系统中起到测量变送功能的部件统称为测量变送器；将起到比较、计算和决策功能的部件统称为控制器；将执行控制器指令的部件统称为执行器。

另外，不要忘记被控制的设备本身，如液位控制例子中的汽提塔、坦克火控系统中的炮管、导弹制导系统中的导弹等，这些需要控制的设备统称为被控对象。

自动控制系统都是由被控对象、测量变送器、控制器、执行器四个环节组成的，缺一不可。

需要说明的是，自动控制系统必须包含上述四个环节，但环节之间的信号，并非必须都为4～20 mA DC。例如，图 2-3 所示为瓦特发明的飞球调速器，该飞球通过套筒串接在传动轴上，可沿传动轴上下移动，飞球调速系统的顶部与杠杆的左端固定在一起，传动轴通过齿轮啮合的方式感应蒸汽机的转速，蒸汽机转速越高，传动轴的转速也越高。

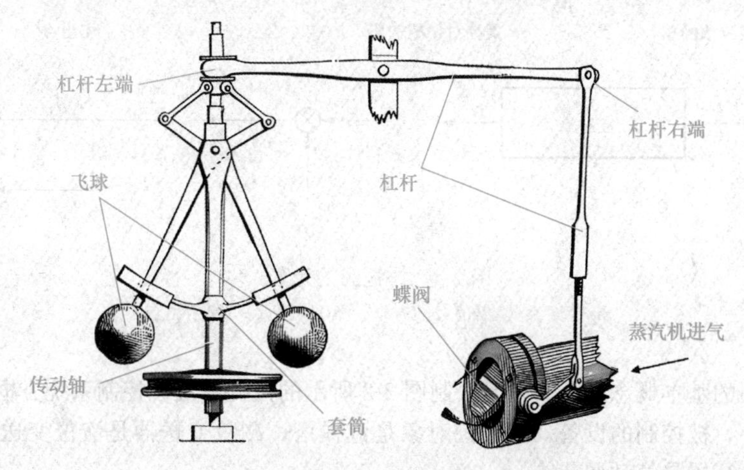

图 2-3　飞球调速器

当由于某种干扰使蒸汽机的进气量上升，导致蒸汽机转速超过设定值时，传动轴的转速也随之上升，使飞球在离心力作用下斜向上飞得更高，从而带动杠杆左端往下运动，杠杆右端往上运动，这就使进气管道中的蝶阀开度变小，蒸汽进量回落，蒸汽机转速也就随之回到设定值附近；当蒸汽进量低于设定值要求的量使蒸汽机转速低于设定值时，传动轴转速下降，飞球也随之下落，杠杆左端上升，杠杆右端下降，蝶阀开度变大，蒸汽进量回升，蒸汽机转速也随之回到设定值附近。

可见，该控制系统的被控对象是蒸汽机，测量变送器是传动轴，控制器为飞球系统，执行器则是带杠杆的蝶阀，控制系统四个环节之间是通过机械连接的方式来实现信号传递的。

瓦特发明的飞球调速器具备现代自动控制系统所有要素，它使蒸汽机转速得以稳定，从此蒸汽机才实用化，从而开启了人类历史的第一次工业革命。

2.1.3　汽提塔液位控制系统方框图表示

1. 方框图的绘制

为方便表达自动控制系统的设计和功能，需要有比较方便的图示方法。根据用途不同，自动控制系统有两种图示方法：第一种称为方框图表示法，主要用以自动控制系统的分析和设计；第二种称为管道仪表流程图，主要工艺操作人员和仪表工用来熟悉生产工艺、了解工艺控制方案。

如图 2-4 所示，方框图包括方框、信号线、比较点和引出点四种元素。

每个方框表示控制系统的一个环节，并且方框中要注明环节的名称。例如，图 2-4(a)所示的方框中标注“被控对象”则说明该方框表示被控对象。

信号线用带箭头的直线段表示，表达了环节间的相互关系和信号的流向；箭头指向环节表示环节的输入信号，反之表示环节的输出信号；可见，图 2-4(a)完整地表达出了被控对象及其输入和输出。

这里需要特别说明的是，环节的输入/输出指的是信号，而不是物料，不要混淆。

比较点用来表示两个或以上信号的加减，“+”表示相加，“−”表示相减；图 2-4(b)就表示A、B两个信号相减之后得到另一个大小为A−B的信号。

引出点表示信号在此处引出。从同一位置引出的信号在数值和性质上完全相同，如图 2-4(c)所示引出点前后的三个信号是完全相同的。

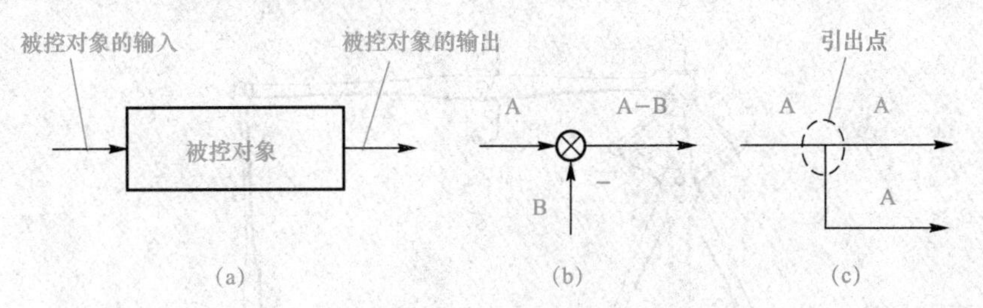

图 2-4　方框图的元素

(a)带输入/输出信号的方框；(b)比较点；(c)引出点

有了方框图的基本概念，下面开始绘制图 2-2 所示的汽提塔液位控制系统方框图。

在该系统中，被控制的设备，即被控对象是汽提塔；测量变送器是液位变送器；控制器是液位控制器；执行器是气动调节阀。

(1)绘制表示被控对象的方框，该环节的输出是塔底液位，记为 c。

(2)绘制表示液位变送器的方框，该环节的输入是被控对象的输出 c，输出为测量值 z，z 被送往控制器的比较环节和设定值 SP 进行相减比较。

控制器的比较环节习惯用一个中间打叉的圆表示，其输入有两个，分别为设定值 SP 和测量值 z；输出为偏差 e，$e=SP-z$，在这个公式中，z 是负值，因此，z 信号旁应该标注符号“−”。

(3)绘制表示控制器的方框，方框的输入为比较环节的输出 e，输出为控制信号 u。

(4)绘制表示执行器的方框，其输入为控制信号 u，输出为控制作用 q。气动调节阀接收到信号 u 之后，就转动到相应的开度，从而产生一个控制作用 q，q 对汽提塔施加影响以达到改变其液位的目的，即被控对象汽提塔的输入之一为 q。

另外，不要忘记被控对象还有一个输入，即干扰 d，习惯把它绘制在被控对象的上方。干扰是不可避免的，正是因为干扰的存在影响生产，才有必要设计自动控制系统来克服它。

因此，就得到图 2-2 所示汽提塔液位控制系统的方框图，如图 2-5 所示。

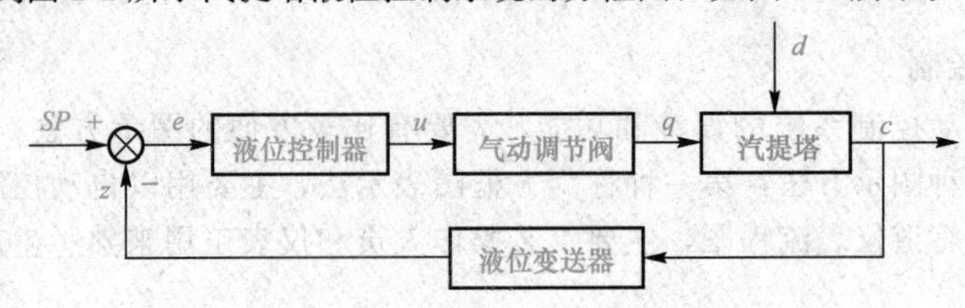

图 2-5　汽提塔液位控制系统方框图

2. 控制系统相关术语

上面绘制的是汽提塔液位自动控制系统方框图，其他类型的控制系统方框图与它很相似，只是被控对象、控制器和执行器的名称不同而已。下面结合一般控制系统的方框图(图 2-6)，解释几个常见的专业术语。

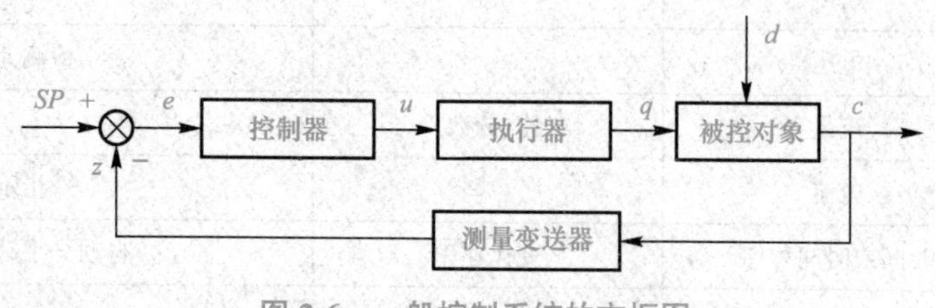

图 2-6　一般控制系统的方框图

(1)被控变量：指的是需要控制的工艺参数，即图 2-6 中被控对象的输出 c。对于汽提塔液位控制系统来说，其被控变量为液位。

注意：不要混淆被控对象和被控变量。被控对象指的是被控制的具体的物理设备，而被控变量是被控对象的工艺参数，如对于汽提塔液位控制系统来说，被控对象是汽提塔而非液位。

(2)设定值：图 2-6 中的 SP，是希望被控变量达到的目标值。在 PVC 汽提塔液位控制系统中，希望把液位控制在 50%，因此 $SP=50\%$。

在进行控制系统研究分析时，设定值通常又被称为参考输入(Reference Input)，习惯用字母 r 表示，本书在后面进行理论分析时也用字母 r 表示设定值。

(3)测量值：图 2-6 中的 z，指通过测量变送器检测到的被控变量的大小。

(4)偏差：图 2-6 中的 e，指设定值与测量值的差值，$e=SP-z$。

(5)控制信号：图 2-6 中的 u，指控制器的输出信号，它代表阀门开度的变化量。

(6)操纵变量：图 2-6 中的 q，指具体实现控制作用的工艺参数。在汽提塔液位控制系统中，是通过改变出口 PVC 的流量来控制液位的。因此，操纵变量就是 PVC 出料流量。

(7)调节介质：指的是用来调节被控变量的物料。在汽提塔液位控制系统中，是通过改变出口的 PVC 浆料流量来调节被控变量的，因此调节介质就是 PVC 浆料。

(8)干扰：图 2-6 中的 d，指生产中使被控变量偏离设定值的不利因素。

3. 仪表功能代号标志

为了在工艺流程图上表达控制方案或绘制控制系统方框图时更加方便，通常按照化工行业标准《过程测量与控制仪表的功能标志及图形符号》(HG/T 20505—2014)的规定，用表 2-1 中的字母组合表示控制系统的被控变量、控制器、执行器、测量变送器及其他检测仪表。例如，图 2-2 中汽提塔液位控制系统中液位控制器可以表示为 LC，其中第一位字母 L 表示被控制变量为液位(液位为物位的一种)，后继字母 C 表示仪表具有控制(调节)功能。以此类推，液位测量变送器应表示为 LT，此处 T 出现在第一位字母之后，表示传送，即测量变送器；气动调节阀用以调节液位，因此表示为 LV。图 2-2 和图 2-5 就可以分别简化成图 2-7 和图 2-8。

表 2-1　被测变量与仪表功能的字母代号

字母	首字母		后继字母
	被测变量	修饰词	功能
A	分析		报警
C	电导率		控制(调节)

续表

字母	首字母		后继字母
	被测变量	修饰词	功能
D	密度	差	
E	电压		检测元件
F	流量	比(分数)	
I	电流		指示
K	时间或时间程序	变化速率	自动—手动操作器
L	物位		
M	水分或湿度		
P	压力或真空		
Q	数量或件数	积分、累积	积分、累积
R	放射性		记录或打印
S	速度或频率	安全	开关、连锁
T	温度		传送
V	黏度		阀、挡板、百叶窗
W	力		套管
X	未分类	X轴	未分类
Y	供选用		继动器或计算器
Z	位置		驱动、执行或未分类的终端执行机构

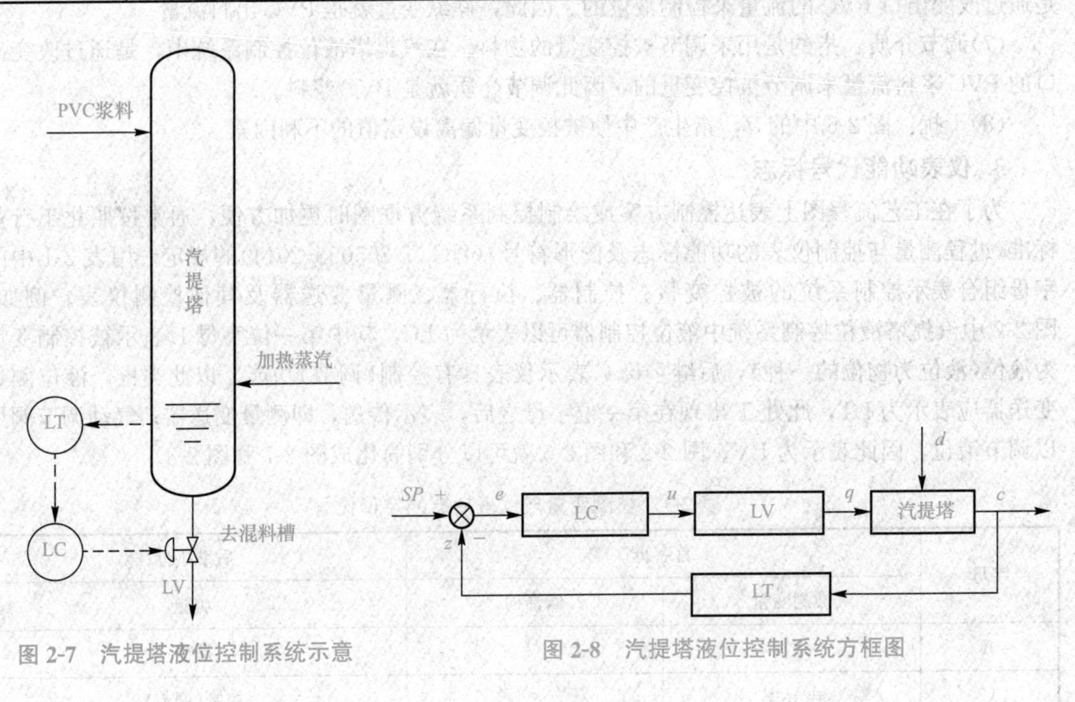

图 2-7　汽提塔液位控制系统示意

图 2-8　汽提塔液位控制系统方框图

4. 自动控制系统的结构特征

回顾之前汽提塔液位控制系统的例子，它能实现液位控制的关键在哪里呢？

控制器是根据检测到的当前液位大小来调节液位的。但是，液位调节的结果是否符合预期需要将执行结果，即新的液位 z 再次反馈给比较环节，与设定值比较：如果没有达到预定目标，在控制器的指挥下，气动调节阀继续调节液位；如果达到目标，气动调节阀就维持某个开度不变，直到下次干扰来临，使液位偏离预定目标才会再次进行调节。

从这里可以看出，液位自动控制的两个关键之处，也是它最基本的特征：

(1)整个系统是一个信号不断流动的闭合环路，简称闭环。

(2)执行结果必须反馈回控制器，控制器根据偏差 e 判定下一步应如何动作。因为 $e=SP-z$，即反馈值 z 前面有一个负号，把这种反馈称为负反馈。

图 2-6 所示的具有负反馈的闭环系统称为反馈控制系统。在实际生产中，绝大部分自动控制系统是反馈控制系统。因此，通常提到自动控制系统，除非特别说明，否则均指反馈控制系统。

2.1.4 过程控制系统的信号制式

前面提及控制系统各环节之间的信号有多种类型，但为了让不同厂家或不同系列的测量变送器、控制器和执行器能够用在同一个控制系统中，就必须统一信号的制式，即信号标准。在过程控制领域，除后面提及的现场总线控制系统采用双向数字通信外，其他控制系统各环节之间都是通过标准模拟信号进行通信的。标准模拟信号主要是电流信号，特殊场合也有采用 20～100 kPa 气压作为信号的，称为标准气动信号。这里简要介绍标准模拟电信号。

1. 标准模拟电信号

国家标准《过程控制系统用模拟信号 第 1 部分：直流电流信号》(GB/T 3369.1—2008)规定，控制系统各环节之间优先选用 4～20 mA DC，负载电阻为 0～300 Ω。标准模拟电信号采用 4～20 mA DC 的原因可以从下面两个方面说明。

(1)采用直流信号的原因。直流信号比交流信号的干扰少。如果变送器采用交流信号，容易产生交变磁场，干扰邻近的其他仪表，同样，外界交流信号也可能干扰变送器的有用交流信号，所以一般采用直流信号。

(2)限制直流信号范围在 4～20 mA 的原因。仪表的电气零点采用 4 mA，不与机械零点重合，这种活零点有助于识别仪表断电、断线等故障，且为现场变送器实现两线制提供了可能性。由于信号为零时变送器仍要处于工作状态，总要消耗一定的电流，因此零电流表示零信号是无法实现两线制的。

变送器、执行器一般工作在较恶劣的工业现场，如果输出电流太大，导致输出能量太大，有可能导致爆炸等安全生产事故，这一点在化工生产中特别忌讳，因为化工生产一般具有易燃易爆的生产特点。这就要求仪表的输出电流不能太大，因此，参照国际电工协会标准 IEC 381A，我国限制标准模拟电信号最大电流为 20 mA。

2. 控制系统仪表之间的典型连接方式

电流信号适用于远距离对单个仪表传送信息，电压传送适用于把同一信息传送至并联的多个仪表。在实际的应用中，4～20 mA DC 电流信号主要在现场仪表与控制室仪表之间相连时应用。在控制室内，各仪表的互相联络采用 1～5 V DC 电压信号。控制系统仪表之间的典型连接方式如图 2-9 所示。

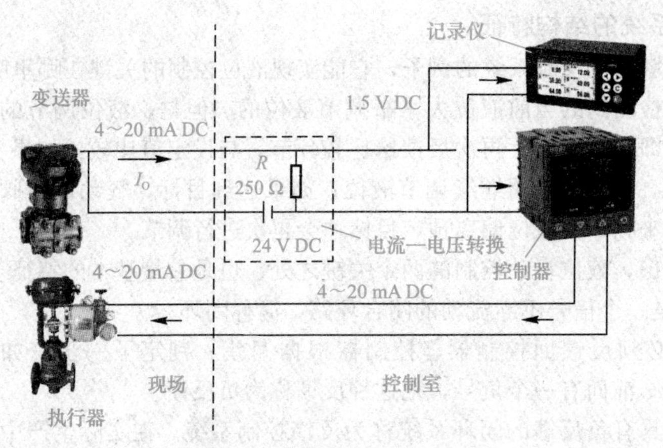

图 2-9　控制系统仪表之间的典型连接

2.1.5　过程控制系统的类型

在生产过程自动化领域，控制系统名称繁多，如定值控制系统、随动控制系统、简单控制系统、串级控制系统；集散控制系统、现场总线控制系统……其实质是人们从多个方面出发对控制系统功能、结构与特点的一种分类。下面列举几种常见的控制系统分类方法。

1. 按设定值的变化情况

如图 2-6 所示的控制系统，其核心目标是使被控变量 c 快速准确地接近设定值 SP。在生产中，通常又存在两种情况：一种是设定值在生产中需要变动。例如，生产的负荷改变了，设定值可能就要改变，此时就要让被控变量快速、准确地跟上设定值的变化，称为设定值跟踪。另一种是化工生产中更常见的情况，设定值保持不变，要求控制系统在干扰到来后，尽快地让被控变量回到设定值或设定值附近，称为抗干扰问题。

设定值跟踪和抗干扰是控制系统的基本的两个任务，不同任务中设定值的变化是不同的，因此根据设定值的变化情况，控制系统可分为下列三种。

(1)定值控制系统。定值控制系统的设定值是固定不变的，系统的主要任务是克服干扰对被控变量的影响，这也是化工生产中常见的控制系统类型。

(2)随动控制系统。随动控制系统的设定值是随机变化的，这在军事领域很常见，如导弹制导系统、坦克火控系统等。在化工生产中随动控制系统比较少见，比值控制系统是其中一个案例。如图 2-10 所示，合成 VCM 时，乙炔和氯化氢的流量比值应该为 1∶(1.05～1.1)，当氯化氢流量发生波动时，乙炔流量控制系统的设定值也随机变化。

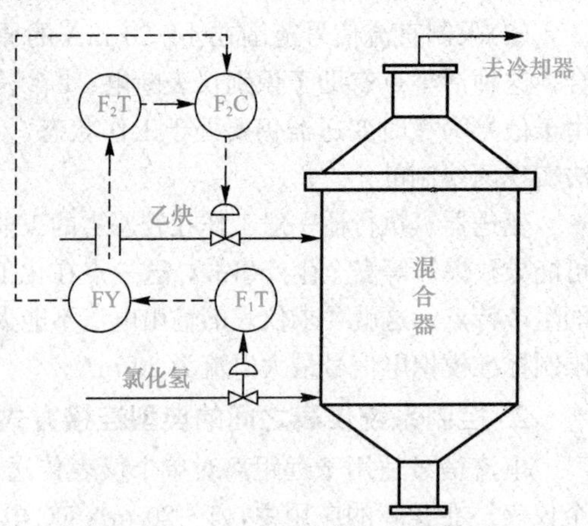

图 2-10　乙炔—氯化氢比值控制系统

(3)程序控制系统。程序控制系统的设定值也是变化的，但是它的变化是按照预先设定的步骤程序性地变化，这在化工领域的间歇性生产过程中很常见，如合成纤维锦纶生产中熟化罐的温度控制。

2. 按控制系统的结构

如果按照控制系统是否存在反馈，可以将控制系统分为反馈控制系统、前馈控制系统和前馈一反馈控制系统三种，将在后续内容中详细讨论这几种控制系统的区别。

3. 按被控变量的类型

在生产中，压力、液位、流量、温度称为四大工艺参数，用以控制这几个参数的控制系统，相应地就称为压力控制系统、液位控制系统、流量控制系统、温度控制系统。

4. 按复杂程度

在化工过程控制领域，另一个很常见的分类方法是根据系统的复杂程度或是否实现某些特殊控制目的，将控制系统划分为单回路控制系统和复杂控制系统。

单回路控制系统就是如图 2-6 所示的只有一个闭环的反馈控制系统，有时也称为简单控制系统。

其余结构比较复杂的，如串级控制、分程控制、前馈一反馈控制等，或者为了实现某些特殊控制目的，如比值控制、选择控制、多重控制等，就笼统地称为复杂控制系统。

5. 按控制器的类型

图 2-6 所示的自动系统方框图仅是一个组成结构示意，按照其中控制器的硬件类型，又可将控制系统分为模拟控制系统和计算机控制系统。

模拟控制系统的控制器由运算放大器、电容、电阻或气动元件等模拟式器件构成，典型代表是单元组合仪表控制系统。

模拟控制系统只能实现 PID 这种比较简单的控制算法。目前应用广泛的先进控制算法，如模型预测控制、动态矩阵控制等预测控制算法，必须采用计算机控制系统才能实现。

计算机控制系统采用计算机充当控制器，功能强大，可以实现复杂、先进的控制算法。在当前的实际生产中，应用较多的是 DCS 这样的计算机控制系统，模拟式控制系统已经很少见。

知识拓展

1. 都江堰——伟大的中国古代水量自动调节工程

公元前 270 年左右，李冰到蜀郡，出任太守一职。当李冰千里迢迢来到蜀地后，并未看见村落聚集、物阜民丰的兴旺景象，极目远眺，尽是岷江洪水肆虐后，留在川西大地的创伤。

为治理水患，李冰对岷江沿途数百里的地形地貌进行了详细的记录、分析，经过实地测量、研究后，决定在成都西侧的灌县(今都江堰市)，修建一座引水、防洪的水利工程。公元前 256 年，都江堰水利工程开始建设，历时 8 年最终建成。

如图 2-11 所示，都江堰的主体由鱼嘴(分水堤)、飞沙堰(溢洪道)、宝瓶口(引水口)三大主体工程构成，且都是人为建成。

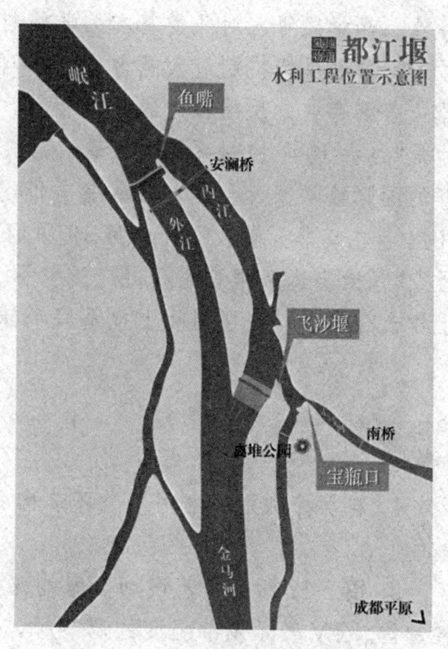

图 2-11　都江堰水利工程示意
(出自：地道风物平台)

岷江中原本没有分水堤，为了使岷江水持续而又稳定地流过成都，使航道畅通，同时又要在洪水季节控制江水不能危害平原，鱼嘴便应运而生。鱼嘴建在岷江向右急转弯处，把岷江分为内江和外江。外江是自然河道，浅而宽；内江是人工凿建的河道，深而窄，内江水从狭窄的宝瓶口进入，经大大小小的渠道，形成一个纵横交错的灌溉网，滋润着成都平原。

春夏丰水季节，岷江水流充沛湍急，外江宽，处于弯道内侧，根据水流的弯道动力学原理，六成以上的江水泄入外江；同时，内江最终进入宝瓶口，如同约束狂野江水的瓶颈，控制着多余的江水无法进入成都平原，转而从飞沙堰溢入外江，做到二次分洪。

在枯水季节，水流平缓，由于外江河床浅，而内江河床深，六成以上的江水进入内江和宝瓶口，保证成都平原不受干旱困扰。

都江堰的另一鬼斧神工之作便是其自动排沙功能，这也是至今水利界的一大难题。在鱼嘴分流的地方，内江处于凹地，外江处于凸地，根据外道的水流规律，表层水流流向凹地，底层水流流向凸地，因此，随水流而下的沙石大部分随底层水流流向外江，分沙之后仍有部分泥沙流入内江，这时河道又利用江水直冲水底崖壁而产生的旋涡冲力再度将泥沙从河道侧面的飞沙堰排走，洪水越大则排沙率越高，最高时甚至可达98%。

在都江堰建成之后，李冰又制定了每年淘沙、清理河床的制度(岁修)，在岁修时还要调整飞沙堰的高度，确保飞沙堰既能排沙又能泄洪，这便是广为后人称道的“深淘滩低作堰”。

虽已时隔2 000余年，都江堰却凭着巧夺天工的布局、原理为后人津津乐道，赞叹不已。

2. 郭雷院士与反馈机制最大能力

控制系统中最核心的概念是反馈，它是应对复杂非线性不确定性系统的必要而又有效的关键手段，在实际中普遍采用基于计算机和通信的采样反馈机制。然而，反馈机制究竟能够应对多大的非线性不确定性，它的根本局限是什么？毫无疑问，这是控制系统中最核心的科学问题之一，但包括适应控制和鲁棒控制在内的现有控制理论并不能真正解答。

鉴于此，中国科学院院士郭雷于1997年在IEEE-TAC上发表了这方面的第一篇文章，发现并证明了关于非线性不确定系统反馈机制最大能力的第一个“临界值”定理，开启了这一重要研究方向。正如法国Bercu教授在其文章(IEEE-TAC，2002)中指出的，当时“除Guo的重要贡献外，几乎没有其他理论结果”。欧洲学者甚至专门撰文将相关控制问题命名为“公开问题”(Open Problem)。郭雷院士在提出定量研究反馈机制最大能力的一般理论框架之后，先后与谢亮亮、薛峰、李婵颖等人对几类基本的非线性不确定控制系统，取得了一系列重大突破，发现并建立了若干关于反馈机制最大能力的“临界值”或“不可能性定理”等。这项研究对定量理解人类和机器中普遍存在的反馈行为的最大能力，以及智能反馈设计中的根本局限具有重要的意义，被认为是“过去10年控制系统领域最有意义和最重要的研究方向之一”。2002年在北京召开的四年一度的国际数学家大会上，郭雷院士作了题为“探索反馈机制的能力与极限”的45 min邀请报告。2014年在南非开普敦召开的第19届IFAC世界大会上，他就“反馈机制能够对付多大的不确定性”作了大会邀请报告，获得广泛赞誉。这是他时隔15年之后，第二次被邀请在IFAC世界大会上作大会报告，这在国际上也是凤毛麟角。

(《系统与控制纵横》2015年第2期)

任务测评

1. 自动控制系统由哪几个环节构成？在过程控制领域，各个环节之间通常是用什么信号联系的？

2. 图2-12所示为蒸汽加热器的温度控制原理图，其中TT表示温度变送器、TC表示温度控制器、TV表示调节温度的调节阀，即执行器。试画出该系统的方框图，并指出被控对象、被控变量、操纵变量和可能存在的干扰。

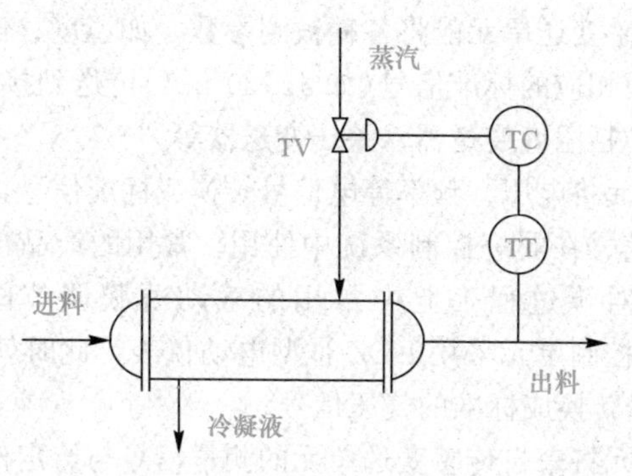

图 2-12　蒸汽加热器的温度控制原理

3. 绘制图 2-3 所示飞球调速系统的控制系统方框图，并分别指出该系统的被控对象、测量变送器、控制器、执行器、被控变量、操纵变量及可能的干扰。

任务 2.2　汽提塔液位控制系统的硬件实现

任务描述

前面提及汽提塔液位控制系统可由液位变送器、液位控制器、气动调节阀构成。液位变送器和气动调节阀的选择比较确定，然而液位控制器的实现有许多不同的方案。

另外，在实际的生产过程中，需要控制的工艺参数成百上千，加上众多虽然不需要自动控制但需要监视的工艺参数，如何利用各种硬件设备实现众多的自动控制回路及工艺参数的监控就是一个需要认真考虑的问题。

本任务学习汽提塔液位控制系统的几种硬件实现方案。通过本任务的学习，应达到下列目标：

(1)掌握单元组合仪表控制系统的体系结构，了解其优点、缺点。

(2)能绘制计算机控制系统的结构方框图。

(3)能绘制集散控制系统(DCS)和现场总线控制系统(FCS)的体系结构，描述其各自特点及两者的区别。

2.2.1　单元组合仪表控制实现

1. DDZ-Ⅲ电动单元组合仪表

单元组合仪表控制系统是一种模拟控制系统，它根据控制系统各个环节的不同功能和使用要求，将仪表设计成能实现一定功能的独立仪表(称为单元)，各个仪表之间用统一的标准信号进行联系，将各种单元进行不同的组合，可以构成各种适合不同场合的自动检测或控制系统。

根据能源形式的不同，单元组合仪表可分为气动单元组合仪表和电动单元组合仪表。目前气动单元组合仪表基本上已被淘汰。电动单元组合仪表历史上存在 DDZ-Ⅰ型、DDZ-Ⅱ型、DDZ-Ⅲ型等型号。前两者基本已被淘汰，只剩 DDZ-Ⅲ型在工业上还有应用案例。

单元组合仪表可分为传感变送单元、转换单元、控制单元、运算单元、显示单元、给定单元、执行单元和辅助单元八类。下面分别介绍其功能。

(1)传感变送单元。传感变送单元能将各种被测参数，如温度、压力、差压、流量、液位等物理量，经传感放大转换成相应的标准信号(如 4～20 mA)传送到接收仪表或装置，以供指示、记录或控制。其具体产品包括温度变送器、差压变送器等。

(2)转换单元。转换单元将电压、频率等电信号转换成标准信号，或者进行不同类型标准信号之间的转换，以使不同信号在同一控制系统中使用。常用的产品包括频率转换器、电—气转换器、气—电转换器等。对于过程工业中常用的气动薄膜调节阀，其控制信号为 0.02～0.10 MPa 的气压信号，若控制单元采用 DDZ-Ⅲ型电动仪表，此时就需要引入“电－气转换器”将标准的 4～20 mA 电信号转换成标准的气压信号。

(3)控制单元。控制单元将来自传感变送单元的测量信号与给定信号进行比较，按照偏差给出控制信号，去控制执行器的动作。常用的控制单元包括 PID(比例－积分－微分)控制器、PI 控制器、PD 控制器等。

(4)运算单元。运算单元将几个标准信号进行加、减、乘、除、开方、平方等运算，适用于多种参数综合控制、比值控制、前馈控制、流量信号的温度压力补偿计算等。常见的运算单元包括加减器、比值器、乘法器和开方器等。

(5)显示单元。显示单元对各种被测参数进行指示、记录、报警和积算，供操作人员监视控制系统和生产过程工况。其主要品种包括指示仪、指示记录仪、报警器、比例积算器、开方积算器等。

(6)给定单元。给定单元输出标准信号，作为被控变量的给定值送至控制单元，实现定值控制。常用的品种包括恒流给定器、比值给定器和时间程序给定器等。

(7)执行单元。执行单元按照控制器输出的控制信号或手动操作信号，去改变操纵变量的大小，常用的执行单元包括角行程电动执行器、直行程电动执行器、气动薄膜调节阀与变频器等。

(8)辅助单元。辅助单元是为了满足自动控制系统某些特殊要求而增设的仪表，如手操器、阻尼器、限幅器、安全栅等。手操器(或称操作器)用于手动操作，同时又起手动/自动的双向切换作用；阻尼器相当于低通滤波器，用于压力、差压或流量等信号的平滑与波；限幅器用于限制控制信号的上下限值；安全栅用于将危险场所与非危险场所强电隔离，起安全防爆的作用。

2. 汽提塔液位控制系统的 DDZ-Ⅲ实现

现在用 DDZ-Ⅲ实现汽提塔液位控制系统，要求如下：

(1)控制单元与显示单元(指示记录仪)放置在远离汽提塔的控制室内。

(2)该控制系统应是安全火花防爆系统。

根据要求，需要控制单元 PID 控制器 1 个、液位变送器 1 个、气动调节阀 1 个，这三者可与汽提塔构成基本的液位控制系统。另外，为了能够显示记录液位数据，还需要指示记录仪一台。因为 PID 控制器的输出信号为 4～20 mA DC，而气动调节阀的控制信号为 0.02～0.10 MPa 的气压信号，所以需要 1 个将电流信号转换为气压信号的电—气转换器。

为了给 PID 控制器设置设定值，必须配备 1 个恒流给定器，提供设定值对应的电流信号，PID 控制器将表示设定值的电流信号与表示液位的电流信号进行比较，根据偏差进行 PID 运算后获得表示阀门开度的 4～20 mA DC 信号。

此外，任意控制系统在实际应用中有时因特殊工况都需要进行人工手动控制，为此需要手操器 1 个。

最后，由于要构成安全火花防爆系统，上述仪表必须是本质安全仪表，同时，还必须配置两个隔离安全栅，用以将控制室与现场隔离，保证设备和控制室仪表的安全。

采用上述单元组合仪表构成的汽提塔单元组合仪表控制系统如图 2-13 所示。

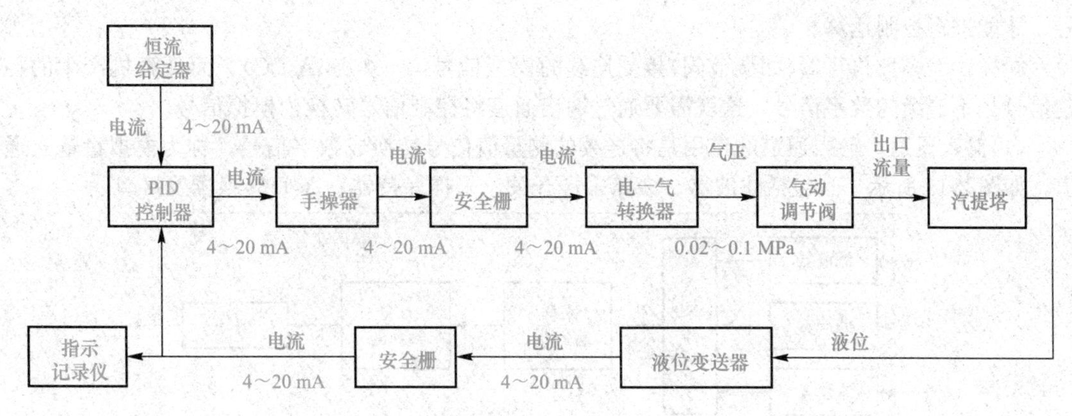

图 2-13　汽提塔液位控制系统的 DDZ-Ⅲ仪表实现

3. 电动单元组合仪表的缺点

作为模拟式控制系统的一种，单元组合仪表控制系统的控制器通常是由集成运算放大器构成的，只能处理模拟信号，因此无法实现复杂的控制算法。

另外，尽管单元组合仪表控制系统将控制单元和显示单元放置在控制室内，但由于每个输入信号都对应一台控制器或显示记录单元仪表，因而导致控制室仪表繁多，不便于监控和操作生产过程。因此，在当今规模化的现代化生产中，单元组合仪表控制系统逐渐退出了历史舞台。

2.2.2　集散控制系统实现

集散控制系统是分布式控制系统（Distributed Control System，DCS）的中文译名，是当今主流的过程控制系统，绝大部分化工生产采用 DCS 进行生产操作与监控。DCS 属于计算机控制系统，下面首先介绍计算机控制系统的结构与基本工作过程。

1. 计算机控制系统的基本结构

控制器的功能由计算机实现的自动控制系统称为计算机控制系统。其结构如图 2-14 所示。相比模拟控制系统，其反馈通道多了一个输入通道，前馈通道的计算机之后多了一个输出通道。

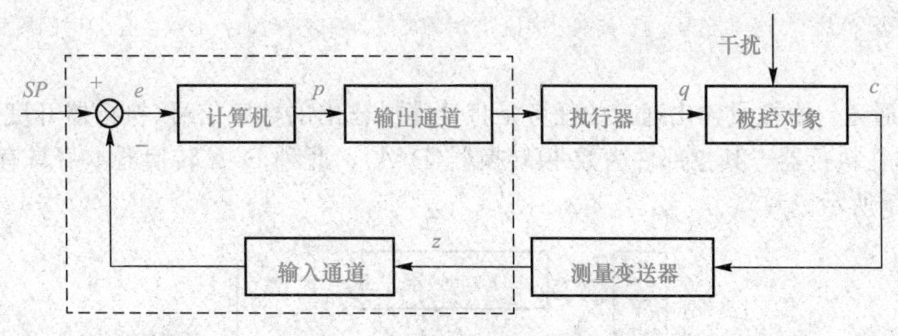

图 2-14　计算机控制系统结构

模拟式控制系统也称为连续控制系统，是连续地处理被控变量信号，连续地输出控制信号，每时每刻都在进行数据采集、控制输出。相比之下，计算机控制系统则不同，它每隔一个采样周期 T_s 采集一次测量变送器送过来的信号，同样每隔一个采样周期 T_s 发出一次控制信号给执行器，因此它是不连续地，而是周期性地工作的。

之所以需要输入通道，是因为测量变送器的输出信号通常为 4～20 mA DC 的标准模拟信号，而计算机只能处理数字信号，因此，必须通过输入通道将连续的测量值信号转换成数字信号，才能进行控制运算。

同样，大多数执行器(如调节阀)接受连续的模拟信号(4～20 mA DC)，而计算机产生的控制信号是不连续的数字信号，这就需要通过输出通道将控制信号转换为模拟信号。

(1)输入通道。输入通道的作用是将连续的测量值信号转换成数字信号，称为模拟量输入通道，如图 2-15 所示。其包括滤波器、多路采样开关、采样保持器、A/D 转换器及接口。

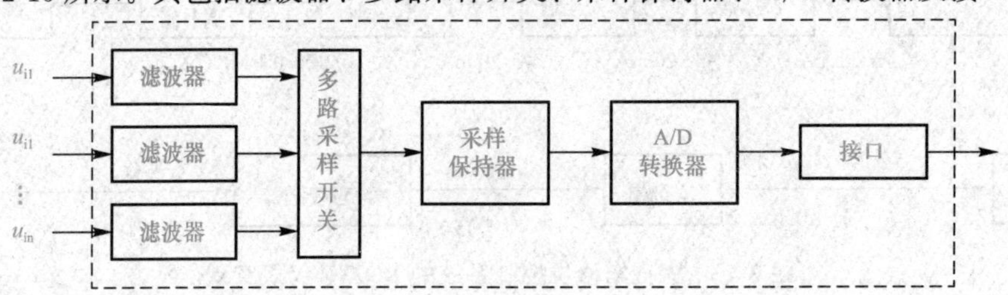

图 2-15　模拟量输入通道

当输入通道接收到变送器送来的信号时，首先利用滤波器将图 2-16(a)中原始信号的噪声滤去，得到光滑的模拟信号(b)。以 $k=3$ 采样时刻为例，在该时刻，输入通道利用多路采样开关采集到电流信号为 5 mA，然后利用保持器将该值一直保持直到下一个采样时刻 $k=4$。在 $k=3$ 和 $k=4$ 采样时刻之间，A/D 转换器将 5 mA 的电流信号量化为 32，然后编码成计算机能认识的二进制信号 100000，计算机将该信号与设定值比较就能计算出执行器开度，该开度为数字信号，送往输出通道处理。

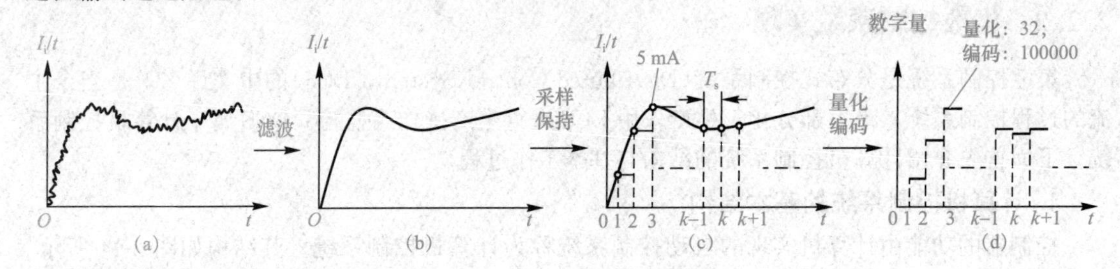

图 2-16　数据处理过程

(a)模拟信号；(b)滤波后的模拟信号；(c)离散时间信号(时间离散、幅度连续)；(d)数字信号(时间离散，幅度离散)

(2)输出通道。模拟量输出通道的任务是将计算机输出的数字信号(执行器开度)转换成 4～20 mA DC 送往执行器，其主部件为数-模转换器(D/A)，此种 D/A 转换器本身具有输出保持功能，如图 2-17 所示。

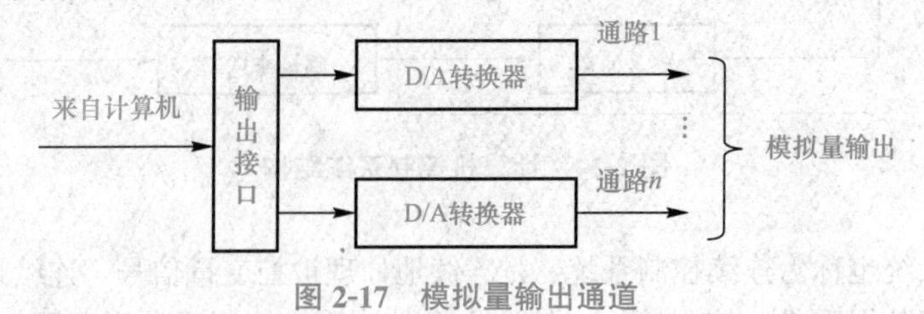

图 2-17　模拟量输出通道

2. DCS 的体系结构

DCS 是一种网络化的计算机控制系统，是当今的石化、化工、电力、造纸等流程工业中应用最广泛的生产操作、控制系统。其体系结构如图 2-18 所示。它具备以下一些特点。

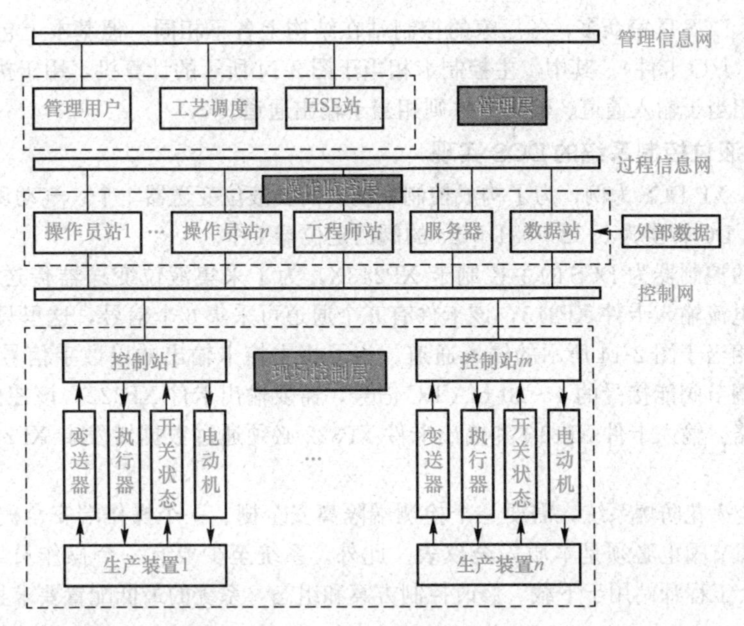

图 2-18　DCS 的体系结构

(1)层次化、网络化的结构。DCS 在结构上分为现场控制层、操作监控层和管理层，三层之间通过控制网、过程信息网和管理信息网互相连接。

DCS 的现场控制层实现了生产中各种工艺参数的自动控制，现场控制层由多个控制站构成，每个控制站又可以控制多个工艺参数。

在操作监控层，生产操作工通过操作员站的计算机可以方便地操作、监控生产，控制工程师则可以通过工程师站对控制方案、操作画面等组态进行修改。

管理层是企业管理人员实时掌握生产情况，进行工艺调度、生产计划的有力工具。

可见，DCS 已经不局限于工艺参数的自动控制，实现了企业的综合自动化。另外，在图 2-18 中，控制站、操作员站、工程师站及控制网是必须配备部分，而管理层是可选的。

(2)分散控制、集中操作。DCS 将工艺参数的自动控制分散在许多控制站中，而生产的操作监控集中在控制室的几台操作员站上，既将控制风险分散，又方便操作工操作生产。因此，虽然 DCS 的英文名称为 Distributed Control System，直译应为分布式控制系统，但国内习惯称其为集散控制系统，该名称很好地体现了 DCS 的优点。

(3)高度的可靠性、灵活性与可扩展性。DCS 的部件均可冗余配置，可在系统运行期间进行配件的插拔(热插拔)，可以自动检测故障，故障出现时自动切换至备份器件。

硬件采用积木式结构，控制站及其 I/O 模板或模块可以按需配置，操作员站、工程师站也可以按需配置，用户可以灵活配置成小、中、大各类系统。另外，还可根据企业的财力或生产要求，逐步扩展系统。

(4)数字与模拟混杂的系统。DCS 是一种数字器件与模拟器件混杂的控制系统。DCS 的控制站采用的是以微处理为核心的数字器件，变送器、执行器依然是模拟式的。

在通信方面，现场与控制站一般为 4～20 mA DC 模拟式通信，控制站内部、控制站之间则采用数字式通信。

3. DCS 控制站的结构

工艺参数的采集、数据转换、控制运算都由 DCS 的控制站完成，控制站相当于图 2-14 中的虚线框内部分。DCS厂家众多，各厂家的控制站在结构上各不相同，但基本上包含主控制卡和输入/输出卡件(I/O卡件)。其中，主控制卡相当于图2-14所示的计算机，用于执行PID控制算法，输入卡件相当于输入通道、输出卡件则相当于输出通道。

4. 汽提塔液位控制系统的DCS实现

以JX－300 XP DCS为例，为了构成控制系统，需要液位变送器1个、气动调节阀1个，以及将4～20 mA DC转换为0.02～0.1 MPa的阀门定位器1个。

控制系统的控制器为DCS的主控制卡XP243X，为了采集液位变送器传送过来的液位信号，需要标准电流输入卡件XP313，该卡件有6个通道可采集6个信号，这里只需要一个通道即可，此卡件相当于图2-14所示的输入通道。为了将主控卡输出的以数字信号表示的阀门开度转换成气动调节阀能接受的4～20 mA DC信号，需要输出卡件XP322，该控件有4个通道，这里只用到1路。输入卡件XP313和输出卡件XP322必须通过数据转发卡XP233才能与主控卡通信。

为构成安全火花防爆系统，需要一个检测端隔离安全栅、一个操作端安全栅，同时现场的变送器、气动调节阀也必须是本质安全仪表。此外，系统至少要有一个操作员站，用于监控、操作生产，一个工程师站用于下载、修改控制方案和组态，系统的最低配置要求见表2-2。

表2-2　汽提塔液位控制系统DCS配置表

序号	设备名称	型号	数量	备注
1	主控卡	XP243X	2	冗余配置
2	数据转发卡	XP233	2	
3	输入卡件	XP313	2	
4	输出卡件	XP322	2	
5	液位变送器	—	1	
6	气动调节阀	—	1	
7	阀门定位器	—	1	
8	检测安全栅	—	1	
9	操作安全栅	—	1	
10	操作员站	—	1	
11	工程师站	—	1	

利用表2-2的硬件即可实现汽提塔液位控制系统，如图2-19所示。其工作过程如下所述：首先，液位变送器将检测到的液位以4～20 mA DC的标准电流传送至检测安全栅，安全栅的作用是防止特殊场合下，现场的危险能量进入控制室损坏控制系统。检测安全栅将液位信号处理之后同样以4～20 mA DC的标准电流信号送至电流信号输入卡件XP313，该卡件为冗余配置。XP313对电流信号进行量化和编码，变换成主控卡可以处理的数字信号，并通过数据转发卡XP233送至主控卡XP243X。主控卡根据液位信号与设定值的要求，进行控制运算，并将计算结果(阀门开度，以数字信号表示)送至输出卡件XP322，XP322将其转换成4～20 mA DC的标准电流信号送至操作安全栅，此处安全栅的作用是防止控制室故障情况下危险能量进入现场(汽提塔)导致爆炸事故。安全栅对信号进行处理后同样以4～20 mA DC的标准电流信号送至气动调节阀的阀门定位器，阀门定位器将电流信号转换成0.02～0.1 MPa的气压信号，推动气动调节阀，改变汽提塔出口流量，从而改变液位的高低。整个控制系统每隔一个采样周期T_s进行一次液位采集、控制运算、阀门调节的过程，最终实现液位的自动控制。

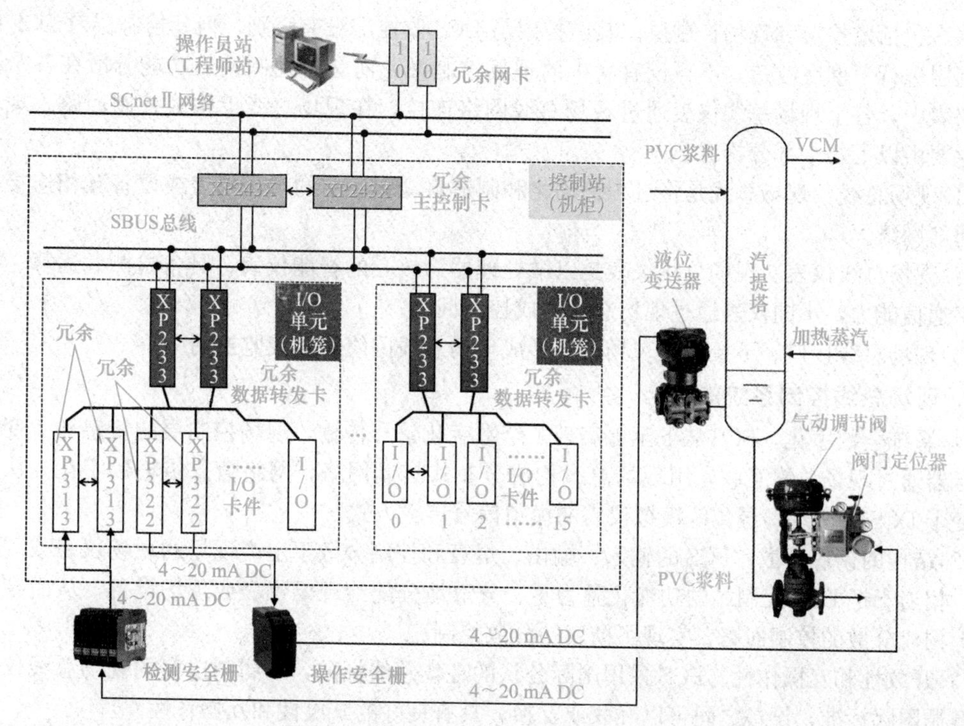

图 2-19　汽提塔液位控制系统 DCS 实现

2.2.3　现场总线控制系统实现

1. 现场总线控制系统的体系结构

现场总线控制系统(Fieldbus Control System，FCS)是一种以现场总线网络连接众多现场总线仪表构成的全数字式、结构上完全分散的网络化、数字式控制系统。其体系结构如图 2-20 所示。

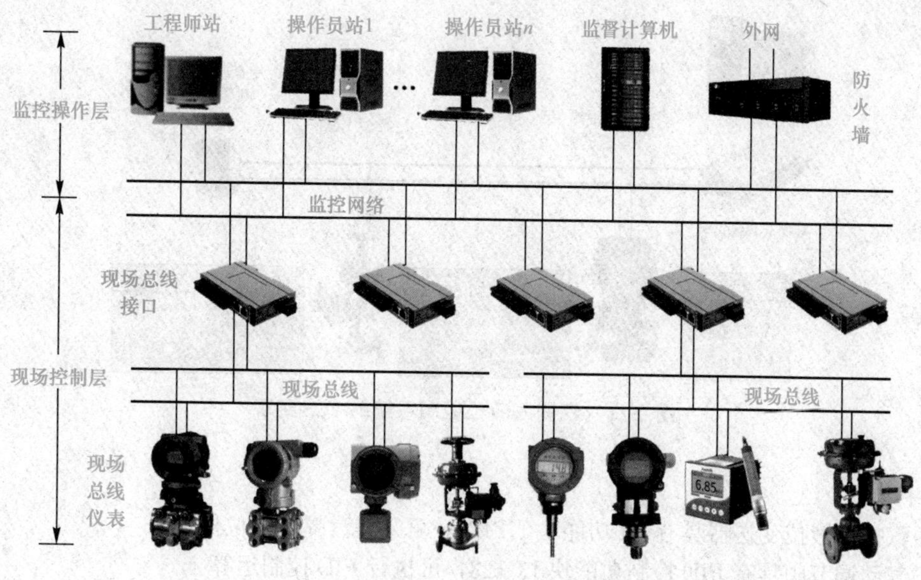

图 2-20　FCS 的体系结构

FCS包括监控层和现场控制层。其监控层与DCS监控层没有区别，但其控制层对DCS的现场控制层进行了彻底改造，不再设有集中的现场控制站，而是将控制站的功能分散在各个现场总线仪表中，各个现场总线仪表通过现场总线网络连接，在现场总线上构成控制回路。现场控制层主要由以下几个部分构成。

(1)现场总线。现场总线是将过程自动化和制造自动化底层的现场仪表或设备互相连接在一起的通信网络。

(2)现场总线仪表。现场总线仪表是以微处理器为核心的智能仪表，具备检测、运算、控制与数字通信能力，不同仪表通过现场总线构成控制回路。

(3)现场总线接口。下接多条现场总线形成现场总线网络，上接监控网络。

2. 现场总线控制系统的优势

(1)系统全数字化。FCS从下至上实现了全数字化信号传输，现场控制层的传感器、变送器和执行器通过现场总线互联，用现场总线构成分布式控制网络，网络信息传输数字化，从而彻底改变了DCS生产现场层传统模拟仪表的模拟信号传输方式。

(2)结构的彻底分散。FCS的输入、输出、运算和控制分散于生产现场的现场仪表或现场设备中，相当于把DCS控制站的功能化整为零、分散地分配给现场仪表或现场设备，从而在现场总线上构成分散的控制回路，实现了彻底的分散控制。

(3)开放性和互操作性。FCS采用国际公认的现场总线标准，不同制造商的现场总线仪表或设备遵循国际标准，设备之间可以互联或互换，具有良好的开放性和互操作性。

(4)经济性和维护性。FCS的现场仪表或设备接线简单，每条总线上可以接多台设备，用接线器或集线器更为方便。既减少了接线工作量，又节省电缆、端子、线盒和桥架等。现场总线仪表或设备具有自校验、自诊断和远程维护功能，维护简单方便。

3. 汽提塔液位控制系统的FCS实现

FCS中仪表的输入/输出、控制和运算功能抽象成功能块。功能块分布在各台现场总线仪表内，通过FCS组态软件连接各功能块，即可构成控制回路。在本例中，汽提塔液位变送器、气动调节阀均为现场总线仪表。其连接如图2-21所示。

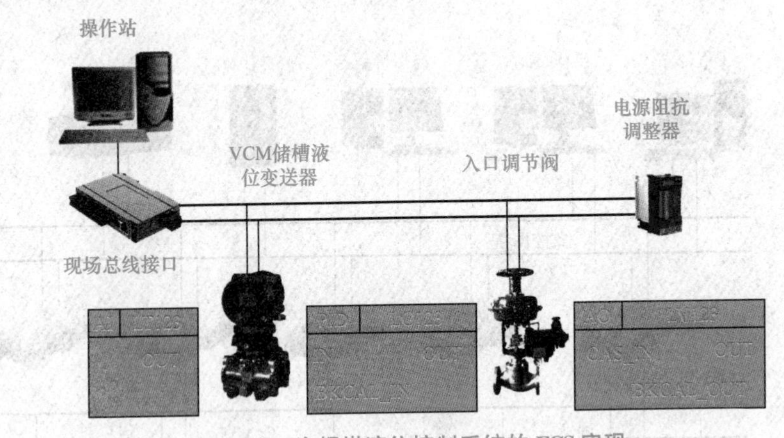

图2-21　汽提塔液位控制系统的FCS实现

其中：

(1)汽提塔液位变送器具有AI功能块LT123，可采集汽提塔液位信号。

(2)气动调节阀具有PID控制功能块LC123，可执行PID控制运算。

(3)气动调节阀同时具备AO功能块LV123，可将PID控制信号输出至调节阀。

在FCS的组态软件中，如图2-22所示连接的各功能块，即可实现控制回路。该回路工作时，位于液位变送器中的功能块LT123采集到液位信号，以数字信号的形式通过现场总线网络传送至功能块LC123，该功能块位于气动调节阀中，LC123根据液位信号计算出阀门开度，将其传送至同在气动调节阀中的功能块LV123，LV123将阀门开度信号转换成气动调节阀的气压信号推动阀门，实现液位自动控制。

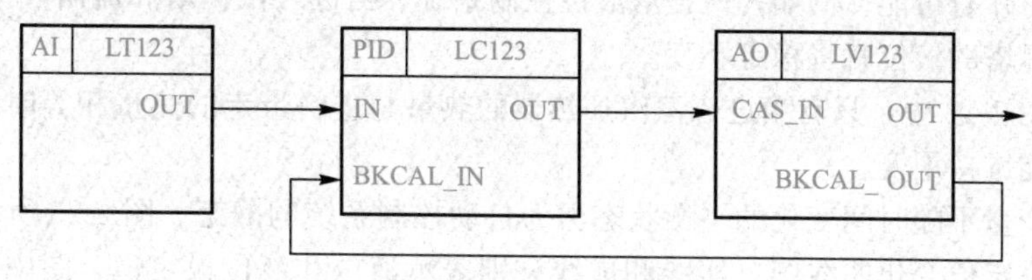

图2-22 功能块连接

任务测评

1. DDZ-Ⅲ型电动单元组合仪表有哪些单元仪表？各仪表之间传递的信号是什么？

2. 电动单元组合仪表有什么不足之处？

3. 现场变送器与DCS控制站之间传送的信号为________，DCS控制站与现场的执行器之间传送的信号为________(填4～20 mA/数字信号)。

4. FCS各仪表之间传送的信号为________(填4～20 mA/数字信号)。

5. 判断题：FCS也有集中的控制站。 (　　)

6. 判断题：FCS中有的变送器也具有控制计算功能。 (　　)

7. FCS相对于DCS有什么优点？

8. DCS的典型特征是________分散、________集中，因此其又称为________控制系统。

9. 目前应用最广泛的控制系统是(　　)。

A. 单元组合仪表控制系统　　B. DCS　　C. FCS

任务2.3　控制系统的过渡过程及其品质衡量

任务描述

为了比较不同控制方案的优劣，或者对控制器参数进行整定，必须首先规定好评价控制系统优劣的性能指标。控制系统的终极目标就是让被控变量尽可能快速、准确、稳定地趋向设定值，控制系统的控制质量就体现在被控变量趋向设定值的这个过程中。本任务学习衡量控制质量的几个指标。通过本任务的学习，要求达到以下目标：

(1)掌握控制系统的过渡过程的概念，能描述出控制系统处于动态和静态时的表现。

(2)能说出控制系统在阶跃输入时的几种可能过渡形式及工业生产中采用的过渡形式。

(3)会计算衡量控制质量的阶跃响应指标。

2.3.1 控制系统的过渡过程

1. 过渡过程

过程控制系统的目的是让被控变量稳定在设定值附近，这只有当进入和流出被控对象的物料或能量相等时才有可能。例如，汽提塔液位控制系统，当进入汽提塔和流出汽提塔的 PVC 浆料相等时，汽提塔的液位就将稳定不变。

同样，在图 2-12 中，只有当进入蒸汽加热器的热量与进料带走的热量相等时，蒸汽加热器的出口温度才能维持不变。

这种被控变量不随时间变化的平衡状态称为自动控制系统的静态。图 2-23 所示为液位控制系统的液位与设定值变化曲线图，实线和虚线分别表示液位和液位设定值，图中 AB 段液位没有发生变化，系统就处于静态。

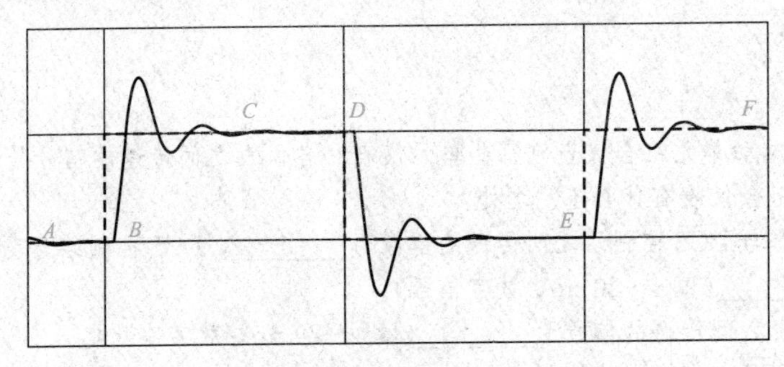

图 2-23　液位控制系统变化曲线

在这种状态下，系统的各个环节(也就是变送器、控制器、执行器)的输出信号都维持不变，最直观的外在表现就是作为执行器的调节阀是静止不动的，维持在某一个开度。

如果系统能一直处于接近设定值的静态，则是一个理想的状态，因为自控系统的核心目标是使被控变量稳定在设定值上。但是，生产中总是有各种干扰作用在被控对象上，在图 2-23 中，AB 段系统处于静态，但从 B 点开始，设定值发生改变带来了干扰，导致被控变量和偏差 e 发生改变，而偏差 e 的改变将使控制器的输出发生变化，执行器也就随之发生改变，从而产生控制作用来克服干扰的影响，使液位到了 C 点又开始稳定下来，进入下一个静态。

可见，从 B 点干扰发生开始，经过控制，直到 C 点系统重新平衡，在整个过程中，最明显的表现是被控变量随时间不断变化，作为执行器的控制阀的开度也在持续不断地发生变化，这种被控变量随时间不断变化的状态称为动态，BC 段称为控制系统的过渡过程。

由于生产中时时刻刻都有干扰作用在控制系统上，因此一个自动控制系统在正常工作时，总是处于一波未平，一波又起，波动不止，往复不息的动态过渡过程中。因此，了解被控变量在过渡过程中的变化规律就显得特别重要了。

2. 阶跃作用下的过渡过程形式

被控变量的变化规律取决于作用在系统的干扰形式。在生产中，干扰可能来自设定值改变，称为设定值干扰。也可能来自生产负荷的改变，在图 2-24 中，若生产下游对蒸汽的用量需求增加，则将导致锅炉汽包液位下降。

还有其他偶然因素导致的干扰，如图 2-12 中的蒸汽加热器温度控制系统中，进料的流量、温度、蒸汽阀前压力的波动就是一个典型的例子。

干扰的大小和出现时机都是随机的，没有固定的形式。为便于分析和研究自动控制系统，通常考察在阶跃干扰作用下系统是如何过渡的。所谓阶跃干扰(图 2-25)，在某一瞬间 t_0，干扰突然阶跃式地加到系统中，并保持这个幅度。

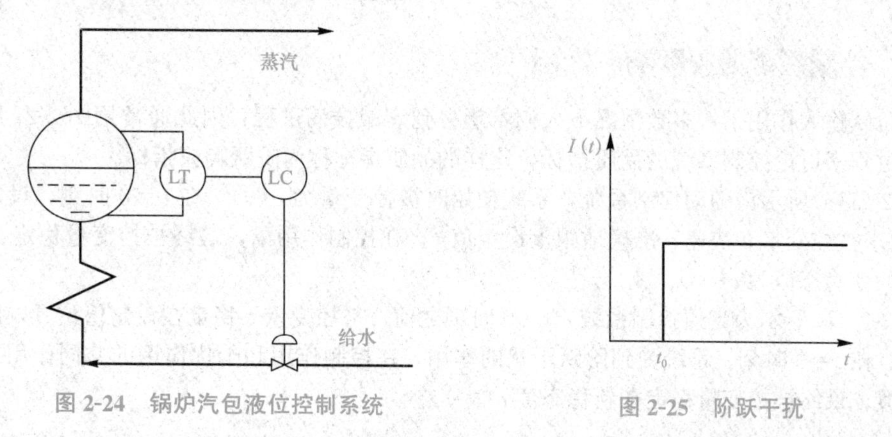

图 2-24　锅炉汽包液位控制系统

图 2-25　阶跃干扰

采用阶跃干扰的原因：首先，这种形式的干扰比较突然和危险，对被控变量的影响也最大。如果一个控制系统能够有效地克服这种类型的干扰，那么对其他比较缓和的干扰也一定能得到很好地克服。另外，这种干扰形式很简单，容易实现，也方便分析、试验和计算。

在阶跃干扰作用下，控制系统的过渡过程一般会呈现图 2-26 所示的四种基本形式。

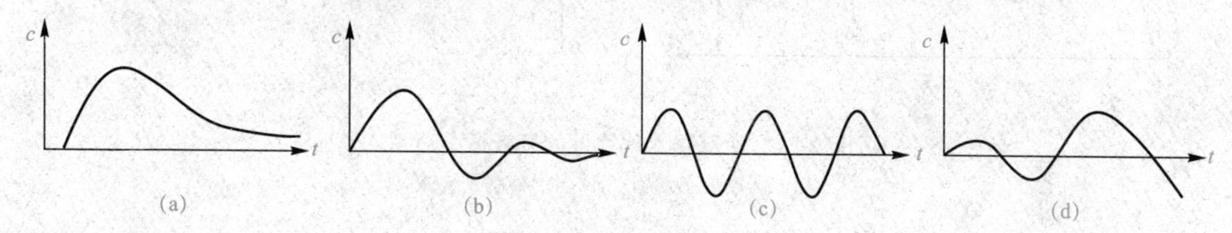

图 2-26　控制系统在阶跃作用下的过渡形式

(a)非周期衰减过程；(b)衰减振荡过程；(c)等幅振荡过程；(d)发散振荡过程

图 2-26(a)所示为非周期衰减过程，被控变量在设定值的某一侧缓慢变化，没有来回波动，最后稳定在某一个数值上。

图 2-26(b)所示为衰减振荡过程，被控变量在设定值附近来回波动，但幅度逐渐减小，最后稳定在某一个数值上。

图 2-26(c)所示为等幅振荡过程，被控变量在设定值附近来回波动，且波动幅度不变。

图 2-26(d)所示为发散振荡过程，被控变量来回波动且幅度越来越大，偏离设定值越来越远。

这四种过渡形式可以归纳为以下三类：

第一类称为不稳定过程，指的是图 2-26(d)所示的发散振荡过程，这种过程在运行时，被控变量非但不能达到平衡状态，而且逐渐远离设定值，会导致被控变量超越工艺允许的范围，严重时导致事故，因此应该竭力避免。

第二类称为稳定过程，包括图 2-26(a)非周期衰减过程和图 2-26(b)衰减振荡过程。

非周期衰减过程变化很慢，会导致被控变量长时间偏离设定值，不能很快回到设定值附近，故较少采用。但若生产中不允许被控变量有波动，这种过渡形式倒是很适合；衰减振荡过程来回波动两三次后，就能较快地使系统达到稳定状态，因此是生产中最受欢迎的过渡形式。

第三类称为临界稳定过程，如图 2-26(c)所示，介于稳定和不稳定的临界状态，一般也认为是不稳定的，除非某些对控制质量要求不高，允许来回小幅度波动的场合，生产中一般不会采用这种形式。

2.3.2 控制系统的阶跃响应指标

在阶跃输入作用下，多数情况下人们希望得到衰减振荡过程，因此通常用图 2-27 所示的衰减振荡过程来讨论控制系统的品质指标，这样的品质指标称为阶跃响应指标。

图 2-27(a)所示为随动控制系统，系统初始时被控变量为 $c(0)$，在 $t=0$ 时刻，设定值变成 r，即要求被控变量 c 快速、准确地跟上设定值 r，在控制作用下，最终被控变量稳定在 $c(\infty)$，即系统的新稳态值为 $c(\infty)$。

图 2-27(b)所示为定值控制系统，$t=0$ 时刻之前，被控变量 c 稳定在设定值位置，即设定值为$c(0)$。在 $t=0$ 时刻，系统受到阶跃干扰的作用，在控制作用和干扰作用的共同作用下，系统开始过渡，最终被控变量稳定在新稳态值 $c(\infty)$。

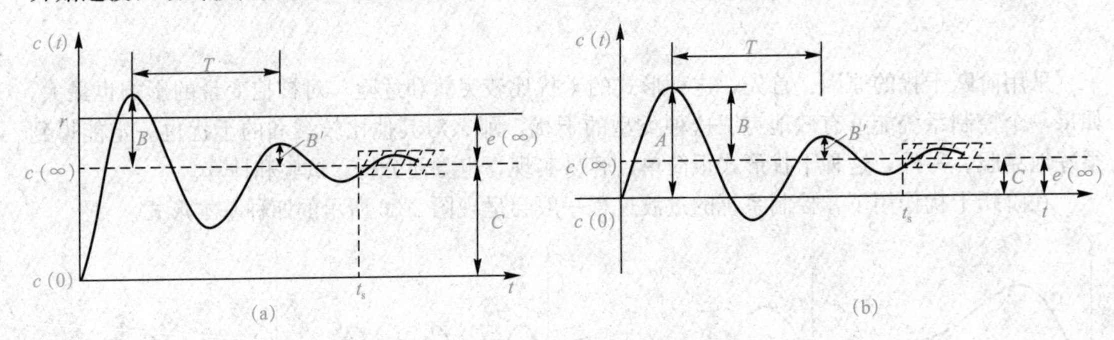

图 2-27 阶跃输入作用下的衰减振荡过程

(a)随动控制系统；(b)定值控制系统

对图 2-27 所示的两种情况，过程控制领域习惯用稳定性、准确性和快速性三个方面衡量控制性能的优劣。

(1)衰减比 η。衰减比为曲线中前后两个相邻波峰值之比，即

$$\eta=\frac{B}{B'} \tag{2-1}$$

从定义可以看出，当 $\eta\to\infty$时，意味着第二个峰值 $B'=0$，说明系统无振荡，为非周期衰减过程；当 $\eta>1$ 时，说明第一个波峰大于第二个波峰，此时系统是衰减振荡的；当 $\eta=1$ 时，说明前后两个波峰值一样，此时系统处于等幅振荡；当 $\eta<1$ 时，说明第一个波峰小于第二个波峰，即系统是发散振荡的。

可见，衰减比是衡量系统稳定性的一个指标，衰减比越大，系统越稳定。理想的衰减比应该为(4～10)∶1。

(2)超调量 σ 与最大偏差。在图 2-27(a)的随动控制系统中，超调量 σ 是反映超调情况和衡量稳定程度的指标：

$$\sigma=\frac{B}{C}\times 100\% \tag{2-2}$$

式中，C 为最终稳态值与其初始值之差，即 $C=c(\infty)-c(0)$。

对于定值控制系统来说，也可以用式(2-2)表示其超调量。但是，一般来说，定值控制系统的 C 值很小或为零，如仍然采用 σ 作为反映超调情况的指标就不合适了。因此，对于定值控制

系统，通常不计算其超调量，而是采用最大偏差来反映其超调情况。最大偏差指的是过渡过程中，被控变量偏离设定值的最大数值，即图 2-27(b)中的 A。

最大偏差越大，表明系统偏离规定的工艺参数指标就越远，这对稳定生产是不利的，因此最大偏差越小越好，特别是在反应器的反应温度控制中，通常都会对最大偏差有所限制，否则反应温度超过催化剂的烧结温度极限，将导致催化剂失效，即使最后反应温度能回到设定值，反应也不能继续了。

(3)余差 $e(\infty)$。余差 $e(\infty)$是系统的最终稳态偏差，即过渡过程终了时新稳态值与设定值之差。

对图 2-27(a)所示的随动控制系统，余差 $e(\infty)=r-c(\infty)$；对图 2-27(b)所示的定值控制系统，余差$e(\infty)=c(0)-c(\infty)$。

余差是反映控制准确性的稳态指标，被控变量越接近设定值，说明控制得越准确。

在化工生产中，并不是对所有的控制都要求没有余差。例如，对贮槽的液位调节一般要求不高，允许有较大的余差；而对反应器的温度控制，一般要求较高，那么就应该尽量消除余差。

(4)过渡时间 t_s。过渡时间 t_s 指的是从干扰作用发生时刻起，直到系统重新建立新的平衡为止，过渡过程所经历的时间。显然，过渡时间衡量了控制系统的快速性，过渡时间越短，控制质量就越高。

在实际生产中，即使系统平衡之后，被控变量也会围绕其均值做小幅度的上下波动。因此，自动化领域一般规定如果被控变量进入新稳态值的±5%(±2%)区间(图 2-27 所示的阴影区间)，而且不再超出这个区间就认为系统已经达到平衡状态。

此处所谓新稳态值的±5%(±2%)区间，应按式(2-3)计算(此处以±5%标准为例)：

$$c(\infty)\pm|c(\infty)-c(0)|\times 5\% \tag{2-3}$$

如直接按新稳态值的绝对大小，即式(2-4)计算，将出现荒谬的结论，这一点将在下面的【例 2-1】中说明。

$$c(\infty)\pm c(\infty)\times 5\% \tag{2-4}$$

(5)振荡周期 T(振荡频率 ω_d)。如图 2-27 所示，振荡周期 T 指的是过渡过程同向两波峰(或波谷)之间的间隔时间，其倒数称为振荡频率，也称为工作频率，记作 ω_d。

$$\omega_d=\frac{2\pi}{T} \tag{2-5}$$

在同样衰减比下，振荡频率越高，过渡时间越短。因此，振荡频率在一定程度上也可作为控制系统快速性的指标。

(6)振荡次数。振荡次数指的是过渡过程中被控变量振荡的次数。

在实际生产中，有“理想过程两个波”的通俗说法，说的就是如果被控变量振荡两次，系统就能稳定，那么这个系统就是理想的系统，此时对应的衰减比约等于 4∶1。

【例 2-1】 某化学反应器工艺规定操作温度为 900 ℃±10 ℃，考虑安全因素，控制过程中温度偏离设定值最大不得超过 30 ℃。现设计运行的温度定值控制系统，在最大干扰作用下的过渡过程曲线如图 2-28 所示。试求该系统的过渡过程品质指标最大偏差、超调量、余差、衰减比、振荡周期、振荡频率、过渡时间。该系统是否能满足工艺要求？

解：从描述可知，该系统为定值控制系统，设定值 $SP=900$ ℃，新稳态值 $c(\infty)=908$ ℃，最高峰峰值为 950 ℃，次高峰峰值为 918 ℃，根据各指标定义有

最大偏差 $A=950-900=50$(℃)；

超调量 $\sigma=(950-908)/(908-900)\times 100\%=525\%$；

余差 $e(\infty)=900-908=-8$(℃)

衰减比 $\eta=(950-908)/(918-908)=4.2:1$

振荡周期 $T=50-10=40$(min)

振荡频率 $\omega_d=2\pi/T=0.003$ rad/s

这里重点对比过渡时间 t_s 的计算。

假设按新稳态值的绝对值计算，即按式(2-4)计算，则稳定区间为 $c(\infty)\pm c(\infty)\times5\%=908\pm908\times5\%=908\pm45.4$，即被控变量进入 862.6～953.4 ℃区间且不再超出就算稳定了。也就是说，系统还没开始过渡，就已经结束了(过渡过程最大值为 950 ℃)，过渡时间 $t_s=0$，显然这是非常荒谬的。

若按照式(2-3)计算，则稳定区间为 $c(\infty)\pm|c(\infty)-c(0)|\times5\%=908\pm|908-900|\times5\%=908\pm0.4$，即被控变量进入 907.6～908.4 ℃区间且不再超出就算过渡过程结束了。因此，从图 2-28 可以看出，过渡时间 $t_s=65$ min。

由于系统最大偏差为 50 ℃，超出工艺允许的偏离值 30 ℃，因此，该系统不满足工艺要求。

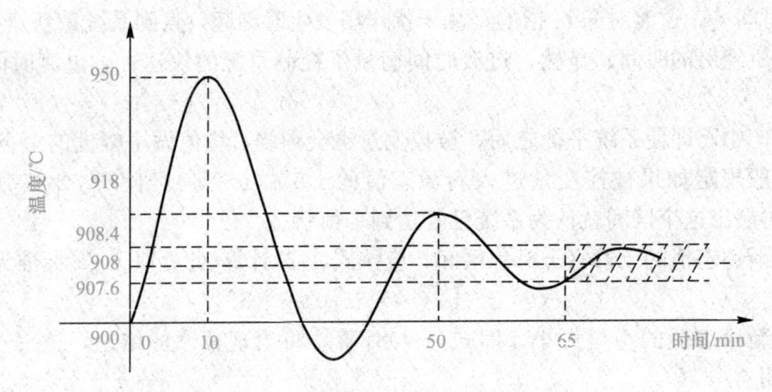

图 2-28 某化学反应器温度过渡过程曲线

对控制系统的性能要求，可以概括总结为“稳、准、快”三字，就是说，要求被控变量稳定、准确、快速地趋向设定值。

现实中，控制系统的稳定性和快速性往往难以同时兼顾。如果要求过渡快，就会牺牲稳定性，导致衰减比小，系统波动大；要求系统波动小，即衰减比大，那么系统的过渡时间往往会比较长，振荡频率过小。

控制系统由四个环节构成，每个环节的特点都会影响控制的性能。例如，被控对象特性在很大程度上决定了控制性能的好坏，而控制器的算法、参数的设置，以及测量仪表的准确性、执行器的类型和口径选择也对控制性能有非常大的影响。

任务测评

1. 什么是控制系统的过渡过程？它有哪几种基本形式？

2. 为什么生产中经常要求控制系统的过渡过程具有衰减振荡形式？

3. 衡量控制系统稳定性、准确性、快速性的阶跃响应指标分别有哪些？

4. 如图 2-29 所示，某蒸汽加热器温度控制系统，因生产需要，要求出口物料的温度从 80 ℃提高到 81 ℃，当仪表设定值阶跃变化后，被控变量的变化曲线如图 2-29 所示，试求该系统的超调量、衰减比和余差(提示：该系统为随动控制系统，新设定值为 81 ℃)。

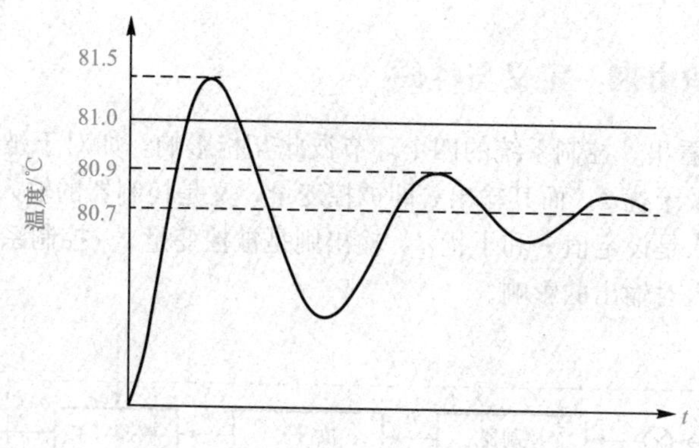

图 2-29　蒸汽加热器过渡过程曲线

5. 某换热器的温度控制系统在单位阶跃干扰作用下的过渡过程曲线如图 2-30 所示。试分别求出最大偏差、余差、衰减比、振荡周期和过渡时间(设定值为 200 ℃)。

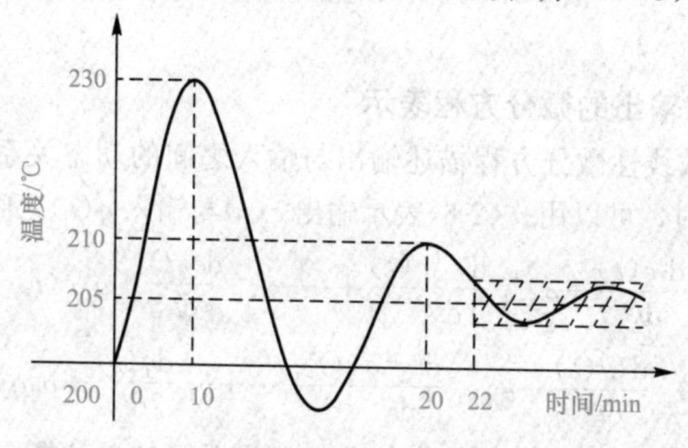

图 2-30　换热器过渡过程曲线

该过渡过程的最大偏差为________℃、余差为________℃、衰减比为________、过渡时间为________ min、振荡周期为________ min。

任务 2.4　控制系统的传递函数与单位阶跃响应

任务描述

到目前为止，对控制系统只有一些定性的了解，要精确地描述控制系统在特定输入作用下的行为，需要借助传递函数这个工具。经典控制理论就是通过传递函数分析控制系统在特定输入作用下的输出特性，并基于其设计控制系统以满足特定控制要求的。传递函数是经典控制理论的核心与基石，本书也在多处涉及这个概念，需要切实掌握。

本任务的学习以传递函数为主线，要求达到下面目标：

(1)熟悉拉普拉斯变换的定义和线性性质、微分性质及终值定理，能熟练写出单位阶跃函数 $y=1(t)$ 和指数函数 $y=\mathrm{e}^{-at}$ 的拉普拉斯变换。

(2)熟悉传递函数的定义及性质，会求控制系统的开环传递函数、闭环传递函数、误差传递函数。

(3)能根据系统的闭环传递函数、误差传递函数求系统的单位阶跃响应和余差。

(4)掌握零极点的定义，能根据闭环极点和零点推断系统阶跃响应的大致形状及稳定性。

2.4.1 传递函数的由来、定义与性质

从图 2-31 中可以看出，控制系统的四个环节彼此互相影响，如对于被控对象来说，其输入就是执行器的输出 q 及干扰 d，而其输出 c 即被控变量，又是控制器的输入。对于虚线框内的整个控制系统来说，输入是设定值 r 和干扰 d，输出则是被控变量 c。控制系统研究和设计中最重要的就是要弄清楚输入对输出的影响。

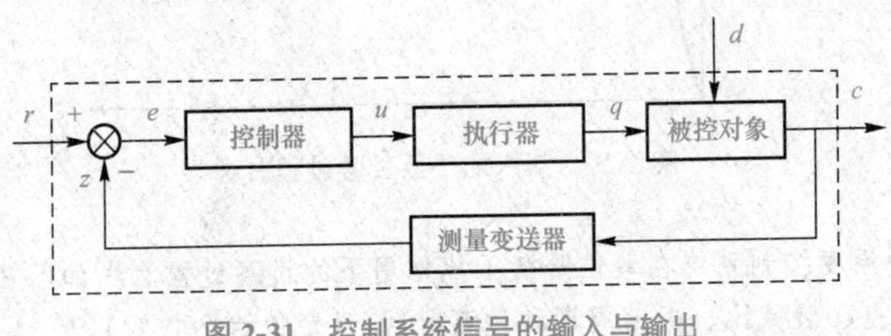

图 2-31 控制系统信号的输入与输出

1. 控制系统输入与输出的微分方程表示

通常可以利用常系数线性微分方程描述输出与输入之间的动态关系。例如，对于被控对象来说，当干扰 f 不存在时，可以用式(2-6)表示输出 $c(t)$与输入 $q(t)$之间的关系。

$$\begin{aligned} & a_n \frac{\mathrm{d}^n c(t)}{\mathrm{d}t^n}+a_{n-1} \frac{\mathrm{d}^{n-1} c(t)}{\mathrm{d}t^{n-1}}+\cdots+a_1 \frac{\mathrm{d}c(t)}{\mathrm{d}t}+a_0 c(t) \\ = & b_m \frac{\mathrm{d}^m q(t)}{\mathrm{d}t^m}+b_{m-1} \frac{\mathrm{d}^{m-1} q(t)}{\mathrm{d}t^{m-1}}+\cdots+b_1 \frac{\mathrm{d}q(t)}{\mathrm{d}t}+b_0 q(t) \end{aligned} \tag{2-6}$$

但微分方程的求解很麻烦，法国数学家拉普拉斯发明了拉普拉斯变换，可以把微分方程变换成代数方程，使对控制系统的分析更加方便。

2. 拉普拉斯变换及其性质

设有一个自变量为时间 t 的函数 $y=f(t)$，它的拉普拉斯变换记为 $F(s)$，则

$$F(s)=\mathcal{L}[f(t)]=\int_0^{\infty} f(t)\mathrm{e}^{-st}\mathrm{d}t \tag{2-7}$$

式(2-7)就是函数 $f(t)$的拉普拉斯变换。其中，$s=\sigma+j\omega$ 是一个复数，σ 为实部，ω 为虚部，$\mathcal{L}[f(t)]$表示对函数 $f(t)$进行拉普拉斯变换。

拉普拉斯变换看似很复杂，但并不需要关注这个积分如何计算，只需要记住它的几条性质及几个常见函数的拉普拉斯变换。这里介绍拉普拉斯变换的三个性质。

(1)拉普拉斯变换的线性性质。设 $F_1(s)=\mathcal{L}[f_1(t)]$，$F_2(s)=\mathcal{L}[f_2(t)]$，$\alpha$ 和 β 为常数，则有

$$\mathcal{L}[\alpha f_1(t)+\beta f_2(t)]=\alpha\mathcal{L}[f_1(t)]+\beta\mathcal{L}[f_2(t)]=\alpha F_1(s)+\beta F_2(s) \tag{2-8}$$

(2)拉普拉斯变换的微分性质。

$$\mathcal{L}\left[\frac{\mathrm{d}^n f(t)}{\mathrm{d}t^n}\right]=s^n F(s)-[s^{n-1} f(0)+s^{n-2}\dot{f}(0)+s^{n-3}\ddot{f}(0)+\cdots+f^{(n-1)}(0)] \tag{2-9}$$

其中，$f(0)$，$\dot{f}(0)$，$\ddot{f}(0)$，…，$f^{(n-1)}(0)$为 $f(t)$及其各阶导数在 $t=0$ 时的值，如果这些值都等于 0，则称函数 $f(t)$的初始状态为 0。显然，如果 $f(t)$的初始状态为 0，则有

$$\mathcal{L}\left[\frac{\mathrm{d}^n f(t)}{\mathrm{d}t^n}\right]=s^n F(s) \tag{2-10}$$

这是一个很有用的性质，它和线性性质结合可以把式(2-6)所描述的系统变换成代数方程。

(3)拉普拉斯变换的终值定理。若函数 $f(t)$ 及其一阶导数都是可进行拉普拉斯变换的，则

$$f(\infty)=\lim_{t\to\infty}f(t)=\lim_{s\to 0}sF(s) \tag{2-11}$$

也就是说，函数 $f(t)$ 趋于∞时的值，即终值，等于 s 趋于 0 时，$sF(s)$ 的大小。后面将经常使用该性质分析控制系统的余差。

3. 传递函数的定义

(1)传递函数。有了拉普拉斯变换的线性性质式(2-8)和微分性质式(2-10)，假设输入 $q(t)$ 和输出 $c(t)$ 的初始状态都为 0，就可以对式(2-6)两端进行拉普拉斯变换，则有

$$\begin{aligned}&a_n s^n C(s)+a_{n-1}s^{n-1}C(s)+\cdots+a_1 sC(s)+a_0 C(s)\\&=b_m s^m Q(s)+b_{m-1}s^{m-1}Q(s)+\cdots+b_1 sQ(s)+b_0 Q(s)\end{aligned} \tag{2-12}$$

式中，$C(s)$、$Q(s)$ 分别为输出 $c(t)$ 和输入 $q(t)$ 的拉普拉斯变换。整理式(2-12)可得

$$G(s)=\frac{C(s)}{Q(s)}=\frac{b_m s^m+b_{m-1}s^{m-1}+\cdots+b_1 s+b_0}{a_n s^n+a_{n-1}s^{n-1}+\cdots+a_1 s+a_0} \tag{2-13}$$

式(2-13)定义的 $G(s)$ 即传递函数，它的自变量为复数 s。

传递函数是系统(这里是被控对象这个环节)输出的拉普拉斯变换与输入的拉普拉斯变换之比，它与输入和输出都无关，因为输入发生变化，输出也会随之变化，两者的比值却不变，只取决于系统或环节本身的固有属性(由系数 a_n，a_{n-1}，…，a_0；b_m，b_{m-1}，…，b_0 决定)。

控制系统的每个环节都有输入和输出，也都有各自的传递函数，通常分别用 $G_c(s)$、$G_a(s)$、$G_p(s)$、$G_m(s)$ 表示控制器、执行器、被控对象及测量变送器的传递函数。因为传递函数代表了各个环节的固有属性，所以在控制系统的框图 2-31 中，就可以用相应的传递函数代替环节的名称。同时，原来的 $r(t)$，$e(t)$，…，$c(t)$ 等信号(变量)也用各自的拉普拉斯变换 $R(s)$，$E(s)$，…，$C(s)$ 表示，最终如图 2-32 所示。

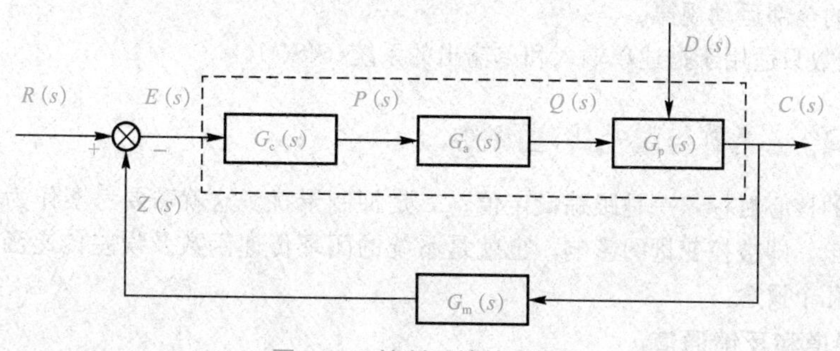

图 2-32　控制系统的方框图

(2)串联环节的总传递函数。现在考虑图 2-33(a)中三个环节串联的情况，从输入 $R_1(s)$ 到输出 $C_1(s)$ 的总传递函数 $G_{串}(s)=C_1(s)/R_1(s)$。

因为传递函数为环节输出与输入的拉普拉斯变换之比，所以有

$$C_1(s)=G_3(s)O_2(s)=G_3(s)G_2(s)O_1(s)=G_3(s)G_2(s)G_1(s)R_1(s) \tag{2-14}$$

因此可得

$$G_{串}(s)=\frac{C_1(s)}{R_1(s)}=G_3(s)G_2(s)G_1(s) \tag{2-15}$$

可见，环节串联后的总传递函数等于各个串联环节传递函数的乘积，这个结论可以推广到任意多个环节串联的情况。

(3)并联环节的总传递函数 $G_{并}(s)=C_2(s)/R_2(s)$。对于图 2-33(b)中的环节并联情况，根据传递函数的定义有

$$C_2(s)=G_1(s)R_2(s)\pm G_2(s)R_2(s)\pm G_3(s)R_2(s)=[G_1(s)\pm G_2(s)\pm G_3(s)]R_2(s) \tag{2-16}$$

由式(2-16)可得

$$G_{并}(s)=\frac{C_2(s)}{R_2(s)}=G_1(s)\pm G_2(s)\pm G_3(s) \tag{2-17}$$

即环节并联后的总传递函数等于各个并联环节的传递函数的代数和，这个结论对任意多个环节并联情况都是适应的。

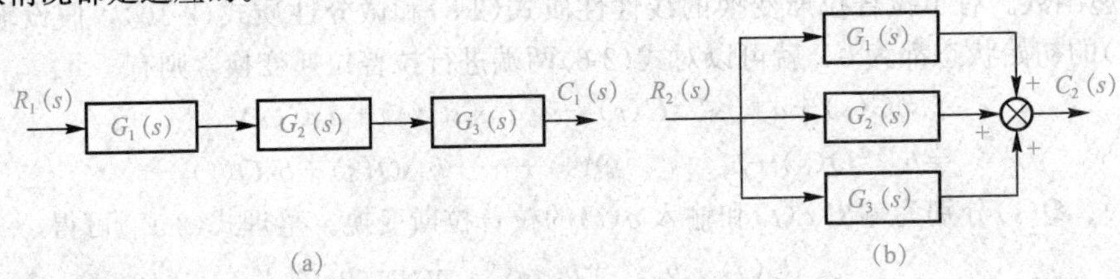

图 2-33　传递函数的串联与并联

(a)环节串联；(b)环节并联

4. 传递函数的性质

根据前述讨论，总结传递函数的相关性质如下：

(1)传递函数的分母的阶次 n 总是大于或等于分子的阶次 m，即 $n\geqslant m$。

(2)传递函数是环节或系统的本身固有属性，与输入的大小和种类无关。

(3)环节串联后总的传递函数等于各个串联环节传递函数的乘积，环节并联后的总传递函数等于各个并联环节的传递函数的代数和。

(4)传递函数是在零状态下定义的，它只反映零状态下环节或系统的动态特性，不能反映非零状态下系统的全部运动规律。

(5)传递函数只适用于描述单输入和单输出的系统(SISO)。

2.4.2　闭环传递函数与误差传递函数

控制系统的核心目标：一是跟踪设定值；二是抑制干扰。这就需要考察作为输入的设定值及干扰，对输出，即被控变量的影响，也就是系统的闭环传递函数及误差传递函数。为便于讨论，首先引入几个概念。

1. 前向通道和反馈通道

在图 2-34 所示的典型控制系统中，前向通道指的是从设定值信号或干扰信号到输出信号所经过的环节。

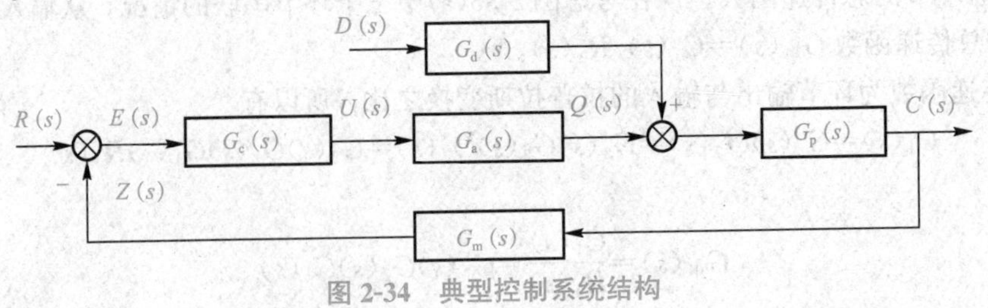

图 2-34　典型控制系统结构

设定值信号 $R(s)$的前向通道为 $G_c(s)\to G_a(s)\to G_p(s)$，三个环节串联在一起，因此，该通道的传递函数如下：

$$G_c(s)G_a(s)G_p(s) \tag{2-18}$$

干扰信号 $D(s)$的前向通道为 $G_d(s) \rightarrow G_p(s)$，该通道的传递函数如下：

$$G_d(s)G_p(s) \tag{2-19}$$

反馈通道指的是输出信号 $C(s)$反馈到控制器比较环节所经过的路径，在图 2-34 中，反馈通道就是一个环节，即 $G_m(s)$。

2. 开环传递函数

对于图 2-34 所示的系统，假想“人为”地断开反馈通道，即信号 $Z(s)$不接入控制器的比较环节，整个闭环系统被假想断开了，即“开环”了。在这种情况下，从输入信号 $R(s)$到反馈信号 $Z(s)$所经过环节的传递函数乘积，即开环传递函数，记为 $G_{ol}(s)$，则

$$G_{ol}(s)=G_c(s)G_a(s)G_p(s)G_m(s) \tag{2-20}$$

3. 闭环传递函数的求取

对于图 2-34 所示的系统来说，整个系统的输出为 $C(s)$，输入则有两个，分别为设定值输入 $R(s)$和干扰 $D(s)$，两者的共同作用导致了系统的输出为 $C(s)$。

这里讨论的都是用常系数线性微分方程描述的线性定常系统，它具有齐次性和叠加性。所谓齐次性，就是指如果系统的输入为 $R(s)$、输出为 $C(s)$，则当系统输入为 k 倍的 $R(s)$，即 $kR(s)$时，系统输出也放大 k 倍，为 $kC(s)$。

叠加性是指如果系统有两个输入 $R(s)$和 $D(s)$，它们共同导致了输出 $C(s)$，则这个 $C(s)$等同于两个输入分别单独作用于系统时导致的输出 $C_R(s)$和 $C_D(s)$之和。

因此，对于图 2-34 来说，闭环传递函数有两个，分别为只有设定值输入作用下的闭环传递函数 $G_R(s)$和只有干扰作用下的闭环传递函数 $G_D(s)$。

(1)设定值作用下的闭环传递函数 $G_R(s)$。此时，干扰 $D(s)=0$，系统如图 2-35 所示，以下推导其闭环传递函数。

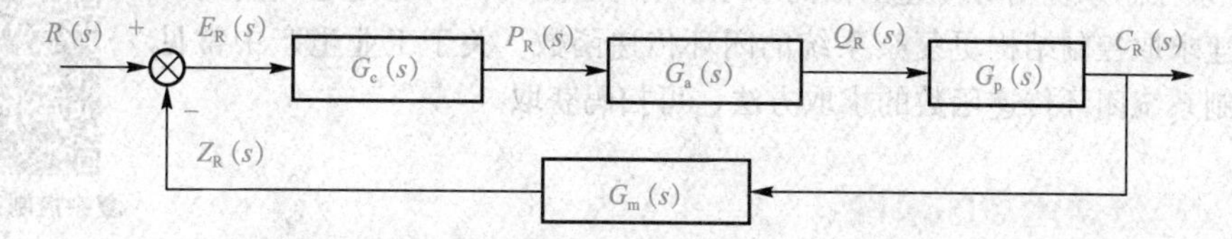

图 2-35　只有设定值输入作用下的系统框图

根据串联环节传递的特点，则有

$$C_R(s)=E_R(s)G_c(s)G_a(s)G_p(s) \tag{2-21}$$

又有

$$E_R(s)=R(s)-Z_R(s)=R(s)-C_R(s)G_m(s) \tag{2-22}$$

将式(2-22)代入式(2-21)中，并整理得

$$C_R(s)[1+G_c(s)G_a(s)G_p(s)G_m(s)]=R(s)G_c(s)G_a(s)G_p(s) \tag{2-23}$$

可得设定值输入闭环传递函数：

$$G_R(s)=\frac{C_R(s)}{R(s)}=\frac{G_c(s)G_a(s)G_p(s)}{1+G_c(s)G_a(s)G_p(s)G_m(s)} \tag{2-24}$$

(2)干扰作用下的闭环传递函数 $G_D(s)$。此时，设定值输入 $R(s)=0$，系统如图 2-36 所示。由图 2-36 可知

$$C_D(s)=[E_D(s)G_c(s)G_a(s)+D(s)G_d(s)]G_p(s) \tag{2-25}$$

而

$$E_D(s)=-Z_D(s)=-C_D(s)G_m(s) \tag{2-26}$$

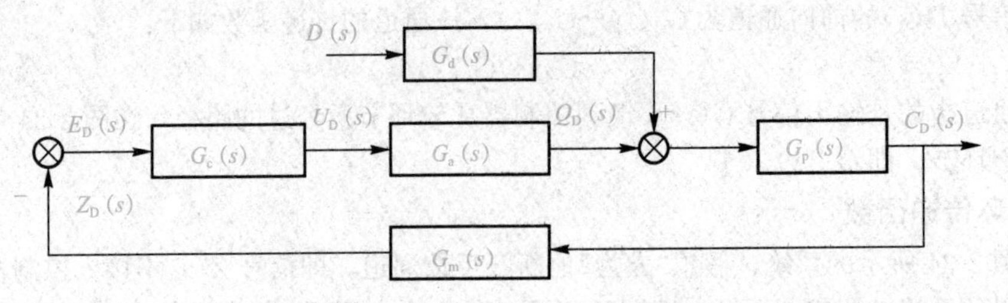

图 2-36 只有干扰作用下的系统框图

将式(2-26)代入式(2-25)中，整理可得

$$C_D(s)[1+G_c(s)G_a(s)G_p(s)G_m(s)]=D(s)G_d(s)G_p(s) \tag{2-27}$$

可得干扰作用下的闭环传递函数：

$$G_D(s)=\frac{C_D(s)}{D(s)}=\frac{G_d(s)G_p(s)}{1+G_c(s)G_a(s)G_p(s)G_m(s)} \tag{2-28}$$

对比式(2-24)和式(2-28)，结合前向通道传递函数式(2-18)和式(2-19)、开环传递函数式(2-20)，可发现，两者分母均为“1＋开环传递函数”，分子均为各自输入信号的前向通道传递函数。

因此，可以简单地将其记忆为

$$闭环传递函数=\frac{前向通道传递函数}{1+开环传递函数} \tag{2-29}$$

根据叠加原理，图 2-34 所示系统的总输出为

$$C(s)=G_R(s)R(s)+G_D(s)D(s)=\frac{G_c(s)G_a(s)G_p(s)R(s)+G_d(s)G_p(s)D(s)}{1+G_c(s)G_a(s)G_p(s)G_m(s)} \tag{2-30}$$

(3)复杂控制系统闭环传递函数的求取。有了式(2-29)，通过适当的变换就可以快速求取控制结构更复杂系统的闭环传递函数。关于工业生产中常见的串级控制系统闭环传递函数的求取方法，可扫码获取。

复杂控制系统闭环传递函数的求取

2.4.3 误差传递函数的求取

控制系统的终极目标是让被控变量尽可能快速、准确地接近设定值，而准确程度是用被控变量与设定值之间的误差来衡量的。

被控变量与设定值之间的误差通常用式(2-31)来表示，即设定值减去测量值。

$$E(s)=R(s)-Z(s) \tag{2-31}$$

根据叠加原理，$E(s)$由设定值导致的误差 $E_R(s)$和干扰导致的误差 $E_D(s)$叠加而成。下面分别求取两个误差的传递函数。

1. 设定值导致的误差传递函数 $\Phi_{ER}(s)$

将式(2-21)代入式(2-22)中，并整理可得

$$E_R(s)[1+G_c(s)G_a(s)G_p(s)G_m(s)]=R(s) \tag{2-32}$$

因此可得设定值误差传递函数：

$$\Phi_{ER}(s)=\frac{E_R(s)}{R(s)}=\frac{1}{1+G_c(s)G_a(s)G_p(s)G_m(s)} \tag{2-33}$$

2. 干扰导致的误差传递函数 $\Phi_{ED}(s)$

将式(2-25)代入式(2-26)中，整理可得

$$E_D(s)[1+G_c(s)G_a(s)G_p(s)G_m(s)]=-D(s)G_d(s)G_p(s)G_m(s) \tag{2-34}$$

因此可得干扰误差传递函数

$$\Phi_{\mathrm{ED}}(s)=\frac{E_{\mathrm{D}}(s)}{D(s)}=\frac{-G_{\mathrm{d}}(s)G_{\mathrm{p}}(s)G_{\mathrm{m}}(s)}{1+G_{\mathrm{c}}(s)G_{\mathrm{a}}(s)G_{\mathrm{p}}(s)G_{\mathrm{m}}(s)} \tag{2-35}$$

对比式(2-24)、式(2-28)、式(2-33)和式(2-34)，可以发现闭环传递函数和误差传递函数的分母都是“1＋开环传递函数”。这不是偶然的，在控制理论中，$1+G_{\mathrm{c}}(s)G_{\mathrm{a}}(s)G_{\mathrm{p}}(s)G_{\mathrm{m}}(s)=0$称为系统的特征方程，它的解决定了系统的是否稳定，也主导了输出$c(t)$的形状。

3. 余差的求取

余差就是过渡过程终了时，即系统稳定后被控变量与设定值的差值，而稳定理论上要无限长时间，即$t\to\infty$时的误差$e(\infty)$就是系统的余差。

假设图 2-34 中各传递函数如下：

$$G_{\mathrm{c}}(s)=K_{\mathrm{c}},\ G_{\mathrm{a}}(s)=\frac{K_{\mathrm{a}}}{T_{\mathrm{a}}s+1},\ G_{\mathrm{p}}(s)=\frac{K_{\mathrm{p}}}{T_{\mathrm{p}}s+1},\ G_{\mathrm{m}}(s)=\frac{K_{\mathrm{m}}}{T_{\mathrm{m}}s+1},\ G_{\mathrm{d}}(s)=\frac{K_{\mathrm{d}}}{T_{\mathrm{d}}s+1} \tag{2-36}$$

根据式(2-33)得

$$E_{\mathrm{R}}(s)=\Phi_{\mathrm{ER}}(s)\times R(s)=\frac{(T_{\mathrm{a}}s+1)(T_{\mathrm{p}}s+1)(T_{\mathrm{m}}s+1)}{s[(T_{\mathrm{p}}s+1)(T_{\mathrm{a}}s+1)(T_{\mathrm{m}}s+1)+K_{\mathrm{c}}K_{\mathrm{a}}K_{\mathrm{p}}K_{\mathrm{m}}]}$$

根据拉普拉斯变换的终值定理式(2-11)，可得在单位阶跃输入$R(s)=1/s$下的余差

$$\begin{aligned}e_{\mathrm{r}}(\infty)&=\lim_{s\to 0}sE_{\mathrm{R}}(s)=\lim_{s\to 0}\frac{(T_{\mathrm{a}}s+1)(T_{\mathrm{p}}s+1)(T_{\mathrm{m}}s+1)}{[(T_{\mathrm{a}}s+1)(T_{\mathrm{p}}s+1)(T_{\mathrm{m}}s+1)+K_{\mathrm{c}}K_{\mathrm{a}}K_{\mathrm{p}}K_{\mathrm{m}}]}\\&=\frac{1}{1+K_{\mathrm{c}}K_{\mathrm{a}}K_{\mathrm{p}}K_{\mathrm{m}}}\end{aligned} \tag{2-37}$$

同理根据式(2-35)，可得在单位阶跃干扰$D(s)=1/s$作用下的余差为

$$\begin{aligned}e_{\mathrm{D}}(\infty)&=\lim_{s\to 0}sE_{\mathrm{D}}(s)=\lim_{s\to 0}\frac{-K_{\mathrm{d}}K_{\mathrm{p}}K_{\mathrm{m}}(T_{\mathrm{a}}s+1)}{(T_{\mathrm{d}}s+1)[(T_{\mathrm{a}}s+1)(T_{\mathrm{p}}s+1)(T_{\mathrm{m}}s+1)+K_{\mathrm{c}}K_{\mathrm{a}}K_{\mathrm{p}}K_{\mathrm{m}}]}\\&=\frac{-K_{\mathrm{d}}K_{\mathrm{p}}K_{\mathrm{m}}}{1+K_{\mathrm{c}}K_{\mathrm{a}}K_{\mathrm{p}}K_{\mathrm{m}}}\end{aligned} \tag{2-38}$$

2.4.4 控制系统的单位阶跃响应

1. 单位阶跃响应的求取

在探究自动控制系统的输入与输出关系时，为了分析方便，通常采用单位阶跃信号作为输入，所谓单位阶跃信号，就是幅值大小为 1 的阶跃信号，通常用$1(t)$表示：

$$1(t)=\begin{cases}1 & t\geqslant 0\\0 & t<0\end{cases} \tag{2-39}$$

相应地，在单位阶跃输入作用下，控制系统的输出$c(t)$称为单位阶跃响应。有了闭环传递函数之后，就可以来求系统的单位阶跃响应了。但在这之前，还要掌握几个函数的拉普拉斯变换，见表 2-3。

表 2-3　几个函数的拉普拉斯变换

序号	函数名称	原函数 $f(t)$，$t\geqslant 0$	对应的拉普拉斯变换 $F(s)$
1	单位阶跃函数	$1(t)$	$\frac{1}{s}$
2	自然指数函数	$e^{-\alpha t}$	$\frac{1}{s+\alpha}$
3	单位斜坡函数	t	$\frac{1}{s^2}$

下面通过图 2-37 所示的例子，阐述如何通过闭环传递函数、拉普拉斯变换来求解系统的单位阶跃响应。在该图中，$R(s)$为单位阶跃输入信号，干扰 $D(s)=0$，目标是求解在 $R(s)$的作用下输出 $c(t)$的表达式。

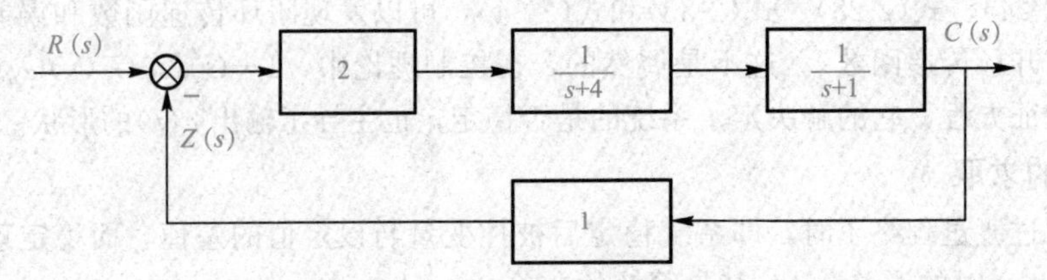

图 2-37 单位阶跃响应求解示例

由闭环传递函数表达式(2-24)不难得到该系统的闭环传递函数：

$$G_{\mathrm{R}}(s)=\frac{2\times\frac{1}{s+4}\times\frac{1}{s+1}}{1+2\times\frac{1}{s+4}\times\frac{1}{s+1}\times 1}=\frac{2}{s^2+5s+6}=\frac{2}{(s+2)(s+3)}$$

根据闭环传递函数的定义，又从表 2-3 知道单位阶跃响应的拉普拉斯变换 $R(s)=1/s$，可知输出的拉普拉斯变换 $C(s)$：

$$C(s)=G_{\mathrm{R}}(s)\times R(s)=\frac{2}{s(s+2)(s+3)} \tag{2-40}$$

到了这一步，已经知道了输出的拉普拉斯变换 $C(s)$，但是，需要的是其对应的 $c(t)$，仔细观察式(2-40)，可以发现它是由表 2-3 中第一行第四列、第二行第四列中的项相乘构成的，只不过此处的 α 分别等于-2 和-3。

因此，如果能把式(2-40)拆成式(2-41)：

$$C(s)=\frac{2}{s(s+2)(s+3)}=\frac{c_1}{s}+\frac{c_2}{s+2}+\frac{c_3}{s+3} \tag{2-41}$$

那么只要确定 c_1，c_2，c_3 这三个系数的大小，根据拉普拉斯变换的线性性质，就能通过表 2-3 求解出 $c(t)$。下面开始确定 c_1：

由式(2-41)可知：

$$sC(s)=\frac{2}{(s+2)(s+3)}=c_1+\frac{sc_2}{s+2}+\frac{sc_3}{s+3} \tag{2-42}$$

对式(2-42)取 s 趋于 0 时的极限，得

$$\lim_{s\to 0}\left[c_1+\frac{sc_2}{s+2}+\frac{sc_3}{s+3}\right]=c_1=\lim_{s\to 0}sC(s)=\lim_{s\to 0}\frac{2}{(s+2)(s+3)}=\frac{1}{3}$$

即 $c_1=\frac{1}{3}$。用同样的方法可以求得

$$c_2=\lim_{s\to -2}(s+2)C(s)=\lim_{s\to -2}\frac{2}{s(s+3)}=-1,\quad c_3=\lim_{s\to -3}(s+3)C(s)=\lim_{s\to -3}\frac{2}{s(s+2)}=\frac{2}{3}$$

因此，式(2-41)可写为

$$C(s)=\frac{1}{3}\times\frac{1}{s}-\frac{1}{s+2}+\frac{2}{3}\times\frac{1}{s+3}$$

根据拉普拉斯变换的线性性质，参照表 2-3，容易得到系统的单位阶跃响应：

$$c(t)=\frac{1}{3}-\mathrm{e}^{-2t}+\frac{2}{3}\mathrm{e}^{-3t}$$

2. 余差的求取

可以直接利用式(2-37)，但需要注意的是，各传递函数的表达方式应与式(2-36)相同，即

$$G_c(s)=2，G_a(s)=\frac{1}{s+4}=\frac{0.25}{0.25s+1}，G_p(s)=\frac{1}{s+1}，G_m(s)=1$$

代入式(2-37)，可得该系统在设定值作用下的误差传递函数 $e(\infty)=1/(1+K_cK_aK_pK_m)=1/(1+0.25\times1\times1\times1)=2/3$。

2.4.5 闭环传递函数零极点对响应的影响

使闭环传递函数分子为零的 s 值，称为闭环传递函数的零点；使闭环传递函数分母为零的 s 值，称为闭环传递函数的极点，闭环传递函数的零极点决定了系统的稳定性和响应形状。本部分内容介绍了零极点的定义，以及其对响应的影响，并以具体案例说明如何通过观察闭环传递函数，推断系统大致的阶跃响应形状，可扫码获取。

闭环传递函数零极点对响应的影响

任务测评

1. 求取图 2-38 中干扰 $D_1(s)$ 至输出 $C(s)$ 的干扰传递函数 $G_{D1}=C(s)/D_1(s)$ 和干扰 $D_2(s)$ 导致的误差传递函数 Φ_{ED2}。

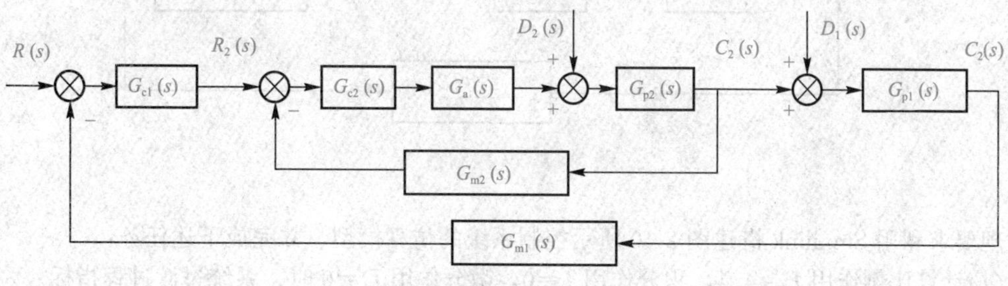

图 2-38 任务测评 1 图

2. 下列系统中稳定的是(　　)。

A. $G(s)=\dfrac{1}{(s+2)(s-2)(s+5)}$

B. $G(s)=\dfrac{1}{(s+2)(s+3)(s+5)}$

C. $G(s)=\dfrac{1}{(s+1-i)(s+1+i)(s+5)}$

3. 图 2-39 所示分别为某系统的阶跃响应，则该系统的传递函数最可能的是(　　)。

A. $G(s)=\dfrac{0.052}{(s+0.05)(s+0.2+j)(s+0.2-j)}$

B. $G(s)=\dfrac{1.04}{(s+1)(s+0.2+j)(s+0.2-j)}$

C. $G(s)=\dfrac{0.052}{(s+0.05)(s-0.2+j)(s-0.2-j)}$

D. $G(s)=\dfrac{1.04}{(s+1)(s-0.2+j)(s-0.2-j)}$

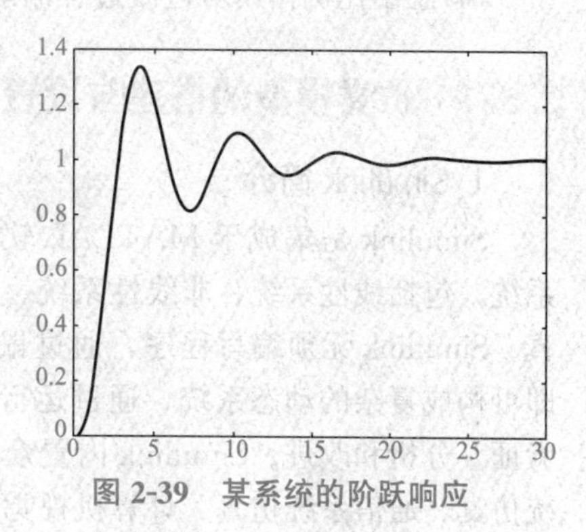

图 2-39 某系统的阶跃响应

任务 2.5　控制系统的 Simulink 仿真分析

任务描述

合理有效的生产过程控制方案可带来巨大的经济效益，但是如何证明设计的控制方案合理且有效呢？由于工业生产尤其是化工生产的特殊性，贸然将未经验证的控制方案应用到生产实践中，有可能导致控制质量恶化，甚至发生重大生产事故。

因此，控制方案在实施前需要进行大量的仿真验证，以 Simulink 为代表的控制系统仿真软件用于过程控制系统仿真领域，在控制方案、策略、算法的设计及验证，控制器参数的整定等方面发挥了重要的作用。

某控制系统如图 2-40 所示。其控制器为比例积分微分(PID)控制器，其比例作用初始大小为 3.1，积分作用和微分作用均为 0。

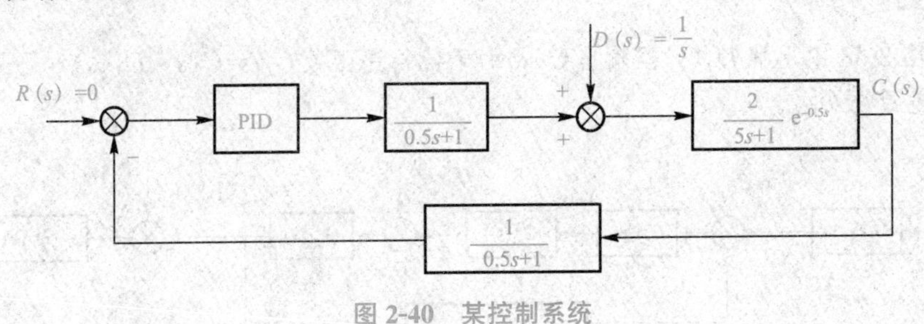

图 2-40　某控制系统

现要求利用 Simulink 搭建图 2-40 所示控制系统的仿真模型，并完成下述任务：

(1)计算比例作用 $P=4.4$，积分作用 $I=0$，微分作用 $D=0$ 时，系统过渡过程指标。

(2)改变比例作用 P 的大小，分析 P 的大小对过渡过程指标的影响。

通过本任务的学习，应该达成下述目标：

(1)熟悉 Simulink 控制系统仿真模块，能基于传递函数模块搭建控制系统的仿真模型。

(2)掌握 Simulink 仿真参数的设置及仿真运行操作。

(3)熟悉 Simulink 的 Scope 模块，能利用 Scope 模块的 Cursor Measurements 功能获取仿真结果数据，进行过渡过程指标的计算。

(4)总结比例作用对过渡过程的影响。

2.5.1　仿真模型的搭建与设置

1. Simulink 简介

Simulink 是集成于 MATLAB 软件中的可视化仿真工具，主要用于动态系统，包括线性系统、非线性系统、数字控制与信号处理等领域的建模及仿真。Simulink 无须编写程序，通过鼠标将各种仿真模块用信号线连接起来，即可构成复杂的动态系统，通过运行动态系统的仿真模型，对设计方案进行验证、分析和改进。Simulink 内置众多模块，其模块库包括但不限于控制系统仿真、通信系统仿真、计算机视觉、神经网络、航空宇航等。

微课：SIMULINK 启动与模型库介绍

下面以 MATLAB 2016 为例，讲解如何启动 Simulink，构建控制系统仿真模型。

2. 启动 Simulink

启动 MATLAB 2016 后，选择软件“主页”选项卡中的 “Simulink”选项即可启动 Simulink 仿真软件。启动后进入“Simulink Start Page”页面，单击该页面中的“Open”按钮即可打开模型或文件，单击该页面“New”选型卡中的“Blank Model”按钮即可新建 Simulink 仿真模型。

3. Simulink 的模型编辑区与模型库浏览器

单击“Blank Model”按钮，即可进入图 2-41 所示的 Simulink 模型编辑界面，图中显示的是本任务要求构建的仿真模型，同时说明了界面中各按钮的作用。

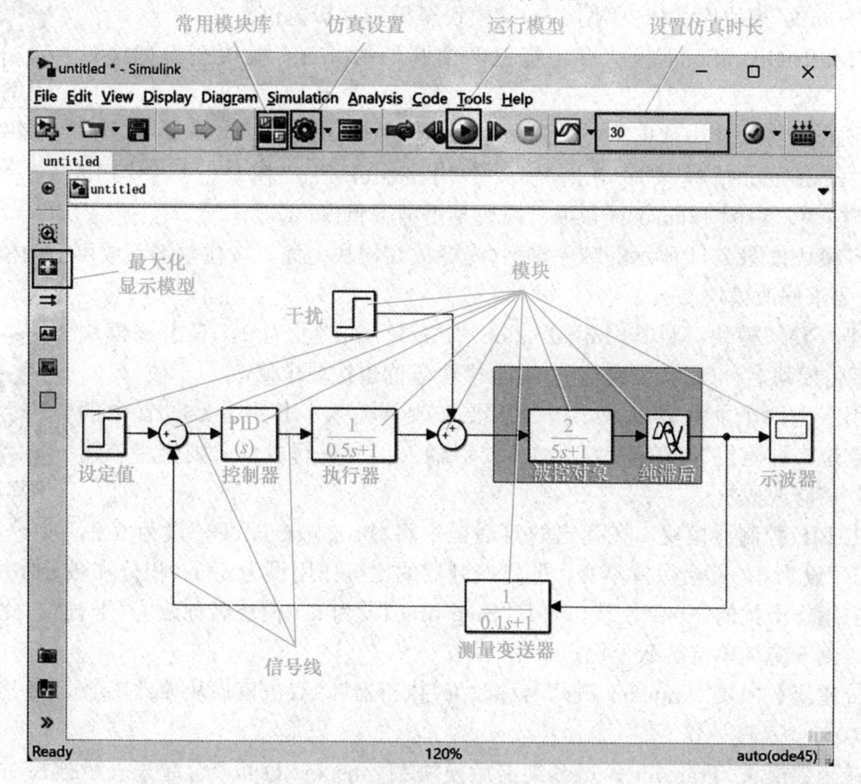

图 2-41　Simulink 模型编辑界面

下面简要介绍过程控制仿真经常用到的模块库及模块。

(1)Continuous 模块库。本书所用大部分模块位于该模块库中，包括传递函数模块(Transfer Fcn)、零极点型的传递函数模块(Zero-Pole)、纯滞后模块(Transport Delay)、PID 控制器模块(PID Controller)等。

(2)Math Operations 模块库。Math Operations 模块库包括加法模块(Sum)、增益模块(Gain)、乘法模块(Product)等。其中，控制系统的比较环节用加法模块实现。

(3)Sinks 模块库。Sinks 称为输出池，最常用的是示波器模块(Scope)，本书中的仿真结果通过 Scope 显示。

(4)Source。Source 为输入模块库，该模块库提供了多种信号用作控制系统的输入信号(用作设定值和干扰)，其中本书用得最多的是阶跃信号(Step)、周期信号发生器模块(Repeating Sequence)。

4. 模型的搭建

在利用传递函数模块搭建 Simulink 模型进行仿真时，系统的各模块初始状态都为 0。需要注意的是，这个 0 指的是系统初始时处于平衡状态，并不是说被控变量、操纵变量等信号的绝对值为 0。

本任务要实现的仿真模型中，设定值输入 $R(s)=0$，即该系统实际上为定值控制系统，无设定值跟踪要求。干扰 $D(s)$ 为单位阶跃信号。被控对象传递函数为 $e^{-0.5s}/(5s+1)$，其中，$e^{-0.5s}$ 表示大小为 0.5 的纯滞后(后面内容将详细介绍)。该被控对象的传递函数需要用一个表示 $1/(5s+1)$ 的“Transfer Fcn”模块和一个“Time delay”等于 0.5 的纯滞后模块“Transport Delay”串联来实现。

(1)从模块库中选取模块，拖曳到模型编辑窗口。

微课：模块选取与排列

1)从“Source”模块库中拖曳两个“Step”模块至模型编辑窗口。

2)从“Math Operations”模块库中拖曳两个圆形的“Sum”模块至模型编辑窗口。

3)从“Sinks”模块库中拖曳 1 个“Scope”模块至模型编辑窗口。

4)从“Continuous”模块库中拖曳 3 个“Transfer Fcn”模块，1 个“PID Controller”模块、1 个“Transport Delay”模块至模型编辑窗口。

5)将各模块按图 2-41 所示的顺序排列(光标放在模块上面，按住左键不放可拖动模块)。

(2)按要求修改模块参数。

1)双击“Step”模块，将其“Initial value”“Final value”设为 0，双击该模块“Step”文字将模块名称改为“设定值”。其余模块名称也按要求修改。

微课：模块修改与连接

2)分别双击两个加法器模块，按照需要修改其输入。其中参数设置中的“|”表示空位，即该位置没有输入，如需要对输入信号进行取反，则应将该输入位置的“+”修改成“-”。

3)双击 PID 控制器模块，在弹出的对话框中将“Proportional(P)”设为 6.3，“Integral(I)”设为 0，其余保持不变，即将控制器的比例作用设为 6.3，积分和微分作用设为 0。

4)双击用作干扰的“Step”模块，将其“Step time”设为 5，模块名称改为“干扰”。此设置意在使仿真于时刻 5 施加单位阶跃干扰。

5)将传递函数模块“Transfer Fcn”名称改为“执行器”，双击该模块修改参数，将其传递函数修改成 $1/(0.5s+1)$。

6)传递函数模块“Transfer Fcn”和纯滞后模块“Transport Delay”合起来表示被控对象传递函数 $e^{-0.5s}/(5s+1)$。因此，将“Transfer Fcn”的传递函数改成 $1/(5s+1)$，然后双击“Transport Delay”模块，将其“Time delay”设为 0.5。

7)选中“Transfer Fcn2”模块，Ctrl+R 键旋转后，把文字拖到模块下方，并将其文字改成“测量变送器”，同时修改其参数将其传递函数改成 $1/(0.1s+1)$。

(3)连接模块。将各模块连接即完成模型搭建。操作中，光标移动至信号线，先按住 Ctrl 键不放，然后按住鼠标左键拖至目标处即可实现信号的分支。

2.5.2 仿真运行与控制指标计算

模型搭建好后，单击图 2-41 中▶按钮运行仿真模型，然后双击示波器图标即可得到仿真结果。由于仿真步长设置为 AUTO，有可能导致曲线不够光滑呈锯齿状，可通过单击图 2-41 中的仿真设置按钮，在弹出的对话框“Solver”—“Additional options”中将“Max Step Size”从“AUTO”改成 0.1 或更小的数值，即可消除锯齿。

微课：仿真运行与示波器设置

为计算过渡过程指标，可单击示波器显示界面工具栏中的按钮，将数据游标移动至曲线特定位置即可获取曲线上该点的数据，如图 2-42 所示。

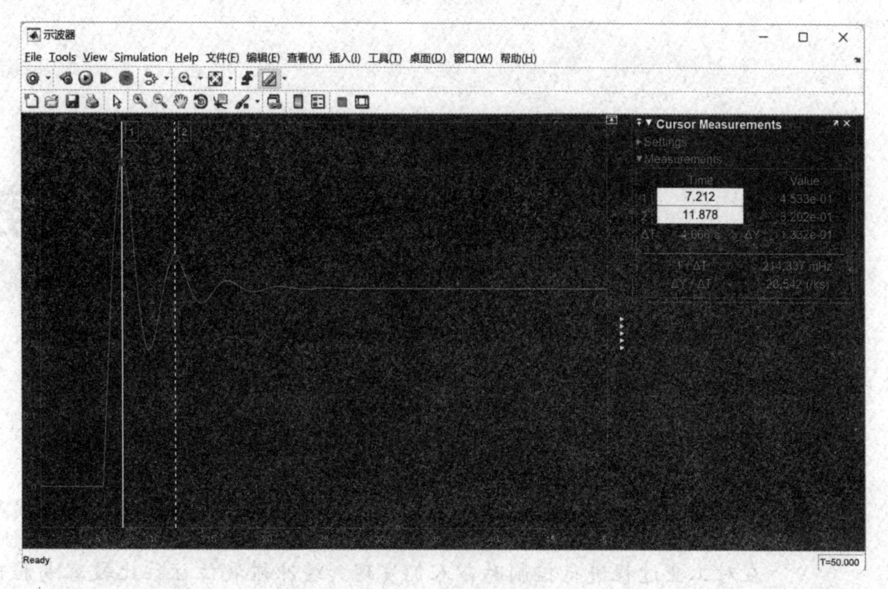

图 2-42　仿真结果

从图 2-41 中可以观察到：曲线最高峰值为游标 1 对应的“Value”值，为 4.533e-01，即 0.453 3；次高峰为游标 2 的“Value”值，为 0.320 2；两峰之间的时间差为“ΔT”，即 4.666 s；移动游标 1 或游标 2 到最后面，可以得到新稳态值为 0.277 8。

系统的设定值为 0，因此计算过渡过程的品质指标如下：

衰减比 $\eta=(0.4533-0.2778)/(0.3202-0.2778)=4.14$

振荡周期 $T=4.666$ s

最大偏差 $A=0.4533-0=0.4533$

任务测评

1. 根据过渡时间的定义，计算上述仿真运行结果的过渡时间。

2. 从小到大修改 PID 控制器的比例作用大小，仿真运行并计算响应的过渡过程品质指标，总结比例作用大小对过渡过程的影响。

项目 3

被控对象的特性与辨识

项目背景

在对工业过程进行控制时，人们发现，缓冲罐液位往往比较容易控制，而氯乙烯聚合的反应釜，则很难控制。如果不及时移走反应生成的热量，容易产生“爆聚”现象，导致安全阀起跳，生产被迫停止；另外，如果冷却水过量，又会导致聚合反应越来越慢，出现“僵釜”现象。出现这个现象的关键就在于被控对象的特性各不相同。只有深入了解被控对象的特性，才能设计出合理的控制方案，选择合适的检测仪表和执行器，才能整定好控制器参数。

本项目将首先归纳、总结生产中常见被控对象的类型及其特性，并学习如何根据试验数据确定被控对象的类型及其传递函数，然后探究被控对象的通道特性对控制质量的影响，在此基础上完成奶粉喷雾干燥系统被控变量与操纵变量的选择。

知识目标

1. 掌握常见化工被控对象的传递函数及其单位阶跃响应特性；

2. 掌握放大系数 K、时间常数 T、容量滞后、纯滞后等特性参数的物理意义；

3. 掌握控制通道特性与干扰通道特性对控制过程的影响。

技能目标

1. 能根据工业被控过程的试验数据确定其类型及传递函数；

2. 能根据过程通道特性，结合具体工艺条件，合理选择控制系统的被控变量与操纵变量。

素养目标

了解我国科学家在过程辨识领域所做的杰出贡献。

任务 3.1　被控对象的类型与特性参数

任务描述

控制质量的好坏与控制系统的四个组成环节都有关系，其中被控对象特性的影响尤其大。化工生产中设备众多，工作原理各不相同，如何归纳总结这些设备的特点呢？在控制工程里面，是按照被控对象的输出对其输入的响应特点来分类的，从自控系统方框图(图 2-6)可见，被控对象的输出就是被控变量 c，但其输入有两个：一是操纵变量 q；二是扰动作用 d。这就引出以下两个概念：

(1)控制通道：操纵变量 q 对被控变量 c 的影响。

(2)扰动通道：扰动作用 d 对被控变量 c 的影响。

通道不同，对于同一个被控对象来说，它的特性也不同。被控对象在过程控制领域常被称为工业过程，因此被控对象特性也称为工业过程特性，后面也按习惯将被控对象称为过程。

本任务就是要了解生产中常见的几种过程及其特性，通过本任务的学习，应达到以下目标：

(1)能列举出常见被控过程的类型、写出其传递函数表达式，能根据被控过程的单位阶跃响应曲线判断其类型。

(2)能说出放大系数 K、时间常数 T 和滞后时间 τ 这三个描述对象特性参数的物理意义。

3.1.1　自衡单容过程

在生产中，多数过程具有自平衡能力。这指的是过程在输入作用下，平衡状态被破坏后，无须人为或设备的干预，依靠过程自身的能力，能逐渐恢复到一个新的平衡状态的能力。

有少数过程，在输入作用下其平衡状态被破坏后，若不进行干预，仅靠自身能力不能恢复平衡状态，此种过程就不具备自衡能力。

据此，工业过程大体上可分为自衡过程与非自衡过程两类，如图 3-1 所示。

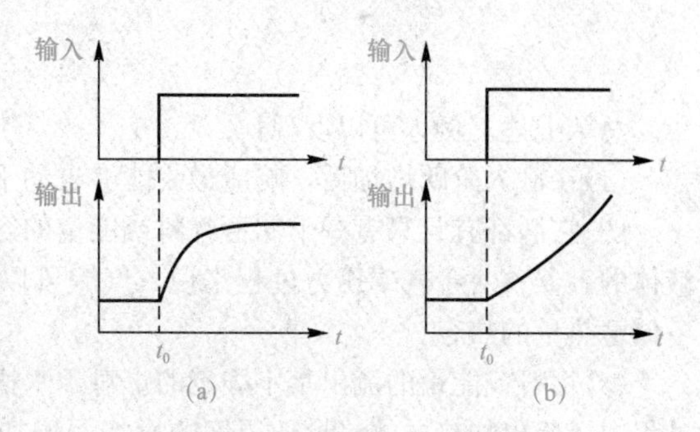

图 3-1　自衡与非自衡过程

(a)自衡过程；(b)非自衡过程

自衡过程分为自衡单容过程和自衡多容过程。下面首先了解自衡单容过程。

1. 自衡单容过程案例

图 3-2(a)所示的水槽，开始时，液位处于平衡状态，进料流量 Q_i 等于出料流量 Q_o。当 Q_i 阶跃增加后，液位 h 将上升；随着 h 上升，出料阀门前压力增加，Q_o 也将随之增加，当其再次等于 Q_i 时，h 不再增加，达到新的平衡状态。阶跃响应曲线如图 3-3(a)所示。

图 3-2(b)所示的电加热过程，液体的流入、流出量相等，出口及容器内部温度均为 T_p。在环境温度 T_c、流入温度 T_i、流量 q 不变的前提下，如果加热电压 U 阶跃增加 ΔU，则温度 T_p 的阶跃响应如图 3-3(b)所示。

再观察图 3-2(c)所示的气罐压力过程，假设气罐内压力变化不大，气罐内气体密度可维持不变，同时假设入口阀前压力 P_1 和罐内温度均为常数，那么在入口流量 Q_1 阶跃增加 ΔQ_1 后，

其罐内压力 P 的阶跃响应曲线如图 3-3(c)所示。

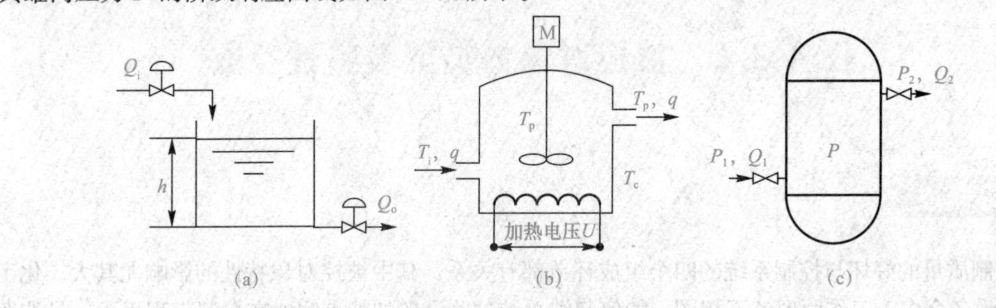

图 3-2　自衡单容过程案例

(a)水槽；(b)电加热过程；(c)气罐压力过程

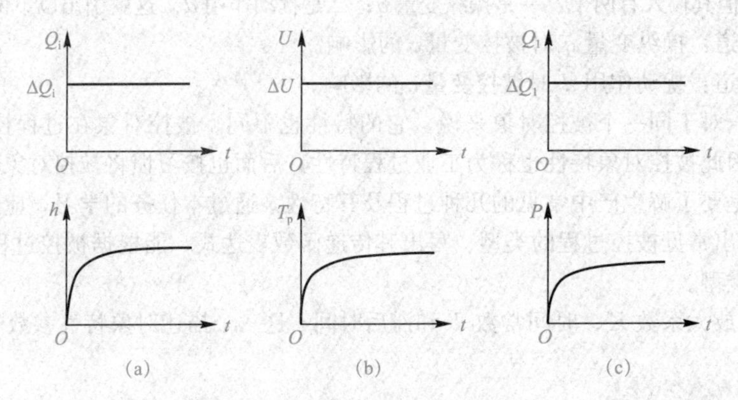

图 3-3　自衡单容过程的阶跃响应

(a)水槽；(b)电加热过程；(c)气罐压力过程

总结上述三例，可以发现：

(1)在输入阶跃增加后，响应最终能够自动平衡，因此它们都具备自衡能力。

(2)它们都有且只有一个储蓄物料或能量的容积。对于水槽来说，水槽就是一个能储存流入液体的容器；对于气罐压力过程来说，气罐可以储存气体；而电加热过程当中，被加热介质具备储蓄热量的热容。

(3)物料或能量的流出是不固定的。对于水槽来说，出口流量随液位增加而增加，在电加热过程中，流出加热器的热量随温度的增加而增加，气罐压力过程中，随着入口流量增加，罐内气压增加，出口流量也将增加。这种特点使三个对象的阶跃响应最终能够进入新的平衡状态而不至于一直上涨。

(4)三种情况均有阻碍物料或能量流出的阻力，这种阻力分别来自水槽出口阀门的水阻、被加热物料的热阻和气罐出口阀门的气阻。

具备以上特点的对象称为自衡单容过程。

2. 自衡单容过程传递函数与响应特点

自衡单容过程又称为一阶惯性环节，可用式(3-1)的传递函数描述，其中 K 和 T 是常数。

$$G(s)=\frac{K}{Ts+1} \tag{3-1}$$

其中，K 为放大系数或静态增益；T 为时间常数。对于图 3-2(a)所示的自衡单容水槽对象来说，已有的研究表明 $K=R$，$T=AR$，其中 R 称为水阻，其大小与液位初始高度和出口阀门的开度有关；A 为容器的横截面面积。

放大系数 K 和时间常数 T 是衡量被控对象特性非常重要的两个参数。下面探讨其物理意义。

假设有两个自衡单容对象，传递函数分别为 $G_1(s)$ 和 $G_2(s)$，两者的放大系数分别为 $K_1=2$，$K_2=3$，时间常数分别为 $T_1=1$，$T_2=3$，即

$$G_1(s)=\frac{K_1}{T_1s+1}=\frac{2}{s+1},\ G_2(s)=\frac{K_2}{T_2s+1}=\frac{3}{3s+1}$$

分别给予两对象幅值 $r=2$ 的阶跃输入，两者的响应分别为 $c_1(t)$ 和 $c_2(t)$，如图 3-4 所示。从图中可见，$c_1(t)$ 的稳态值 $c_1(\infty)=r\times K_1=2\times 2=4$，$c_2(t)$ 的稳态值 $c_2(\infty)=r\times K_2=2\times 3=6$，相当于把输入放大 K 倍，就得到响应的稳态值。从图中还可以看出，当响应到达最终稳态值的 63%倍(分别为 2.528 和 3.792)的时间恰好为各自的时间常数 T。

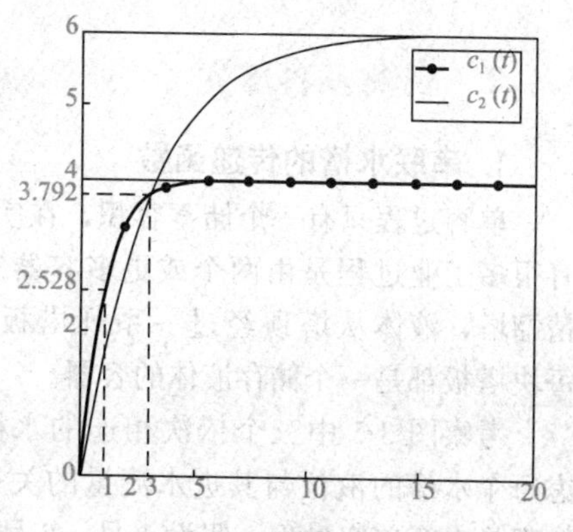

图 3-4 阶跃响应

事实上，对所有的自衡单容对象都有上述结论，下面证明这一点，并总结放大系数 K 和时间常数 T 的物理意义。

3. 放大系数 K 和时间常数 T 的物理意义

利用 2.4.4 节的方法求出式(3-1)在输入为 $R(s)=A/s$，即幅值为 A 的阶跃输入下的阶跃响应 $c(t)$，则其响应的拉普拉斯变换 $C(s)$：

$$C(s)=R(s)G(s)=\frac{AK}{s(Ts+1)}=\frac{A\dfrac{K}{T}}{s\left(s+\dfrac{1}{T}\right)}=\frac{c_1}{s}+\frac{c_2}{s+\dfrac{1}{T}} \tag{3-2}$$

利用前述待定系数法可以得到 $c_1=AK$、$c_2=-AK$，根据查表法，可得

$$c(t)=AK(1-\mathrm{e}^{-\frac{t}{T}}) \tag{3-3}$$

根据式(3-3)得

$$c(\infty)=AK;\ K=\frac{c(\infty)}{A} \tag{3-4}$$

$$c(T)=0.632AK \tag{3-5}$$

$$c(3T)=0.95AK,\ c(4T)=0.98AK \tag{3-6}$$

响应刚开始时的速度[即 $t=0$ 时刻，$c(t)$ 的导数]

$$\frac{\mathrm{d}c(t)}{\mathrm{d}t}\Big|_{t=0}=\frac{AK}{T}\mathrm{e}^{-\frac{t}{T}}\Big|_{t=0}=\frac{AK}{T}=\frac{c(\infty)}{T} \tag{3-7}$$

(1)放大系数 K(静态增益)的物理意义。根据式(3-4)，放大系数 K 等于响应稳态值与输入之比，即输入放大的倍数，这就是放大系数(静态增益)这个名称的来由。很明显，在同样的输入作用下，放大系数 K 越大，最终稳态值 $c(\infty)$ 越大，因此放大系数描述了响应的静态特性。

从另一方面理解，在同样的输入下，放大系数 K 越大，被控过程的稳态值越大，说明被控过程越容易受输入的影响，因此放大系数衡量了输出对输入的敏感程度。

放大系数 K 也衡量了被控过程自衡能力的大小。K 越大，在同样的输入下，被控变量要改变得越多才能最终平衡下来，因此自衡能力就越弱。过程控制领域习惯用 K 的倒数来衡量自平衡能力，称为自衡率 ρ，$\rho=1/K$。

(2)时间常数 T 的物理意义。从式(3-5)可知，时间常数 T 是响应到达最终稳态值的 63.2%时所需的时间；从式(3-6)可知，自衡单容过程的过渡时间为 $3T$(±5%标准)或 $4T$(±2%)；从式(3-7)可知，T 越小，系统响应的初始速度越大，响应曲线越陡，系统响应越快。

可见，时间常数 T 描述了响应的动态特性，其值越小，被控过程响应越快，响应曲线越陡，到达稳态的时间越短。

前面说过自衡单容过程又称为一阶惯性环节，时间常数 T 就是衡量其惯性大小的参数。

3.1.2 自衡多容过程

1. 串联水槽的传递函数

单容过程只有一个储蓄容积，在实际生产中，有很多工业过程是由两个或更多容器组成的，如精馏塔，液体从塔顶经过一系列塔板流到塔底，每块塔板都是一个储存液体的容器。

考察图 3-5 中三个依次相连的水槽。若仅考虑每个水槽的液位与其进水流量的关系，每个水槽都是自衡单容过程，假设 1 号、2 号、3 号水槽的液位与其进水流量的传递函数分别为 $G_{1i}(s)$、$G_{21}(s)$、$G_{32}(s)$，则根据上述自衡单容过程的传递函数得

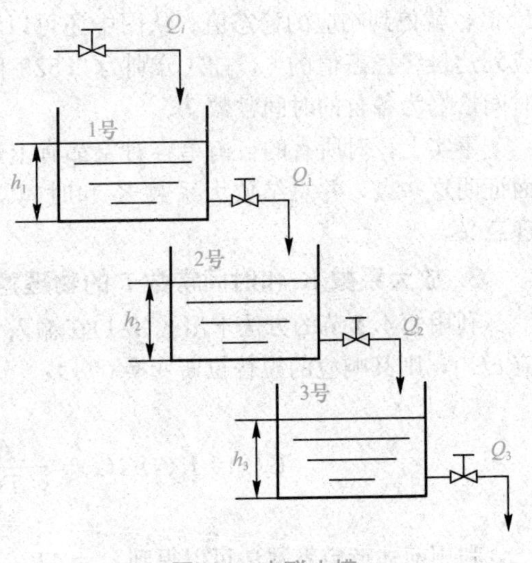

图 3-5 串联水槽

$$G_{1i}(s)=\frac{h_1(s)}{Q_i(s)}=\frac{R_1}{T_1s+1} \tag{3-8}$$

$$G_{21}(s)=\frac{h_2(s)}{Q_1(s)}=\frac{R_2}{T_2s+1} \tag{3-9}$$

$$G_{32}(s)=\frac{h_3(s)}{Q_2(s)}=\frac{R_3}{T_3s+1} \tag{3-10}$$

其中，R_1、R_2、R_3 为各个水槽的水阻。

同时，可以近似认为每个水槽的出口流量 Q_j 与其液位 h_j 成正比，见式(3-11)

$$Q_j(s)=\frac{h_j(s)}{R_j} \tag{3-11}$$

其中，R_j 为水槽的水阻。

下面推导 2 号水槽的液位 h_2 与其进水流量 Q_1 的传递函数 $G_2(s)$。

由式(3-8)、式(3-9)和式(3-11)，可得

$$G_2(s)=\frac{h_2(s)}{Q_i(s)}=\frac{h_2(s)}{Q_1(s)}\times\frac{Q_1(s)}{Q_i(s)}=\frac{h_2(s)}{Q_1(s)}\times\frac{\frac{h_1(s)}{R_1}}{Q_i(s)}=\frac{G_{21}(s)G_{1i}(s)}{R_1}=\frac{R_2}{(T_1s+1)(T_2s+1)} \tag{3-12}$$

同理，可得 3 号水槽的液位 h_3 与其进水流量 Q_2 的传递函数 $G_3(s)$

$$G_3(s)=\frac{R_3}{(T_1s+1)(T_2s+1)(T_3s+1)} \tag{3-13}$$

把图 3-5 中 1 号、2 号两个水槽串联在一起构成的对象称为双容水槽，1 号、2 号、3 号串联在一起构成的对象称为三容水槽。

由式(3-12)、式(3-13)可见，双容水槽的传递函数由两个惯性环节相乘构成，有 T_1 和 T_2 两个时间常数；三容水槽由三个惯性环节相乘，存在 T_1、T_2、T_3 三个时间常数，放大系数则

等于串联的最后一个水槽的水阻。

2. 串联水槽的阶跃响应特点

双容水槽、三容水槽乃至多容水槽存在多个惯性环节，其阶跃响与自衡单容过程相比有什么不同呢？假设有单容水槽 $G_1(s)$、双容水槽 $G_2(s)$、三容水槽 $G_3(s)$，其传递函数分别为 $G_1(s)=h_1(s)/Q_i(s)=1/(2s+1)$，$G_2(s)=h_2(s)/Q_i(s)=1/(2s+1)^2$，$G_3(s)=h_3(s)/Q_i(s)=1/(2s+1)^3$。

三个水槽的单位阶跃响应如图 3-6 所示。从图中可以看出以下几点。

(1)与自衡单容过程一样，双容水槽、三容水槽也有自衡能力，因此把这种过程称为自衡多容过程。

(2)自衡单容过程响应为指数上升曲线，而自衡多容过程响应曲线呈 S 形。

(3)单容过程最大响应速度出现在开始时刻，多容过程开始时刻响应速度为 0，而且一段时间 τ_c 之内响应相比单容过程都很小，可以忽略不计。通常将 τ_c 称为容量滞后，惯性环节数目越多，容量滞后越大，响应就越慢。

容量滞后大小可通过作图近似确定，以图 3-6 中三容水槽响应曲线为例，过该 S 形曲线的拐点作一条切线，该切线与时间轴的交点与响应起始时刻的时间差即容量滞后 τ_c。

容量滞后本质上是由于物料或能量的传递要通过多个储蓄容积引起的。

对于三容水槽的例子来说，输入是最上面 1 号水槽的入口流量 Q_i，输出是 3 号水槽的液位，入口流量 Q_i 要影响 h_3，首先要通过 1 号水槽和 2 号水槽，只有 2 号水槽的液位 h_2 上涨到一定程度，出口流量 Q_2 才有较明显增加，才能让 h_3 有较明显的上升；而要让 h_2 上涨，首先又得让 h_1 有较为明显的上涨。因此，物料通过的容积越多，容量滞后越大。

加热过程通常也是一个多容过程，如图 3-7 所示，由于夹套热容、硅油热容及内胆壁热容的影响，导致釜内介质的加热过程存在较大容量滞后。

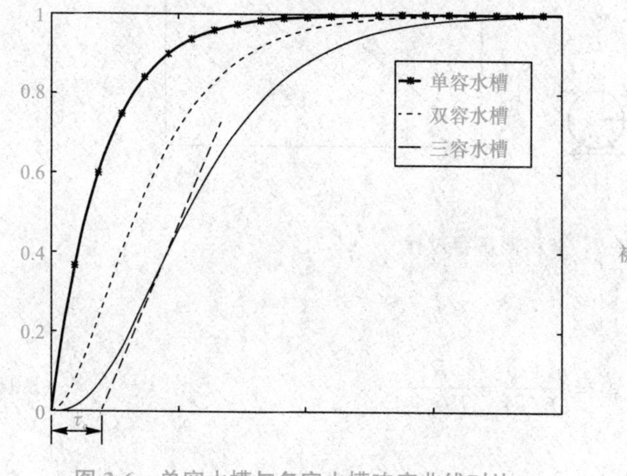

图 3-6　单容水槽与多容水槽响应曲线对比

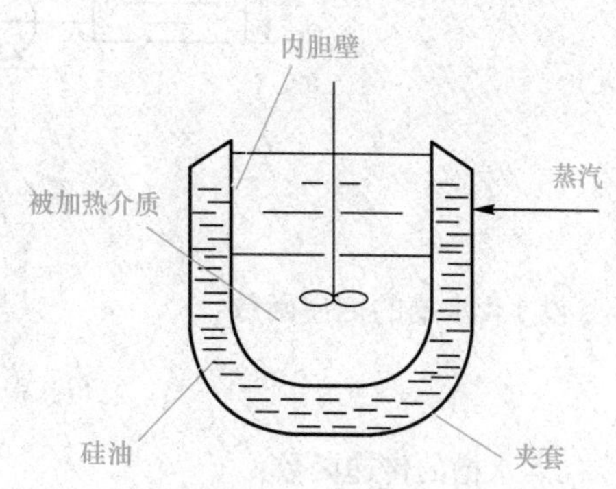

图 3-7　加热过程示意

3.1.3　非自衡过程

1. 非自衡单容过程

图 3-8 所示是聚氯乙烯生产中的一个 VCM 储罐，VCM 以流量 Q_i 流入储罐，罐出口通过计量泵以恒定流量 Q_o 将 VCM 打入聚合釜。此过程与自衡单容过程很相似，但因为出口流量 Q_o 恒定，就意味着 Q_i 增加，罐内液位上涨，Q_o 却不能跟着增加，导致液位一直上涨，从而失去自衡能力。

因此，这是一个非自衡的单容过程。非自衡单容过程也称为积分过程，它的传递函数见式(3-14)。其中，T 是时间常数，其单位阶跃响应如图 3-8(b)所示，时间常数 T 越小，响应越快。

$$G(s)=\frac{1}{Ts} \tag{3-14}$$

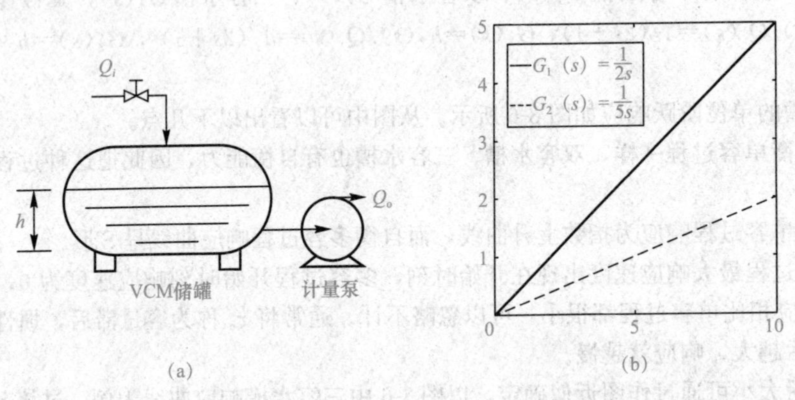

图 3-8　非自衡单容过程及其响应

2. 非自衡双容过程

生产中，非自衡的双容过程也很常见，图 3-9 所示为非自衡多容过程，1＃水槽为自衡单容水槽，2＃水槽是一个非自衡的单容水槽。

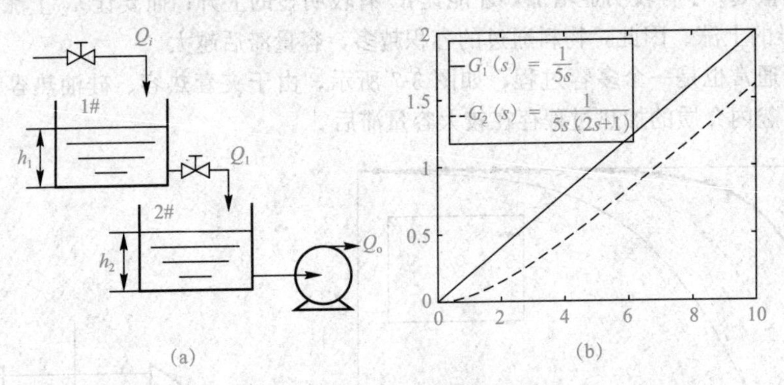

图 3-9　非自衡多容过程

设 1＃水槽的传递函数：

$$G_1(s)=\frac{h_1(s)}{Q_i(s)}=\frac{R_1}{T_1s+1} \tag{3-15}$$

2＃水槽的传递函数：

$$G_2(s)=\frac{h_2(s)}{Q_1(s)}=\frac{1}{T_2s} \tag{3-16}$$

由于 1＃水槽为自衡水槽，因此其出口流量 Q_1 与液位 h_1、水阻 R_1 有下面近似关系：

$$Q_1(s)=\frac{h_1(s)}{R_1} \tag{3-17}$$

从式(3-15)～式(3-17)可以得到上述非自衡多容过程的传递函数：

$$G(s)=\frac{h_2(s)}{Q_i(s)}=\frac{1}{T_2s(T_1s+1)} \tag{3-18}$$

非自衡单容过程与非自衡多容过程的传递函数都有一个 $1/s$ 项，称为积分环节，也就是说有一个极点为 0，因此，其阶跃响应是发散不稳定的。任何传递函数中都包含积分环节的系统，其阶跃响应都是发散不稳定的。

另外，实际生产中的液位过程大部分是非自衡的，设计工艺流程时，应为其配置一个自动控制回路。

3. 化学反应过程

化学反应通常都具备强烈的热效应，可分为吸热反应和放热反应。无论是吸热或是放热，温度升高都会导致反应加快。

对于吸热反应来说，一般需要进行加热，随着温度升高，反应加快，其吸收的热量也增加，因此温度也随之回落。吸热反应是一个具有负反馈特性的过程，它一般是稳定的。

对于放热反应来说，随着温度的升高，反应速度加快，放出的热量更多，导致温度升得更高，这是一个正反馈的不稳定过程，这种现象对一些高分子聚合反应尤其明显。如图 3-10(a)所示的氯乙烯聚合釜，因为氯乙烯聚合生成聚氯乙烯的聚合反应放出大量的热量，温度每升高 10 ℃，反应速度增加 3 倍，如果夹套冷却水 Q_i 阶跃下降，这将导致釜内温度急剧上升。聚合釜内温度 T 与夹套冷却水流量 Q_i 的传递函数近似为

$$G(s)=\frac{T(s)}{Q_i(s)}=\frac{-0.1}{(s+0.19)(s-1.04)} \tag{3-19}$$

其响应如图 3-10(b)所示，可以看到随着冷却水阶跃下降，其釜温呈加速上升态势，这也是大部分放热化学反应过程的特点。

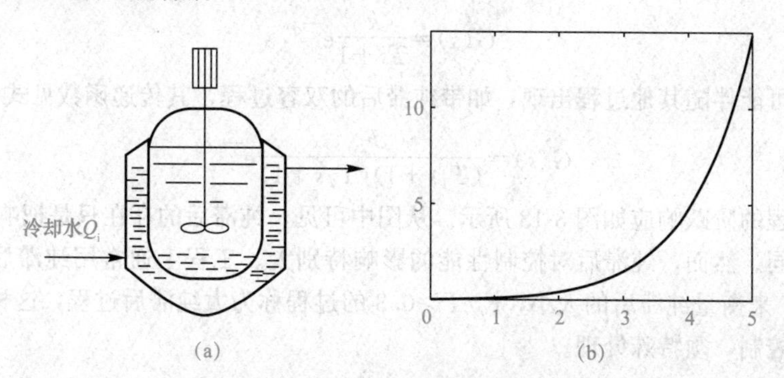

图 3-10　氯乙烯聚合反应釜及其阶跃响应

因此，对放热化学反应，必须设置一个精确的自动控制回路来控制其温度。

3.1.4　纯滞后过程

有些对象，当输入作用变化后，被控变量不是立即变化的，而是要经过一段时间 τ_0 才开始变化。把这种对象称为具有纯滞后的对象，而 τ_0 称为纯滞后。

纯滞后通常是由于介质的输送需要一段时间而引起的，如图 3-11(a)所示的溶解槽，加料量阶跃增加后，需要通过皮带传送至溶解槽溶解，溶液浓度才能发生改变。皮带传送的这段时间就是纯滞后。

另外，测量点选择不当、测量元件安装不合适等原因也会造成纯滞后。如图 3-11(b)所示，测温表与容器有一段距离 L，当蒸汽量阶跃增加后，容器内温度上升，但只有当容器内液体输送到测量点之后才能被检测出来。因此，在实践中安装分析仪表时，取样管线不能太长，取样点应该就近安装，否则将导致较大纯滞后。

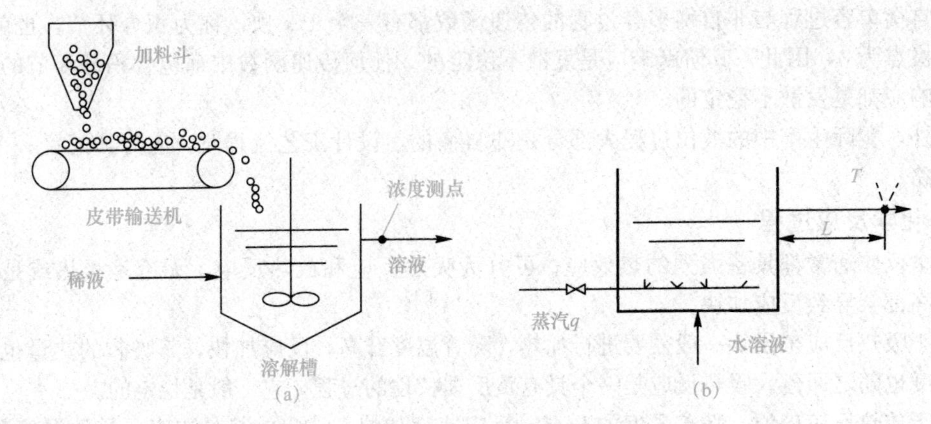

图 3-11　纯滞后过程

纯滞后过程的传递函数：

$$G(s)=\mathrm{e}^{-\tau_0 s} \tag{3-20}$$

在实际生产中，纯滞后是很普遍的，但单独的纯滞后很少见，往往伴随其他过程出现；如图 3-12 所示，流量 Q_i 通过较长的通道进入水槽，但阀门开度变化引起 Q_i 变化时，需要经过一段时间 τ_0 才使水槽的液位发生变化。把这种过程称为带纯滞后的单容过程，它的传递函数见式(3-21)。

$$G(s)=\frac{k}{Ts+1}\mathrm{e}^{-\tau_0 s} \tag{3-21}$$

纯滞后也可能伴随其他过程出现，如带纯滞后的双容过程，其传递函数见式(3-22)。

$$G(s)=\frac{k}{(T_1 s+1)(T_2 s+1)}\mathrm{e}^{-\tau_0 s} \tag{3-22}$$

纯滞后过程的阶跃响应如图 3-13 所示。从图中可见，纯滞后的存在只是把响应推迟了 τ_0 时间，其余都相同。然而，纯滞后对控制性能的影响特别大。工程上通常用纯滞后时间与时间常数的比值 τ_0/T 来衡量纯滞后的大小，$\tau_0/T>0.3$ 的过程称为大纯滞后过程，这种过程采用一般控制方法很难控制，须特殊处理。

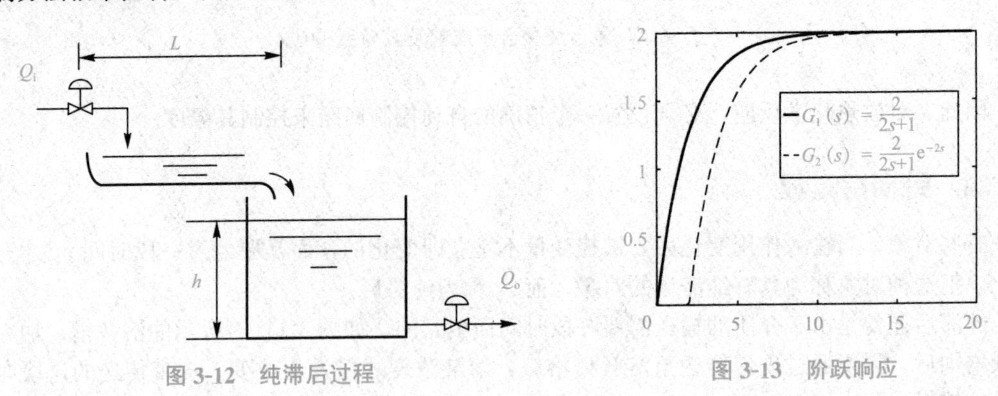

图 3-12　纯滞后过程　　　　图 3-13　阶跃响应

3.1.5　反向响应过程

图 3-14(a)所示为锅炉的工作原理，冷水从管道进入，通过燃烧室加热，在汽包中产生蒸汽和水的混合物，蒸汽供下游的生产装置使用。在这个过程中，汽包的水位控制很重要，控制不

好轻则满足不了生产需要，重则发生安全事故，因此需要对其进行深入分析。

如果将给水流量 Q_i 阶跃增加，按照道理汽包中的水应该也要增加。但实际上其液位变化通常呈现图 3-14(b)所示的形式。液位先是下降一段时间后，才开始上升。

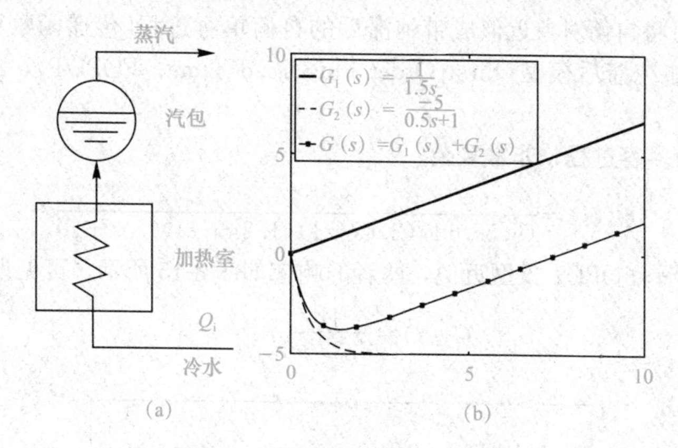

图 3-14　锅炉汽包及其阶跃响应

在燃料、蒸汽用量恒定情况下，液位确实应随进水量 Q_i 增加而增加，假设其传递函数为式(3-23)中的 $G_1(s)$，为一个积分环节。

$$G_1(s)=\frac{1}{1.5s} \tag{3-23}$$

但是，另一方面冷水的突然增加，会使汽包内水的沸腾突然减弱，导致水位下降，其传递函数为式(3-24)中的 $G_2(s)$

$$G_2(s)=\frac{-5}{0.5s+1} \tag{3-24}$$

在这两种效应的共同作用下，总的传递函数见式(3-25)。

$$G(s)=\frac{1}{1.5s}-\frac{5}{0.5s+1}=\frac{1-7s}{1.5s(0.5s+1)} \tag{3-25}$$

观察式(3-25)，其中 $-5/(0.5s+1)$ 这一项导致水位下降，因为其时间常数很小，所以在响应前期占主导地位，使液位一开始下降。

$1/1.5s$ 使液位上升，它的时间常数很大，因此在后期占主导地位，使液位在响应后期一直上升。

这种阶跃响应初始情况与最终情况相反的过程，称为反向响应过程，通常是因为传递函数存在正实部零点导致的。反向响应过程较难控制，需要特殊考虑。

3.1.6　工业过程的动态特性特点

工业生产中的被控过程基本上就是前面所述几种，通过对它们阶跃响应特性的分析，现在可以归纳出以下特点。

1. 被控对象的阶跃响应是不振荡的

从上面几种类型的过程特性来看，自衡单容、自衡双容过程、非自衡过程、反向响应过程等的传递函数都不存在复数极点，因此，其阶跃响应曲线是不振荡的。

2. 大部分工业过程或多或少存在滞后

在实际工业过程中，由于被控变量的测量，执行器的执行是需要一定时间的，因此被控过程或多或少都存在滞后现象。如前所述，滞后分为纯滞后 τ_0 和容量滞后 τ_c，有时对它们不加区分笼统地称为滞后时间 τ。但要注意的是，纯滞后远比容量滞后更难以克服。

滞后时间 τ 和放大系数 K、时间常数 T 一起构成描述被控对象特性的三个参数。

为去繁就简，可将自衡对象近似成带纯滞后的自衡单容过程[传递函数见式(3-21)]，这种近似方法称为一阶加纯滞后模型(First Order Plus Dead Time，FOPDT)，广泛应用于实际工程中。

式(3-26)的自衡多容过程，非常复杂。

$$G_1(s)=\frac{4}{(6.5s+1)(2.4s+1)(1.2s+1)(0.5s+1)} \tag{3-26}$$

若用式(3-27)所示 FOPDT 模型近似，两者的响应如图 3-15 所示，可见误差不大。

$$G_2(s)=\frac{4}{8.3s+1}e^{-2.5s} \tag{3-27}$$

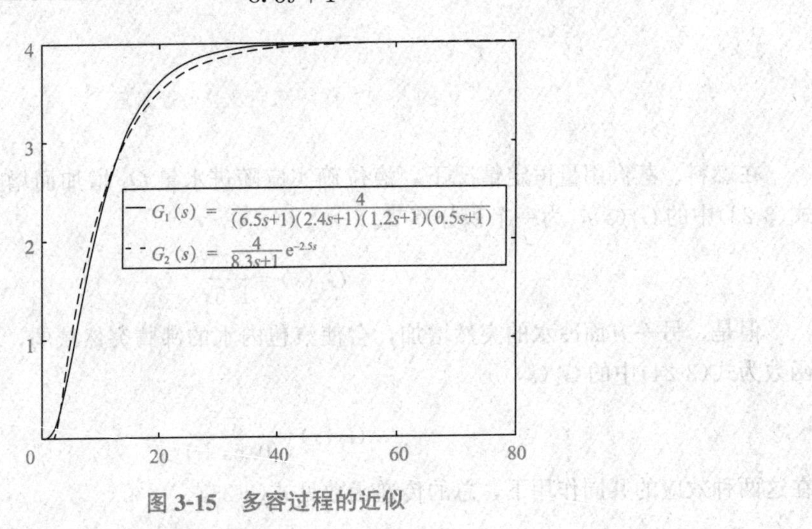

图 3-15　多容过程的近似

3. 被控对象大部分是稳定或中性稳定的

大部分工业过程是自衡过程，非自衡单容过程没有自平衡能力，但是其变化较慢，可视为中性稳定的过程。不稳定的过程在生产中较为少见，以放热化学反应为主。

但是，并非稳定或中性稳定的过程容易控制，如纯滞后比较大的过程就很难控制。

4. 大部分被控对象是慢过程

时间常数 T 衡量过程的响应快慢，实际生产中的各种被控对象都属于慢过程。各种被控对象的时间常数大致如下：温度对象在几分钟到几十分钟之间；流量对象在几秒至几十秒之间；压力对象和液位对象的时间常数介于流量对象与温度对象之间，时间常数 T 排序大致为流量＜压力＜液位＜温度。

5. 被控对象往往具有非线性

严格来说，绝大多数被控对象的动态特性有非线性，用传递函数描述它们的动态特性，只是一种在一定工作负荷下的近似。

被控对象的非线性导致控制系统在某个负荷下工作良好，但负荷变化之后，对象的输入与输出关系不再符合之前的传递函数、控制器的参数，控制阀可能就不再适应了。

任务测评

1. 描述被控对象特性的三个参数，写一篇不少于500字的总结，归纳它们对被控对象阶跃响应的影响。

PROCESS ANALYZATION 仿真程序

2. 扫码获取并运行“Process Analyzation. slx”Simulink 程序，观察示波器完成下列问题。

(1)G_1 为________过程，G_2 为________过程，G_3 为________过程，G_4 为________过程。

(2)通过示波器的“屏幕游标”功能获取曲线数据，确定 G_1 和 G_4 的传递函数。

3. 某工业过程的放大系数为5，时间常数为4，纯滞后时间为10，试写出其传递函数。

4. 某被控过程的传递函数为 $G(s)=2e^{-3s}/(5s+1)$，其放大系数为________，时间常数为________，滞后时间为________。

任务3.2 被控对象的辨识

任务描述

分清楚被控对象属于何种工业过程并确定其参数，对控制系统的设计、控制器参数的整定都具有重要的意义，这项工作称为建模，也称为对象辨识、系统辨识，即建立描述被控对象输入与输出关系的数学模型。数学模型的类型很多，有传递函数、状态空间法等，在这里只考虑传递函数。

在实际生产中，通常采用试验法来建模。其流程如图3-16所示，给被控对象一个输入信号，然后记录、观察其响应曲线和数据，采用一定的方法分析数据得到被控对象的传递函数。

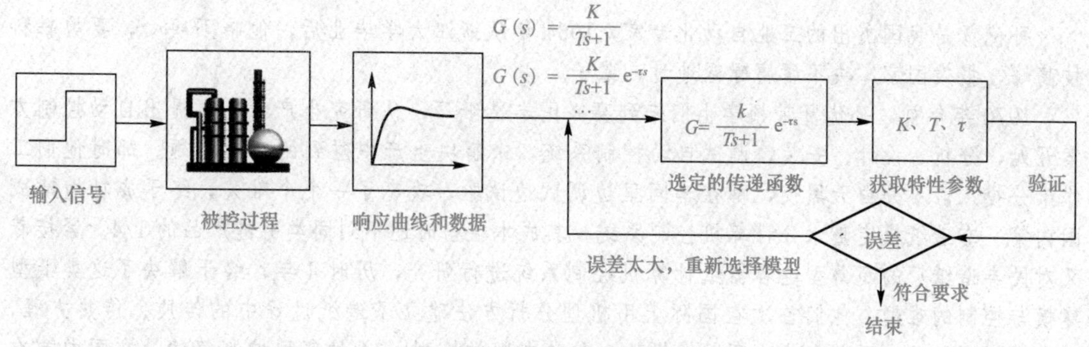

图3-16 试验法建模流程

现有一复杂液位对象，给予 $\Delta u=15\%$ 的阶跃输入后，得到表3-1的试验数据，要求据此求取该液位对象的传递函数。

表3-1 液位对象的阶跃响应数据

t/s	0.0	10.0	20.0	40.0	60.0	80.0	100.0	120.0	140.0
h/cm	0.0	0.1	0.2	0.8	2.0	3.6	5.6	7.9	8.8
t/s	160.0	200.0	250.0	300.0	400.0	500.0	600.0	700.0	800.0
h/cm	10.2	12.4	14.4	15.8	18.1	19.2	19.6	19.6	19.6

辨识过程可分为数据获取试验、模型结构确定、模型参数求取三部分。

按照图 3-16 的流程完成本任务。通过本任务的学习，应达到以下目标：

(1)能列举数据获取试验的方法与注意事项。

(2)能利用图解法求取 FOPDT 模型的时间常数 T 和纯滞后 τ。

(3)能利用计算法求取自衡单容过程、FOPDT 模型、自衡多容过程的模型参数。

3.2.1 数据获取试验

根据试验所用的输入信号类型，数据获取的方法可分为阶跃响应法、矩形脉冲法、正弦信号法、随机信号法等。阶跃响应法比较适用于自衡过程的建模，表 3-1 的响应数据就是通过阶跃响应试验方法得到的；非自衡过程的建模采用矩形脉冲法更合适。试验中应注意保证数据的真实有效性，同时要尽量减少对生产的负面影响。

3.2.2 模型结构确定

得到试验数据后，就可以根据试验得到响应曲线形状，选择与其最吻合的模型(传递函数)，主要的模型有单容过程、一阶加纯滞后、双容过程、二阶加纯滞后过程等。

3.2.3 模型参数求取

被控对象辨识过程

模型结构确定后，就应该确定各模型的参数，即确定模型的放大系数、时间常数、滞后时间。

以上各步的详细操作，可扫码获取。

知识拓展

孙优贤：我国工业自动化工程技术领域的开拓者和奠基人

孙优贤是我国杰出的工业自动化专家，1964 年从浙江大学毕业后，他暗下决心，要勇攀科技高峰，报效国家，决不庸庸碌碌地过一辈子。

1970 年年初，孙优贤带领学生们来到嘉兴民丰造纸厂，从研究生产工艺，提出自动控制方案开始，分析、设计、安装、调试自动控制系统，来解决生产中碰到的实际问题。那时他们工作十分投入，不分白天黑夜，蹲在车间里边调试边试验，攻克了一个个难关，终于成功地建成国内第一套造纸机定量水分计算机控制系统，其成本在当时还不到同类引进产品的1/4。紧接着又对民丰造纸厂的超薄型电容器纸计算机控制系统进行研究，历时 4 年，终于解决了这类纸型建模与控制的难题。他们首次在国际上用机理分析方法建立了造纸过程中的传质、传热方程，开发了不同纸种、不同车速、不同纸机的 9 种动态数学模型，14 种新型控制算法，在国内首次推出了 3 套有多种功能的造纸机计算机控制系统。

"八五"期间，孙优贤又带领学生们跑遍了全国 70 多家造纸厂，针对国内缺乏造纸专用仪表的现状，研制了水分表、灰分表、纸浆浓度仪、黑液浓度仪、"O"形和"C"形扫描架等关键造纸专用仪表和设备，又采用机理分析和系统辨识相结合的方法，开发了包括制浆造纸全流程中的蒸煮、提取、漂白、打浆、蒸发、燃机和动力等各过程的 7 种数学模型，并针对不同过程的特点，研究开发了 11 种新型的高级控制算法，推出了 11 种相应的计算机控制系统。经过不懈努力，到了 20 世纪 90 年代，他们创建的造纸自动化工程技术已普遍在我国大中型造纸企业中得到实施，并有 4 项成为国家级重大新技术推广项目，在 12 个省市的 68 台造纸机上得到应用，创造的经济效益高达12.5亿元。

孙优贤院士还领导创建了我国第一个工业自动化国家工程研究中心，该中心研发的高端控制装备及系统在炼化、煤化、能源等重大工程中累计应用超过40 000套，其中包括1 000万吨级炼油工程、世界最大的煤制气工程、5 000 m^3 以上特大型高炉TRT装置和韩国现代制铁集团最大的5 250 m^3 高炉等；主要技术性能指标优于国外主流控制系统，整体性能指标位居同类技术领先水平；成果转化率达98%；产品出口美国、德国等10多个国家，近三年新增产值189亿元，具有国际市场竞争优势。该项目荣获2013年度国家科技进步一等奖，为自动化领域第一个国家科技进步一等奖。

（节选自澎湃新闻：【70年特别致敬】栏目）

任务测评

1. 简述试验法建模的流程。

2. 上面任务针对的是S形响应曲线的建模。如果响应曲线为二维码"被控对象辨识过程"中图1(a)所示的自衡单容过程，则其传递函数如二维码"被控对象辨识过程"中式(1)所示，模型中有两个参数：放大系数 K 和时间常数 T 需要确定。参数的确定步骤与前面相似，即

第一步，利用二维码"被控对象辨识过程"中式(5)将数据归一化，设归一化后的数据为 $h^*(t)$，其中 t 为时间数据；

第二步，类似二维码"被控对象辨识过程"中式(6)，求取放大系数 K；

第三步，利用两点法求取时间常数 T。

由于二维码"被控对象辨识过程"中式(1)在试验信号下的响应为

$$h^*(t)=1-e^{-\frac{t}{T}} \tag{3-28}$$

由式(3-28)可得

$$T=\frac{-t}{\ln[1-h^*(t)]} \tag{3-29}$$

在试验数据中取两点为 $[t_1, h^*(t_1)]$，$[t_2, h^*(t_2)]$ 代入式(3-29)，计算出的两个时间常数 T_1 和 T_2 应该非常接近(因为对同一个对象，时间常数是不变的，如果 T_1 和 T_2 有差异，也应该是试验误差导致的)，取 T_1 和 T_2 的算术平均值即可得到时间常数。

$$T=\frac{T_1+T_2}{2}$$

如果 T_1 和 T_2 差异很大，则说明用自衡单容过程模型去近似试验对象是不合理的，应该考虑采用其他模型。

现在有一个液位对象，在 $\Delta u=20\%$ 的阶跃输入下，得到的试验数据见表3-2，求其传递函数。

表3-2 液位对象试验数据

t/s	0	10	20	40	60	80
h/cm	0	9.5	18	33	45	55
t/s	100	150	200	300	400	500
h/cm	63	78	86	98	100	100

任务3.3 通道特性对控制质量的影响分析

任务描述

如图3-17所示，被控对象的输入有操纵变量和干扰两个。操纵变量对被控变量的影响称为控制通道；干扰对被控对象的影响称为干扰通道。通道的传递函数 $G_p(s)$ 和 $G_d(s)$ 完全表征了操纵变量和干扰对被控变量的影响。

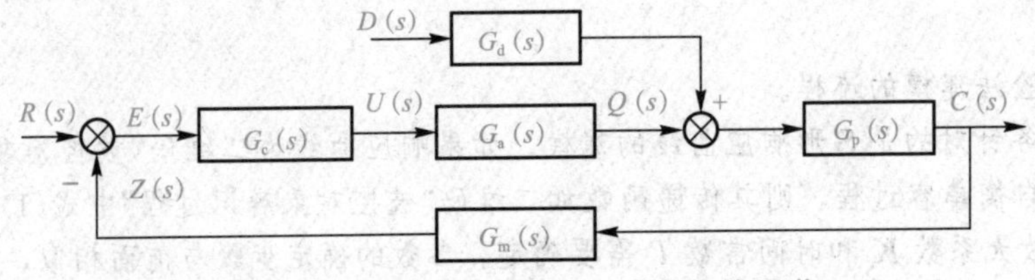

图3-17 控制系统的控制通道与干扰通道

$G_p(s)$ 和 $G_d(s)$ 的放大系数、时间常数和滞后时间这三个参数决定了响应曲线的细节。本任务要求回答下面两个问题：

(1)干扰通道特性，即 $G_d(s)$ 的放大系数 K_d、时间常数 T_d、滞后时间 τ_d 对控制质量的影响。

(2)控制通道特性，即 $G_p(s)$ 的放大系数 K_p、时间常数 T_p、滞后时间 τ_0 对控制质量的影响。

3.3.1 干扰通道特性对控制质量的影响分析

对于设定值跟踪来说，当系统从原始平衡状态开始跟随设定值变化时，如果此时干扰来了，干扰导致的输出叠加在设定值导致的输出中，可能有利于设定值跟踪，也可能对设定值跟踪不利，这取决于具体的参数大小，不可一概而论。

另外，生产过程控制系统的主要任务是抗干扰，设定值跟踪情况较少见。基于这两个方面的原因，下面仅分析干扰通道特性对抗干扰性能的影响。

1. 干扰通道放大系数 K_d 对抗干扰性能的影响

假设图3-17中各环节传递函数分别为

$$G_c(s)=1,\ G_a(s)=\frac{1}{0.5s+1},\ G_p(s)=\frac{2}{10s+1},\ G_m(s)=1,\ G_d(s)=\frac{K_d}{s+1} \tag{3-30}$$

考察抗干扰性能时，可设图3-17中 $R(s)=0$，$D(s)=1/s$。当 K_d 增加时，通过MATLAB仿真得到系统的单位阶跃响应如图3-18所示。

可见，K_d 越大，最大偏差越大，余差越大。因此，在实际工程中，干扰通道的放大系数 K_d 越小越好。

2. 干扰通道时间常数 T_d 对控制质量的影响

接下来考察时间常数 T_d 对闭环控制质量的影响。假设图3-18所示的各传递函数除 $G_d(s)$ 外均与式(3-30)相同，而 $G_d(s)$ 分别取下面三者。

$$G_{d1}(s)=\frac{1}{s+1};\ G_{d2}(s)=\frac{1}{2s+1};\ G_{d3}(s)=\frac{1}{(s+1)(2s+1)}$$

MATLAB仿真结果如图3-19所示。从图中可看出三者余差相同，说明时间常数 T_d 对响应的余差无影响。对比 $G_{d1}(s)$ 和 $G_{d2}(s)$ 的响应可以看出随着 T_d 增大，最大偏差减小；而将 $G_{d1}(s)$ 和 $G_{d2}(s)$ 与 $G_{d3}(s)$ 的响应对比，可以看到增加惯性环节个数[$G_{d3}(s)$ 有两个惯性环节：$1/(s+1)$ 和 $1/(2s+1)$]有利于降低最大偏差。

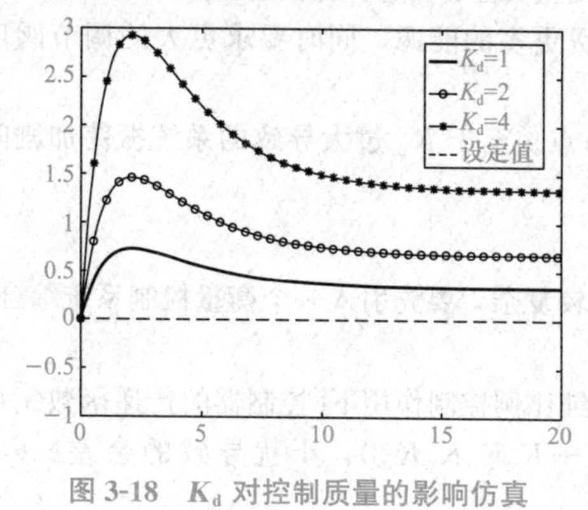

图 3-18　K_d 对控制质量的影响仿真

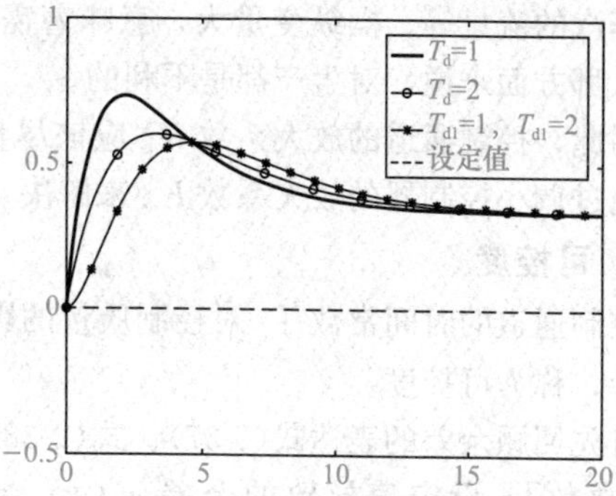

图 3-19　T_d 对控制质量的影响仿真

因此，在工程应用中，希望干扰通道的时间常数要大一点，惯性环节多一点，即干扰通道长一点比较好。

3. 干扰通道滞后时间 τ_d 对闭环控制质量的影响

干扰通道存在纯滞后仅表示干扰比无滞后情况下的干扰来得迟一点，但干扰本来就是随机的，其出现的早晚对控制过程的影响没有区别。

因此，可以明确地说，干扰通道的纯滞后对控制质量没有影响。

前面 K_d、T_d 对控制质量的影响是通过取特定例子仿真的方式来分析的，对于一般的情况，上述结论也是正确的，可以通过理论推导进行证明，限于篇幅，这里就不再展开。

3.3.2　控制通道特性对控制质量的影响分析

1. 控制通道放大系数 K_p 对闭环控制质量的影响

通过仿真来控制通道 K_p 对控制质量的影响，假设

$$G_c(s)=1,\ G_a(s)=\frac{1}{0.5s+1},\ G_p(s)=\frac{K_p}{10s+1},\ G_d(s)=\frac{1}{s+1},\ G_m(s)=1 \tag{3-31}$$

(1)K_p 对设定值跟踪性能的影响。假设 $D(s)=0$，$R(s)=1/s$。当 K_p 增加时，通过 MATLAB 仿真得到闭环控制系统的单位阶跃响应如图 3-20 所示，随着 K_p 增加，系统的余差越来越小，但是振荡开始加剧，稳定性降低。

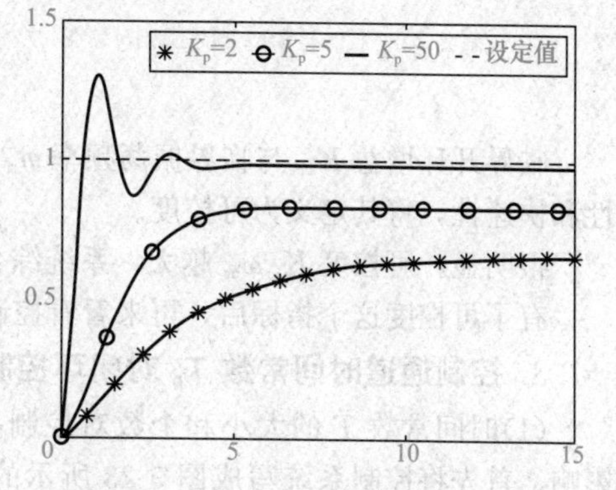

图 3-20　K_p 对设定值跟踪性能的影响

(2)K_p 对抗干扰性能的影响。假设 $D(s)=1/s$，$R(s)=0$。当 K_p 增加时，通过 MATLAB 仿真得到闭环控制系统的单位阶跃响应如图 3-21 所示，随着 K_p 增加，系统的余差越来越大，而且振荡开始加剧，稳定性降低。

这是因为图 3-17 所示的干扰 $D(s)$ 是在被控对象 $G_p(s)$ 前进入的，K_p 越大，对干扰的放大作用越强，因此余差越大，这一点从式(2-38)也可以看出。但是如果干扰 $D(s)$ 在被控对象 $G_p(s)$ 后进入，则随着 K_p 增大，虽然振荡同样加剧，但余差将变小，读者可用 Simulink 对比进行仿真验证。

那么控制通道的放大系数 K_p 究竟应该大一点还是小一点好呢？

从放大系数 K_p 的物理意义来说，小的 K_p 意味着在扰动发生后，要将被控变量拉回来，需要更大的操纵变量 Q，即更强的控制作用。操纵变量在生产中实际上就是诸如冷却水的流量、加热蒸汽的流量等，操纵变量大，意味着需要耗费更多的能源，同时要求更大的调节阀口径，无论从哪方面来说，对生产都是不利的。

因此，控制通道的放大系数 K_p 应该尽量大一点。至于 K_p 过大导致的系统振荡加剧问题，可以通过调小控制器的放大系数 K_c 来解决。

2. 可控度

控制通道的时间常数 T_p 对控制质量的影响比较复杂，要先引入一个衡量控制系统综合性能的指标，称为可控度。

首先回顾余差的表达式(2-37)、式(2-38)，在纯比例控制作用下[控制器的传递函数$G_c(s)=K_c$为常数]，设定值导致的余差 $e_r(\infty)=1/(1+K_cK_aK_pK_m)$，干扰导致的余差$e_D(\infty)=-K_dK_pK_m/(1+K_cK_aK_pK_m)$。

可见，增大开环增益 $K=K_cK_aK_pK_m$，余差将变小。但是，当 K 增大到一定程度后将导致图 3-22 的临界振荡状态，系统即将不稳定，将此时的开环增益称为临界开环增益 K_{cr}。

K_{cr} 越大，表明在系统不稳定之前，余差可以变得越小，即准确性越高，同时开环增益可以调整的余地越大，说明稳定性越强。因此，K_{cr} 综合衡量了系统的准确性和稳定性。

系统临界振荡时的频率 ω_{cr} 越高，也就是图 3-22 中的振荡周期越小，在同样衰减比的前提下，系统过渡得越快，因此，ω_{cr} 衡量了系统的快速性。

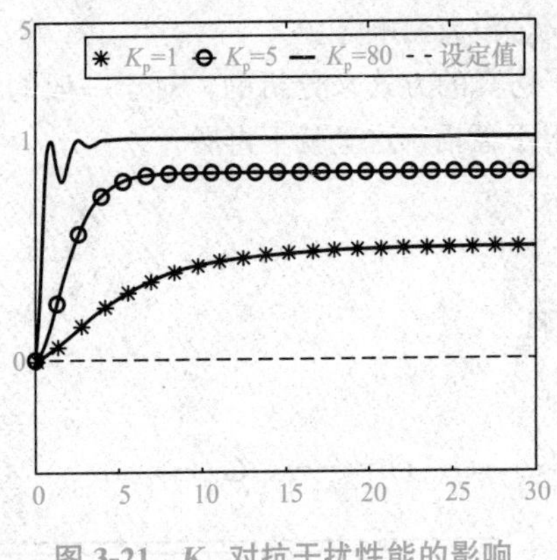

图 3-21 K_p 对抗干扰性能的影响

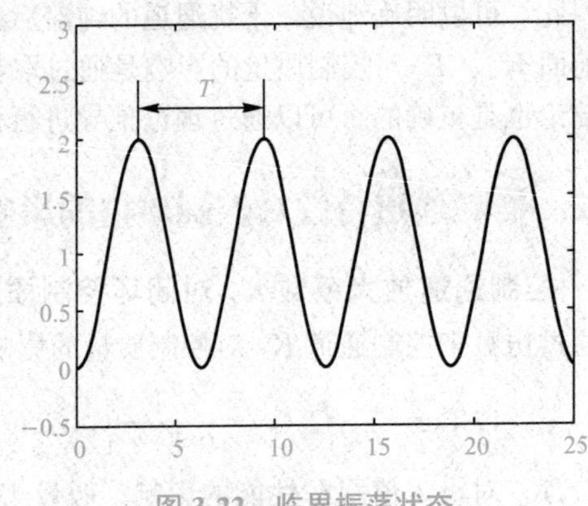

图 3-22 临界振荡状态

临界开环增益 K_{cr} 与临界振荡频率 ω_{cr} 的乘积，即 $K_{cr}\omega_{cr}$ 就综合衡量了系统的准确性、稳定性和快速性，将其定义为可控度。

很明显，可控度 $K_{cr}\omega_{cr}$ 越大，系统综合性能越好。

有了可控度这个指标后，再来看看控制通道时间常数是如何影响系统的。

3. 控制通道时间常数 T_p 对闭环控制质量的影响

(1)时间常数 T 的大小和个数对控制品质的影响。首先将控制系统写成图 3-23 所示的框图。其中，K 是各个环节的放大系数的乘积，即开环增益，$G_o(s)$是四个环节传递函数的乘积中去除 K 的部分。

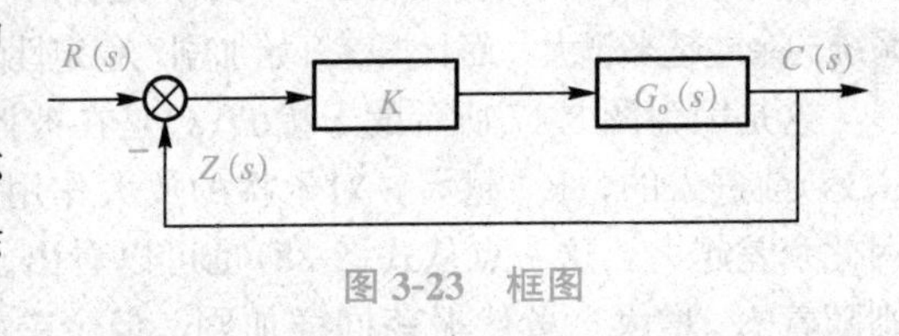

图 3-23 框图

通过仿真得到表 3-3 中各环节的临界开环增益、临界振荡频率及可控度。对比表中的环节 1、2、3，可以看出，在其他条件相同的前提下，时间常数越大，可控度越小，控制质量越差。

表 3-3　控制通道时间常数大小、个数与可控度的关系

环节序号	G_o	K_{cr}	ω_{cr}	$K_{cr}\omega_{cr}$
1	$\frac{1}{(s+1)^3}$	8.0	1.73	13.84
2	$\frac{1}{(2s+1)^3}$	8.1	0.87	7.05
3	$\frac{1}{(4s+1)^3}$	8.0	0.43	3.44
4	$\frac{1}{(s+1)^4}$	4.0	0.99	3.98
5	$\frac{1}{(s+1)^5}$	2.89	0.73	2.11

环节 1、4、5 对比，三个环节的惯性环节个数分别为 3 个、4 个和 5 个。从表中可以看出，在其他条件相同的前提下，惯性环节越多，可控度越小，控制品质越差。

(2)时间常数相对大小对控制品质的影响。在控制系统中，测量变送装置、执行器和被控对象都有时间常数，它们之间的相对大小对控制质量又有什么影响呢？

表 3-4 对比了控制通道各环节时间常数的相对大小对可控度的影响。环节 1、2、7 对比，三个环节最大时间常数不同，其他都相同。从表中可以看出，减小最大时间常数将使可控度降低，而增加最大时间常数可增加可控度。

表 3-4　控制通道时间常数相对大小对可控度的影响

环节序号	G_o	K_{cr}	ω_{cr}	$K_{cr}\omega_{cr}$
1	$\frac{1}{(10s+1)(5s+1)(2s+1)}$	12.6	0.41	5.17
2	$\frac{1}{(5s+1)(5s+1)(2s+1)}$	9.8	0.49	4.80
3	$\frac{1}{(10s+1)(2.5s+1)(2s+1)}$	13.5	0.54	7.29
4	$\frac{1}{(10s+1)(5s+1)(s+1)}$	19.8	0.57	11.29
5	$\frac{1}{(10s+1)(2.5s+1)(s+1)}$	19.3	0.74	14.28
6	$\frac{1}{(10s+1)(s+1)(s+1)}$	24.2	1.18	28.67
7	$\frac{1}{(20s+1)(5s+1)(2s+1)}$	19.2	0.37	7.10

但是，需要指出的是，在实际生产中，最大时间常数通常取决于生产设备，增大最大时间常数来提高控制品质通常是不可行的。

环节 1、3、4 对比。环节 3 把环节 1 的中间时间常数减小至原来的 1/2，环节 4 把环节 1 的最小时间常数减小为原来的 1/2。可见，减小最小时间常数比减小中间时间常数更有利于提高控制品质。

通过对环节 1、3、5、6 的对比可以看出，同时减小更小的两个时间常数，比单独减小其中

一个相比，可控度大大增加。

经过上面分析，就得到了控制系统设计中错开原理：为获得更高的控制品质，应该尽量使控制通道中小的时间常数与最大的时间常数错开，尽量降低小的两个时间常数。

4. 控制通道纯滞后时间 τ_p 对闭环控制质量的影响

最后来看看控制通道纯滞后 τ_p 对控制性能的影响。对比表 3-5 中环节 1、2、3，很明显，τ_p 越大，可控度越小，控制品质越差。

环节 2、4、5、6 对比。环节 2 的 τ_p 与时间常数之和的比值为 1/2，环节 4 的比值为 1/4，环节 5 为 1/6，环节 6 为 1/10。可见，随着 τ_p 与时间常数之和的比值降低，系统可控度逐渐增加。

表 3-5　控制通道滞后时间对可控度的影响

环节序号	G_o	K_{cr}	ω_{cr}	$K_{cr}\omega_{cr}$
1	$\frac{1}{(s+1)^2}$	∞	∞	∞
2	$\frac{1}{(s+1)^2}e^{-s}$	2.71	1.30	3.52
3	$\frac{1}{(s+1)^2}e^{-2s}$	1.74	0.86	1.49
4	$\frac{1}{(2s+1)^2}e^{-s}$	4.69	0.97	4.53
5	$\frac{1}{(3s+1)^2}e^{-s}$	6.68	0.79	5.31
6	$\frac{1}{(5s+1)^2}e^{-s}$	10.68	0.62	6.64

任务测评

1. 根据所学内容，回答下列问题：

(1)干扰通道的放大系数 K_d 是越大越好，还是越小越好？

(2)干扰通道的时间常数 T_d 是大一点好还是小一点好？

(3)干扰通道的纯滞后 τ_d 对控制质量有何影响？

(4)控制通道的放大系数 K_p 应该大一点还是小一点？

(5)控制通道的时间常数应该大一点还是小一点？

(6)控制通道的惯性环节应该多一点还是少一点？

(7)控制通道的纯滞后 τ_p 对控制质量有何影响？

2. 建立 Simulink 仿真模型，验证干扰通道特性对控制性能的影响。

3. 建立 Simulink 仿真模型，验证控制通道放大系数 K_p 对控制性能的影响。

任务 3.4　奶粉喷雾干燥系统操纵变量的选择

任务描述

图 3-24 所示为奶粉喷雾干燥工艺流程。浓缩乳液从高位槽流经过滤器 A 和 B，除去凝结块等杂质后，再到干燥器顶部经喷嘴呈雾状喷出。另一路空气经鼓风机送至加热器加热后与未加

热的空气混合，然后经风管进入干燥器，以蒸发乳液内的水分，成为奶粉，并随湿空气排出至分离器分离，得到最终产品。在该工序中，产品的主要质量指标为含水率。

奶粉喷雾干燥系统被控变量与操纵变量的选择

假设图3-24中喷雾干燥器为自衡单容过程，传递函数为 $G_p(s)=1/(15s+1)$；冷热空气混合过程为自衡单容过程，传递函数为 $G_h(s)=1/(2s+1)$；风管为纯滞后过程，传递函数为 $G_f(s)=e^{-2s}$；加热器为双容过程，传递函数为 $G_j(s)=1/[(10s+1)(10s+1)]$；调节阀 V_1、V_2、V_3 的传递函数均为 $G_v(s)=1/(0.5s+1)$，以上各传递函数的放大系数均假设为1。

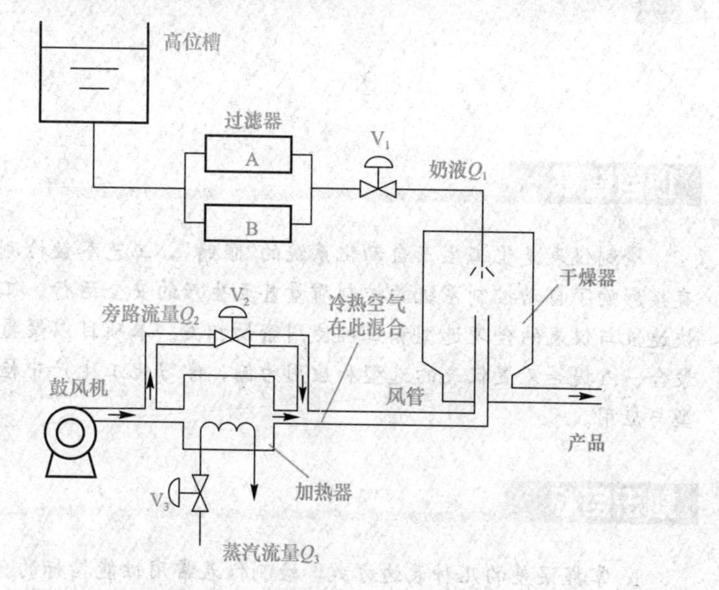

图3-24 奶粉喷雾干燥工艺流程

本任务要求以上一节所述通道特性对控制质量的影响结论为基础，建立Simulink仿真模型进行分析，为奶粉喷雾干燥系统的选择合适的操纵变量。

通过本任务的学习，掌握工艺变量间影响的图示分析方法，并能通过Simulink对比分析各控制方案中的控制通道与干扰通道，结合通道分析结果，合理确定操纵变量。本任务的具体实施过程可扫码获取。

任务测评

1. 从通道特性方面考虑，操纵变量的选择应该遵循哪些原则？

2. 建立Simulink模型并运行，验证本任务中有关控制通道和干扰通道对比的结论。

3. 建立Simulink仿真模型，对比三个控制方案的控制质量，其中方案A的控制器参数分别为 $P=5$、$I=0.3$、$D=3$；方案B的控制器参数分别为 $P=3.5$、$I=0.2$、$D=6$；方案C的控制器参数分别为 $P=1.5$、$I=0.05$、$D=12$。

项目 4

聚氯乙烯生产检测仪表选型与使用

项目背景

检测仪表是化工生产自动化系统的“眼睛”，工艺参数检测的准确性和快速性直接影响了自动控制系统的控制质量甚至生产的安全运行。工艺参数的准确性和快速性与仪表的合理选型和正确使用密切相关。本项目以聚氯乙烯生产中氯乙烯聚合、汽提等装置仪表的选型和应用为例，学习化工生产中检测仪表的原理、选型与应用。

知识目标

1. 掌握误差的几种表达方式，检测仪表常用性能指标的含义；
2. 掌握变送器的类型、构成与输入—输出特性；
3. 熟悉压力、流量、物位和温度等常用检测仪表的原理；
4. 熟悉压力、物位、流量和温度等检测仪表的选型规范。

技能目标

1. 会计算检测仪表精度、量程、量程比等指标，能读懂仪表说明书；
2. 能根据具体工艺情况，合理确定仪表的类型、精度和量程；
3. 能正确、合理地安装常用检测仪表，掌握其应用与维护要点。

素养目标

学习大国工匠仪表工暴沛然的创新精神。

任务4.1　检测仪表的类型及其性能指标

任务描述

熟悉仪表的类型，清楚其性能指标是合理选择仪表、正确使用仪表的前提。在仪表相关日常工作中，经常会遇到名目繁多的各种仪表名词，如就地仪表、远传仪表、一次仪表、二次仪表、传感器、变送器、二线制、四线制等。

测量难免会有误差，因此又要跟各种误差打交道，如绝对误差、相对误差、引用误差、满度误差、基本误差、附加误差、系统误差、随机误差、粗大误差等。它们之间有什么区别？

精度是仪表最重要的指标之一，有时用精度等级表示，如0.5级、1.5级等，但在很多厂家的说明书中往往又用%FS或者%R表示，它们之间的关系是什么？参考精度又与精度有什么关系？量程比又是什么概念？

本任务的目标就是要弄清楚这些概念，能准确描述并区分各种仪表相关名词，熟悉变送器的构成与输入—输出特性；能区分各种误差，准确描述仪表各种性能指标的定义；能根据校验数据确定被校表的精度等级。

4.1.1　检测仪表的基本组成

由于工业生产过程被测参数种类很多，每种参数检测仪表所依据的测量原理不同，结构也不尽相同，因此仪表五花八门，类型繁多。但是，从检测仪表的基本组成环节来看，基本上是由检测部分、转换传送部分和显示部分组成(图4-1)，分别完成信息的获取、转换、处理和显示等功能。各部分之间用电信号、气信号或机械位移形式联系。检测、转换传送和显示部分可以是三个独立的部分，也可以有机地结合成一体。

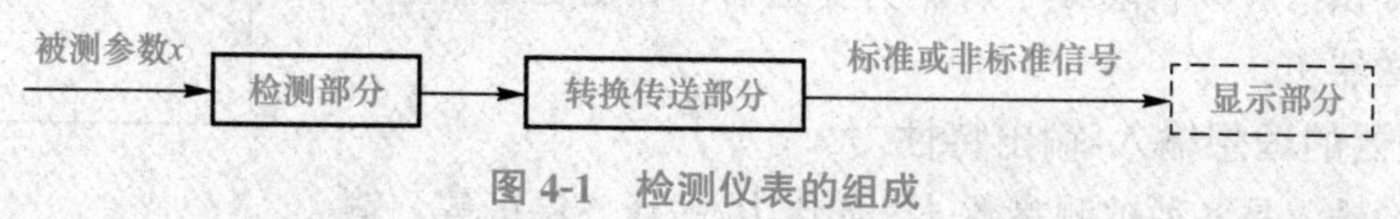

图4-1　检测仪表的组成

(1)检测部分。检测部分直接感受被测变量，并将其转换为便于测量传送的位移、电量或其他形式的信号。习惯上，将检测部分与被测介质直接接触并进行参数形式转换的元件称为检测敏感元件，如工业用热电阻温度计中的热电阻，以自身电阻值的变化反映温度的高低；膜盒式压力计中的膜片，在被测压力下产生弹性变形，来反映压力的高低。各种敏感元件均以其自身的敏感参数对被测物理量做出响应。

(2)转换传送部分。转换传送部分检测敏感元件输出的机械位移或其他信号，转换成便于处理和传送的信号，如电信号、气信号、光信号等。一般情况下，把该部分称为传感器；如果此传感器输出的是标准信号(如4～20 mA DC、20～100 kPa气压信号等)则称为变送器。

(3)显示部分。显示部分非常灵活，有的检测仪表没有显示部分，如一些无显示功能的变送器。有的则将测量结果以指针、LCD屏，以偏转角度、数字、曲线、图形等方式指示、记录下来。

4.1.2 检测仪表的类型

生产中的检测仪表有很多，分类方法也不同，名称各异。下面对常见的一些仪表名称进行辨析。

(1)化工(热工)仪表、分析仪表与电工仪表。此类仪表是按被测参数进行的分类。化工(热工)仪表主要指压力、流量、物位、温度四个参数的检测仪表；分析仪表主要分析物质的成分、物性参数，如气相色谱仪、液相色谱仪等；电工仪表指的是测量电压、电流、电功率等电工量的仪表。

(2)就地仪表与远传仪表。就地仪表指的是在现场设备就地显示的仪表；远传仪表指的是把检测出来的参数远距离传送出去的仪表，主要是各种变送器。

(3)一次仪表与二次仪表。对测量仪表往往采用按换能次数来定性的称呼，能量转换一次的称一次仪表，转换两次的称二次仪表。例如，对于后面将学习到的热电偶，它将热能转换成了电能(电压)，进行了第一次转换，故称为一次仪表，热电偶测出的温度传送给显示仪表，又进行了一次能量转换，显示仪表就是二次仪表。

一次仪表的类型很多，有热电阻、热电偶、压力变送器、液位变送器、温度变送器及电磁流量计等。一般来说，一次仪表多数分散安装在各个现场。

二次仪表通常是接收一次仪表信号进行显示、控制的仪表，一般安装在控制室。

(4)接触式仪表与非接触式仪表。测量时，检测敏感元件与被测介质直接接触的仪表为接触式仪表，不与被测介质直接接触的仪表为非接触式仪表。

4.1.3 变送器

根据检测的工艺参数不同，变送器分为压力(差压)变送器、液位变送器、流量变送器、温度变送器、pH值变送器。变送器非常重要，当前自动控制系统中的测量值信号除温度可以通过热电阻或热电偶采集以外，其他的压力、流量、液位信号基本都是通过变送器采集到的。变送器如此重要，因此在这里先介绍变送器的一些基本知识，后续将陆续了解压力变送器、温度变送器等各种类型的变送器。

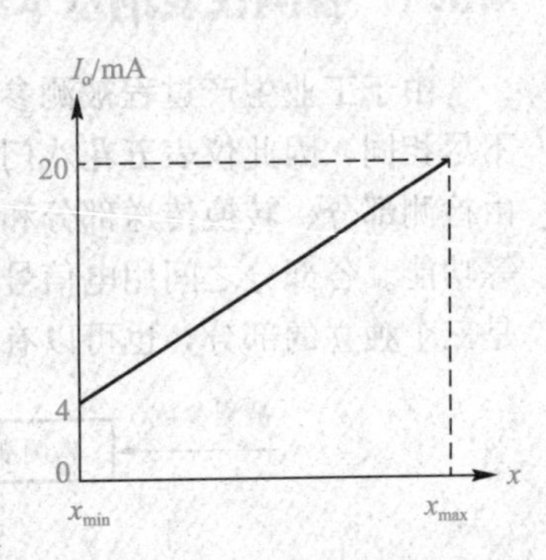

图 4-2　变送器的输入—输出特性

1. 变送器的理想输入-输出特性

变送器的输入是各种被测参数 x，如压力/差压、温度等，输出是标准信号 I_o，对当前的绝大部分变送器来说，I_o 是 4～20 mA DC 标准电流信号，其输入—输出关系如图 4-2 所示。

其中，x_{max} 和 x_{min} 分别为变送器的测量范围的上限和下限(量程的上、下限)，在图 4-2 中 $x_{min}=0$，在实际的应用中，x_{min} 是可以调整的。由图 4-2 可得到变送器输出电流 I_o 与被测参数的大小 x 之间的表达式：

$$I_o=\frac{x-x_{min}}{x_{max}-x_{min}}\times 16+4 \tag{4-1}$$

$$x=\frac{(x_{max}-x_{min})(I_o-4)}{16}+x_{min} \tag{4-2}$$

式中　x——被测参数的大小；

I_o——被测参数为 x 时，变送器的输出电流信号大小。

显示仪表或控制器接收到变送器的输出电流 I_o 后，根据式(4-2)便可得到被测参数的大小。

【例 4-1】　某差压变送器测量范围为 0～10 kPa，检测到的输出电流为 12 mA，此时检测到

的差压 Δp 是多少？

解：由式(4-2)可知，此时的差压

$$\Delta p=\frac{(10-0)\times(12-4)}{16}+0=5(\text{kPa})$$

2. 模拟变送器的构成与工作原理

变送器有模拟变送器与智能变送器之分，模拟变送器的构成原理如图 4-3 所示，由测量部分、放大器和反馈部分构成。在放大器的输入端还加有调零与零点迁移信号 z_0，z_0 由零点调整(简称调零)和零点迁移(简称零迁)环节产生。

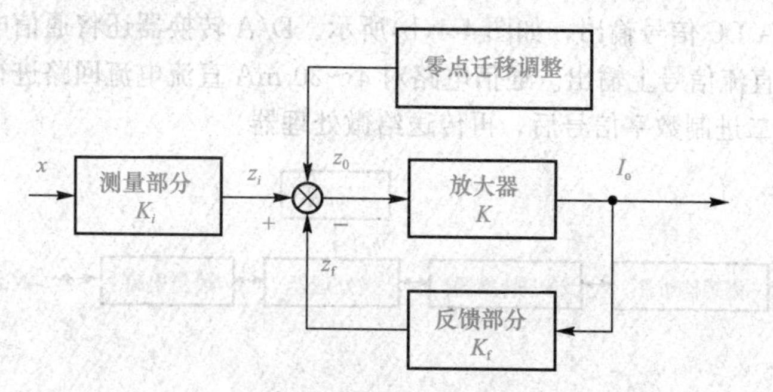

图 4-3 模拟变送器的构成原理

测量部分中包含检测元件，其作用是检测被测参数 x，并将其转换成放大器可接收的信号 z_i。z_i 可以是电压、电流、位移和作用力等信号，由变送器的类型决定；反馈部分把变送器的输出信号 I_o 转换成反馈信号 z_f。在放大器的输入端，z_f 与调零及零点迁移信号 z_0 的代数和跟 x 进行比较，其差值 ε 由放大器进行放大，并转换成标准信号 I_o 输出。

可见，整个变送器的输入—输出关系为

$$I_o=\frac{KK_ix}{1+KK_f}+\frac{Kz_0}{1+KK_f} \tag{4-3}$$

式中 K_i——测量部分的转换系数；

K——放大器的放大系数；

K_f——反馈部分的反馈系数。

因集成运算放大器放大系数 K 通常非常大，因此一般情况下 $KK_f\gg1$ 时，则由式(4-3)得

$$I_o=\frac{K_ix}{K_f}+\frac{z_0}{K_f} \tag{4-4}$$

式(4-4)决定了图 4-2 所示直线的形状，改变 K_f 和 z_0 可以改变斜率和起始点，从而改变量程和零点。

3. 智能变送器的构成原理

(1)智能变送器的构成。智能变送器是由以微处理器(CPU)为核心构成的软硬件一体化检测系统，其两种结构如图 4-4 所示：一种采用纯数字通信方式；另一种采用 HART 协议通信方式。HART 协议通信，是指在一条通信电缆中同时传送 4～20 mA DC 标准模拟信号和数字信号，这种模拟/数字混合的信号称为 FSK 信号。数字通信方式的智能变送器用于现场总线控制系统，而采用 HART 通信协议的智能变送器目前处于主流地位，用于各种工业控制系统。

由图 4-4 可以看出，智能变送器主要包括传感器组件、A/D 转换器、微处理器、存储器和通信电路部分，采用 HART 协议通信方式的智能变送器还包括 D/A 转换器。

传感器组件通常由传感器和信号调理电路组成，信号调理电路用于对传感器的输出信号进

行处理，并转换成 A/D 转换器所能接收的信号。

被测参数 x 经传感器组件，由 A/D 转换器转换成数字信号送入微处理器，进行数据处理。存储器中除存放系统程序、功能模块和数据外，还存有传感器特性、变送器的输入—输出特性及变送器的识别数据，以用于变送器在信号转换时的各种补偿，以及零点调整和量程调整。智能变送器通过通信电路挂接在控制系统网络通信电缆上，与网络中其他各种智能化的现场控制设备或上位计算机进行通信，传送测量结果信号或变送器本身的各种参数，网络中其他各种智能化的现场控制设备或上位计算机也可对变送器进行远程调整和参数设定。

采用 HART 协议通信方式的智能变送器，微处理器将数据处理之后，再传送给 D/A 转换器转换为 4～20 mA DC 信号输出，如图 4-4(b)所示。D/A 转换器还将通信电路送来的数字信号叠加在 4～20 mA 直流信号上输出。通信电路对 4～20 mA 直流电流回路进行监测，将其中叠加的数字信号转换成二进制数字信号后，再传送给微处理器。

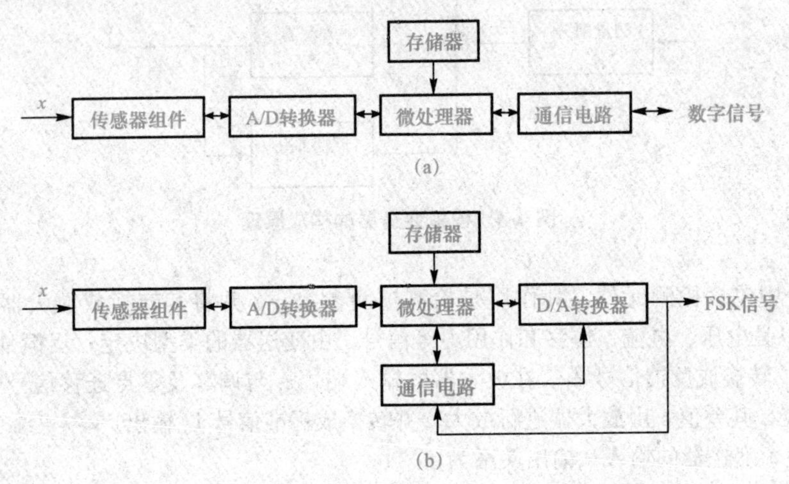

图 4-4　智能变送器

(a)数字通信方式的智能变送器；(b)HART 协议通信方式的智能变送器

(2)智能变送器的功能。智能变送器增加微处理器后，相比模拟式变送器功能更加强大，通常具备以下功能。

1)变量转换：将输入/输出变量转换成相应的工程量；

2)模拟信号处理：对传感器进行选择、滤波、平方根、小信号切除及去掉尾数等功能；

3)量程自动切换：自动切换量程，以提高测量精度；

4)非线性校正：用于校正传感器的非线性误差；

5)温度误差校正：消除变送器由环境温度或工作介质温度变化而引起的误差；

6)阻尼时间设定；

7)显示转换：用于组态液晶显示上的过程变量；

8)PID 控制功能：包含多种控制功能，如 PID 算法、设定值调整、前馈、输出跟踪等；

9)运算功能：提供预设公式，可进行各种计算；

10)报警：可具有动态或静态报警限位、优先级选择、暂时性报警限位功能。

以上为智能式变送器所包含的一些基本功能。不同的变送器，其具体用途和硬件结构不同，因而它们所包含的功能在内容和数量上是有差异的。

用户可以通过上位管理计算机或挂接在现场总线通信电缆上的手持式组态器，对变送器进行远程组态，调用或删除功能模块，也可以使用专用的编程工具对变送器进行本地调整。

4. 变送器的量程调整、零点调整和零点迁移

变送器在使用之前必须进行量程调整、零点调整和零点迁移。

(1)量程调整。量程调整的目的是使变送器输出信号的上限值 20 mA 与测量范围的上限值 x_{max} 相对应。图 4-5 所示为变送器量程调整前后的输入—输出特性，可见量程调整相当于改变输入—输出特性的斜率。

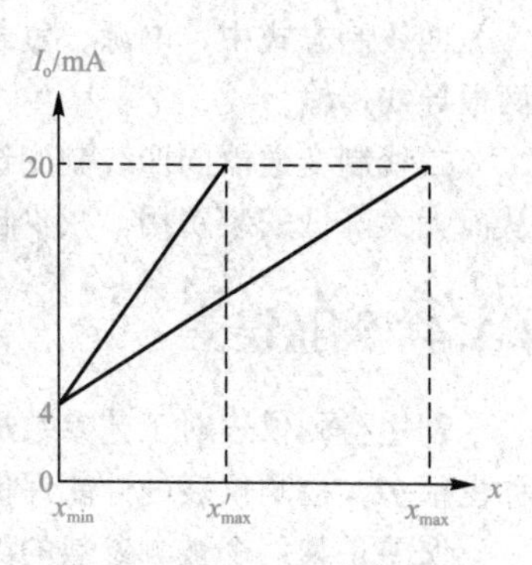

图 4-5 量程调整前后特性

(2)零点调整和零点迁移。零点调整和零点迁移的目的都是使变送器的输出信号下限值 4 mA 与测量范围的下限值 x_{min} 相对应，零点调整是使变送器的测量参数起始点为 0，即使 $x_{min}=0$，而零点迁移是把测量的起始点 x_{min} 由零迁移到某一数值。如果将 x_{min} 由 0 变为一个正值，则称为正迁移。反之，将 x_{min} 变成一个负值，则称为负迁移。图 4-6 所示为零点迁移后的输入—输出特性。可见，零点迁移后，输入—输出特性往左或往右平移了一段距离，改变了量程的上、下限，但没有改变量程本身。

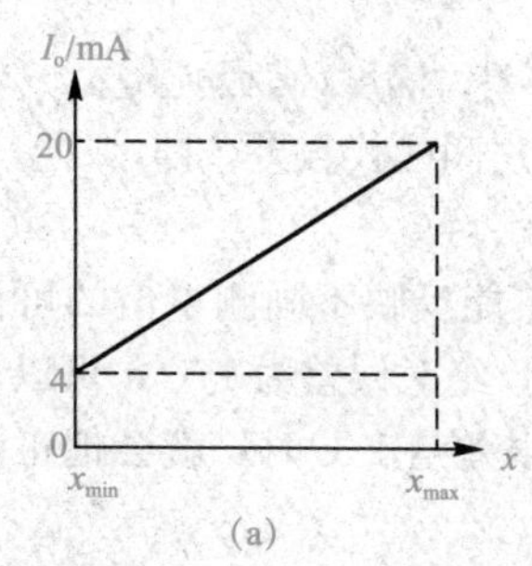

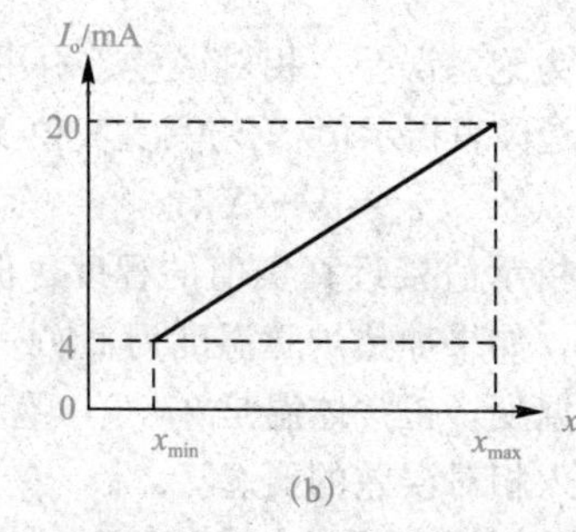

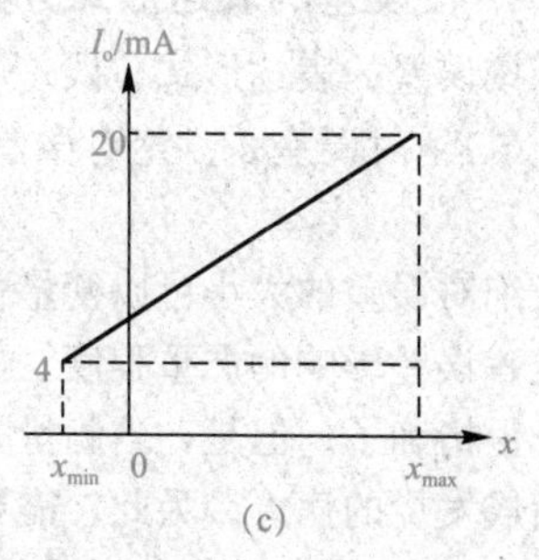

图 4-6 变送器零点迁移前后的输入—输出特性

(a)未迁移；(b)正迁移；(c)负迁移

(3)量程调整、零点调整和零点迁移的实现方式。模拟式变送器的量程调整是通过改变式(4-4)中的 K_f，即变送器反馈部分的放大系数来实现的，零点调整和零点迁移是通过改变 z_0 来实现的。提供一个调量程旋钮和调零旋钮，转动它们即可改变 z_0 和 K_f，从而实现零点和量程的调整、迁移。

模拟式变送器调零与调量程旋钮

智能变送器可以利用 HART 手操器在控制室即可在线设置其量程上限和零点，分别实现量程调整和零点调整、零点迁移。

5. 变送器的信号制式

通常，变送器是安装在现场的，它的电源从控制室送出，其输出信号传送到控制室。变送器的信号和电源接线方式有二线制和四线制之分，如图 4-7 所示。

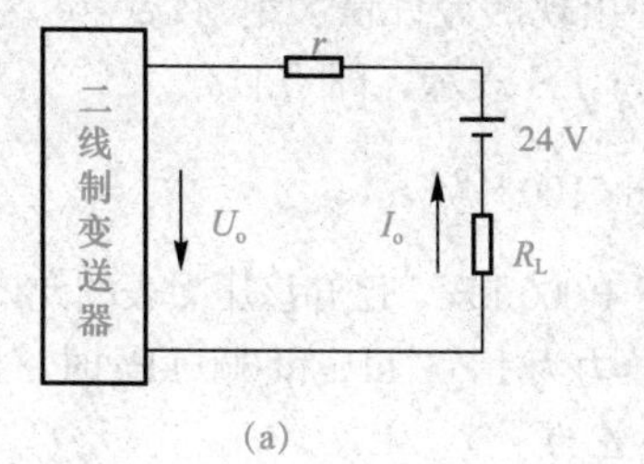

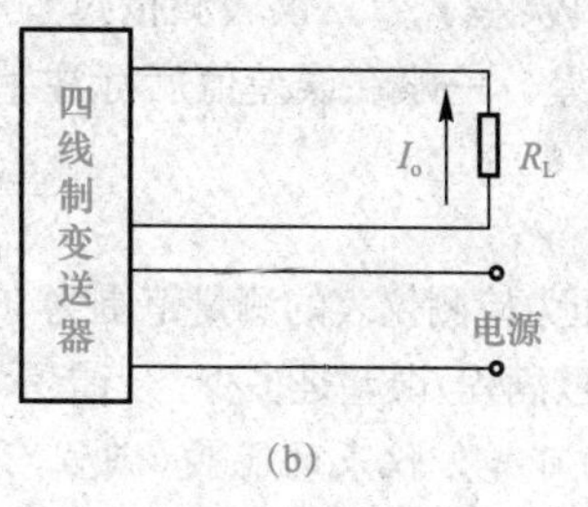

图 4-7 变送器的电源和输出信号传输方式

(a)二线制变送器；(b)四线制变送器

二线制方式中，电源、负载电阻 R_L 和变送器是串联的，即两根导线同时传送变送器所需的电源和输出电流信号。

四线制方式中，电源、负载电阻 R_L 是分别与变送器相连的，即供电电源和输出信号分别用两根导线传输。

二线制变送器同四线制变送器相比，具有节省连接电缆、有利于安全防爆和抗干扰等优点，从而大大降低安装费用，减少自控系统投资，因此目前大部分变送器都是二线制的。

4.1.4 测量误差

利用检测仪表对工艺参数进行测量难免会有误差，误差的产生原因有很多，关于误差的名称也很多，检测仪表的性能评价多数也是基于误差大小来评判的。

误差是某一个被测参数的测量值与其真实值之差。这里存在一个问题，就是绝对的真实值是无法知道的，在实际测量过程中，一般是将标准仪表的指示值作为被测参数的真实值，称为相对真值。而测量误差通常是检测仪表的指示值与标准仪表的指示值之差。

1. 按误差的表达形式分类

按误差的表达形式，误差可分为绝对误差、相对误差、引用误差、满度(满程)误差。

(1)绝对误差 e_a。绝对误差 e_a 是仪表指示值 X 与其真实值 X_t 之间的代数差，即

$$e_a = X - X_t \tag{4-5}$$

绝对误差的大小可以衡量仪表指示值接近真实值的程度，但不能反映不同测量值的可信程度或者误差影响的严重程度。例如，如果加热炉膛温度为 1 000 ℃，绝对误差为 1 ℃，可以认为已经很精确了。但是，当测量人体温度，正常体温是 37 ℃，绝对误差是 1 ℃时，就会把正常人诊断成发烧的病人。为此，需要引入相对误差的概念。

(2)相对误差 e_r。相对误差是指示值与其“真实值”之比，也称为示值相对误差，通常用百分数表示，即

$$e_r = \frac{e_a}{X_t} \times 100\% \tag{4-6}$$

相对误差越小，说明误差的负面影响越小。以上例来说，测量炉膛温度的相对误差为 $e_r = 1/1\ 000 \times 100\% = 0.1\%$；测量人体温度的误差为 $e_r = 1/37 \times 100\% = 2.7\%$。可见，测量人体时的相对误差比炉膛温度误差大得多，如实地反映了误差的严重程度。

(3)引用误差 e_q。绝对误差与仪表的量程 S_p 之比的百分数，称为引用误差，即

$$e_q = \frac{e_a}{S_p} \times 100\% \tag{4-7}$$

其中，量程 $S_p = X_{max} - X_{min}$，即仪表测量范围的上限 X_{max} 与下限 X_{min} 之差。

显然具有相同绝对误差的两台仪表，量程大的引用误差要小于量程小的仪表。

(4)满度(满程)误差 e_{qmax}。仪表测量过程中出现的允许最大绝对误差 e_{amax} 与仪表量程之比，称为满度(满程)误差，一般在误差值后标注字母 FS 表示，即

$$e_{qmax} = \frac{e_{amax}}{S_p} \times 100\% (FS) \tag{4-8}$$

【例 4-2】 某压力检测仪表的测量范围为 0～1 600 kPa，已知该压力表的允许最大绝对误差为±16 kPa，仪表的满度(满程)误差是多少？当指示压力为 1 200 kPa 和 600 kPa 时，相对误差是多少？

解： 由式(4-8)可知，仪表的满度(满程)误差为

$$e_{qmax} = \frac{e_{amax}}{S_p} \times 100\% = \frac{16}{1\ 600 - 0} \times 100\% = 1\% (FS)$$

已知该压力表的允许最大绝对误差为±16 kPa，则当压力指示值为 1 200 kPa 时，被测压力值的最小真实值可能为 $X_t = X - e_a = 1\,200 - 16 = 1\,184$ (kPa)。

则最大相对误差为

$$e_{r1} = \frac{e_a}{X_t} \times 100\% = \frac{16}{1\,184} \times 100\% = 1.35\%$$

同理可得压力指示值为 600 kPa 时，最大相对误差

$$e_{r2} = \frac{e_a}{X_t} \times 100\% = \frac{16}{600-16} \times 100\% = 2.74\%$$

即仪表的满度(满程)误差为 1%(*FS*)，指示值分别为 1 200 kPa 和 600 kPa 时对应的相对误差为 1.35%和 2.74%。

可见，对于一个指定量程的仪表来说，满度(满程)误差可以确保整个测量范围内允许最大绝对误差小于某个值，但是对于具体的测量点来说，其测量值越小，相对误差越大。

2. 按误差的测量条件分类

有时还能遇到基本误差、附加误差两个名称，这是按照测量条件来分类的一种说法。

(1)基本误差：是指仪表在规定条件下(如温度、湿度等)，仪表本身具有的误差，其最大值不超过允许最大绝对误差。

(2)附加误差：是指当仪表偏离规定工作条件时所产生的新误差。仪表产生的误差为基本误差和附加误差之和。

3. 按误差的产生原因分类

按照误差的产生原因，误差可分为系统误差、随机误差和粗大误差。

(1)系统误差是在相同测量条件下，多次测量同一参数时，测量结果的误差大小与符号均保持不变或按某一确定规律变化的误差。它是由于测量过程中仪表使用不当或测量时外界条件变化等原因所引起的。必须指出，单纯地增加测量次数无法减少系统误差对测量结果的影响。

(2)随机误差是在相同测量条件下，对参数进行重复测量时，测量结果的误差大小与符号以不可预计的方式变化的误差。产生随机误差的原因很复杂，通常采取多次测量求平均值的方法减小随机误差，取多次测量结果的算术平均值作为最终的测量结果。

(3)粗大误差是测量结果显著偏离被测值的误差，没有任何规律可循。产生粗大误差的主要原因是测量方法不当、工作条件显著偏离测量要求等，但更多的是人为因素造成的，如工作人员在读取或记录测量数据时疏忽大意。带有这类误差的测量结果毫无意义，应予以剔除。

4.1.5 检测仪表的性能指标

检测仪表的性能指标是仪表选型的主要依据。性能指标很多，涉及技术、经济及使用便利性等方面，这里介绍几个基本的技术性能指标。

(1)测量范围。测量范围也称为工作范围，是指检测仪表误差处于规定的极限范围内时被测参数的示值范围。

(2)量程。量程是上述测量范围的上限值与下限值的代数差，即量程是一个数值，不是一个范围。

当测量范围为 0～150 ℃时，量程为 150－0＝150(℃)；

当测量范围为－20～200 ℃时，量程为 220－(－20)＝240(℃)；

当测量范围为 20～150 ℃时，量程为 150－20＝130(℃)。

(3)精确度(精度)。精确度简称精度，是反映仪表在规定使用条件下，测量结果准确程度的

一项综合性指标，其形式是用满度(满程)误差去掉百分号来表示的，即精度 A_c 为

$$A_c=\frac{e_{amax}}{S_p}\times 100 \tag{4-9}$$

其中，允许最大绝对误差 e_{amax} 是在规定工作条件下，仪表测量范围内各点测量误差的允许最大值。仪表的精度是衡量仪表质量好坏的重要指标之一，仪表精度由系统误差和随机误差综合决定，精度高，表明仪表的系统误差和随机误差越小，测量结果越准确。

为方便仪表的生产及应用，我国用精度等级来划分仪表精度的高低。根据《工业过程测量和控制用检测仪表和显示仪表精确度等级》(GB/T 13283—2008)，由引用误差表示精度的仪表，其精度等级应自以下数系选取：0.01，0.02，(0.03)，0.05，0.1，0.2，(0.25)，(0.3)，(0.4)，0.5，1.0，1.5，(2.0)，2.5，4.0，5.0。其中，括号内的精度等级不推荐采用，低于0.5级的仪表，其精度等级可由各类仪表的标准予以规定。

热电偶、热电阻等不适合用引用误差表示精度的仪表，可以用拉丁字母或序数数字的先后次序表示精确度等级，如A级、B级、C级，1级、2级、3级等。

如前所述，仪表的精度是用引用误差表示的，反映某一精度等级仪表在正常情况下，仪表所允许具有的最大引用误差。例如，精度等级为1级的仪表，在测量范围内各处的引用误差均不超过±1%时为合格，否则为不合格。

在仪表行业，有时会直接用满度(满程)误差表示仪表的精确程度，记作%*FS*，或用示值相对误差来衡量仪表的精确程度，记作%*R*。

【例4-3】 某压力检测仪表的测量范围为0～1 000 kPa，校验该表时得到的最大绝对误差为±8 kPa，试确定该仪表的精度等级。

解：该仪表的精度应满足：

$$A_c=\frac{e_{amax}}{S_p}\times 100=\frac{8}{1\,000-0}\times 100=0.8$$

由于国家规定的精度等级中没有0.8级仪表，而该仪表的精度又超过了0.5级仪表的允许误差，因此，这台仪表的精度等级应定为1.0级。

【例4-4】 某台测温仪表的测量范围为0～100 ℃，根据工艺要求，温度指示值的误差不允许超过±0.7 ℃，试问应如何选择仪表的精度等级才能满足以上要求。

解：根据工艺要求，仪表精度应满足：

$$A_c\leqslant\frac{e_{amax}}{S_p}\times 100=\frac{0.7}{100-0}\times 100=0.7$$

此值介于0.5级和1.0级之间，若选择精度等级为1.0级的仪表，其允许最大绝对误差为±1 ℃，这就超过了工艺要求的允许误差，故应选择0.5级的精度才能满足工艺要求。

由以上两例可见，根据仪表校验数据来确定仪表精度等级和根据工艺要求来选择仪表精度等级，要求是不同的。根据仪表校验数据来确定仪表精度等级时，仪表的精度等级值应选择大于或等于由校验结果所计算的精度值；根据工艺要求来选择仪表精度等级时，仪表的精度等级值应小于或等于工艺要求所计算的精度值。

(4)量程比。量程比有两种含义。一是同一台(同一型号)仪表可以设置的最大量程和最小量程之比，常见于压力变送器。例如，EJA变送器资料附件中采用L膜盒时，量程为0.67～10 kPa(可标为0－0.67－10 kPa)，表示量程在0.67～10 kPa连续可调，其量程比约为15∶1(10 kPa/0.67 kPa)。其参考精度是按量程上限标的，当量程小于一定值时，标称精度需要计算(下降)。

量程比的另外一种定义经常用在流量计上，指的是在测量精度在达到标称精度的前提下，仪表所能测量的最大值与最小值之比。例如，0.63～6.3 m/h (或标为0－0.63－6.3 m/h)的流

量计，表示流量在 0.63～6.3 m/h 测量结果能达到标称精度，量程比为 1∶10(10∶1)。传统流量计中电磁流量计的量程比较大，约为 1∶30，孔板类节流装置较小，特殊情况下接近 1∶2。

量程比大，调整的余地就大，可在工艺条件改变时，便于更改变送器的测量范围，而不需要更换仪表，也可以减少库存备表数量，便于管理和防止资金积压，所以，变送器的量程比是一项十分重要的技术指标。当前的智能式变送器已将量程比扩大到 10∶1、15∶1、20∶1、40∶1、100∶1，甚至还有个别产品达到 400∶1、555∶1。

(5)参考精度(标称精度)。参考精度是仪表制造厂家提供的精度指标，是在实验室条件下测试的精度。对压力变送器制造厂来说，典型的实验室条件：温度为(20±5)℃，静压为 0，相对湿度为 45%～75%。

参考精度是一个非常重要的指标，常常可以作为不同厂家变送器性能比较的基础。但对于用户在生产中具体应用时的性能来说，因为参考精度仅适用于限定的量程比和规定的实验室条件，当条件变化时，不能全面衡量变送器在工业应用的整体性能。压力、差压变送器的参考精度只是其中的一个因素，还有其他一些影响精度的因素需要考虑，主要有量程比影响、温度对零点的影响、温度对量程的影响、静压对零点的影响、静压对量程的影响等。

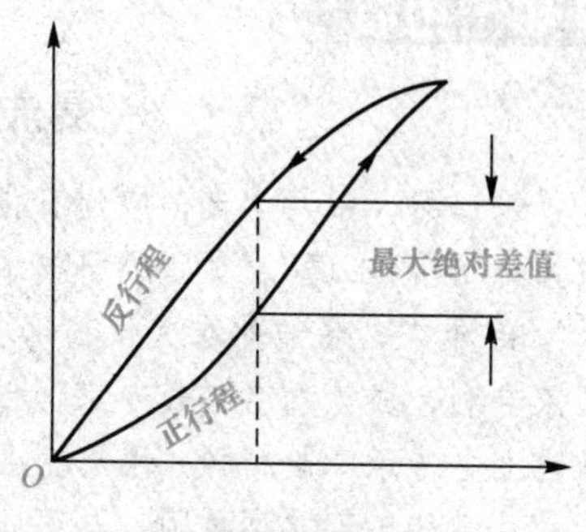

图 4-8　变差示意

(6)变差。变差是指在外界条件不变的情况下，用同一仪表对被测量在仪表全部测量范围内进行正、反行程(被测参数由小到大和由大到小)测量时，被测量值正行和反行所得到的两条特性曲线之间的最大绝对差值除以标尺上下限差值，如图 4-8 所示。仪表的变差不能超出仪表满度(满程)误差，否则应及时检修，变差表达式如下：

$$变差=\frac{最大绝对差值}{测量上限值-测量下限值}\times 100\% \tag{4-10}$$

(7)灵敏度。灵敏度是指仪表指针的线位移或角位移，与引起这个位移的被测参数变化量的比值。即

$$S=\frac{\Delta\alpha}{\Delta x} \tag{4-11}$$

式中，S 为仪表的灵敏度；$\Delta\alpha$ 为指针的线位移或角位移；Δx 为引起 $\Delta\alpha$ 所需的被测参数变化量。

例如，一台测量范围为 0～100 ℃的测温仪表，其标尺长度为 20 mm，则其灵敏度 S 为 0.2 mm/ ℃，即温度每变化 1 ℃，指针移动了 0.2 mm。

(8)分辨率与分辨力。在模拟式仪表中，分辨率是指仪表能够检测出被测量最小变化的能力。如果被测量从某一值开始缓慢增加，直到输出产生变化为止，此时的被测量变化量即分辨率。在检测仪表的刻度始点处的分辨率称为灵敏限。仪表的灵敏度越高，分辨率越好。一般模拟式仪表的分辨率规定为最小刻度分格值的 1/2。

在数字式仪表中，往往用分辨力来表示仪表灵敏度的大小。数字式仪表的分辨力是指仪表在最低量程上最末一位数字改变一个字所表示的物理量。例如，七位数字式电压表，若在最低量程时满度值为 1 V，则该数字式电压表的分辨力为 0.1 μV。数字仪表能稳定显示的位数越多，则分辨力就越高。

数字仪表的分辨率一般是指显示的最小数值与最大数值之比。例如，测量范围为 0～999.9 ℃的数字温度显示仪表，最小显示 0.1 ℃(末位跳变 1 个字)，最大显示 999.9 ℃，则分辨

率为0.01%。

(9)响应时间。响应时间是用来衡量仪表能否尽快反映出参数变化的品质指标。响应时间长，说明仪表需要较长时间才能给出准确的指示值，那么就不宜用来测量变化频繁的参数。仪表响应时间的长短，实际上反映了仪表动态特性的好坏。

响应时间有不同的表示方法，仪表的输出信号从开始变化到新稳态值的63.2%所用的时间，可用来表示响应时间。也有用变化到新稳态值的95%所用的时间来表示响应时间的。

响应时间在压力变送器等仪表中也被表示成阻尼时间常数，变送器阻尼时间越大，变送器输出信号越缓慢、平滑，如现场的流量测量波动很大，如果阻尼时间太小，就不能反映出真实流量，自动控制肯定更是不行。阻尼时间也不能太大，否则，读取数据就慢了，影响用户使用。阻尼时间越大，变送器反应越迟缓，一般设置的有效范围为0.1～100 s，常见设定值为1 s。

知识拓展

暴沛然：痴迷创新为“清障克难”

暴沛然，中共党员，广州石化首席技师，先后被评为全国职工创新能手、中国能源化学地质系统“大国工匠”、集团公司技术能手等。

39年来，暴沛然在广州石化攻克70项仪表技术难题，研发35项特殊专用工具，获得4项国家专利，成为知名仪表专家、创新达人、发明专业户。面对外企的高薪聘请，他始终不为所动，立志传承奉献精神、感恩企业，一辈子报效石化。

从学徒工到首席技师，与石化事业共成长；从仪表工到大国工匠，见证了仪表专业的更新换代。“一片痴心钻技术，为装置‘清障克难’”。暴沛然坦言，其理念是扎根广州石化现场，孜孜不倦钻研仪表知识，“捣鼓”仪表工作原理，修复不同类型仪表，“这样‘单调’的生活一直持续近40年，但对我来说这是快乐，因为我的兴趣就在这儿”。

近年来，广州石化部分进口阀门运行状况不太理想，暴沛然带头开展国产化攻关，成功解决阀门动作卡涩、内件使用寿命短等技术难题，阀门使用周期延长1倍以上，这为进口阀门国产化攻关提供了可借鉴的经验。

在催化汽油吸附脱硫装置闭锁料斗系统中，共有31台切断性开关球阀，每次阀芯、阀座磨损内漏检修，一般需下线用机床打磨，耗时费力。“能不能在现场直接研磨呢?”经过数年潜心研究、摸索、改良，暴沛然先后成功开发出4代研磨器。近年来，“金属密封球的全方位研磨工具”修复了大量硬密封球阀，获国家发明专利授权，荣获第13届全国TnPM大会设备维护工具创意奖一等奖，2022年亮相首届全国大国工匠创新交流大会成果展。

由于暴沛然的维修技巧得到同行的一致认可，因此兄弟企业常邀请他帮忙解难题、传授经验。他总是热情相助、无私授艺。但对外企的高薪聘请，他始终不为所动。

“守着日夜陪伴的装置，心里才踏实。人要感恩，我是中国石化培养出来的，要一辈子报效公司。”暴沛然说，父亲是中华人民共和国成立前的老干部，他从小受家风教育、爱国熏陶，心底埋下报效国家的种子，“对我而言，发扬和传承铁人精神是父辈的期许，也是我的使命”。

（来源：《中国石化报》）

任务测评

1. 某一标尺为0～1 000 ℃的温度计出厂前经校验，其刻度标尺上的各点测量结果分别见表4-1：

(1)求出该温度计的最大绝对误差值；

(2)确定该温度计的精度等级。

表 4-1　温度计测量结果

被校表读数/℃	0	200	400	600	700	800	900	1 000
标准表读数/℃	0	201	402	604	706	805	903	1 001

2. 为什么测量仪表的测量范围要根据被测量值的大小来选取？选一台量程很大的仪表来测量很小的参数值有何问题？

3. 零点迁移有没有改变变送器的量程，有没有改变变送器的测量范围？

4. 什么是量程比？量程比大有什么实际意义？

5. 三台测量范围相同的仪表，甲表精度标：±0.5%R，乙表精度标：±0.5%FS，丙表精度标：0.5 级。试问哪一台仪表更加精确。

任务 4.2　压力检测仪表的选择与应用

任务描述

氯乙烯聚合过程中，稳定操作时，釜压力为 0.85 MPa 左右，一般要求小于 1.1 MPa，超过 1.2 MPa 就要泄压。本任务是要根据氯乙烯聚合工艺的特点，选择一块压力检测仪表以实现对聚合釜压力的监控，要求绝对误差不能超过 0.01 MPa。

通过本任务的学习，掌握压力常用单位之间的换算，正确区别绝压、表压、负压等概念，熟悉各种常见测压仪表的工作原理与适用场合，掌握压力检测仪表的选型规范，根据工艺特点进行选型。

4.2.1　工程上的压力及压力的单位

工程上的压力是指均匀垂直地作用在单位面积上的力，即物理学中的压强，可用式(4-12)表示。

$$p=\frac{F}{S} \tag{4-12}$$

式中　p——压力；

F——垂直作用力(N)；

S——受力面积(m^2)。

压力的单位为帕斯卡，简称帕(Pa)：1 Pa=1 N/m^2。

Pa 所代表的压力较小，工程上经常使用千帕(kPa)、兆帕(MPa)，它们之间的关系为

$$1\ MPa=1\times10^3\ kPa=1\times10^6\ Pa \tag{4-13}$$

在实际应用中，不同国家、不同行业之间采用的压力单位差异较大，表 4-2 为常见压力单位之间的换算关系。

表 4-2　各种压力单位换算

压力单位	帕/Pa	兆帕/MPa	工程大气压/($kg\cdot cm^{-2}$)	物理大气压/atm	水柱/mH_2O	(磅/英寸^2)/($lb\cdot in^{-2}$)	巴/bar
帕	1	1×10^{-6}	$1.019\ 7\times10^{-5}$	9.869×10^{-6}	$1.019\ 7\times10^{-4}$	1.450×10^{-4}	1×10^{-5}
兆帕	1×10^{6}	1	10.197	9.869	$1.019\ 7\times10^{2}$	1.450×10^{2}	10

续表

压力单位	帕/Pa	兆帕/ MPa	工程大气压 / $(kg \cdot cm^{-2})$	物理大气压 / atm	水柱 / mH_2O	(磅/英寸^2) / $(lb \cdot in^{-2})$	巴/bar
工程大气压	9.807×10^4	9.807×10^{-2}	1	0.967 8	10.00	14.22	0.980 7
物理大气压	$1.013\,3\times10^5$	0.101 33	1.033 2	1	10.33	14.70	1.013 3
汞柱	$1.333\,2\times10^2$	1.333×10^{-4}	1.359×10^{-3}	1.316×10^{-3}	0.013 6	1.934×10^{-2}	1.333×10^{-3}
水柱	9.806×10^3	9.806×10^{-3}	0.100 0	0.096 78	1	1.422	0.098 06
磅/英寸^2	6.895×10^3	6.895×10^{-3}	0.070 31	0.068 05	0.703 1	1	0.068 95
巴	1×10^5	0.1	1.019 7	0.986 9	10.197	14.50	1

在压力测量中，常有表压、绝对压力、负压或真空度之分。其关系如图 4-9 所示。

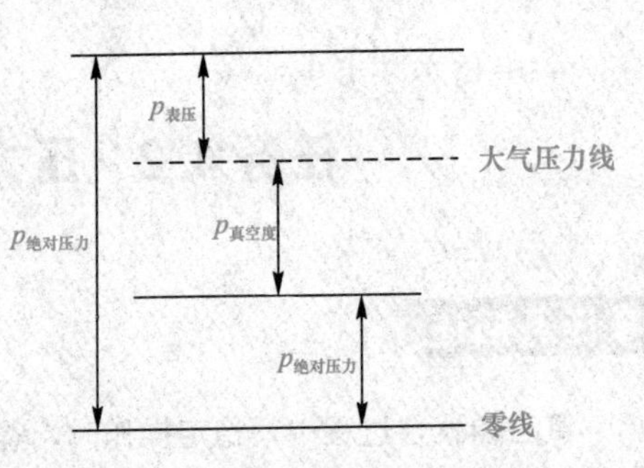

图 4-9　各种压力的关系

表压是绝对压力和大气压力之差，即

$$p_{表压}=p_{绝对压力}-p_{大气压力} \tag{4-14}$$

当被测压力低于大气压力时，一般用负压或真空度表示，它是大气压力和绝对压力之差：

$$p_{真空度}=p_{大气压力}-p_{绝对压力} \tag{4-15}$$

各种工艺设备和测量仪表通常处于大气之中，本身就承受着大气压力。工程上经常用表压或真空度来表示压力的大小，如精馏塔的塔压、储罐的压力等。但对于物性数据中的压力，通常都是绝对压力，如 100 ℃的饱和蒸汽压力是 1 kg，这个 1 kg 指的是绝对压力。后面所提到的压力，除特别说明外，均指表压或真空度。

压力检测仪表按待检测压力的类型可分为压力表(真空表)、绝压表和差压表，分别用以测量表压(真空度)、绝对压力和两个压力之差。

按照工作原理来区分，工业上应用的压力检测仪表主要有就地指示的弹性式压力计及用以信号远传的压力(差压)变送器。另外，还有主要用以测量微压或真空度的液柱式压力计，以及作为标准表用于压力表校验的活塞式压力计，两者在生产现场都很少见。

4.2.2　弹性式压力计

弹性式压力计是利用各种形式的弹性元件，在被测介质压力的作用下，使弹性元件受压后产生弹性变形的原理而制成的测压仪表。

1. 弹性元件

弹性元件是弹性式压力计的核心，主要有弹簧管式、膜片式、膜盒式、波纹管式等。

(1)弹簧管式弹性元件的测压范围较宽，可测量高达 1 000 MPa 的压力。单圈弹簧管[图 4-10(a)]是弯成圆弧形的金属管子，它的截面做成扁圆形或椭圆形。当通入压力 p 后，它的自由端就会产生位移。这种单圈弹簧管自由端位移较小，因此能测量较高的压力。为了增加自由端的位移，可以制成多圈弹簧管[图 4-10(b)]。

(2)膜片式弹性元件[图 4-10(c)]是由金属或非金属材料做成的具有弹性的一张膜片(有平膜片与波纹膜片两种形式)，在压力作用下能产生变形。有时也可以由两张金属膜片沿周口对焊起来，成一薄壁盒子，内充液体(如硅油)，称为膜盒[图 4-10(d)]。这两种弹性元件的测压范围比弹簧管式弹性元件更低。

(3)波纹管式弹性元件[图 4-10(e)]是一个周围为波纹状的薄壁金属筒体，这种弹性元件易于变形，而且位移很大，常用于微压与低压的测量(一般不超过 1 MPa)。

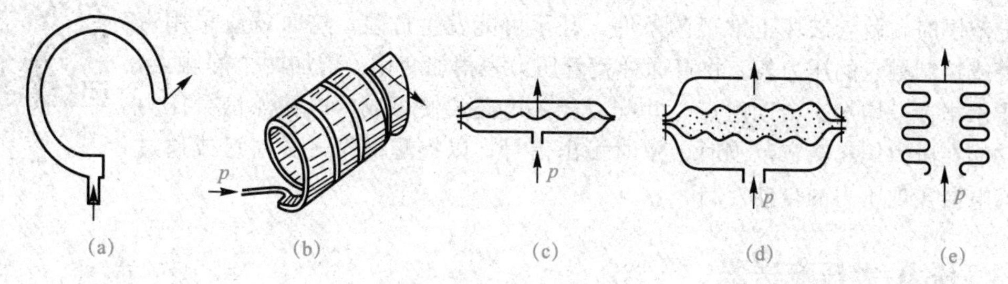

图 4-10　弹性元件示意

2. 弹簧管压力表

弹簧管压力表的测量范围极广、品种规格繁多。按其所使用的测压元件不同，有单圈弹簧管压力表与多圈弹簧管压力表；按其用途不同，除普通弹簧管压力表之外，还有耐腐蚀的氨用压力表、禁油的氧气压力表等。它们的外形与结构基本上是相同的，只是所用的材料不同，如氨用压力表和乙炔用压力表的弹簧管不能是铜，因为这两种物质与铜及铜合金接触发生反应会产生爆炸，所以必须在产品刻度盘上在产品名称下面涂上黄色横线标记，以做警示。

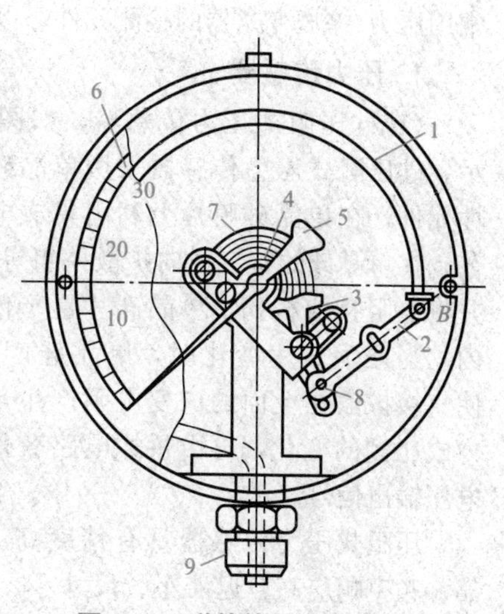

图 4-11　弹簧管压力表结构

1—弹簧管；2—拉杆；3—扇形齿轮；4—中心齿轮；5—指针；6—面板；7—游丝；8—调整螺钉；9—接头

此外，为适应振动强烈的工作环境，可采用耐振压力表，这种压力表在表壳内填充有缓冲油增加指针的阻尼，方便读数。

弹簧管压力表的结构原理如图 4-11 所示。弹簧管 1 是压力计的检测元件。图中所示为单圈弹簧管，它是一根弯成 270°圆弧的椭圆截面的空心金属管子。管子的自由端 B 封闭，另一端固定在接头 9 上。当通入被测的压力 p 后，由于椭圆形截面在压力 p 的作用下，将趋于圆形，而弯成圆弧形的弹簧管也随之产生扩张变形。由于变形，使弹簧管的自由端 B 产生位移。输入压力 p 越大，产生的变形越大。由于输入压力与弹簧管自由端 B 的位移成正比，因此只要测得 B 点的位移量，就能反映压力 p 的大小。

弹簧管自由端 B 的位移量一般很小，必须通过放大机构才能指示出来。其放大原理：弹簧管的自由端 B 的位移通过拉杆 2 使扇形齿轮 3 做逆时针偏转，于是指针 5 通过同轴的中心齿轮 4 的带动而做顺时针偏转，在面板 6 的刻度标尺上显示出被测压力 p 的数值。由于弹簧管自由端的位移与被测压力之间具有正比关系，因此弹簧管压力表的刻度标尺是线性的。游丝 7 用来克服因扇形齿轮和中心齿轮间的传动间隙而产生的仪表变差。改变调整螺钉 8 的位置，可以实现压力表量程的调整。

氨用压力表

氧用压力表

耐振压力表

乙炔用压力表

动画：弹簧管压力表

3. 电接点压力表

在化工生产过程中，常需要把压力控制在某一范围内，即当压力低于或高于给定范围时，就会破坏正常工艺条件，甚至可能发生危险。这时就应采用带有报警或控制触点的压力表。将普通弹簧管压力表稍加变化，增加两个静触点，并在指示指针上增加一个动触点，并配以相关电路，便可成为电接点信号压力表，它能在压力偏离给定范围时，及时发出信号，以提醒操作人员注意或通过中间继电器实现压力的自动控制。

动画：电接点压力表

4.2.3 压力/差压变送器

压力/差压变送器可将信号远传至控制室，是自动控制系统中最常见的检测仪表，不光是压力检测，液位检测、流量检测有时也会用到它。之前已介绍变送器的基本知识，此处介绍几种常用压力/差压变送器的检测元件，以及在工业上应用广泛的几种经典压力/差压变送器。

1. 压力传感器

(1)硅压阻式压力传感器，如图 4-12 所示。硅压阻式压力传感器采用单晶硅片为弹性元件，在单晶硅膜片上利用集成电路的工艺，在单晶硅的特定方向扩散一组等值电阻，并将电阻接成桥路，单晶硅片置于传感器腔内。当压力发生变化时，单晶硅产生应变，使直接扩散在上面的应变电阻产生与被测压力成比例的变化，再由桥式电路获得相应的电压输出信号。

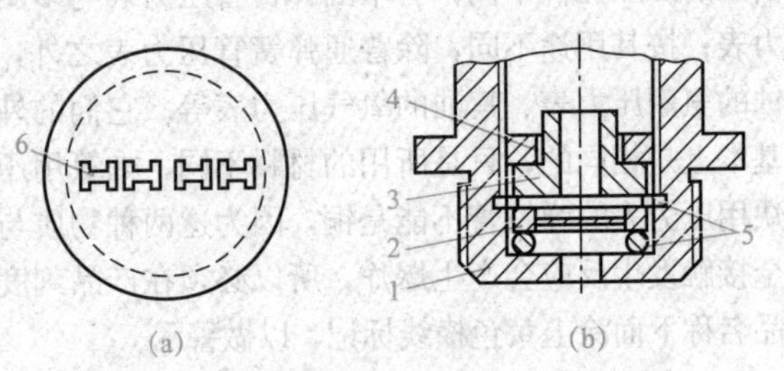

图 4-12 硅压阻式压力传感器

(a)单晶硅片；(b)结构

1—基座；2—单晶硅片；3—导环；4—螺母；5—密封垫圈；6—等效电阻

压阻式压力传感器具有精度高、工作可靠、频率响应高、迟滞小、尺寸小、质量轻、结构简单等特点，可适应恶劣的工作环境，便于数字化显示。压阻式压力传感器不仅可用于测量压力，而且稍加改变，可以用来测量差压、高度、速度、加速度等参数。

(2)电容式压力/差压传感器。在工业生产过程中，差压传感器的应用数量多于压力传感器，因此，以下按差压传感器介绍，其实两者的原理和结构基本上相同。

图 4-13 所示为差动电容膜盒，将左右对称的不锈钢底座的外侧加工成环状波纹沟槽，并焊上波纹隔离膜片。基座内侧有玻璃层，基座和玻璃层中央有孔道相通。玻璃层内表面磨成凹球面，球面上镀有金属膜，此金属膜层有导线通往外部，构成电容的左右固定极板。在两个固定极板之间是弹性材料制成的测量膜片，作为电容的中央动极板。在测量膜片两侧的空腔中充满硅油。当被测压力 p_1、p_2 分别加于左右两侧的隔离膜片时，通过硅油将差压传递到测量膜片上，使其向压力小的一侧弯曲变形，引起中央动极板与两边固定电极间的距离发生变化，因而，两电极的电容量不再相

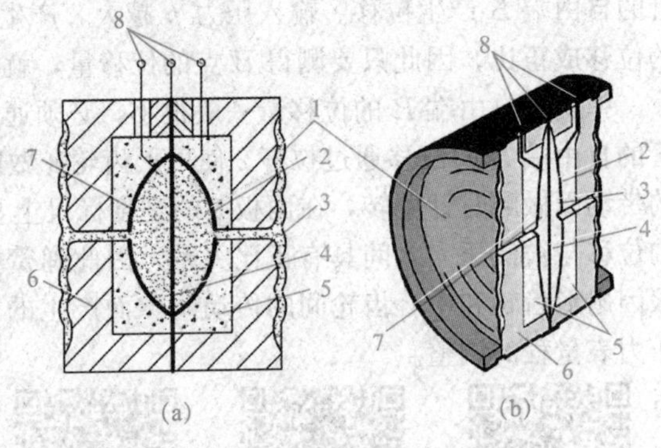

图 4-13 差动电容膜盒

(a)膜盒剖面图；(b)膜盒立体剖切图

1—隔离膜片；2、7—固定电极；3—硅油；4—测量膜片；5—玻璃层；6—底座；8—引线

等，一个增大，另一个减小，电容的变化量通过引线传至测量电路，通过测量电路的检测和放大，输出一个 4～20 mA 的直流电信号。

电容式差压传感器的结构可以有效地保护测量膜片，当差压过大并超过允许测量范围时，测量膜片将平滑地贴靠在玻璃凹球面上，因此不易损坏，过载后的恢复特性很好，这样大大提高了过载承受能力。

(3)单晶硅谐振式压力传感器。如图 4-14 所示，单晶硅谐振式压力传感器是在单晶硅芯片上采用微电子机械加工技术，分别在其表面的中心和边缘制成两个形状、大小完全一致的 H 形谐振梁，且处于微型真空腔，使其既不与充灌液接触，又确保振动时不受空气阻尼的影响。硅谐振梁处于由永久磁铁提供的磁场中，与变压器、放大器等组成一个正反馈回路，让谐振梁在自激振荡回路中做高频振荡。当单晶硅片的上下表面受到压力并形成压力差时，该硅片将产生变形，导致中心谐振梁因压缩力而频率减小，边缘谐振因受拉伸力而频率增加，两个 H 形谐振梁受到不同应变作用，其结果是中心谐振梁因受压缩力而频率减少，边缘谐振梁因受到张力而频率增加，两个频率之差对应不同的压力信号。

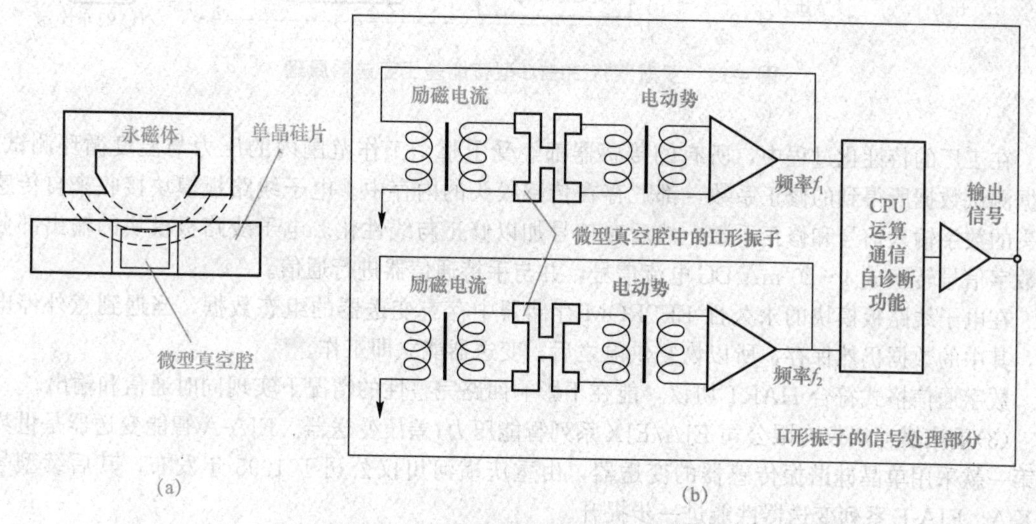

图 4-14　单晶硅谐振式压力传感器示意

(a)单晶硅谐振传感器；(b)传感器真空腔内的 H 形振子及其信号处理

单晶硅谐振式压力传感器具有非常优良的性能，它直接输出频率信号，传感器自身就可以消除机械电气干扰、环境温湿度变化、静压与过压等影响，行业内广泛应用的 EJA 智能变送器采用的就是该类型的传感器。

2. 几种典型压力/差压变送器

(1)罗斯蒙特 1151 模拟变送器。罗斯蒙特 1151 系列变送器有模拟型与智能型之分，采用的都是图 4-13 所示的电容式差压传感器。其中，1151DP 为差压变送器，1151GP 为压力(表压)变送器，1151AP 为绝压变送器。该系列的模拟变送器是罗斯蒙特公司(现已被艾默生收购)的第一代变送器产品，性价比高，应用广泛，其精度与量程和型号有关，大致能达到±0.2%FS 的水平。

(2)罗斯蒙特 3051C 型智能压力/差压变送器。罗斯蒙特 3051C 与重庆横河川仪有限公司 EJA/EJX 系列智能变送器在业内属于第一梯队，其传感器与 1151 系列均采用差动电容膜盒。变送器由传感膜头和电子线路板组成，其原理如图 4-15 所示。

被测介质压力通过电容传感器转换为与之成正比的差动电容信号。传感膜头还同时进行温度的测量，用于补偿温度变化的影响。上述电容和温度信号通过 A/D 转换器转换为数字信号，输入电子线路板模块。

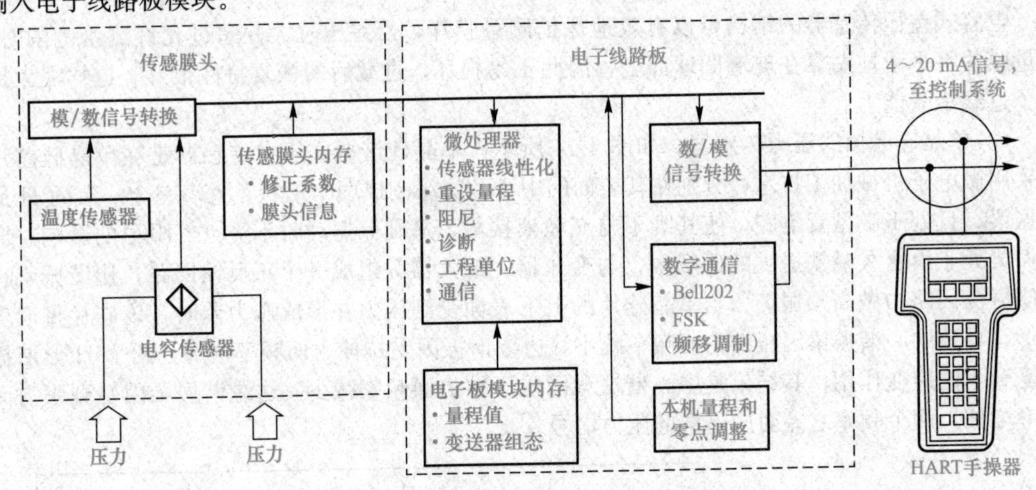

图 4-15 罗斯蒙特 3051C 型智能差压变送器原理

在工厂的特性化过程中，所有的传感器都经受了整个工作范围内的压力与温度循环测试。根据测试数据所得到的修正系数，都贮存在传感膜头的内存中。电子线路板模块接收来自传感膜头的数字输入信号和修正系数，然后对信号加以修正与线性化。电子线路板模块的输出部分将数字信号转换成 4～20 mA DC 电流信号，并与手持通信器进行通信。

在电子线路板模块的永久性 EEPROM 存储器中存有变送器的组态数据，当遇到意外停电时，其中的数据仍然保存，所以恢复供电之后，变送器能立即工作。

数字通信格式符合 HART 协议，能在不影响回路完整性的情况下实现同时通信和输出。

(3)重庆横河川仪有限公司 EJA/EJX 系列智能压力/差压变送器。EJA-A 智能变送器是世界上第一款采用单晶硅谐振传感器的变送器，由重庆横河川仪公司于 1995 年发布，其后续型号 EJX-A、EJA-E 系列变送器性能进一步提升。

如图 4-16 所示，EJA/EJX 系列变送器没有 A/D 转换器，这是因为采用单晶硅谐振传感器，直接将压力信号转换成数字信号处理，因此无需 A/D 转换环节。

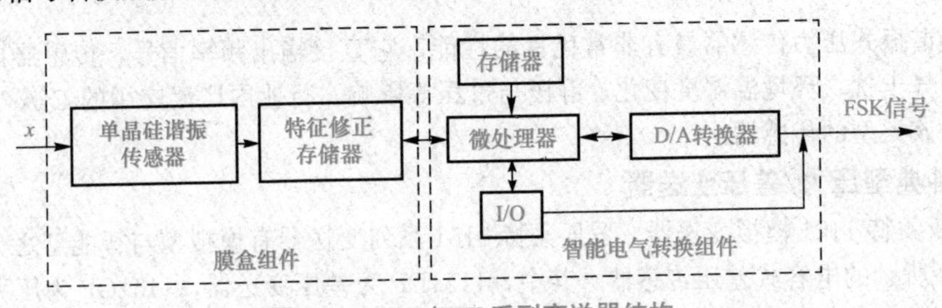

图 4-16 EJA/EJX 系列变送器结构

EJA/EJX 系列变送器采用单晶硅谐振式传感器，直接输出频率信号，传感器自身就可以消除机械电气干扰、环境温湿度变化、静压与过压等影响，因此，EJA/EJX 变送器具有许多优良特性。

(4)霍尼韦尔 ST3000 智能差压变送器。ST3000 采用扩散硅压阻传感器，为克服扩散硅压阻传感器对温度和静压敏感且存在非线性的缺点，集成了差压传感器、静压传感器和温度传感器，利用静压传感器和温度传感器检测环境温度和静压参数，按照相应的公式对被测压力进行补偿，相比模拟式变送器，精度大大提高。

(5)浙江中控CXT系列高精度智能压力变送器。CXT系列变送器是浙江中控研发的高精度智能压力变送器，采用了高性能单晶硅复合传感芯片，可提供各种耐腐蚀的隔离膜片，广泛适用于石油、电力、化工、冶金、制药、轻工等行业中的压力、流量和液位的测量。

3. 几种典型压力/差压变送器的对比

目前，国内化工、电力施工项目中最为流行，并被广泛使用的两种变送器就是罗斯蒙特3051与重庆横河川仪有限公司的EJA/EJX，两家市场占有率之和大约为70%。具体比较如下。

(1)EJA/EJX变送器采用单晶硅谐振式压力传感器，直接将压力信号转换成数字信号处理，减少A/D转换环节，提高了整个回路精度。而3051变送器是把压力信号转换成电容量，再进行A/D转换。

(2)EJA/EJX变送器的单晶硅谐振式压力传感器是数字式传感器，采用频率差减能自动消除温度、静压等的影响，而3051变送器的电容式传感器本身不能消除干扰，需要后续电路来补偿，所以时间长了后，因电路漂移等需要重新调校零点，增加维护量。

(3)EJA/EJX变送器具有优异的单向和大压力过压能力，在24 h内10万次16 MPa冲击的影响量小于0.03%，产品可靠性高、质量稳定，而3051变送器在大压力和单向过压的情况下容易损坏，特别会造成零点漂移，需要重新调校，增加仪表维护量。

(4)EJA/EJX变送器可无须三阀组安装，节约设备成本，减少维护和故障点；而3051变送器需要三阀组安装。

(5)EJA/EJX变送器全系同一品质，均为高质量产品，而3051变送器分为G系列、C(低功耗)系列、S系列等，往往3051变送器为了中标，以稳定性较差的G系列变送器来投标，给用户增加麻烦。

(6)EJA/EJX变送器的市场公开价比EJA变送器的高2倍以上，在项目投运后，对备品备件的采购价格会居高不下，增加用户后期的投资费用。

(7)EJA/EJX变送器基本品材质更高(膜片：哈氏合金；容室法兰：不锈钢；容室密封环：软316L)。而3051变送器(膜片：316L；容室法兰：碳钢；密封环：橡胶)。

(8)EJX是目前世界上变送器标准品中唯一能够达到国际电子工业安全可靠性认证SIL2标准的变送器，安全可靠性远远高于其他变送器。

4.2.4 氯乙烯聚合釜压力检测仪表的选型

化工行业仪表的选型可参照石化行业标准《石油化工自动化仪表选型设计规范》(SH/T 3005—2016)和化工行业标准《自动化仪表选型设计规范》(HG/T 20507—2014)，结合行业相关经验进行。

1. 压力检测仪表的选型要点

根据相应规范，压力仪表的选择应区分就地压力表与远传压力表(压力/差压变送器)。

(1)仪表类型选择。就地压力表的选择可参照表4-3。

表4-3　就地压力表类型选择要点

介质特点/场合	压力大小	压力表类型/注意事项
一般介质	≥40 Pa	弹簧管压力表
	＜40 kPa	膜盒压力表
	−0.1～0 MPa	弹簧管真空压力表
	−500～+500 Pa	矩形膜盒微压计或微差压计

续表

介质特点/场合	压力大小	压力表类型/注意事项
乙炔、氨及含氧介质	—	相应的专用压力表
硫化氢和含硫介质	—	抗硫压力表
黏稠、易结晶、含固体颗粒、强腐蚀性	—	隔膜压力表或膜片压力表
振动场所	—	耐振压力表
水蒸气及操作温度超过 60 ℃	—	引压管应配冷凝圈或冷凝弯

远传压力表的选择参照表 4-4，若选择压力变送器和差压变送器宜选用二线制 4～20 mA DC 带 HART 协议智能型，也可选用 FF、Profibus－PA 等现场总线仪表和无线仪表。

表 4-4　远传压力表的选择要点

介质特点/场合	压力表类型/注意事项
爆炸危险区域	隔爆型或本安型变送器
测量微小压力、微小负压场合	差压变送器
黏稠、易结晶、含固体颗粒或腐蚀性等介质	膜片密封式压力(差压)变送器： (1)毛细管应选用 316SS 不锈钢，铠装层宜选用 300 系列不锈钢且长度不宜超过 15 m。 (2)密封膜片的最低材质应为 316LSS。 (3)变送器两端的毛细管宜具有同样的长度
爆破膜报警	压力开关。压力开关的接点应为密封型，在爆炸危险区内安装时，应选用防爆型，宜选用 DPDT 型干接点
水喷淋系统	
HVAC 控制系统	
仪表箱/柜，或建筑物内的正压压力低报警	

(2)压力测量单位和量程选择。压力仪表应采用法定计量单位帕(Pa)、千帕(kPa)和兆帕(MPa)；对就地压力表，测量稳定压力时，正常操作压力应为量程的 1/3～2/3。测量脉冲压力时，正常操作压力应为量程的 1/3～1/2。对压力变送器，操作压力宜为仪表校准量程的 60%～80%。

此处之所以会提出校准量程，是因为压力变送器，特别是智能压力变送器的量程比很大，即有多个量程，所谓校准量程可理解为测量时选定的量程。

(3)精度确定。一般测量用的就地压力表、膜盒压力表及膜片压力表的精确度宜为 1.6 级。精密测量和校验用压力表的精确度宜为 0.5 级、0.2 级或 0.1 级。

当前的压力/差压变送器，特别是智能变送器的精度非常高，一般情况都能满足要求。

2. 氯乙烯聚合工艺特点

氯乙烯聚合反应是在聚合釜中进行的，其中的物料包括脱盐水、VCM 及各种助剂，随着反应进行，釜内不断产生的 PVC 颗粒与水混合形成具有黏性的浆料状混合物。原料 VCM 是一种易燃易爆有毒物质，液态氯乙烯从管道或设备中向外泄漏是非常危险的，若遇到火源会起火爆炸，操作人员长期吸入 VCM 会引起神经、消化、呼吸等系统病变及导致肢端溶骨症。

3. 氯乙烯聚合釜压力表选型

(1)仪表类型的选定。根据上述氯乙烯聚合工艺特点，为保证安全，应选择压力变送器以便

DCS实时监控釜压，同时配置一块就地压力表。由于聚合过程中不断产生具有黏性的浆料状混合物，因此根据上述选型规范，就地显示压力表应选隔膜式压力表，压力变送器应选择膜片密封式，防止堵塞压力表和压力变送器。

(2)量程的确定。在本任务中，聚合釜正常压力在0.85 MPa左右，最高压力不超过1.2 MPa(超过则泄压)。根据就地仪表的选型规范，结合隔膜压力表的量程规格，确定其测量范围为0～1.6 MPa，量程为1.6 MPa，则1/3＜0.85/1.6＝0.53＜2/3，可见符合选型规范。

对压力变送器，要求正常操作压力在校验量程的60％～80％，则其量程M应符合0.6＜0.85/M＜0.8。

由此可确定压力变送器的量程为1.1 MPa＜M＜1.42 MPa，可取测量范围0～1.4 MPa。

(3)精度的确定。就地仪表主要为某些场合下现场人员对釜内压力大小提供一个参照，对压力的实时监控则靠压力变送器将压力信号送至DCS，由内操人员来评判。因此按照规范，选择1.6级即可。

基于重庆横河川仪有限公司系列变送器在实际应用中的优异表现，此处选择该公司的EJA438E隔膜密封式压力变送器(图4-17)。该变送器通过法兰连接方式将测压探头固定在聚合釜顶部，测压探头有密封隔膜将釜内压力传导到与其相连的毛细管内的硅油，毛细管连接变送器的正压室，从而获得釜内压力，变送器的负压室通大气，因此，该变送器测出的是釜内的表压。同时，该隔膜密封阻止了聚合釜内PVC浆料进入变送器，防止变送器被堵塞。

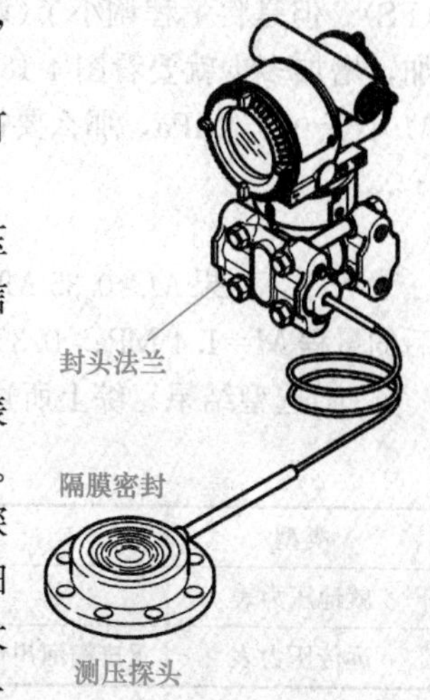

图4-17　EJA438E隔膜密封式压力变送器

该变送器的主要性能规格如图4-18所示，该图为其说明书部分截图。其中，图4-18(a)说明了其各个子型号的量程和范围，观察A型号，量程列显示为0.06～3.5 MPa，应注意，这不是说该型号的测量范围为0.06～3.5 MPa，而是说该变送器的测量范围上限减去测量范围下限，即量程必须为0.06～3.5 MPa(可在这个区间内随意变化)。

那么，图4-18(a)所示表格中的“范围”又怎么解释呢？它指的是，被测压力的大小可在－0.1～3.5 MPa。这样设置量程时，量程的下限必须大于－0.1 MPa，量程上限必须小于3.5 MPa，同时(量程上限－量程下限)必须为0.06～3.5 MPa。

测量量程/范围			MPa	psi (/D1)	bar (/D3)	kgf/cm² (/D4)
H		量程	25～500 kPa	100～2 000 inH₂O	0.25～5	0.25～5
		范围	−100～500 kPa	−400～2 000 inH₂O	−1～5	−1～5
A		量程	0.06～3.5	8.6～500	0.6～35	0.6～35
		范围	−0.1～3.5	−14.5～500	−1～35	−1～35
B	平法兰	量程	0.46～16	67～2 300	4.6～160	4.6～160
		范围	−0.1～16	−14.5～2 300	−1～160	−1～160
	凸法兰	量程	0.46～7	−67～1 000	4.6～70	4.6～70
		范围	−0.1～7	−14.5～1 000	−1～70	−1～70

(a)

测量量程		H
参考精度	X≤量程	±0.2%
	X>量程	±（0.15+0.01 URL/量程）%
X		100 kPa（400 inH₂O）
URL（量程上限）		500 kPa（2 000 inH₂O）

测量量程		A	B
参考精度	X≤量程	±0.2%	
	X>量程	±（0.16+0.004 URL/量程）%	
X		0.35 MPa（50 psi）	1.6 MPa（230 psi）
URL（量程上限）		3.5 MPa（500 psi）	16 MPa（2 300 psi）

(b)

图4-18　EJA438E说明书截图

(a)量程和范围；(b)调校量程的参考精度

根据之前对量程的选型，变送器量程应为 1.4 MPa，测量范围为 0～1.4 MPa，符合 A 子型号量程和测量范围的要求。变送器的精度能否满足要求呢？

本任务要求绝对差压不超过 0.01 MPa，根据式(4-8)，在选定的量程范围内的满度(满程)误差为

$$e_{qmax}=\frac{e_{amax}}{S_p}\times 100\%=\frac{0.01}{1.4}\times 100\%=0.71\%(FS)$$

根据说明书，该变送器在最大量程下(对 A 子型号为 3.5 MPa)的满度(满程)误差为±0.2%(FS)。但是将量程调小了(调成了 1.4 MPa)，因此，满度(满程)误差有可能增加。具体是否增加，增加多少就要看图 4-18(b)了。根据图 4-18(b)中的表格，对于 A 来说，如果调小后的量程 M 小于 0.35 MPa，那么要按照式(4-16)来计算满度(满程)误差(其中，URL＝3.5 MPa)。

$$\pm\left(0.16+\frac{0.004\ \mathrm{URL}}{M}\right)\% \tag{4-16}$$

否则，如果 $M>0.35$ MPa，则满度(满程)误差按照最大量程算，即±0.2%(FS)。很明显，调整后的量程 $M=1.4$ MPa>0.35 MPa，因此其满度(满程)误差为±0.2%$<$0.71%，精度符合要求。

(4)选型结果。综上所述，本次对氯乙烯聚合釜的压力检测选型结果见表 4-5。

表 4-5　氯乙烯聚合釜压力表选型结果

类型	型号	量程(测量范围)	精度
就地压力表	隔膜压力表	1.6 MPa(0～1.6 MPa)	1.6 级
远传压力表	重庆横河川仪有限公司 EJA438E－A 压力变送器	1.4 MPa(0～1.4 MPa)	±0.2%(FS)

4.2.5　压力检测仪表的安装

(1)测压点的选择应能反映被测压力的真实大小。

1)应选流体直线流动的管段部分，不要选管路拐弯、分叉、死角或容易形成旋涡的地方。

2)测量流动介质的压力时，应使取压点与流动方向垂直，取压管内端面与生产设备连接处的内壁应保持平齐，不应有凸出物或毛刺。

3)测量液(气)体压力时，取压点应在管道下(上)部，使导压管内不积存气(液)体。

(2)导压管铺设。

1)导压管内径为 6～10 mm，长度应尽可能短，不得超过 50 m，以减少压力指示的迟缓。如超过 50 m，应选用远传压力表。

2)导压管水平安装时应保证有 1∶10～1∶20 的倾斜度，以便排出积存的液体(或气体)。

3)取压口到压力检测仪表之间应装切断阀，以备检修使用。切断阀应装设在靠近取压口的地方。

(3)压力检测仪表安装注意事项。

1)就地压力计应垂直安装在易观察和检修的地方。

2)安装地点应力求避免振动和高温影响。

3)测量蒸汽压力时，应加装凝液管，以防止高温蒸汽直接与测压元件接触[图 4-19(a)]；对于腐蚀性介质的测量，应加装有中性介质的

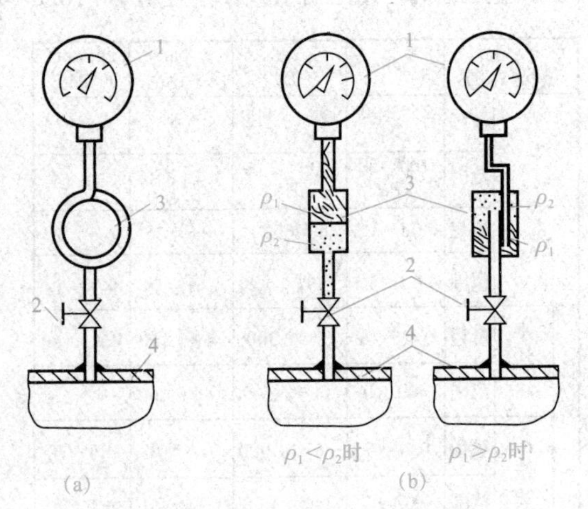

图 4-19　压力检测仪表安装示意

(a)测量蒸汽；(b)测量腐蚀介质

1—压力计；2—切断阀门；3—凝液管；4—取压容器

隔离罐，图 4-19(b)所示为被测介质密度 ρ_2 大于和小于隔离液密度 ρ_1 的两种情况。

4)当被测压力较小，而压力检测仪表与取压口又不在同一高度时，对由此高度而引起的测量误差应按 $\Delta p = \pm H\rho g$ 进行修正。式中 H 为高度差，ρ 为导压管中介质的密度，g 为重力加速度。

5)测量高压的压力检测仪表除选用有通气孔外，安装时表壳应向墙壁或无人通过之处，以防发生意外。

任务测评

1. 某台空气机的缓冲罐，工作压力范围为 1.1～1.6 MPa。工艺要求就地观察罐内的压力，并要求测量误差不得大于罐内压力的±5%，试选择一只合适的压力仪表(类型、测量范围、精度等级)。

2. 某合成氨厂合成塔压力指标为(14±0.4)MPa，要求就地指示压力。试选压力仪表(类型、测量范围、精度等级)用于测量。

3. DDZ-Ⅲ型差压变送器，测量范围为 0～250 kPa，求输出信号为 16 mA 时，差压是多少。

4. 判断题：罗斯蒙特 3051C 型智能变送器的传感器是硅电容式，它将被测参数转换成电容的变化，然后通过测电容来得到被测差压值或压力值。 (　　)

5. 判断题：EJA 变送器既可以在线调整零点，也可以在表体上调零。 (　　)

6. 判断题：如果介质为黏稠、易结晶、含固体颗粒或腐蚀性等介质，则应选用膜片隔离式压力或差压变送器。 (　　)

7. 判断题：弹簧管压力表指针轴上之所以要装上游丝，是因为消除传动机构之间的间隙，减小仪表的变差。 (　　)

8. 判断题：因为弹性式压力计不如液柱式压力计那样有专门承受大气压力作用的部分，所以其示值就是表示被测介质的绝对压力。 (　　)

9. 导压管最长不能超过________ m，否则应选择________来测量压力。

10. 根据化工自控设计技术规定，在测量稳定压力时，最大工作压力不应超过测量上限值的(　　)，测量脉动压力时，最大工作压力不应超过测量上限值的(　　)。

A. 1/3　1/2　　B. 2/3　1/2　　C. 1/3　2/3　　D. 2/3　1/3

11. 测量氨气的压力表，其弹簧管应用(　　)材料。

A. 不锈钢　　B. 钢　　C. 铜　　D. 铁

12. 压力表在测量(　　)介质时，一般在压力表前装隔离器。

A. 黏稠　　B. 稀薄　　C. 气体　　D. 水

13. 某容器内的压力为 1 MPa，为了测量应选用量程值为(　　)MPa 的工业压力表。

A. 0～1　　B. 0～1.6

C. 0～2.5　　D. 0～4.0

14. 当测量蒸汽介质压力时，导压管取压口应在管道(　　)处。

A. 最上部　　B. 最底部

C. 中心线以上 45°夹角内　　D. 中心线以下 45°夹角内

15. 下面不是差压变送器无指示的故障原因的是(　　)。

A. 仪表未校准　　B. 信号线脱落或电源故障

C. 安全栅坏了　　D. 电路板损坏

任务4.3 流量检测仪表的选择与应用

任务描述

在PVC生产中，各个工序都有流量需要监控或自动控制。

(1)在等温入料氯乙烯聚合反应中，VCM、脱盐水以及各种助剂的计量要求非常精确，否则要么产量不够，要么出现“满釜”事故。为上述几种物质选择合适的流量计，以实现物料的精确计量，精度要求在1%R以内。

(2)在PVC浆料汽提操作中，需要设置自动控制系统以稳定进料的流量，为此选择一台合适的流量计，检测PVC浆料的流量，并将其正确安装在进料管路系统中的合适位置(图4-20的A、B、C、D四处选一)。

(3)在氯乙烯合成工艺中，需要准确控制乙炔和氯化氢的流量比值，因此，需要选择两台流量计，分别测量乙炔和氯化氢的流量。

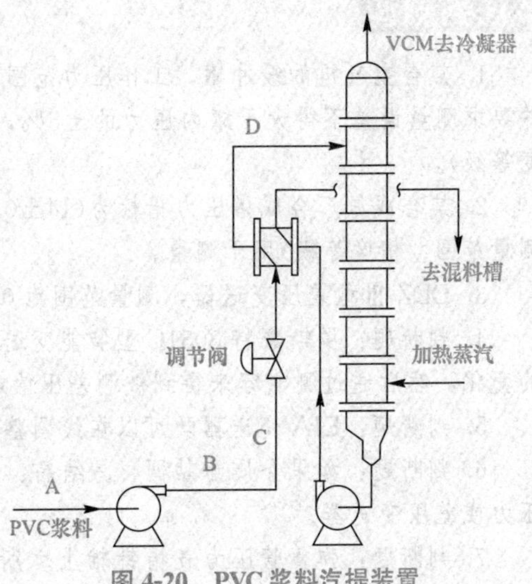

图4-20 PVC浆料汽提装置

通过本任务的学习，应掌握各种常见流量检测仪表的工作原理、应用场合与安装使用要点，并能根据具体工艺情况，从精确度、工艺介质适用性、经济性等方面综合考虑，合理选择正确的流量检测仪表。

4.3.1 流量与流量检测仪表

流量是指流经管道或设备某一截面的流体的数量。按照工艺要求不同，流量分为瞬时流量和累积流量。

1. 瞬时流量

单位时间内流经某一界面的流体数量称为瞬时流量，分为体积流量与质量流量。

体积流量是单位时间内流过某一截面的流体的体积，当截面上的流速均匀相等或已知平均流速$\overline{v}$时，截面面积为A时，体积流量Q_v可表示为

$$Q_v=\overline{v}A \tag{4-17}$$

在国际单位制中，体积流量的单位是m^3/s，流量计常用单位还有m^3/h、L/h、L/min等。

质量流量是指单位时间内流经某一截面的流体质量。若流体的密度是ρ，则质量流量Q_m可由体积流量导出，表示为

$$Q_m=Q_v\rho=\overline{\rho v}A \tag{4-18}$$

质量流量的单位，除国际单位导出单位kg/s外，还常用t/h、kg/h等。

2. 累积流量

累积流量是指一段时间内流经某截面的流体数量的总和，有时称为总量，可以用体积V和

质量M来表示，累积流量采用的单位有m^3、L、t、kg 等。

测量瞬时流量的仪表一般称为流量计，一般用于生产过程的流量监控和设备状态监测。而测量累积流量的仪表称为计量表，一般用于计量物质消耗、产量核定和贸易结算。流量计和计量表并不是截然分开的，在流量计上配以累积机构，也可以得到累积流量。

3. 流量测量仪表的类型

流量测量的方法很多，其测量原理和所采用的仪表结构形式各不相同，分类方法也不尽相同。按流量测量原理分类如下：

(1)速度式流量计：主要是以测量流体在管道内的流动速度作为测量依据，根据原理$Q_v=\bar{v}A$测量流量。例如，差压式流量计、转子流量计、靶式流量计、电磁流量计、涡轮流量计等均属于此类。

(2)容积式流量计：主要以流体在流量计内连续通过的标准体积V_0数目N作为测量依据，根据$V=NV_0$进行累积流量的测量，如椭圆齿轮流量计、腰轮(罗茨)流量计、刮板流量计等。

(3)质量式流量计：直接以测量流体的质量流量Q_m为测量依据的流量仪表。它具有测量精度不受流体的温度、压力、黏度等变化影响的优点，如热式质量流量计、补偿式质量流量计、振动式质量流量计等。

下面主要介绍差压式流量计、电磁流量计、涡轮流量计、科里奥利质量流量计及其他流量计。

动画：差压式流量计

4.3.2 差压式流量计

1. 差压式流量计的构成

差压式流量计也称为节流式流量计，是利用测量流体流经节流装置所产生的静差压来显示流量大小的一种流量计。差压式流量计是目前工业生产中检测气体、蒸汽、液体流量常用的一种检测仪表。因为其检测方法简单，没有可动部件，工作可靠，适应性强，所以被广泛应用于生产中，是工业上应用最广泛的流量计。

差压式流量计由节流装置、引压管路和差压变送器(或压计)三部分组成，如图 4-21 所示。

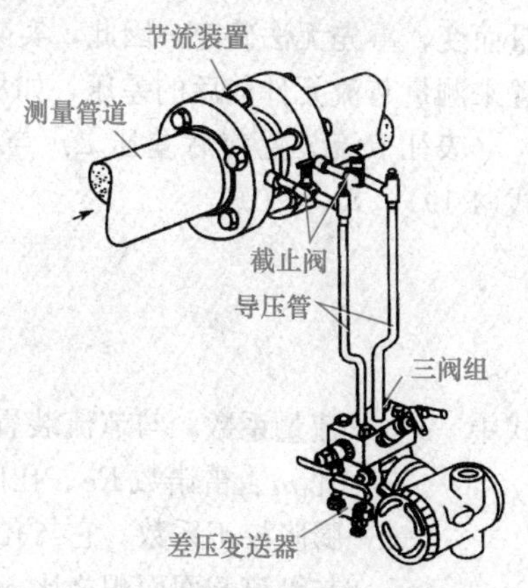

图 4-21　差压式流量计的组成

节流装置是使流体产生收缩节流的节流元件和压力引出的取压装置的总称，用于将流体的流量转化为压力差，主要有孔板、喷嘴、文丘里管等，以孔板的应用最为广泛。

导压管用于连接节流装置与差压计，是传输差压信号的通道。通常，导压管上安装有平衡阀组及其他附属器件。

差压计用来测量差压信号，通常为差压变送器，它可以将差压信号转换为统一的标准信号，送到控制系统。

2. 差压式流量计的工作原理——节流原理

流体在管道中流动时由于有压力而具有静压能，又由于有一定的速度而具有动压能。这两种能量在一定的条件下，可以互相转化。但是根据能量守恒定律，流体所具有的静压能和动压能，连同克服流动阻力的能量损失，在无外加能量的情况下，总和是不变的，其能量守恒。流体流速增加、动压能增加时，其静压能必然下降，静压力降低。节流装置正是应用了流体的动压能和静压能转换的节流原理来实现流量测量的。

下面以图 4-22 所示的同心圆孔板为例来说明节流装置的节流原理。流体在管道截面Ⅰ以前，以一定的流速 v_1 流动，管内静压力为 p'_1。在接近节流装置时，由于遇到节流元件孔板的阻挡，靠近管壁处的流体流速降低，一部分动压能转换成静压能，则孔板前近管壁处的流体静压力升高，并且大于管中心处的压力，从而在孔板前产生径向差压，使流体产生收缩运动，使得流束到达截面Ⅱ处达到最小，这时流速最大为 v_2。随后流束又逐渐扩大，流速减小，直到截面Ⅲ后恢复到原来的流动状态。

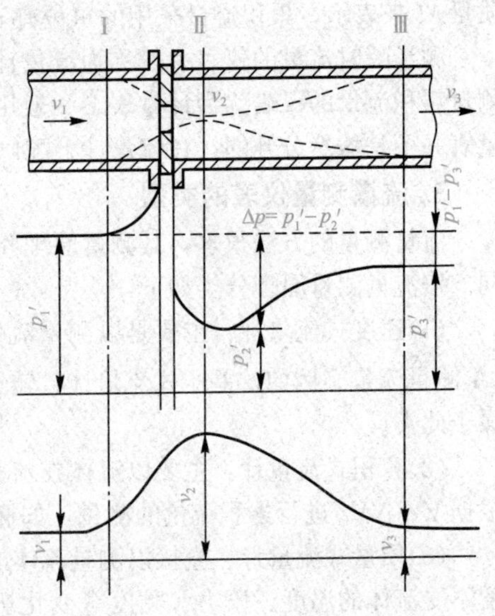

图 4-22　孔板装置及压力、流速分布

由于节流装置造成流束的局部收缩，使流体的流速发生变化，即动能发生变化。与此同时，表征流体静压能的静压力也要变化。在截面Ⅰ，流体具有静压力 p'_1。到达截面Ⅱ，流速增加到最大值，静压力就降低到最小值 p'_2，然后又随着流束的恢复而逐渐恢复。由于在孔板端面处，流通截面突然缩小与扩大，使流体形成局部涡流，要消耗一部分能量，同时流体流经孔板时，要克服摩擦力，所以，流体的静压力不能恢复到原来的数值 p'_1，而产生了压力损失 $\delta_p = p'_1 - p'_3$。

节流装置前流体压力较高，称为正压，常以“+”标志；节流装置后流体压力较低，称为负压(注意不要与真空混淆)，常以“−”标志。节流装置前后差压的大小与流量有关。管道中流动的流体流量越大，在节流装置前后产生的差压也越大，只要测出孔板前后两侧差压 $\Delta p = p'_1 - p'_2$ 的大小，即可表示流量的大小，这就是节流装置测量流量的基本原理。

需要说明的是：要准确地测量管中心截面Ⅱ处的最低压力是有困难的，因为其位置将随流量而变，事先无法确定。因此，实际测量时，是在节流元件前后的管壁上选择两个固定取压位置来测量节流元件前后的差压，如从孔板前后端面处取出压力 p_1、p_2。

表征节流装置前后差压 Δp 与管道流量 Q_v、Q_m 具体关系的公式称为流量基本方程，见式(4-19)、式(4-20)。

$$Q_v = \alpha \varepsilon F_0 \sqrt{\frac{2\Delta p}{\rho_1}} \tag{4-19}$$

$$Q_m = \alpha \varepsilon F_0 \sqrt{2\rho_1 \Delta p} \tag{4-20}$$

式中　α——流量系数，与节流装置的结构形式、取压方式、孔口截面面积与管道截面面积之比 m、雷诺数 Re、孔口边缘锐度、管壁粗糙度等因素有关；

ε——膨胀校正系数，它与孔板前后压力的相对变化量、介质的等熵指数、孔口截面面积与管道截面面积之比 m 等因素有关，对不可压缩流体通常取 $\varepsilon = 1$，对其他流体如气体，应用时可查阅相关手册而得；

F_0——节流装置的开孔截面面积；

ρ_1——节流装置前的流体密度。

3. 标准节流装置

差压式流量计由于使用历史长，已经积累了丰富的实践经验和完整的试验资料。因此，国内外已把常用的节流装置、孔板、喷嘴、文丘里管等标准化，并称为“标准节流装置”，如图 4-23 所示。标准化的具体内容包括节流装置的结构、尺寸、加工要求、取压方法、使用条件等。

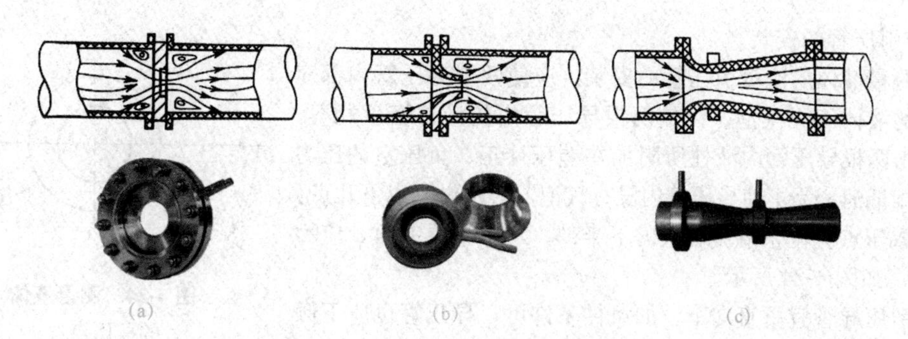

(a)　　　　　　　　(b)　　　　　　　　(c)

图 4-23　标准节流装置

(a)标准孔板；(b)喷嘴；(c)文丘里管

标准孔板应用广泛，具有结构简单、安装方便等特点，适用于大流量的测量。孔板最大的缺点是流体经过孔板后压力损失大，当工艺管道上不允许有较大的压力损失时，便不宜采用。标准喷嘴和标准文丘里管的压力损失较孔板小，但结构比较复杂，不易加工。实际上，在一般场合下，仍多数采用孔板。

标准节流装置仅适用于测量管道直径大于 50 mm、雷诺数在 10^4 以上的流体，而且流体应当清洁，充满全部管道，不发生相变。此外，为保证流体在节流装置前后为稳定的流动状态，在节流装置的上、下游必须配置一定长度的直管段。

4. 差压式流量计的应用要点

差压式流量计由于其历史悠久、经验数据丰富、价格相对较低，因此是目前工业生产中应用最广泛的流量计。然而，不可否认的是，差压式流量计的测温误差通常是比较大的，有时甚至高达 10%～20%。需要指出的是，这么大的误差通常是由于使用不当导致的，而非仪表本身的固有缺陷引起的，因此只要掌握其使用要点，差压式流量计的精度能保证为(1%～2%)FS。

差压式流量计的正确应用包括节流装置的安装与维护、引压管的安装、差压变送器的安装与使用等几个方面。

(1)节流装置的安装与维护。

1)应保证节流元件前端面与管道轴线垂直，不垂直度不得超过±1°。

2)应保证节流元件的开孔与管道同心，不同心度不得超过±1°。

3)节流元件与法兰、夹紧环之间的密封垫片，在夹紧后不得凸入管道内壁。

4)节流元件的安装方向不得装反，节流元件前后常以“+”“-”标记。装反后虽然也有差压值，但其误差无法估算。

5)节流装置前后应保证要求长度的直管段。直管段长度应根据现场情况，按国家标准规定确定最小直管段长度。另外，节流装置除必须按相应的规程正确安装外，在使用中，要保持节流装置的清洁。如在节流装置处有沉淀、结焦、堵塞等现象，也会引起较大的测量误差，必须及时清洗。

6)节流装置使用日久，特别是在被测介质夹杂固体颗粒等机械物的情况下，或者由于化学腐蚀，都会造成节流装置的几何形状和尺寸的变化。对于使用广泛的孔板来说，它的入口边缘的尖锐度会由于冲击、磨损和腐蚀而变钝。因此，在相等数量的流体经过时所产生的差压 Δp 将变小，从而引起仪表指示值偏低。故应注意检查、维修必要时应换用新的孔板。

7)引压管路应按最短距离敷设，一般总长度不超过 50 m，宜在 16 m 以内。管径不得小于 6 mm，一般为 10～18 mm。

(2)引压管的安装。

1)测量液体的流量引压管的安装。应使两根导压管内都充满同样的液体而无气泡，以使两根导压管内的液体密度相等。这样，由两根导压管内液柱所附加在差压计正、负压室的压力可以互相抵消。为了使导压管内没有气泡，必须做到以下几点：

①取压点应位于节流装置的下半部，与水平线夹角 α 应为 0°～45°，如图 4-24 所示。

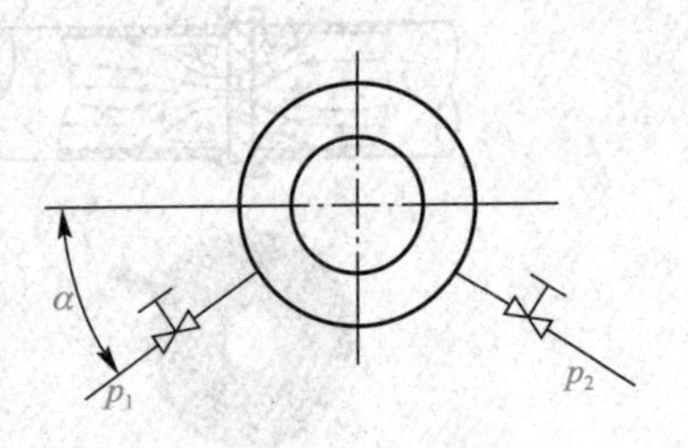

图 4-24　测量液体的取压点位

②引压导管宜垂直向下，如条件不许可，导压管也应下倾一定的坡度(至少 1∶20)，使气泡易于排出。

③在引压导管的管路中，应有排气的装置。如果差压计只能安装在节流装置之上，则需要加装贮气罐，如图 4-25(b)所示的贮气罐与放空阀。即使有少量气泡，对差压 Δp 的测量也无影响。

2)测量气体时引压管的安装方式。测量气体流量时，上述这些基本原则仍然适用。尽管在引压导管的连接方式上有些不同，其目的仍是要保持两根导管内流体的密度相等。为此，必须使管内不积聚气体中可能夹带的液体，具体措施如下。

①取压点应在节流装置的上半部。

②引压导管宜垂直向上，至少也应向上倾斜一定的坡度，以使引压导管中不滞留液体。

③如果差压计必须装在节流装置之下，则需加装贮液罐和排放阀，如图 4-25(c)所示。

3)测量蒸汽流量时引压管的安装方式。测量蒸汽的流量时，必须解决蒸汽冷凝液的等液位问题，以消除冷凝液液位的高低对测量精度的影响。最常用的接法如图 4-25(d)所示。取压点从节流装置的水平位置接出，并分别安装凝液罐。两根导压管内都充满了冷凝液，而且液位一样高，从而实现了差压 Δp 的准确测量，自凝液罐至差压计的接法与测量液体流量时相同。

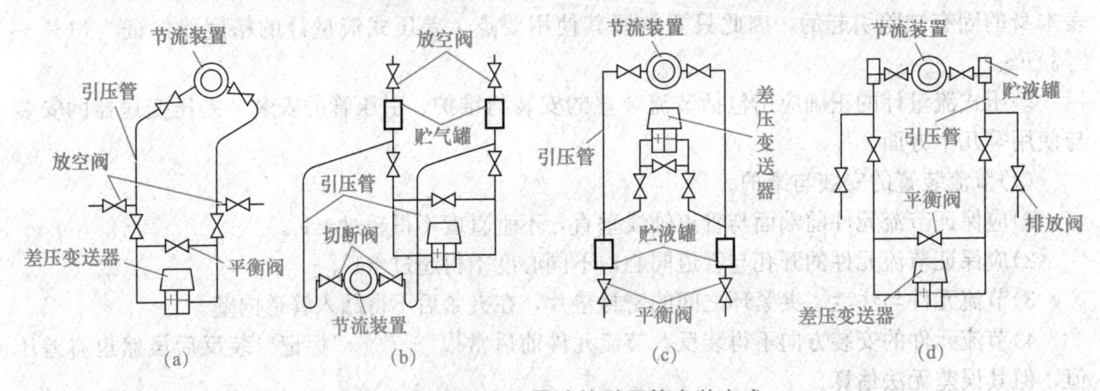

图 4-25　差压式流量计的引压管安装方式

(a)液体流量测量，变送器在节流装置下方；(b)液体流量测量，变送器在节流装置上方；(c)气体流量测量；(d)蒸汽流量测量

(3)差压变送器的安装与使用。差压变送器安装或使用不正确也会引起测量误差。由引压导管接至变送器前，必须如图 4-26 所示安装切断阀 1、2 和平衡阀 3，构成三阀组。

这是因为差压计是用来测量差压 Δp 的，但如果两切断阀不能同时开闭时，就会造成差压变送器单向受很大的静压力，有时会使仪表产生附加误差，严重时会使仪表损坏。为了防止差压变送器单向受很大的静压力，必须正确使用平衡阀。其具体操作方法如下：

启用差压计时，应先开平衡阀，使正、负压室连通，受压相同，然后打开切断阀，最后关闭平衡阀，差压计即可投入运行。差压计需要停用时，应先打开平衡阀，然后关闭切断阀。

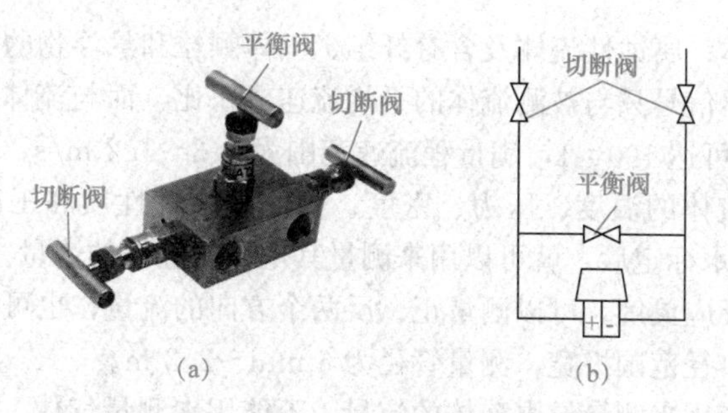

图 4-26　差压计与三阀组安装示意

(a)三阀组实物；(b)三阀组与差压变送器的连接

4.3.3　电磁流量计

1. 电磁流量计的组成、原理与类型

电磁流量计是基于法拉第电磁感应定律而工作的流量测量仪表，其结构如图 4-27 所示，由传感器壳体、导管、转换器、励磁线圈、测量电极、衬里等部分构成。其基本工作原理如下：

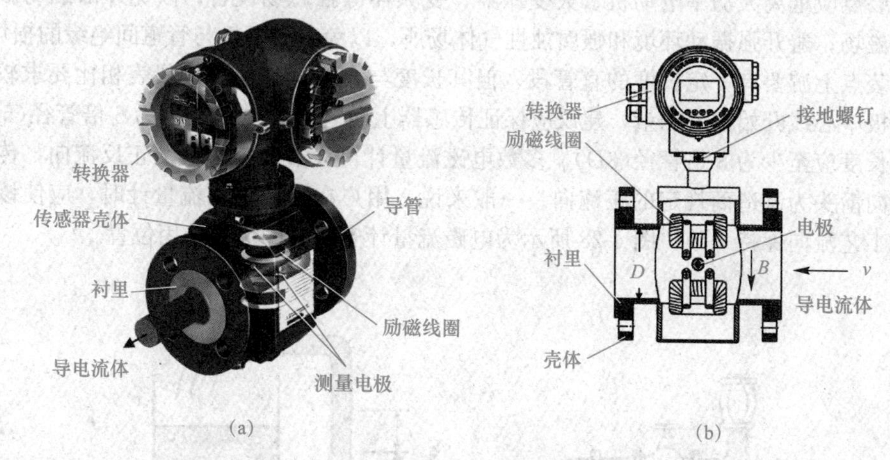

图 4-27　电磁流量计的组成与结构

(a)外形；(b)内部结构

两只电极沿管径方向穿通管壁固定在测量管上。其电极头与衬里内表面基本齐平。励磁线圈有双向方波脉冲励磁时，将在与测量管轴线垂直的方向上产生一磁通量密度为 B 的工作磁场。此时，如果具有一定电导率的流体流经测量管，将切割磁力线感应出电动势，电动势 E 与磁通量密度 B、测量管内径 D 与平均流速 V 的乘积，即

$$E=KBDV \tag{4-21}$$

电动势 E 即流量信号，由电极检出并通过电缆送至转换器。转换器将流量信号放大处理后，可显示流体流量，并能输出脉冲，模拟电流等信号，用于流量的控制和调节。

电磁流量计有一体型和分体型之分，一体型如图 4-27(a)所示，传感器和转换器是一体的；分体型的传感器装在测量管道上，转换器安装在距离传感器 30 m 或 100 m 以内的地方，两者通过屏蔽电缆线连接。

2. 电磁流量计的特点

(1)电磁流量计测量管内无活动部件及阻流部件，故运行能耗低，对于要求低阻力损失的大管径供水管道最为适合。

(2)可用于脏污流体、腐蚀性流体及含有纤维、固体颗粒和悬浮物的液固两相流体。

(3)电磁流量计输出信号只与被测流体的平均流速成正比，而与流体的流动状态无关，故其量程范围宽，其范围度可达 100∶1，满量程流速范围为 0.3～1.2 m/s。

(4)测量结果不受流体的温度、压力、密度、黏度等物理性质和工况条件变化的影响，因此，电磁流量计只需经水标定后，就可以用来测量其他导电液体的流量。

(5)无机械惯性，反应灵敏，可以测量正、反两个方向的流量，也可以测量瞬时脉动流量。

(6)电磁流量计的口径范围极宽，测量管径为 6 mm～2.2 m。

(7)电磁流量计只能用来测量导电液体的流量，不能用来测量气体、蒸汽，以及含有铁磁性物质或较多、较大气泡的液体的流量；也不能用来测量电导率很低的液体的流量，如石油制品和有机溶剂等介质。

(8)不能测量高温液体，一般不能超过 120 ℃，也不能用于低温介质、负压力的测量。

(9)电磁流量计容易受外界电磁干扰的影响。

3. 电磁流量计的安装与应用

(1)电磁流量计的安装。

1)安装点应远离大功率电动机、大变压器、变频器等强磁场设备，以免外部磁场影响传感器的工作磁场；避开强振动环境和强腐蚀性气体场所，以免造成电极与管道间绝缘的损坏。

2)安装点上游要有一定长度的直管段，但其长度与大部分其他流量仪表相比要求较低。从传感器电极中心线开始向外测量，建议应保证传感器上游管段长度应至少为 5 倍管径(5D)，下游直管段长度应至少为 3 倍管径(3D)。多数电磁流量计可设置为自动检测正反流向，传感器壳体上的流向箭头为制造商规定的正流向。一般来说，用户在安装电磁流量计时，应使该流向箭头同现场工艺流向保持一致。图 4-28 所示为电磁流量计安装时的优先选用位置。

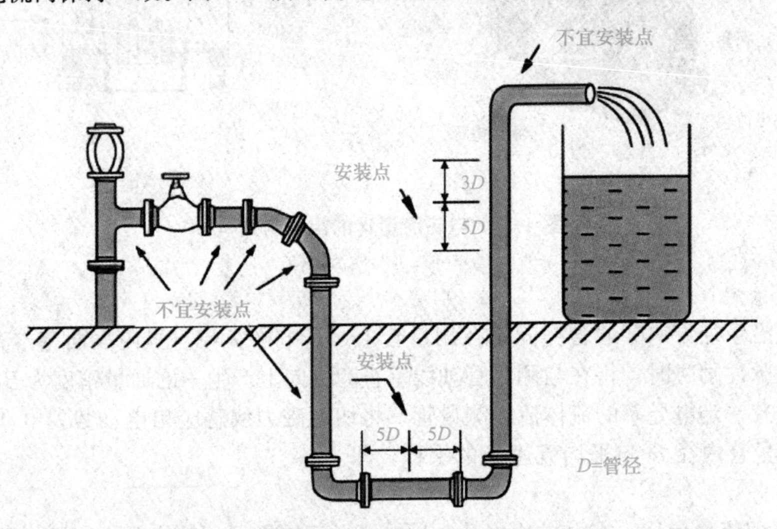

图 4-28　电磁流量计的安装位置

3)电磁流量传感器可水平、垂直或倾斜安装，但要保证测量管与工艺管道同轴，并保证测量管内始终充满液体。水平或倾斜安装时两电极应取左右水平位置，否则下方电极易被沉积物覆盖，造成零点漂移，上方电极易被气泡绝缘，造成转换器信号端开路。

4)应保证电磁流量计测量管中始终充满液体。对于含有固体颗粒的液体或浆液建议垂直安装电磁流量计，既可防止被测介质相分离，又可使传感器衬里磨损比较均匀，杂质不会在测量管底部产生沉淀。垂直安装时必须保证流向自下而上，确保测量管内始终充满介质。严禁在管道最高点和出水口安装电磁流量计。

5)不能在泵的抽吸侧安装电磁流量计；对于长管道，一般在电磁流量计下游安装控制阀；开口排放的管道，应将电磁流量计安装在底端(管道的较低处)；对管道落差超过 5 m 的地方，应在电磁流量计下游安装排气阀。

6)不要把电磁流量计安装在液体电导率极不均匀的地方。在电磁流量计上游有化学物质注入容易导致液体电导率不均匀，从而对电磁流量计流量指示产生严重干扰。在这种情况下建议在电磁流量计下游注入化学物质。

7)传感器的测量管、外壳、引线的屏蔽线，以及传感器两端的管道都必须可靠接地，液体、传感器和转换器具有相同的零电位，决不能与其他电气设备的接地共用。

8)分体式电磁流量计传感器与转换器之间接线，必须用规定的屏蔽电缆，不得使用其他电缆代替。而且信号电缆必须单独穿在接地保护钢管内，与其他电源严格分开。另外，信号电缆和励磁电缆越短越好。

(2)电磁流量计的典型故障与处理方法。电磁流量计投入运行时，必须在流体静止状态下做零点调整。正常运行后也要根据被测流体及使用条件定期停流检查零点，定期清除测量管内壁的结垢层。下面总结电磁流量计的一些典型故障及其处理方法。

1)无流量输出。检查电源部分是否存在故障，测试电源电压是否正常；测试保险丝通断；检查传感器箭头是否与流体流向一致，如不一致调换传感器安装方向；检查传感器是否充满流体，如没有充满流体，更换管道或垂直安装。

2)信号越来越小或突然下降。测试两电极间绝缘是否破坏或被短路，两电极间电阻值正常为 70～100 Ω；测量管内壁可能沉积污垢，应清洗和擦拭电极，切勿划伤内衬。测量管衬里是否破坏，如破坏则应予以更换。

3)零点不稳定。检查介质是否充满测量管及介质中是否存在气泡，如有气泡可在上游加装消气器，如水平安装可改成垂直安装；检查仪表接地是否完好，如不好，应进行三级接地(接地电阻≤100 Ω)。

4)流量指示值与实际值不符。检查传感器中的流体是否充满管，有无气泡，如有气泡，可在上游加装消气器；检查各接地情况是否良好；检查流量计上游是否有阀，如有，移至下游或使之全开；检查转换器量程设定是否正确，如不正确，重新设定正确量程。

动画：涡轮流量计

4.3.4 涡轮流量计

1. 涡轮流量计的组成与工作原理

涡轮流量计是一种速度式流量仪表，其结构如图 4-29 所示，在流体流动的管道里，安装一个可以自由转动的叶轮，当流体通过叶轮时，流体的动能使叶轮旋转。在规定的流量范围和一定的流体黏度下，转速与流速成线性关系。测出叶轮的转速或转数，就可确定流过管道的流体流量。

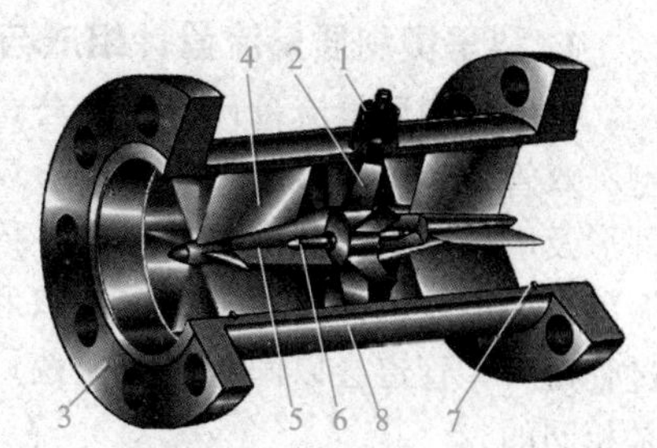

图 4-29 涡轮流量计的结构

1—前置放大器；2—叶轮；3—法兰；4—前导向装置；5—主轴；6—轴芯；7—密封圈；8—壳体

2. 涡轮流量计的特点

涡轮流量计适用于多种行业气体和液体流量的测量，测量精度通常可达±0.2%FS，其与椭圆齿轮流量计是精度最高的两种测量仪表，并在流量范围较窄时，精度更加稳定；该种流量计输出脉冲频率信号，适于总量计量及计算机连接，无零点漂移，抗干扰能力强，同时能够迅速响应流量变化，对于流量波动较大的场景，具有较高的实时性。

但涡轮流量计价格较高，对介质的黏度、密度要求较高，对于无润滑性的液体，液体中含有悬浮物或具有腐蚀性时，容易造成轴承磨损及卡住等问题，限制了其使用范围，特殊工况需要采用耐磨硬质合金轴和轴承。同时，该种流量计难以长期保持校准特性，需要定期校验。

3. 涡轮流量计的安装与应用

(1)安装涡轮流量计前，工艺管道要清扫干净，流量计前应安装过滤器，以消除杂质影响。

(2)涡轮流量计应安装在垂直或水平的管道上，且应避免将流量计安装在弯头或管道的分支处。流体流向必须与流量计外壳上的箭头指向一致，不能装反，并符合说明书的安装环境要求，尤其室外安装应有避阳光直射和防雨措施。

(3)涡轮流量计连接的前后管道的内径应与流量计口径一致，管道与流量计连接处不能有凸出物(如凸出的焊缝和垫片等)伸入管道，并注意管道轴线和流量计轴线保持同心。

(4)任何时候管道必须充满液体，否则精度会受影响，图 4-30(a)所示的出口端位置比流量计高，可确保液体始终充满流量计；图 4-30(b)则有可能在流量很小时，导致流量计不满管；垂直安装时应让流体从下往上流动，保证液体满管，因此，图 4-30(c)所示为正确的安装方法，而图 4-30(d)所示为错误的安装方法。

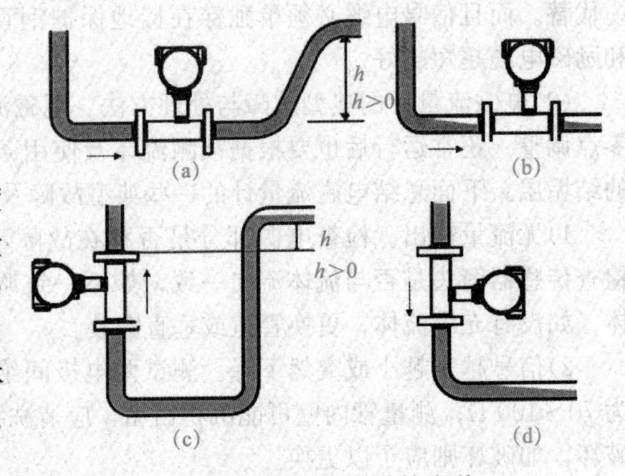

图 4-30　涡轮流量计的安装

(a)正确；(b)错误；(c)正确；(b)错误

(5)在涡轮流量计前后至少保留 5 倍管道直径长度的直管段，以保证流动稳定。当涡轮流量计与阀门、弯头等管件相邻时，其前后直管段长度应适当延长。

4.3.5　科里奥利质量流量计

有时，人们更关心的是测量流过流体的质量是多少，如在产量计量交接或对反应原料量的控制要求非常严格的化学反应等场合，常常要将已测出的体积流量乘以介质的密度，换算成质量流量。但介质密度受温度、压力、黏度等许多因素的影响，往往会给测量结果带来较大的误差。质量流量计能够直接得到质量流量，就能从根本上提高测量精度，省去了烦琐的换算和修正。下面简要介绍当前应用越来越广泛的科里奥利质量流量计。

1. 科里奥利质量流量计组成与工作原理

科里奥利质量流量计由高准公司第一次开发并成功应用，根据其测量管的不同分为连续型、双管型和单管型。其中，U 形双管型不易聚积气体或气泡，应用较多，图 4-31 所示为其外形及内部结构。其内部有两个平行的 U 形管安装在仪表内。驱动线圈将使管子以固有频率振荡。两个振动传感器安装在入口和出口处。传感器将精确测量频率和振荡。当没有流体流过管道时，管道会以固有频率振荡，这种情况称为同相。传感器产生的正弦波对于两个管都是相同的。

当流体开始在管中流动时，科里奥利力就出现了。由于科里奥利力，管子开始扭曲，如图 4-32 所示。因此，传感器产生的正弦波会发生变化，并导致管振荡曲线出现时移，如图 4-33 所示。

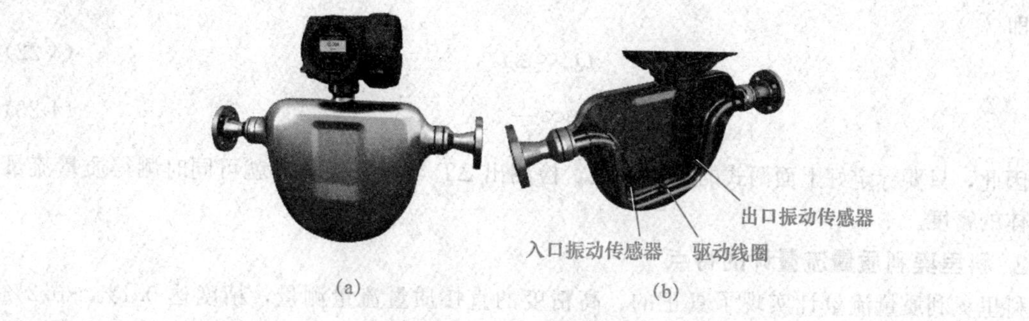

图 4-31　科里奥利质量流量计

(a)外形；(b)内部结构

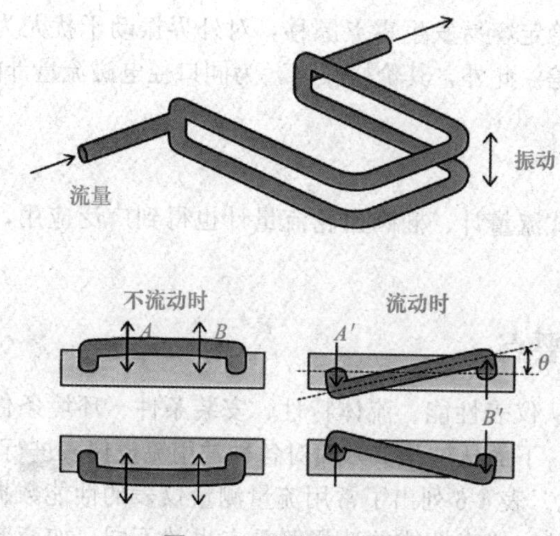

图 4-32　科里奥利效应

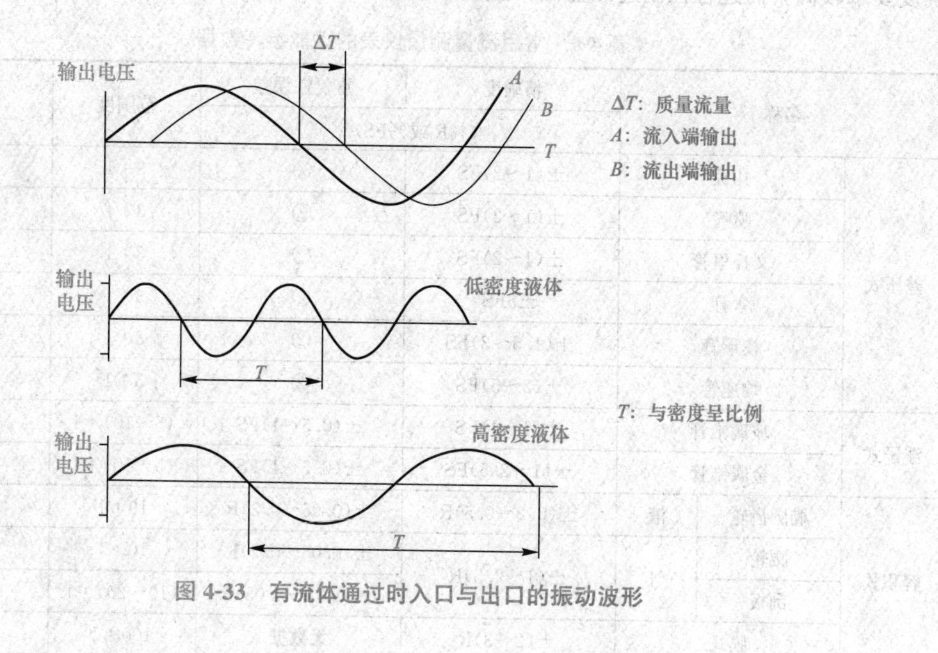

图 4-33　有流体通过时入口与出口的振动波形

在图 4-33 中，质量流量 Q_m 与 ΔT 成正比，流体的密度 ρ 与振荡频率 $f=1/T$ 的平方成反

比，即

$$Q_m \propto \Delta T \tag{4-22}$$

$$\rho \propto \frac{1}{f^2} \tag{4-23}$$

因此，只要标定好上面两式的比例系数，检测出 ΔT 与振荡频率 f 就可同时测得质量流量和流体的密度。

2. 科里奥利质量流量计的特点

科里奥利质量流量计实现了真正的、高精度的直接质量流量测量，精度达 0.1%～0.2% FS，可以测量多种介质，如油品、化工介质、浆体及天然气等。流体的密度、黏度、温度、压力、导电率、流速分布等特性对测量结果影响较小；无可动部件，流量管内无障碍物，便于维护。

但该流量计的零点不稳定容易发生零点漂移，对外界振动干扰尤为敏感，且不能用于测量低密度介质，如低压气体等。此外，其价格较高，为同口径电磁流量计的 2～5 倍或更高。

4.3.6 其他流量计

在实际工程中，涡街式流量计、椭圆齿轮流量计也得到广泛应用，可扫码了解相关内容。

其他流量计

4.3.7 流量计的选型要点

流量仪表的选型必须从仪表性能、流体特性、安装条件、环境条件和经济因素等方面进行综合考虑。下面从这几个方面对各种常用流量仪表进行对比总结。

(1)仪表性能指标对比。表 4-6 列出了常用流量测量仪表的性能数据，供选型时参考。不同测量对象有不同的测量目的，仪表性能的选择侧重点也就不同，如商贸结算和储运测量，对精确度要求较高，而过程控制连续监测一般要求较好的可靠性和重复性。

表 4-6 常用流量测量仪表的性能参考数据

<table>
<tr><th colspan="3" rowspan="2">名称</th><th>精确度</th><th>重复性误差</th><th rowspan="2">范围度</th><th rowspan="2">响应时间</th></tr>
<tr><th colspan="2">(%R 或%FS)①</th></tr>
<tr><td rowspan="6">差压式</td><td colspan="2">孔板</td><td>±(1～2)FS</td><td>②</td><td>3∶1</td><td>②</td></tr>
<tr><td colspan="2">喷嘴</td><td>±(1～2)FS</td><td>②</td><td>3∶1</td><td>②</td></tr>
<tr><td colspan="2">文丘里管</td><td>±(1～2)FS</td><td>②</td><td>3∶1</td><td>②</td></tr>
<tr><td colspan="2">弯管</td><td>±5FS</td><td>②</td><td>3∶1</td><td>②</td></tr>
<tr><td colspan="2">楔形管</td><td>±(1.5～3)FS</td><td>②</td><td>3∶1</td><td>②</td></tr>
<tr><td colspan="2">均速管</td><td>±(2～5)FS</td><td>②</td><td>3∶1</td><td>②</td></tr>
<tr><td rowspan="2">浮子式</td><td colspan="2">玻璃锥管</td><td>±(1～4)FS</td><td>±(0.5～1)FS</td><td>(5～10)∶1</td><td>无数据</td></tr>
<tr><td colspan="2">金属锥管</td><td>±(1～2.5)FS</td><td>±(0.5～1)FS</td><td>(5～10)∶1</td><td>无数据</td></tr>
<tr><td rowspan="4">容积式</td><td>椭圆齿轮</td><td>液</td><td>±(0.2～0.5)R</td><td>±(0.05～0.2)R</td><td>10∶1</td><td><0.5 s</td></tr>
<tr><td>腰轮</td><td rowspan="2">气</td><td rowspan="2">±(1～2.5)R</td><td>±(0.05～0.2)R</td><td>10∶1</td><td><0.5 s</td></tr>
<tr><td>刮板</td><td>±(0.01～0.05)R</td><td>(10～20)∶1</td><td>>0.5 s</td></tr>
<tr><td colspan="2">膜式</td><td>±(2～3)R</td><td>无数据</td><td>100∶1</td><td>>0.5 s</td></tr>
</table>

续表

<table>
<tr><td colspan="3" rowspan="2">名称</td><td>精确度</td><td>重复性误差</td><td rowspan="2">范围度</td><td rowspan="2">响应时间</td></tr>
<tr><td colspan="2">(%R 或%FS)①</td></tr>
<tr><td rowspan="2">涡轮式</td><td colspan="2">液</td><td>±(0.2～0.5)R</td><td rowspan="2">±(0.05～0.2)R</td><td rowspan="2">(5～10)：1</td><td rowspan="2">5～25 ms</td></tr>
<tr><td colspan="2">气</td><td>±(1～1.5)R</td></tr>
<tr><td colspan="3">电磁式</td><td>±0.2R～±1.5FS</td><td>±0.1R～±0.2FS</td><td>(10～100)：1</td><td>>0.2 s</td></tr>
<tr><td rowspan="3">旋涡式</td><td rowspan="2">涡街式</td><td>液</td><td>±R</td><td>±(0.1～1)R</td><td>(5～40)：1</td><td>>0.5 s</td></tr>
<tr><td>气</td><td>±2R</td><td rowspan="2">±(0.25～0.5)R</td><td rowspan="2">(10～30)：1</td><td rowspan="2">无数据</td></tr>
<tr><td colspan="2">旋进式</td><td>±(1～2R)</td></tr>
<tr><td rowspan="2">超声式</td><td colspan="2">传播速度差法</td><td>±1R～±5FS</td><td>±0.2R～±1FS</td><td>(10～300)：1</td><td>0.02～120 s</td></tr>
<tr><td colspan="2">多普勒法</td><td>±5FS</td><td>±(0.5～1)FS</td><td>(5～15)：1</td><td>无数据</td></tr>
<tr><td colspan="3">靶式</td><td>±(1～5)FS</td><td>无数据</td><td>3：1</td><td>无数据</td></tr>
<tr><td colspan="3">热式</td><td>±(1.5～2.5)FS</td><td>±(0.2～0.5)FS</td><td>10：1</td><td>0.12～7 s</td></tr>
<tr><td colspan="3">科里奥利质量流量计</td><td>±(0.2～0.5)R</td><td>±(0.1～0.25)R</td><td>(10～100)：1</td><td>0.1～3 600 s</td></tr>
<tr><td colspan="3">插入式(涡轮、涡街、电磁)</td><td>±(2.5～5)FS</td><td>±(0.2～1)R</td><td>(10～40)：1</td><td>③</td></tr>
<tr><td colspan="7">①R 为测量值，FS 为流量上限值；②取决于差压计；③取决于测量头类型</td></tr>
</table>

重复性是由仪表本身工作原理及制造质量决定的，它与仪表校验所用基准高低无关。应用时要求重复性好，如使用条件变化大，则虽然仪表重复性高但也不会达到目的。

范围度是选型的一个重要指标，它指的是在保证精确度的前提下，仪表能测量的最大流量与最小流量的比值。速度式流量计(涡轮、涡街、电磁、超声)的范围度比平方型(差压)大得多，但是目前差压式流量计也在采取各种措施，如开发宽量程差压变送器或同时采用几台差压变送器切换来扩大范围度。要注意有些仪表范围度宽是尽量把上限流量提高，如液体流速为 7～10 m/s，气体为 50～75 m/s，实际上高流速意义不大，重要的是下限流速能否适应测量的要求。

压力损失关系能量消耗，对于大口径，其意义较大，它可能大大增加泵功率消耗。选用价格较高而压损较小的仪表，从长期运行费用看更合算。

(2)流体适用性对比与流量初选表。流体特性包括流体温度、压力、密度、黏度等。表 4-7 按被测流体特性，初步选定流量仪表的类型。最终选定还需根据用户的要求及其他方面的要求。

影响流量计特性的物性参数中以密度和黏度的影响更为重要。

密度是影响流量计特性的主要参数，其数据准确度直接影响计量精度。如速度式流量计测量的是体积流量，但是物料平衡或能源计量皆需用质量流量计算，因此这些流量计除检测体积流量外，还需检测流体的密度，只在密度为常数或变动不影响计量精度时才可不必检测。涡街式流量计的优点是其检测信号不受物性的影响，但在使用时如果密度是变动的，同样会影响其计量精度，这是因为它需把体积流量换算为质量流量。差压式流量计在流量方程中差压和密度两个参数处于同等地位，有同样的作用，如果选用高精度差压计，而流体密度确定得不准，则测量结果也不会是高精度的。只有直接式质量流量计，如科里奥利质量流量计或热式质量流量计，它们的信号直接反映密度的变化，因此无须另外检测密度参数。

两种精确度最佳的涡轮流量计和容积式流量计，它们的流量特性深受黏度的影响，现场需要采用在线黏度补偿。一般来说，涡轮流量计只适用于低黏度介质，而容积式流量计较适于高黏度介质。

(3)安装要求的对比。安装条件考虑的因素有仪表的安装方向、流动方向、上下游管道状况、阀门位置、防护性辅属设备、非定常流(如脉动流)情况、振动、电气干扰和维护空间等，可参考表 4-8。

表 4-7　流量仪表初选表

项目		流体特性与工艺过程条件																				测量性能							
		流体特性									工艺过程条件					气体													
		清洁	脏污	含颗粒纤维浆	腐蚀性浆	腐蚀性	黏性	非牛顿流体	液液混合	液气混合	高温⑦	低温	小流量	大流量	脉动流	一般	小流量	大流量	腐蚀性	高温⑦	蒸汽	精确度	最低雷诺数	范围度	压力损失	输出特性	高精度流量适用性	高精度总量适用性	公称通径范围/mm
差压式	孔板	√	√①	×	×	△	√③	?	√	△	√	√	△	√	?	√	△	△	△	√	√	中	2×10^4	小	中～大	SR	?	×	50～1 000
	喷嘴	√	?	×	×	△	△	?	√	△	√	?	×	√[4]	?	√	△	△	△	√	√	中	1×10^4	小	小～中	SR	?	×	50～500
	文丘里管	√	△	×	×	△	△	?	√	△	√	?	×	√	?	√	△	△	△	√	√	中	7.5×10^4	小	小	SR	?	×	50～1 200 (1 400)
	弯管	√	△	△	△	△	×	?	√	△	?	?	×	√	?	√	×	×	△	?	?	低	1×10^4	小	小	SR	×	×	＞50
	楔形管	√	√	√	√	△	√	?	√	△	△	△	×	×	?	×	×	×	×	×	×	低	5×10^2	小～中	中	SR	×	×	25～300
	均速管	√	×	×	×	△	×	×	√	△	√	√	×	√	?	√	×	√	△	√	√	低	10^4	小	小	SR	×	×	＞25
浮子式	玻璃锥管	√	×	×	×	△	△	×	×	×	×	×	√	×	×	√	√	×	△	×	×	低～中	10^4	中	中	L	×	×	1.5～100
	金属锥管	√	×	×	×	△	△	×	×	×	△	×	√	×	×	√	√	×	△	×	√	中	10^4	中	中	L	?	×	10～150
容积式	椭圆齿轮	√	×	×	×	×	△	×	△	×	?	×	√	×	×	×	×	×	×	×	×	中～高	10^2	中	大	L	×	√	6～250
	腰轮	√	×	×	×	×	△	×	△	×	?	×	×	√④	×	√	×	×	×	×	×	中～高	10^2	中	大	L	×	√	15～500
	刮板	√	×	×	×	×	△	×	△	×	×	×	×	×	×	×	×	×	×	×	×	中～高	10^3	中	大～很大	L	×	√	15～100
	膜式	×	×	×	×	×	×	×	×	×	×	×	×	×	×	√	√	×	×	×	×	中	2.5×10^2	大	小	L	×	√	15～100
涡轮式		√	×	×	×	×	?	×	△	△	×	√	×	√④	×	√	×	×	×	×	×	中～高	10^4	小～中	中	L	√	√	10～500
电磁式		√	√	√	√	√	√	√	√	?	×	?	√	√	√	×	×	×	×	×	×	中～高	无限制	中～大	无	L	√	√	6～3 000
旋涡式	涡街式	√	△	△	×	?	×	×	△	×	√	√	×	×	×	√	×	√⑥	×	√	√	中	2×10^4	小～大	L	L	?	×	50～300
	旋进式	√	×	×	×	×	×	×	×	×	×	×	×	×	×	√	×	×	×	×	×	中	1×10^4	中～大	中	L	?	×	50～150
超声式	传播速度差法	√	×	×	×	×	?	?	△	×	?	?	×	√	√	?	×	×	?	×	×	中	5×10^3	中～大	无	L	?	?	＞100(25)
	多普勒法	√	√	√	√	√	×	?	√	△	?	×	×	△	×	×	×	×	×	×	×	低	5×10^3	小～中	无	L	×	×	＞25
靶式			√	×	×	×	?	?	√	△	?	×	×	×	?	×	×	×	×	×	×	低～中	2×10^3	小	中	SR	?	×	15～200
热式		×	×	×	×	×	×	×	×	×	×	×	×	×	×	√	×	×	×	×	×	中	10^2	中	小	L	×	×	4～30
科里奥利质量流量计		√	√	△	×	?	√	√	△	?	?	?	×	×	?	?⑤	×	×	?⑤	×	×	高	无数据	中～大	中～很大	L	√	△	6～150
插入式(涡轮、电磁、涡街)		√	2	2	×	2	2	2	2	2	2	2	×	√	2	√	×	√	×	×	×	低	无数据	2	小	L	×	×	＞100

①圆缺孔板；②取决于测量头类型；③3/4 圆孔板，锥形入口孔板；④500 mm 管径以下；⑤只适用于高压气体；⑥250 mm 管径以下；⑦＞200 ℃。

符号说明：√一最适用；△一通常适用；? 一在一定条件下适用；×一不适用。输出特性：SR一平方根；L一线性

表 4-8　常用流量计的安装要求

项目		传感器安装方位和流动方向				测双向流	上游直管段长度要求范围	上游直管段长度要求范围	装过滤器			公称直径范围/mm
		水平	垂直由下向上	垂直由上向下	任意倾斜		D(公称直径)/mm		推荐安装	不需要	可能安装	
差压式	孔板	√	√	√	√	√②	5～80	2～8		√		50～1 000
	喷嘴	√	√	√	√	×	5～80	4		√		50～500
	文丘里管	√	√	√	√	×	5～30	4		√		50～1 200 (1 400)
	弯管	√	√	√	√	√③	5～30	4		√		>50
	楔形管	√	√	√	√	√	5～30	4		√		25～300
	均速管	√	√	√	√	×	2～25	2～4			√	>25
浮子式	玻璃锥管	×	√	×	×	×	0	0			√	1.5～100
	金属锥管	×	√	×	×	×	0	0			√	10～150
容积式	椭圆齿轮	√	?	?	×	×	0	0	√			6～250
	腰轮	√	?	?	×	×	0	0	√			15～500
	刮板	√	×	×	×	×	0	0	√			15～100
	膜式	√	×	×	×	×	0	0		√		15～100
涡轮式		√	×	×	×	√	5～20	3～10			√	10～500
电磁式		√	√	√	√	√	0～10	0～5		√		6～3 000
旋涡式	涡街式	√	√	√	√	×	1～40	5		√		50～300
	旋进式	√	√	√	√	×	3～5	1～3		√		50～150
超声式	传播速度差法	√	√	√	√	√	10～50	2～5		√		>100(25)
	多普勒法	√	√	√	√	√	10	5		√		>25
靶式		√	√	√	√	×	6～20	3～4.5		√		15～200
热式		√	√	√	√	×	无数据	无数据	√			4～30
科里奥利质量流量计		√	√	√	√	×	0	0		√		6～150
插入式(涡轮、涡街、电磁)		√	①	①	①	①	10～80	5～10	①			>100
①取决于测量头类型；②双向孔板可用；③25°取压可用；√—可用；×—不适用；?—在一定条件下适用												

对于速度式流量计，上下游直管段长度的要求是保证测量准确度的重要条件，目前许多流量计要求的确切长度尚无可靠依据，在仪表选用时可根据权威性标准或向制造厂咨询决定。

管道中非定常流(脉动流)对仪表特性有复杂的影响，至今全部流量计标准皆要求在稳定流中测量，因为校准流量计实验室的工作条件是稳定流的，如果流量计工作于非定常流(非稳定流)条件下，即使能够使用，其仪表系数的偏离也会使测量误差增大，因此在安装流量计时最好选择在远离脉动源，管流较稳定之处。

(4)环境适应性对比。环境条件包括环境温度、湿度，安全性，电磁干扰，维护空间，各流量仪表的对比参考。表 4-9 提供了各种常用流量计的环境适应性对比，可供选型时参考。

表 4-9　常用流量计的环境适用性比较

项目		温度影响	电磁、射频干扰影响	本质安全防爆适用	防爆型适用	防水型适用
差压式	孔板	中	最小～小	①	①	①
	喷嘴	中	最小～小	①	①	①
	文丘里管	中	最小～小	①	①	①
	弯管	中	最小～小	①	①	①
	楔形管	中	最小～小	①	①	①
	均速管	中	最小～小	①	①	①
浮子式	玻璃锥管	中	最小	√	√	√
	金属锥管	中	小～中	√	√	√
容积式	椭圆齿轮	大	最小～中	√	√	√
	腰轮	大	最小～中	√	√	√
	刮板	大	最小～中	√	√	√
	膜式	大	最小～中	√	√	√
涡轮式		中	中	√	√	√
电磁式		最小	中	×③	√	√
旋涡式	涡街式	小	大	√	√	√
	旋进式	小	大	×③	×③	√
超声式	传播速度差法	中～大	大	×	√	√
	多普勒法	中～大	大	√	√	√
靶式		中	中	×	√	√
热式		大	小	√	√	√
科里奥利质量流量计		最小	大	√	√	√
插入式(涡轮、涡街、电磁)		最小～中	大～中	②	√	√
①取决于差压计；②取决于测量头类型；③国外有产品。 符号说明：√－可用；×－不适用；?－在一定条件下适用						

(5)经济性对比。经济因素包括仪表购置费用、安装费用、维修费用、校验费用，使用寿命、运行费用(能耗)，备件及修理费用等，表 4-10 对此进行了比较以供选型时参考。

表 4-10　常用流量计的经济性对比(相对费用)

费用		仪表购置费用	安装费用	校验费用	运行费用	维护费用	备件及修理费用
差压式	孔板	低～中①	低～高	最低	中～高	低	最低
	喷嘴	中	中	中	中～高	中	低
	文丘里管	中①	高	最低～高	低～中	中	中
	弯管	低～中①	中	最低	低	低	最低
	楔形管	中	中	中	中	低	中
	均速管	低～中①	中	中～高	低	低	低

续表

费用		仪表购置费用	安装费用	校验费用	运行费用	维护费用	备件及修理费用
浮子式	玻璃锥管	最低	最低	低	低	最低	最低
	金属锥管	中	低～中	低	低	低	低
容积式	椭圆齿轮	中～高	中	高	高	高	最高
	腰轮	高	中	高	高	高	最高
	刮板	中	中	高	高	高	最高
	膜式	低	中	中	最低	低	低
涡轮式		中	中	最低	中	高	高
电磁式		中～高	中	中	最低	中	中
旋涡式	涡街式	中	中	中	中	中	中
	旋进式	中	中	高	中	中	中
超声式	传播速度差法	高	最低～中	中	最低	中	低
	多普勒法	低～中	最低～中	低	最低	中	低
靶式		中	中	中	低	中	中
热式		中	中	高	低	高	中
科里奥利质量流量计		最高	中～高	高	高	中	中
插入式(涡轮、涡街、电磁)		低	低	中	低	低～中	低～中
①取决于差压计费用							

4.3.8 PVC生产流量仪表的选型与安装

1. VCM流量计选型

VCM单体是PVC生产最重要的原料，因此，单体加料计量的精确度对PVC生产影响重大，必须精确测量，其选用应从下述几个方面考量。

(1)由于该流量计用于PVC生产最重要原料的加料计量，因此在满足流体特性条件下应优先考虑测量精度。

(2)PVC生产是批量配比生产，要求流量计除具有良好的测量精度外，还有良好的可靠性和重复性。

(3)单体加料控制希望实现加料全过程每一时刻都良好控制，因此流量输出应跟随流动变化，设计时应选用响应时间小的流量计。

(4)由于VCM的密度受温度波动影响很大，采用计量槽计量加入物料的体积方式来计算物料的加入量会带来较大误差，因此最好能直接计量VCM的质量。

根据表4-5可知，涡轮流量计、椭圆齿轮流量计和科里奥利质量流量计是三类精确度、重复性最佳的流量计。同时，根据表4-7可知，在流量特性方面，三种仪表都适用于VCM的计量。但是椭圆齿轮流量计只适用于中小口径，不适用于大型聚合釜这类批量生产装置的大流量加料，而且椭圆齿轮流量计和涡轮流量计直接测得的是体积流量，应用于质量流量计量需要进行以体积流量计组合的间接法质量流量测量。

可见科里奥利质量流量计是相对最适合于VCM计量的流量计，涡轮流量计是相对比较适合的流量计。但是科里奥利质量流量计有零点不稳定易形成零点漂移的问题，而涡轮流量计存在难以长期保持校准特性需经常校验但是校准时间又很难把握的问题。

为解决上述问题，可将科里奥利流量计和涡轮流量计串联在一起测量 VCM 的流量。科里奥利流量计为主测量表，数据显示以其为准；涡轮流量计作为校准表，用来与主测量表对比。因为主测量表和校正表的正常测量精度都在 0.5%FS 以下，所以，当校正表与主测量表对照显示出来的误差达到 1%FS 时，说明主测量表和校正表的其中一台测量误差已超出测量仪表的性能所能达到的范围，此时系统自动报警停止加料，并进行主测量表的调零和校正表的在线校准。

通过这样的组合设计，使用校正表及时发现主测量表的零点漂移和校正表的校准时间，可以确保单体加料计量精度控制在 1%FS 以内。

2. 脱盐水流量计的选型

氯乙烯的等温入料聚合工艺关键是边加料边控制釜内温度，因此，对冷、热脱盐水的加入量要求很严格，要求精度在 1%R 以内。

由于冷、热脱盐水的加入量巨大，椭圆齿轮流量计不太适应此场合，因此采用上述 VCM 计量一样的方案，选用科里奥利质量流量计＋涡轮流量计的方式以精确计量脱盐水的加入量。

3. 各种助剂流量计的选型

各种助剂也可采用科里奥利质量流量计进行测量，但由于该类型流量计价格较高，且助剂加入量比较小，其密度受温度影响也较小，介质洁净，因此从经济方面考虑，也可以采用椭圆齿轮流量计/涡轮流量计进行精确计量。

4. PVC 浆料流量计选型与安装

汽提塔的进料为浆料状的 PVC 粗产品，里面包含 PVC 颗粒、水等物质，浆料的温度在 60 ℃左右，PVC 质量分数一般在 30%左右。对于悬浮液，不宜选择有内部元件的流量计，超声波流量计虽是非接触式仪表，但更适用于清洁、单相的液体和气体，因而不适用于 PVC 浆料。

科里奥利质量流量计虽然适合测量浆料并且测量精度高但是测量压力损失高、价格高，而且对于汽提塔来说，其进料量精度不像聚合釜进料那样要求高，因此不选用科里奥利质量流量计。

由于在聚合过程中加入了多种助剂，浆料的电导率一般在 150 μs/cm 以上，因此满足电磁流量计要求介质导电的要求，电磁流量计的测量通道是光滑直管并且不产生因检测流量所形成的压力损失，可以降低能耗。

综合考虑以上因素，PVC 浆料流量计以电磁流量计为佳。

电磁流量计应安装在控制阀的上游，管路结构应保证电磁流量计测量管中始终充满液体。对于含有固体颗粒的液体或浆液最好垂直安装，垂直安装时必须保证流向自下而上，确保测量管内始终充满介质。

因此，电磁流量计应垂直安装在图 4-20 所示的进料管路中的 C 处。

5. 乙炔和氯化氢流量计的选型

对于氯乙烯合成的两种气体原料，根据表 4-7，可以用于测量乙炔的仪表有孔板流量计(喷嘴、文丘里管也可)、涡轮流量计(流量适中，过大过小均不适宜)、涡街式流量计(用于管道直径小于 250 mm，大流量场合)、热式质量流量计等。

由于氯化氢气体的腐蚀性，最适于测量其流量的仪表为孔板流量计、喷嘴流量计、文丘里管流量计等差压式流量计。

鉴于两种气体进入反应器是采用双闭环比值控制系统来控制其比值的，实时性要求较高，因此热式流量计由于响应较慢不太适合，而孔板流量计非常成熟，应用经验丰富，价格比较低，因此乙炔和氯化氢气体均采用孔板流量计测量，对腐蚀性的氯化氢气体，孔板应采用耐腐蚀的材质，如 PVC 材料。

综上所述，本任务的选型结果见表 4-11。

表 4-11　流量仪表选型汇总

聚合釜	VCM 进料流量计	科里奥利质量流量计＋涡轮流量计
	脱盐水进料流量计	科里奥利质量流量计＋涡轮流量计
	助剂进料流量计	椭圆齿轮流量计/涡轮流量计/科里奥利质量流量计
汽提塔	PVC 浆料流量计	电磁流量计
氯乙烯合成	乙炔流量计	孔板流量计
	HCl 流量计	孔板流量计

任务测评

1. (　　)在安装时可以不考虑流量计上游侧直管段要求。

A. 转子流量计　B. 电磁流量计　C. 容积式流量计　D. 旋涡流量计

2. 下列适合测量脏污流体流量的仪表是(　　)。

A. 椭圆齿轮流量计　B. 均速管流量计　C. 刮板流量计　D. 靶式流量计

3. 下列流量计安装时，其直管段要求最高的是(　　)。

A. 转子流量计　B. 质量流量计　C. 电磁流量计　D. 孔板

4. 一测量蒸汽流量的差压变送器，运行中其指示缓慢往下调，即流量指示不断地偏低，最可能的原因是(　　)。

A. 平衡阀漏　B. 负压侧排污阀泄漏

C. 孔板堵塞　D. 负压引压管堵塞

5. 涡街式流量计的频率和流体的(　　)成正比。

A. 压力　B. 密度　C. 流速　D. 温度

6. 测量蒸汽流量时，取压孔应该在管道中心水平面的(　　)。

A. 正上方　B. 正下方　C. 上方 45°范围　D. 下方 45°范围

7. 电磁流量计安装地点要远离一切(　　)，不能有振动。

A. 热源　B. 磁源　C. 腐蚀场所　D. 防爆场所

8. 当需要测量腐蚀、导电或带固体微粒的流量时，可选用(　　)。

A. 电磁流量计　B. 椭圆齿轮流量计

C. 均速管流量计　D. 旋涡流量计

9. 测量大管径，且管道内流体压力较小的节流装置的名称是(　　)。

A. 喷嘴　B. 孔板　C. 文丘里管

10. 判断题：用差压变送器测流量。当启动时，关闭平衡阀，双手同时打开正负压阀。(　　)

11. 判断题：安装椭圆齿轮流量计可以不需要直管段。(　　)

12. 判断题：电磁流量计是不能测量气体介质流量的。(　　)

13. 判断题：对于含有固体颗粒的流体，也可用椭圆齿轮流量计测量其流量。(　　)

14. 判断题：电磁流量变送器和化工管道紧固在一起，可以不必再接地线。(　　)

15. 判断题：节流元件前后的差压与被测流量成正比关系。(　　)

任务 4.4　物位检测仪表的选择与应用

任务描述

(1)PVC 汽提塔塔底液位过高会使底部筛板积液，影响筛板脱出效率，而且会造成浆料停留时间长及全塔差压升高，影响操作稳定。因此，需要设置如图 2-2 所示的汽提塔塔底液位控制系统，为该自动控制系统选择一台合适的液位测量仪表。

(2)早期的氯乙烯聚合釜一般没有液位计，主要靠物料的准确计量和聚合釜内的温度、压力、搅拌功率等其他条件来大致判断物料的液位，从安全角度考虑，只能降低聚合釜的填充量，防止满釜造成事故，但这样一来就降低了聚合釜的产能。

为充分利用聚合釜的产能，就要尽量让聚合釜液位上移，但又不至于出现满釜现象，为此需要增设一台液位计实时监控釜内液位，结合工艺实际，选择一种符合要求的液位计。

4.4.1　物位及物位检测仪表

1. 液位、料位、界面与物位检测仪表

液体介质在容器中的高度称为液位；固体或颗粒状物质在容器中的堆积高度称为料位；检测液位的仪表称为液位计；检测料位的仪表称为料位计；测量两种密度不同液体介质的分界面的仪表称为界面计。上述三种检测仪表统称为物位检测仪表。

物位测量一种目的是确定容器内的原料、辅料、成品或半成品的数量，对物位测量的绝对值要求很精确；另一种目的在工业生产中更加常见，即对物位的相对值要求非常准确，要能迅速正确反映某一个特定基准面上的物料相对变化，用以连续控制生产工艺过程，如汽提塔的液位控制，聚合釜的液位监视等。

物位检测仪表种类繁多，下面对各种常见仪表进行分类，并概括其特征。

2. 物位检测仪表的类型及其特征

(1)直读式液位检测仪表。直读式液位检测仪表主要有玻璃管液位计和玻璃板式液位计，多用于就地指示液位，或用来核准自动液位检测仪表的零位和最高液位之用。

(2)差压式液位检测仪表。其借助压力和差压变送器来测量液位，有吹气法与差压式液位变送器属于这类。

动画：磁翻板液位计

(3)浮力式液位计。利用浮子(或称浮筒)高度随液位变化而改变或液位对浸沉其中的浮子的浮力随液体高度变化而变化的原理工作。其主要有浮标钢带(丝)式液位计、浮筒式液位计、磁翻板式液位计等。

(4)电气式物位检测仪表。电气式物位检测仪表将物位的变化转换为一些电量的变化，通过测量这些电量的变化来测量物位。其主要有电接点式液位计、磁致伸缩式液位计、电容式物位计等。

动画：雷达液位计与超声波液位计

(5)超声式液位计。超声式液位计利用声波反射原理测量液体和固体料位，是一种无接触式测量，但声波必须在空气中传播，所以真空设备是不能使用的，在测量中要求声道稳定、液面反射良好，如液面上有较多的泡

沫，声阻大，反射弱，仪表就不能正常测量。如果有杂散的反射波(非液位)，如容器内支架、入口物料反射回来的波等假信号，对测量也有极大的影响。

(6)雷达液位计。雷达液位计利用高频脉冲电磁波反射原理进行测量，可用于真空设备的测量，适用于恶劣的操作条件，极少受介质蒸汽和粉尘的影响。在有杂散反射波的情况下，可采用杂波分析处理系统来识别和处理杂散、虚假反射波，以获得正确的测量信息，可用于液体、固体的液位(料位)的测量。

(7)放射性液位计。放射性液位计是真正的不接触测量各种容器中的液位和料位。其适用于各种高温、高压、强腐蚀及黏度较高的工况测量。

下面重点介绍差压式液位变送器，并简单介绍几种其他类型的物位测量仪表。

4.4.2 差压式液位变送器

差压式液位变送器测液位(界面)在石化行业是使用较广的方法。对有腐蚀、黏稠介质可采用法兰式(带毛细管)差压变送器来测量。由于密度变化直接影响测量结果，因此适用于密度比较稳定的过程。

1. 工作原理

差压式液位变送器利用容器内的液位改变时，由液柱产生的静压也相应变化的原理工作，如图 4-34 所示。

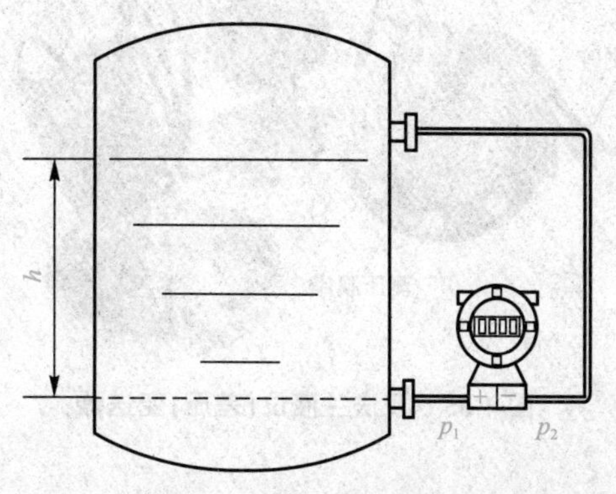

图 4-34 差压式液位变送器工作原理

将差压式液位变送器的正压室接液相，负压室接容器内气相。设容器上部为干燥气体，其压力为 p_0，则

$$p_1=p_0+\rho gh \tag{4-24}$$

$$p_2=p_0 \tag{4-25}$$

因此可得差压

$$\Delta p=p_1-p_2=\rho gh \tag{4-26}$$

式中 h——液位高度；

ρ——被测介质密度；

g——重力加速度；

p_1、p_2——差压变送器正、负压室的压力。

通常，被测介质的密度是已知的，差压变送器测得的差压与液位高度成正比，这样就把测量液位高度转换为测量差压的问题了。

测量时，将量程设为 $H\rho g$(H 为测量的最高液位)，则

当 $h=0$ 时，差压式液位变送器的输入信号 $\Delta p=0$，输出电流信号 $I_o=4$ mA；

当 $h=H$ 时，差压式液位变送器的输入信号 $\Delta p=\rho gH$，输出电流信号 $I_o=20$ mA。

因此，根据接收到的电流信号大小，按照差压式液位变送器的输入—输出关系即可得到差压 Δp，而液位的实时值

$$h=\frac{\Delta p}{\rho g} \tag{4-27}$$

当被测容器是敞口的，气相压力位大气压时，只需将差压式液位变送器的负压室通大气即可。

2. 密闭容器的液位测量

在密闭容器的液位测量过程中，有时介质具有腐蚀性，或者是带有颗粒的悬浮物、脏污物质，此时就不能直接将介质引入差压变送器的正、负压室，否则将腐蚀变送器测压元件或堵塞变送器的引压管。

在这种情况下，通常采用隔膜密封式差压变送器，如图 4-35 所示，此种差压式液位变送器用内部填充有硅油的毛细管连接两块测压膜片，分别接到正负压室。测压膜片为耐腐蚀材质，它将被测介质与变送器测压室隔离，通过硅油将被测介质的压力传导到正负压室，避免介质腐蚀或堵塞变送器。两块测压膜片分别与两个法兰装配在一起，接在容器法兰上以测量容器内液位，因此，这种差压变送器又称为双法兰液位变送器或双法兰差压变送器。

图 4-35　双法兰液位(差压)变送器

在图 4-36 中，假设液面起点即 $h=0$ 的最低位置，距离容器底部法兰的高度为 h_1；容器底部法兰距离变送器的正压室高度为 h_2，容器上下两个法兰之间的高度为 h_3。设图 4-36(a)所示接法的差压为 Δp_1，图 4-36(b)所示接法的差压为 Δp_2，图 4-36(c)所示接法的差压为 Δp_3，假设被测介质密度为 ρ_1、毛细管内硅油密度为 ρ_2，容器内气相压均为 p_0，测量的最高液位为 H。下面分别求取三个差压。

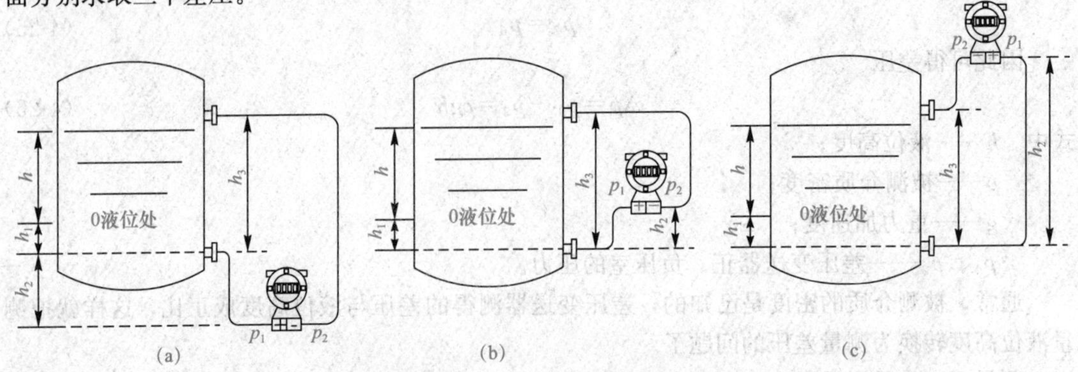

图 4-36　双法兰液位变送器接法

从图 4-36(a)中可以看出：

$$p_1=p_0+\rho_1 g(h+h_1)+\rho_2 gh_2 \tag{4-28}$$

$$p_2=p_0+\rho_2 g(h_2+h_3) \tag{4-29}$$

因此

$$\Delta p_1=p_1-p_2=\rho_1 gh+\rho_1 gh_1-\rho_2 gh_3 \tag{4-30}$$

从图 4-36(b)中可以看出：

$$p_1=p_0+\rho_1 g(h+h_1)-\rho_2 gh_2 \tag{4-31}$$

$$p_2=p_0+\rho_2 g(h_3-h_2) \tag{4-32}$$

因此

$$\Delta p_2=p_1-p_2=\rho_1 gh+\rho_1 gh_1-\rho_2 gh_3 \tag{4-33}$$

从图 4-36(c)中可以看出：

$$p_1=p_0+\rho_1 g(h+h_1)-\rho_2 gh_2 \tag{4-34}$$

$$p_2=p_0-\rho_2 g(h_2-h_3) \tag{4-35}$$

$$\Delta p_3=p_1-p_2=\rho_1 gh+\rho_1 gh_1-\rho_2 gh_3 \tag{4-36}$$

比较式(4-30)、式(4-33)和式(4-36)，有 $\Delta p_1=\Delta p_2=\Delta p_3$，即三种接法的差压都相等，差压式液位变送器的安装位置不影响差压的大小。

考察差压表达式，当 $h=0$ 时，差压表达式 $\Delta p_1=\Delta p_2=\Delta p_3=\rho_1 gh_1-\rho_2 gh_3$，其值很可能不等于 0，除非 $\rho_1 h_1=\rho_2 h_3$。

因此，为了让变送器输出 $I_o=4$ mA 时，对应的液位 $h=0$，就要对变送器的零点进行迁移，使当变送器的差压输入为 $\rho_1 gh_1-\rho_2 gh_3$ 时，输出电流 $I_o=4$ mA。这就是液位变送器的零点迁移问题，其迁移方式根据 $\rho_1 gh_1-\rho_2 gh_3$ 的大小可能存在图 4-37 所示的三种情况。

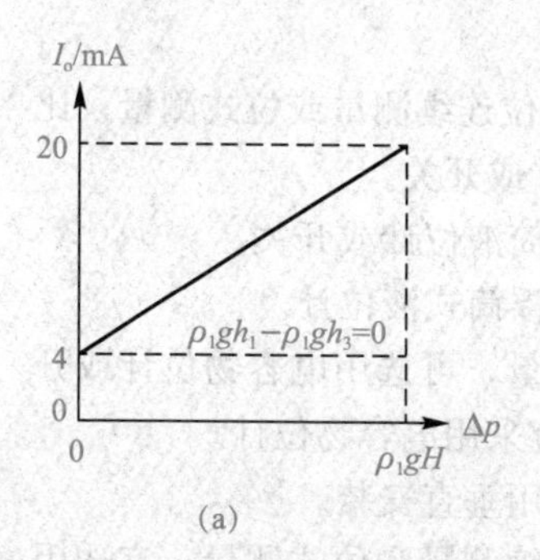

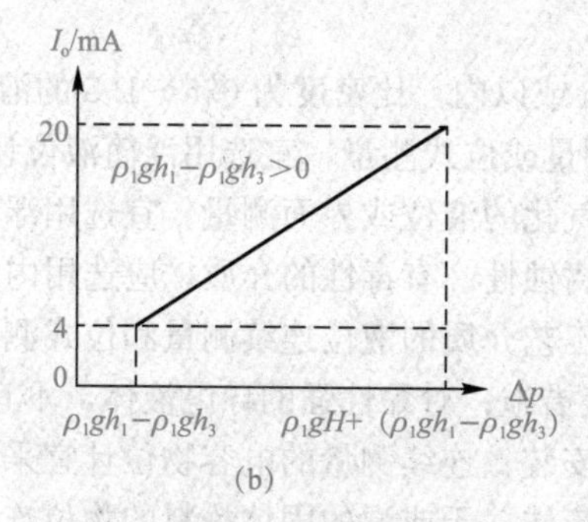

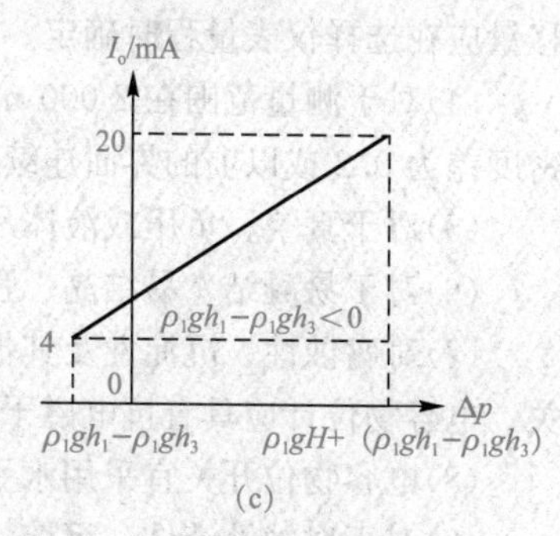

图 4-37　双法兰液位变送器的零点迁移情况

(a)未迁移；(b)正迁移；(c)负迁移

在利用双法兰差压变送器测量液位时，由于变送器铠装毛细管内液体的密度 ρ_2 和被测液体密度 ρ_1 是已知的，因此，只要确定了变送器的安装位置和形式及被测液体的测量范围(H)，准确地量取变送器的安装数据(h_1、h_3)，就可以很方便地分析计算出双法兰差压变送器的量程(量程为 $\rho_1 gH$)、零点迁移量(迁移量为 $\rho_1 gh_1-\rho_2 gh_3$)、最低和最高测量液位时作用于双法兰差压变送器上的等效静差压(分别为 $\Delta p_{min}=\rho_1 gh_1-\rho_2 gh_3$ 和 $\Delta p_{max}=\rho_1 gH+\rho_1 gh_1-\rho_2 gh_3$)，然后，将双法兰差压变送器的正、负压室法兰放在同一高度上进行校验，检验范围为 $\Delta p_{min}\sim\Delta p_{max}$，对应于变送器的输出为 4～20 mA。把校验后的双法兰差压变送器按要求安装在容器上，就可以准确地测量出容器内液体的液位了。

需要说明的是，从上面的计算中可以看出，无论变送器安装在什么位置，其量程和零点迁移量是一样的。因此，双法兰液位计量程及其迁移量的计算与安装位置无关。实际安装中推荐

图 4-36(a)所示接法，其他两种易使硅油倒灌造成膜盒鼓包，损坏变送器。

4.4.3 其他物位检测仪表

其他物位检测仪表

除差压式物位检测仪表外，电容式物位计、射频导纳式液位计、核辐射式物位计在生产过程中也得到较为广泛的应用，具体可查阅相关内容。

4.4.4 物位检测仪表的选型要点

根据石化行业标准《石油化工自动化仪表选型设计规范》(SH/T 3005—2016)和化工行业标准《自动仪表选型设计规范》(HG/T 20507—2014)，归纳出物位检测仪表选型的一些原则。

1. 就地物位检测仪表的选型原则

(1)就地液面或界面指示应选用玻璃板液位计或磁浮子液位计。

(2)对于高压、低温(温度<−45 ℃)或有毒性介质的场合，宜选用磁浮子液位计。

2. 远传式物位检测仪表的选型原则

(1)液位测量宜选用差压液位变送器，但对于量程(差压)小于 5 kPa、密度变化超过设计值±5%时，不宜选用差压液位变送器。

(2)对于含易燃易爆、有毒性、气相在环境温度下易冷凝等场合，宜选用毛细管远传双法兰差压液位变送器，两根毛细管长度宜相同；对腐蚀性、较黏稠、易气化、含悬浮物等液体，宜选用平法兰式差压液位变送器；对易结晶、易沉淀、高黏度、易结焦液体，宜选用插入式法兰差压液位变送器。

(3)差压液位变送器应带迁移功能，最大可迁移量应至少为量程上限的 100%，其正、负迁移量应在选择仪表量程时确定。

(4)对于测量范围在 2 000 mm 或以内，比密度为 0.5～1.5 的液位连续测量或位式测量；比密度差为 0.2 或以上的界面连续测量或位式测量，宜选用浮筒液位计或开关。

(5)对于真空、负压或液体易气化的液位或界面测量，宜选用浮筒液位计或开关。

(6)对于易凝结、易结晶、强腐蚀性、有毒性的介质，应选用内浮筒式液位计。

(7)对腐蚀性、沉淀性及其他工艺介质的液位连续测量和位式测量，可选用电容物位计或开关，电容物位计应具有抗电磁干扰措施；对黏性强的导电液体，不宜采用电容物位计。

(8)电容物位开关宜采用水平安装；连续测量的电容物位计宜采用垂直安装。

(9)对于腐蚀性液体、沉淀性流体、干或湿的固体粉料的物位连续测量和位式测量，宜选用射频导纳液位计或开关，射频导纳物位计易受电磁干扰的影响，应采取抗电磁干扰措施。

(10)对于腐蚀性、高黏性、易燃性及有毒性的液体的液位、液—液分界面、固—液分界面的连续测量和位式测量，宜选用超声波物位计或开关。

(11)超声波物位计不得用于真空场合，不宜用于含蒸汽、气泡、悬浮物的液体和含固体颗粒物的液体，也不宜用于含粉尘的固体粉料和颗粒度大于 5 mm 的粒料；内部存在影响声波传播的障碍物的工艺设备，不宜采用超声波物位计。

(12)对于大型固定顶罐、浮顶罐、球形罐中储存原油、成品油、沥青、液化烃、液化石油气、液化天然气、可燃液体及其他介质的液位连续测量或计量，宜选用非接触式雷达物位计，也可选用导波式雷达物位计。

(13)对于储罐或容器内具有泡沫、水蒸气、沸腾、喷溅、湍流、低介电常数(1.4～2.5)、带有搅拌器或有旋流介质的液位或界面的连续测量或计量，宜选用导波式雷达物位计。

(14)仪表量程应根据工艺对象实际需要显示的范围确定，除供容积计量用的物位仪表外，一般应使正常物位处于仪表量程的50%左右。

各种介质的液位、界面、料位连续测量仪表的选型推荐表见表4-12。

表4-12 液位、界面、料位连续测量仪表选型推荐表

仪表类型＼测量对象	液体	液/液界面	泡沫液体	污、黏液体	粉状固体	粒状固体	块状固体	黏湿性固体
差压式	√	△	×	△	×	×	×	×
浮筒式	√	△	×	△	×	×	×	×
带式浮子式	√	×	×	×	×	×	×	×
伺服式	√	×	×	×	×	×	×	×
光导式	√	×	×	×	×	×	×	×
磁性浮子式	√	×	×	×	×	×	×	×
磁致伸缩式	√	√	×	×	×	×	×	×
电容式	√	√	△	×	△	△	△	△
射频导纳式	√	√	△	△	√	√	△	√
静压式	√	×	△	△	×	×	×	×
超声波式	√	△	×	√	△	√	√	√
雷达式	√	×	×	√	√	√	√	√
核辐射式	√	×	×	√	√	√	√	√
吹气式	√	×	×	△	×	×	×	×
隔膜式	√	×	×	△	×	×	×	×
重锤式	×	×	×	√	√	√	√	√
符号说明：√—最适用；△—通常适用；×—不适用								

4.4.5 聚合釜与汽提塔液位计的选型使用

1. 汽提塔塔底液位计的选型

由于PVC汽提塔塔底的物料为具有一定黏性、带颗粒的浆料状液体，因此适合远传的差压式液位变送器，浮筒式液位计，磁致伸缩式、电容式、射频导纳式、超声波式、雷达式等几种物位仪表当中，浮筒式、磁致伸缩式、电容式几种液位计不适用于黏性介质。由于汽提塔内PVC浆料从塔顶留下，蒸汽从塔底往上流动，同时塔内环境复杂，声波或微波回信信号不稳定，因此，超声波液位计和雷达液位计均不适应此种测量场合。

在差压式与射频导纳式液位计之间，差压式液位计成熟稳定，应优先考虑，采用双法兰差压变送器可以通过法兰连接方式安装在汽提塔底部，因此可以优先考虑选择双法兰液位变送器。

2. 聚合釜液位计的选型

聚合釜内的工作环境、介质特性与汽提塔内相似，但压力更大。同时PVC聚合釜的侧壁没有预留法兰连接的安装孔，因此无法采用双法兰液位变送器。为减少泄漏点，可在釜顶预留的安装孔处安装射频导纳液位计。虽然射频导纳液位计适用于高黏性物质，可防止挂料现象，但时间一长，PVC黏附在传感器探杆根部后，也会影响测量准确性，使液位计产生零点漂移或指示偏差，因此在聚合釜清釜过程中，也要及时清理液位计探头上的黏附物。

为减少清釜次数，也可以采用非接触式的核辐射式液位计。其具有以下优良性能：

(1)不与物料直接接触，避免了自聚物黏附在测量器件上，影响测量精度。

(2)核子射线源稳定可靠，不需要太多的维护。

(3)核子液位计可以根据不同的密度区分出液体和泡沫的分界线，这对防止升高的泡沫堵塞釜顶管线起到了关键的作用，可以提前采取加入消泡剂(分散剂)或调整冷却水用量的方法降低泡沫的界面，以保障聚合釜的稳定运行。

但核辐射液位计备案较为麻烦，且有安全隐患。

任务测评

1. 某PVC生产中回收单体储罐的液位计原为差压式液位计，但回收单体易发生自聚现象，堵塞液位计的取压膜片，造成测量偏差，很难清理修复。为该储罐选择一台更合适的液位计。

2. 用压力法测量开口容器液位时，液位的高低取决于(　　)。

A. 取压点位置和容器截面　　B. 取压点位置和介质密度

C. 介质密度和容器横截面　　D. 取压点位置

3. 安装在设备内最低液位下方的差压式液位变送器，为测量准确，压力变送器必须采用(　　)。

A. 正迁移　　B. 负迁移　　C. 无迁移　　D. 不确定

4. 差压式液位计进行负向迁移后，其量程(　　)。

A. 变大　　B. 变小　　C. 不变　　D. 视迁移大小而定

5. 某液位变送器量程为0～4 m，在输出信号为14 mA时，对应液位为(　　)。

A. 2.5 m　　B. 3.5 m　　C. 2.8 m　　D. 以上都错

6. 液位测量双法兰变送器表体安装位置宜在(　　)。

A. 正负压法兰之间　　B. 负压法兰上方　　C. 正压法兰下方　　D. 任意位置

7. 判断题：雷达式物位计无传动部件，不受温度压蒸汽气雾和粉尘的限制。　　(　　)

8. 判断题：超声波物位计与介质的介电常数、电导率、热导率等无关。　　(　　)

9. 判断题：脏污的、黏性的液体，以及环境温度下结冻的液体液面可用浮子式液位计。　　(　　)

10. 如图4-38所示，液位系统中当用差压法测量时，其量程和迁移量是多少？应如何迁移？测量范围是多少？气相无冷凝，已知$\rho=950\ \mathrm{kg/m^3}$，最高液位$h_{max}=1.5\ \mathrm{m}$，$h_1=0.5\ \mathrm{m}$，$h_2=1.2\ \mathrm{m}$，$h_2=3.4\ \mathrm{m}$。

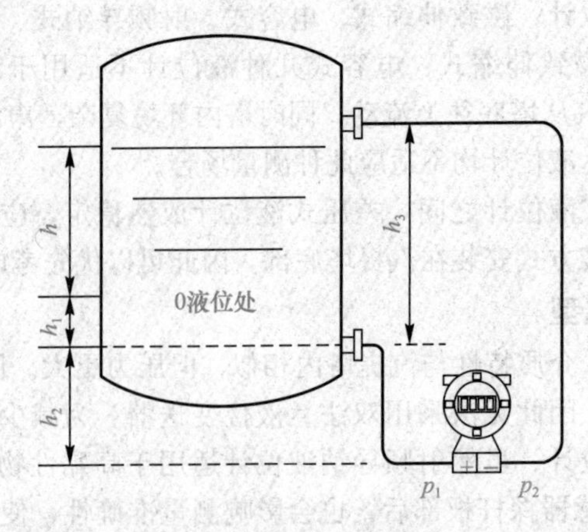

图4-38　液位系统

任务4.5 温度检测仪表的选择与应用

任务描述

温度是氯乙烯聚合反应的重要参数，对产品质量有着极为重要的影响，因此，其控制精度要求很高，若采用冷水入料工艺，则过渡釜温超调不得超过±0.5 ℃；根据产品牌号的不同，反应期间要求釜温保持为50～60 ℃，如生产PVC-SG3型树脂时要求温度维持在52 ℃。为获得高质量产品，温度偏离设定值不要超过±0.5 ℃。试选择一台测温仪表，以控制聚合釜内的温度，满足生产要求。

为完成本任务，要熟悉热电偶的测温原理、补偿导线的作用及冷端温度补偿的原理，掌握冷端温度补偿的计算方法；掌握三线制热电阻的接法；掌握温度变送器与测温元件及上位机的接线方法；在此基础上才能更好地理解温度检测仪表的选型规范，根据具体工艺情况选择合适的测温仪表。

4.5.1 温度与测温仪表

1. 温度与温标

温度是表征物体冷热程度的物理量，温度的数值表示方法称为温标，它是温度定量测量的基准，规定了温度读数的起点(零点)和测量温度的基本单位。常用的温标有摄氏温标、华氏温标和国际实用温标。

(1)摄氏温标。该温标规定在一个大气压下，冰水混合物的温度为0 ℃，水的沸点为100 ℃，两者之间分为100等份，每一等份为1 ℃，用符号 ℃表示。

(2)华氏温标。该温标规定在标准大气压下纯水的冰点温度为32 ℉，水的沸点温度为212 ℉，中间划分为180等份，由符号 ℉ 表示。西方国家在日常生活中普遍使用华氏温标。

(3)国际实用温标。根据第18届国际计量大会(CGPM)的决议，自1990年1月1日起在全世界范围内实行"1990年国际温标(ITS—90)"，该温标规定温度单位为开尔文(K)，1 K等于水三相点的热力学温度的1/273.16。

ITS—90同时规定了国际热力学温度 T_{90} 和国际摄氏温度 t_{90}，摄氏温度的分度值与热力学温度的分度值相同，温度间隔1 K等于1 ℃，即

$$t_{90}=T_{90}-273.15 \tag{4-37}$$

式中，T_{90} 和 t_{90} 的单位分别为K和 ℃。目前实际使用的温标是上述ITS—90定义的国际热力学温度和国际摄氏温度。但为了描述方便，一般不注脚标，而是简写成 T 或 t。

2. 测温仪表的类型

温度测量仪表按测温方式可分为接触式和非接触式两大类。一般来说，接触式测温仪表比较简单、可靠，测量精度较高；但因测温元件与被测介质需要进行充分的热交换，需要一定的时间才能达到热平衡，所以存在测温的延迟现象，同时受耐高温材料的限制，不能应用于很高的温度测量。非接触式测温仪表是通过热辐射原理来测量温度的，测温元件不需与被测介质接触，测温范围广，不受测温上限的限制，也不会破坏被测物体的温度场，反应速度一般也比较快；但受到物体的发射率、测量距离、烟尘和水气等外界因素的影响，其测量误差较大。表4-13总结了常见测温仪表的原理、特点与应用场合。

表 4-13　常用测温方法、类型及特点

测温方式	温度计或传感器类型			测量范围/℃	精度/%FS	特点
接触式	热膨胀式	玻璃水银		−50～650	0.1～1	简单方便，易损坏
		双金属		0～300	0.1～1	结构紧凑，牢固可靠
		压力	液体	−30～600	1	耐振、坚固、价格低
			气体	−20～350		
	热电偶	铂铑−铂		0～1 600	0.2～0.5	种类多，适应性强，结构简单，经济方便，应用广泛
		其他		−20～1 100	0.4～1.0	
	热电阻	铂		−260～600	0.1～0.3	精度及灵敏度均较好，需注意环境温度的影响
		镍		−500～300	0.2～0.5	
		铜		0～180	0.1～0.3	
		热敏电阻		−50～350	0.3～0.5	体积小，响应快，灵敏度高，线性差，需注意环境温度的影响
非接触式	辐射式温度计			800～3 500	1	非接触测温，不干扰被测温度场，辐射率影响小，应用简便
	光学高温计			700～3 000	1	
	热探测器			200～2 000	1	非接触测温，不干扰被测温度场，响应快，测温范围大，适于测温度分布，易受外界干扰，标定困难
	热敏电阻探测器			−50～3 200	1	
	光子探测器			0～3 500	1	
其他	示温涂料			−35～2 000	＜1	测温范围大，经济方便，特别适于大面积连续运转零件上的测温，精度低，人为误差大

在实际工业生产中，双金属温度计是应用最广泛的就地指示测温仪表，而热电偶、热电阻和温度变送器则是应用最多的远传式测温元件、仪表。下面重点介绍热电偶温度计和热电阻温度计。

4.5.2　热电偶温度计

热电偶温度计具有测量范围大、精度较高、热响应时间快、机械强度高、耐压性能好等优点，是工业生产中应用最广泛的测温仪表。

1. 测温原理

热电偶是以塞贝克效应为基础的测温仪表。塞贝克效应是指将两种不同材料的导体 A、B 组成一个闭合回路(图 4-39)，只要其连接点 1 和 2 温度不同，在回路中就产生热电动势(由热量产生的电动势，称为热电动势或热电势)，该现象又称为第一热电效应。由 A、B 两种不同导体构成的元件就称为热电偶。

热电偶回路产生的热电动势主要由两种导体的接触电动势和同一种导体两端的温差电动势构成。通常，热电偶回路电动势中接触电动势远大于温差电动势，所以只讨论接触电动势。

当两种不同材料导体 A、B 接触时，由于导体两边的自由电子密度不同，在接触处便产生电子的互相扩散。若导体 A 中自由电子密度大于导体 B 中自由电子密度，在开始接触的瞬间，导体 A 向导体 B 扩散的电子数将比导体 B 向导体 A 扩散的电子数多，因而使导体 A 失去较多的电子而带正电荷，导体 B 带负电荷，致使在导体 A、B 接触处产生电场，以阻碍电子在导体 B 中的进一步积累，最后达到平衡。平衡时，在 A、B 两个导体间的电位差称为接触电动势，其值取决于两种导体的材料种类和接触点的温度。

在图4-39所示的热电偶回路中，当接触点1、2的温度不同时，便产生两个不同的接触电动势$E_{AB}(t)$和$E_{AB}(t_0)$，这时回路中的总电动势为

$$E(t, t_0)=E_{AB}(t)-E_{AB}(t_0) \tag{4-38}$$

式中，E的下标字母表示电动势的方向，如E_{AB}表示电动势的方向从导体A到B。

在实际工程应用中，热电偶回路总要接入测量仪表及导线，如图4-40所示。由两种不同材料的导体焊接而成的热电偶焊接在一起的称为热端(工作端)，与导线连接的一段称为冷端(自由端)，热端与被测介质接触，冷端置于设备之外。

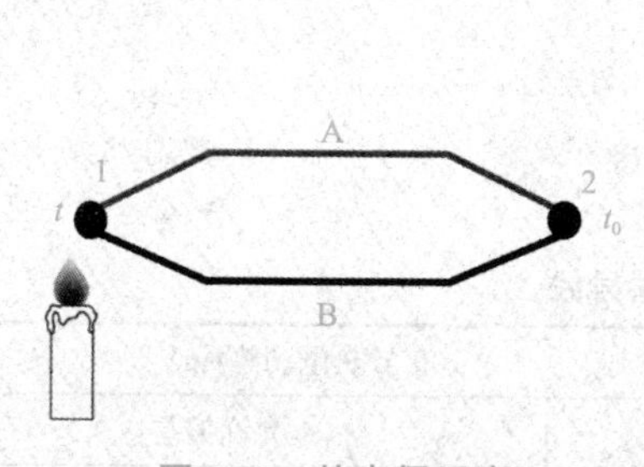

图4-39 热电偶示意

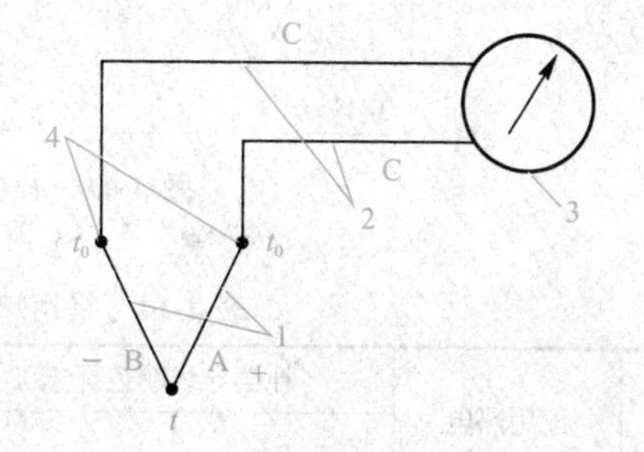

图4-40 热电偶测温示意

1—热电偶；2—连接导线；3—测量仪表；4—连接点

那么接入与A、B不同的第三种测量导线后，会不会影响整个回路的热电动势$E(t, t_0)$?

设导体A、B接点(热端)温度为t，A、C与B、C两接点的温度为t_0，则回路中的总电动势为

$$E(t, t_0)=E_{AB}(t)+E_{BC}(t_0)+E_{CA}(t_0) \tag{4-39}$$

若回路中各接点温度相同，即$t=t_0$，则回路中的总电动势必为零，即

$$E(t_0, t_0)=E_{AB}(t_0)+E_{BC}(t_0)+E_{CA}(t_0)=0$$

也即

$$E_{BC}(t_0)+E_{CA}(t_0)=-E_{AB}(t_0) \tag{4-40}$$

将式(4-40)代入式(4-39)可得

$$E(t, t_0)=E_{AB}(t)-E_{AB}(t_0) \tag{4-41}$$

可见，式(4-41)与式(4-38)完全相同。这就说明，只要两个导线与热电偶的两个连接点4温度相同，在热电偶回路中接入第三种导体，对回路的总电动势没有影响。

热电偶的这种性质称为第三导体定律，该性质对工业应用具有重要意义，可以方便地在热电偶回路中接入所需的测量仪表和导线来测量温度。

2. 补偿导线

从式(4-38)可知，只有当热电偶的冷端温度t_0不变时，热电动势$E(t, t_0)$才与被测温度t一一对应，即只有当冷端温度t_0不变时，才能通过测量热电动势$E(t, t_0)$得到被测温度t。

但是，热电偶的长度有限，其冷端温度会受到环境温度的影响而不断变化。为了使冷端温度保持恒定，在工程上通常使用两根不同的导线——补偿导线，使之与热电偶冷端相连，然后将其延伸至温度稳定的控制室，如图4-41所示，这样冷端温度就从不稳定的t_1变成了稳定的t_0。

但是，不是任何导线都可以作为补偿导线，它必须在0～100 ℃温度范围内与所连接的热电偶具有相同的热电性能，同时必须是低价的，否则没有实用价值。常用热电偶补偿导线见表4-14。

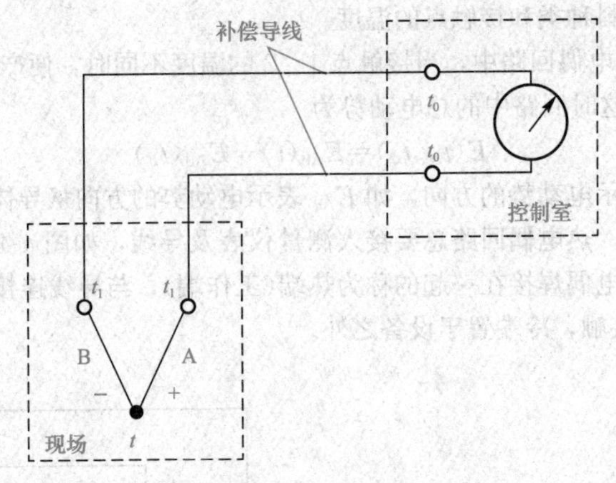

图 4-41　补偿导线连接

表 4-14　常用热电偶补偿导线

补偿导线型号	配用热电偶分度号	补偿导线颜色标志		100 ℃热电动势/mV		
		正极(+)	负极(−)	名义值	允许偏差	
					精密级	普通级
SC	S	红	绿	0.645	±0.023(3 ℃)	±0.037(5 ℃)
KC	K	红	蓝	4.095	±0.063(1.5 ℃)	±0.105(2.5 ℃)
KX	K	红	黑	4.095	±0.063(1.5 ℃)	±0.105(2.5 ℃)
EX	E	红	棕	6.317	±0.102(1.5 ℃)	±0.170(2.5 ℃)
JX	J	红	紫	5.268	±0.081(1.5 ℃)	±0.135(2.5 ℃)
TX	T	红	白	4.277	±0.023(0.5 ℃)	±0.045(1 ℃)

在工程上使用补偿导线时要注意型号和极性，尤其是补偿导线与热电偶连接的两个接点温度应相等，以免造成误差。

3. 冷端温度补偿

补偿导线只是将冷端从现场延伸到温度比较稳定的地方，让冷端温度 t_0 更加稳定，从而保证热电动势 $E(t, t_0)$ 与被测温度 t 一一对应。但是，由国家标准规定的分度表(热电动势与温度 t 的关系)是在冷端温度 $t_0=0$ 时制得的，即分度表中的热电势为 $E(t, 0)$。实际测温时冷端温度通常并非 0 ℃，其热电势为 $E(t, t_0)$，$t_0\neq0$，这就需要在这两者之间进行转换，才能根据分度表得到被测温度 t，这就是所谓的冷端温度补偿问题。

附录一～三

冷端温度补偿有补偿电桥法、补偿热电偶法等多种方法，这里介绍在实际的 DCS 控制系统中常用的计算修正法。由式(4-38)可知

$$E(t, t_0)=E_{AB}(t)-E_{AB}(t_0)$$

则

$$E(t, t_n)=E_{AB}(t)-E_{AB}(t_n) \tag{4-42}$$

上面两式相减得

$$E(t, t_0)-E(t, t_n)=E_{AB}(t_n)-E_{AB}(t_0)=E(t_n, t_0)$$

即

$$E(t, t_0)=E(t, t_n)+E(t_n, t_0) \tag{4-43}$$

当 $t_0=0$ 时，有

$$E(t, 0)=E(t, t_n)+E(t_n, 0) \tag{4-44}$$

实际生产中，DCS根据冷端温度 t_n 的大小(一般为控制室内DCS机柜的内部温度，通常由两个热电阻检测得到，并送往DCS)查询内置的分度表，得到 $E(t_n, 0)$，加上通过热电偶检测到的热电动势 $E(t, t_n)$，根据式(4-38)就得到了 $E(t, 0)$，DCS再次查询内置分度表就可以得到被测温度 t 了。

【例4-5】 K型热电偶用于测温，已知冷端温度为25 ℃，测得热电动势为20.54 mV，问实际测量温度是多少？

解：设实际测量温度为 t。查询本项目附录三可知：

$$E(25, 0)=1.0\ \text{mV}$$

而实际测得的热电动势 $E(t, 25)=20.5$ mV，则

$$E(t, 0)=E(t, 25)+E(25, 0)=20.54+1.0=21.54(\text{mV})$$

再次查询本项目附录三可得 $t\approx521$ ℃。

4. 热电偶的类型与结构

(1)标准热电偶及其特性。我国使用的热电偶种类可达数十种，国际电工委员会(IEC)对其中已被国际公认的7种热电偶制定了国际标准，称为标准热电偶，其特性见表4-15，其中最常用的是S、B、K三种。

表4-15 工业常用热电偶的测温范围和使用特点

热电偶名称	分度号	测温范围/℃	特点
铂铑30—铂铑6	B	0～1 800	1. 热电动势小，测量温度高，稳定、精度高； 2. 适用于氧化性和中性介质； 3. 价格高
铂铑10—铂	S	0～1 600	1. 热电动势小，线性差，精度高； 2. 适用于氧化性和中性介质； 3. 价格高
镍铬—镍硅	K	0～1 300	1. 热电动势大，线性好； 2. 适用于氧化性和中性介质，也可用于还原性介质； 3. 价格低，是工业上最常用的一种
镍铬—康铜	E	−200～900	1. 热电动势大，线性差； 2. 适用于氧化性和弱还原性介质； 3. 价格低

(2)热电偶的结构。热电偶广泛地应用于各种条件下的温度测量。根据其用途和安装位置，各种热电偶的外形是极不相同的，按结构形式分为普通型、铠装式、表面型和快速型四种。

1)普通型热电偶。也称为装配式热电偶，结构如图4-42所示。在普通型热电偶中，绝缘管用于防止两根热电极短路，其材质取决于测温范围。保护套管的作用是保护热电极不受化学腐蚀和机械损伤，其材质要求耐高温、耐腐蚀、不透气和具有较高的导热系数等。但热电偶加上保护套管后，其动态响应变慢，因此要使用时间常数小的热电偶保护套管。接线盒主要供热电偶参比端与补偿导线连接用。

2)铠装式热电偶。铠装式热电偶由金属套管、绝缘材料(氧化镁粉)、热电偶丝一起经过复合拉伸成型，然后将端部偶丝焊接成光滑球状结构，其外径为1～8 mm，还可小到0.2 mm，长度可为50 m。

铠装式热电偶的工作端有露头型、接壳型和绝缘型三种(图4-43)。

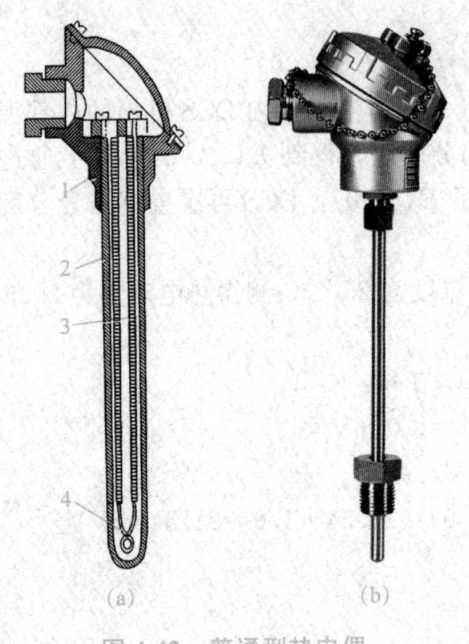

图 4-42　普通型热电偶

(a)剖切图；(b)实物

1—接线盒；2—保护套管；3—绝缘管；4—热电极

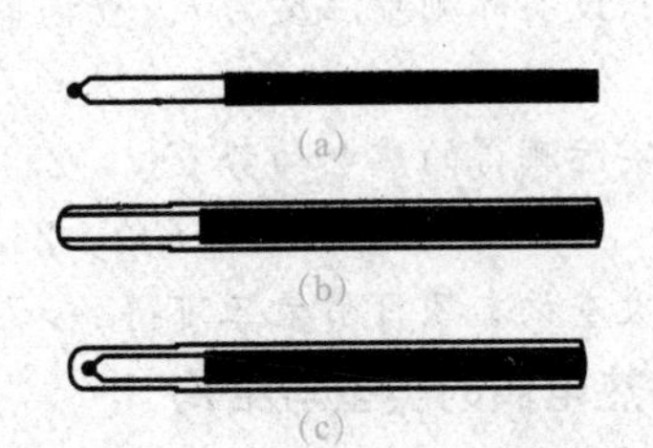

图 4-43　铠装式热电偶的工作端头

(a)露头型；(b)接壳型；(c)绝缘型

①在露头型中，热电偶伸到护套之外，暴露在被测介质中。这种类型的热电偶响应时间最快，但由于热电偶接点是裸露的，因此更容易被破坏。对于腐蚀性介质，接壳型和绝缘型更合适。

②在接壳型探头的顶端，热电偶接合点与探头内壁物理连接，所以相比绝缘型，其响应时间更快，但更容易受到接地回路中电气噪声的影响，因此准确性相比绝缘型要差一些。

③在绝缘型探头的顶端，热电偶的接合点则不与探头内壁接触，响应速度比接壳型要慢，但能提供电绝缘，因此准确性更好。

总体来说，铠装热式电偶相比普通型热电偶具有反应速度快、使用方便、可弯曲、气密性好、不怕振、耐高压等优点，是目前使用较多并正在推广的一种结构。

3)表面型热电偶。表面型热电偶常用的结构形式是利用真空镀膜法将两电极材料蒸镀在绝缘基底上的薄膜热电偶，专门用来测量物体表面温度的一种特殊热电偶，其特点是反应速度极快、热惯性极小。

4)快速型热电偶。快速型热电偶是测量高温熔融物体的一种专用热电偶，整个热偶元件的尺寸很小，称为消耗式热电偶。

5. 热电偶的测温特点

热电偶测温范围广，响应快，价格低，因此得到广泛应用，特别是在测量温度为 600～1 300 ℃时，热电偶是比较理想的。

但是对于中低温的测量，热电偶则有一定的局限性，这是因为热电偶在中低温区域输出热电动势很小，对配用的仪表质量要求较高，如铂铑－铂热电偶在 100 ℃温度时的热电动势仅为 0.64 mV，这样小的热电动势对电子电位差计的放大器和抗干扰要求都很高，仪表的维修也困难，此外，热电偶冷端温度补偿问题，在中低温范围内的影响比较突出，一方面要采取温度补偿必然增加工作上的不便；另一方面冷端温度如果不能得到全补偿，其影响就较大，加之在低温时，热电特性的线性度较差，在进行温度调节时也须采取一定的措施，这些都是热电偶在测温时的不足之处。因此，工业上在测量中低温且精度要求高时，通常采用另一种测量元件——热电阻。

4.5.3 热电阻温度计

热电阻温度计是利用金属导体的电阻随温度变化而变化的特性来测量温度的。目前用来作为测温的金属材料主要有铂和铜。

1. 常用热电阻及其性能

(1)铂电阻。金属铂易于提纯，在氧化性介质中，甚至在高温下其物理、化学性质都非常稳定。在温度为 0～650 ℃，铂电阻与温度的关系为

$$R_t=R_0(1+At+Bt^2+C(t-100)t^3) \tag{4-45}$$

式中 R_t——温度为 t ℃时的电阻值；

R_0——温度为 0 ℃时的电阻值，A、B、C 是常数，在 0～850 ℃范围内，$C=0$。

要确定 R_t-t 的关系，首先要确定 R_0 的大小。不同的 R_0，则 R_t-t 的关系也不同。这种 R_t-t 的关系称为分度表，用分度号来表示。

工业上常用的铂电阻有两种，一种是 $R_0=10\ \Omega$，对应的分度号为 Pt10；另一种是 $R_0=100\ \Omega$，对应的分度号为 Pt100(见附录四)。

附录四～六

(2)铜电阻。铜电阻温度系数很大，且电阻与温度成线性关系；在测温范围－50～＋150 ℃，具有很好的稳定性。其缺点是温度超过 150 ℃后易被氧化，氧化后失去良好的线性特性；另外，由于铜的电阻率小(一般为 0.017 0 Ω·mm²/m)，为了绕得一定的电阻值，铜电阻丝必须较细，长度也要较大，这样铜电阻体就较大，机械强度也降低。

在－50～＋150 ℃，铜电阻与温度的关系是线性的。即

$$R_t=R_0[1+\alpha(t-t_0)] \tag{4-46}$$

式中，α 为铜的电阻温度系数。其他符号同式(4-48)。

工业上用的铜电阻有两种：一种是 $R_0=50\ \Omega$，对应的分度号为 Cu50(见附录五)；另一种是 $R_0=100\ \Omega$，对应的分度号为 Cu100(见附录六)。

2. 热电阻的接线方式

热电阻可以感知温度的变化，但必须将其电阻值检测出来才能知道具体的温度大小，热电阻大小的测量通常用电桥电路，根据热电阻接入电桥的方式，有两线制、三线制和四线制之分。

在图 4-44 中，R_1、R_2、R_3 为桥臂电阻，R_3 的大小是可变的，R_t 为待测热电阻。r_1、r_2、r_3 为连接导线的电阻，对于三线制接法，一般三根导线电阻相同即有 $r_1=r_2=r_3=r$。

对图 4-44(a)中两线制接法，根据平衡电桥原理，当电桥平衡时，检流计 G 无电流通过，此时有

$$(R_t+2r)R_1=R_2R_3$$

即有

$$R_t=\frac{R_2R_3}{R_1}-2r \tag{4-47}$$

由于热电阻安装在现场，离控制室较远，热电阻的连接导线暴露在室外，环境温度会使连接导线的电阻值 r 发生变化。从式(4-47)可以看出，即使测量温度不变，但由于 r 发生变化，测出的热电阻 R_t 也要发生变化，这就会导致比较大的误差。

可用图 4-44(b)所示三线制接法解决此问题。同样根据电桥平衡原理，电桥平衡时有

$$(R_t+r)R_1=R_2(R_3+r)$$

即有

$$R_t=\frac{R_2R_3}{R_1}-\frac{R_2}{R_1}r-r \tag{4-48}$$

只要在设置电桥时，使 $R_1=R_2$，式(4-48)则变为

$$R_t=R_3 \tag{4-49}$$

可见，被测热电阻与可变电阻 R_3 的阻值相同，完全不受导线电阻 r 的影响。实际应用中采用自动平衡电桥，当温度变化使得 R_t 发生变化时，该电桥会自动调整 R_3 的大小，使得电桥平衡，这时读出 R_3 的大小就得到了 R_t，也就测得了被测介质的温度。

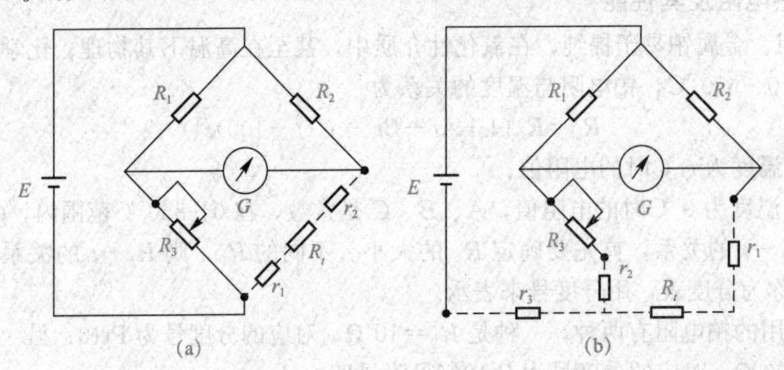

图 4-44　两线制与三线制接法示意

(a)两线制；(b)三线制

三线制接法的要点是三根导线电阻要相等，尤其是 r_1 必须等于 r_2，同时 R_1 必须等于 R_2。

三线制的缺点是可调电阻 R_3 的触点接触电阻和电桥臂的电阻相连，可能导致电桥的零点不稳。为了进一步提高精度，可采用四线制(这里不做介绍)接法，但其成本更高，因此工业上应用最广泛的热电阻接法还是三线制。

3. 热电阻与热电偶的对比

在温度测量中，热电阻和热电偶都属于接触式温度测量。虽然它们都用于测量物体的温度，但其工作原理和特点不同，这里针对其测温特点做个对比。

(1)测量范围。热电阻温度计测量范围相对较低，一般用来测量中、低温，一般为－200～600 ℃，其特点是准确度高，测量中低温时，输出信号比热电偶要大得多，灵敏度高，可实现远传、自动记录和多点测量。热电阻温度计在高温(大于 850 ℃)测量中准确性不好，易于氧化和不耐腐蚀。

热电偶温度计测量范围较高，一般为－200～2 000 ℃，但是在测量低温时，需要温度补偿，低温段测量精度较低。采用某些特殊热电偶最低可测到－269 ℃(如金、铁、镍、铬)，最高可达 2 800 ℃(如钨、铼)。

(2)精确度。热电阻可提供高的精确度，当温度测量精确度要求在±0.05 ℃至±0.1 ℃时，热电阻可能是首选的解决方案。相比之下，热电偶的精确度较低，为±0.2 ℃至±0.5 ℃。

(3)响应时间。热电偶的响应速度比热电阻更快，但在长期使用中容易漂移，需要定期标定。而热电阻的响应速度相对较慢，但稳定性更好，非常适合长期、稳定的测量。

(4)读数漂移。热电阻传感器的漂移很小，这使它们能够产生比热电偶更长时间的稳定读数。热电偶具有相对较高的漂移时间，因此需要经常对热电偶进行校准。

4.5.4　温度变送器

温度变送器是指把热电偶的热电势或热电阻的阻值变化转换成 4～20 mA DC 标准信号输出的测温仪表。温度变送器有 DDZ-Ⅲ温度变送器、一体化温度变送器、智能温度变送器，其中一体化温度变送器应用非常广泛，下面着重介绍其功能与特点。

1. 一体化热电偶温度变送器

一体化热电偶温度变送器是指将变送器模块用环氧树脂浇注安装在接线盒内的一种温度变送器。一体化热电偶温度变送器外观与普通热电偶传感器外形相似。它作为新一代测温仪表被广泛应用于冶金、石油、化工、电力以及科研等工业部门。

一体化热电偶温度变送器采用两线制，电源为 24 V DC，输出信号是 4～20 mA DC 标准电流信号。配热电偶的一体化温度变送器型号为 SBWR 型，有不同的分度号，如 E、K、S、B、T 等。按输出信号有无线性化又分为与被测温度成线性关系的、与输入电信号(热电动势或电阻值)成线性关系的两种。

一体化热电偶温度变送器的基本误差不超过量程的±0.5%，环境温度影响约为每 1 ℃变动不超过 0.05%，可安装在－25～80 ℃的环境中，主要优点如下：

(1)节省了热电偶补偿导线或延长线的投资，只需两根普通导线连接。

(2)由于其连接导线中为较强的信号 4～20 mA，比传递微弱的热电动势抗干扰能力更强。

(3)体积小巧、紧凑，通常为直径几十毫米的扁圆形，安装在热电偶或热电阻套管接线端子盒中，不必占用额外空间。

(4)与变送器模块采用全密封结构，具有抗振动、防腐蚀、防潮湿、耐温性能好的特点，可用于恶劣的环境中。

变送器在出厂前已经调校好，使用时一般不必再做调整。当使用中产生了误差时，可以用零点、量程两个电位器进行微调。若单独调校变送器，则必须用精密信号电源提供 24 V DC 信号，多次重复调整零点和量程即可达到要求。

一体化热电偶温度变送器的安装与其他热电偶安装要求相似，但特别要注意感温元件与大地间应保持良好的绝缘，否则将直接影响检测结果的准确性，严重时甚至会影响仪表的正常运行。

2. 一体化热电阻温度变送器

一体化热电阻温度变送器型号为 SBWZ，其将热电阻接入变送器的输入桥路，转换为电压信号。经调零后的信号输入运算放大器进行信号放大，放大的信号经 V/I 转换器计算处理后转换成 4～20 mA DC 的标准信号输出。一体化热电阻温度变送器的线性化电路用正反馈方式校正后，输出电流与被测温度成线性正比关系。

热电阻温度变送器接线图

一体化热电阻温度变送器有电流型与电压型之分，电流型输出 4～20 mA DC 标准信号，电压型输出 0～10 V 电压信号，其接线方式也不同。

4.5.5 测温仪表的选用与安装要点

1. 测温仪表的选用原则

(1)根据工艺要求，正确选用温度测量仪表的量程和精度。正常使用的测温范围一般为全量程的 30%～70%，最高温度不得超过刻度的 90%。

(2)温度仪表的操作温度，对于就地温度计应为刻度/量程的 30%～70%；对于温度变送器，应为量程的 10%～90%；当操作温度不低于设计温度的 30%时，仪表的量程应覆盖设计温度。

(3)就地温度仪表宜选用万向型双金属温度计，温度测量范围宜为－80～500 ℃，满量程精确度不应低于±1.5%。

(4)要求以 4～20 mA DC 带 HART 协议、FF－H1、Profibus－PA 等标准信号传输时，应选用测温元件配现场温度变送器。测温元件应选用热电偶(TC)或热电阻(RTD)。

(5)要求以 mV 温度信号传输时，应选用热电偶配补偿导线并接入 mV 温度转换器、带 TC 转换的安全栅或控制系统的 mV 信号输入卡；要求以电阻温度信号传输时，应选用热电阻并接入RTD温度转换器、带RTD转换的安全栅或控制系统的RTD信号输入卡。

(6)温度测量精确度要求较高、反应速度较快、无振动场合，宜选用热电阻(RTD)。RTD应采用Pt100分度号，测温范围和允差值应符合表4-16的规定，RTD宜采用线圈式或绕线式，不得采用薄片式，RTD宜采用三线制。

(7)温度测量范围大、有振动场合，宜选用热电偶。热电偶可选用K、N、E、J、T、S、R、B分度号，测温范围和允差值应符合表4-16的规定。

(8)热电偶冷端温度补偿应在温度变送器上实现。若未设置温度变送器，应在控制系统mV信号输入卡完成。热电偶与温度变送器或mV信号输入卡(TC卡)之间应配补偿电缆。

表4-16　常用测温元件分度号选用表

测温元件名称	分度号	标准	常用测量范围/℃	允差值(参考端温度为0)		
				允差级别	温度范围/℃	允差值/℃
热电阻	Pt100	IEC60751	−200～650	A级(W0.15)	−100～450	±(0.15+0.002 | t |)
				B级(W0.3)	−196～660	±(0.3+0.005 | t |)
热电偶	K N	IEC60584−1 IEC60584−2	0～1 200	1级	−40～375 375～750	±1.5 ±0.004 | t |
				2级	−40～333 333～1 200	±2.5 ±0.007 5 | t |
				3级	−167～40 −200～−167	±2.5 ±0.001 5 | t |
	E		0～750	1级	−40～375 375～800	±1.5 ±0.004 | t |
				2级	−40～333 333～900	±2.5 ±0.007 5 | t |
				3级	−167～40 −200～−167	±2.5 ±0.001 5 | t |
	J		0～600	1级	−40～375 375～750	±1.5 ±0.004 | t |
				2级	−40～333 333～750	±2.5 ±0.007 5 | t |
	T		−200～350	1级	−40～125 125～375	±0.5 ±0.004 | t |
				2级	−40～133 133～375	±1 ±0.007 5 | t |
				3级	−67～40 −200～−67	±1 ±0.001 5 | t |
	S R		0～1 300	1级	0～1 100 1 100～1 600	±1 ±[1+0.003(t−1 100)]
				2级	0～600 600～1 600	±1.5 ±0.002 5 | t |
	B		0～1 600	2级	600～1 700	±0.002 5 | t |
				3级	600～800 800～1 700	±4 ±0.005 | t |
注：t为被测温度，| t |为温度绝对值						

2. 测温仪表的安装要点

正确选择测温元件和二次仪表之后，如不注意测温元件的正确安装，测量精度仍得不到保证。工业上一般是按下列要求进行安装的。

(1)测温元件的安装要求。

1)测量管道温度时，应保证测温元件与流体充分接触，以减少测量误差，安装时测温元件应迎着被测介质流向插入，至少须与被测介质正交(呈 90°)，切勿与流体形成顺流，如图 4-45 所示。

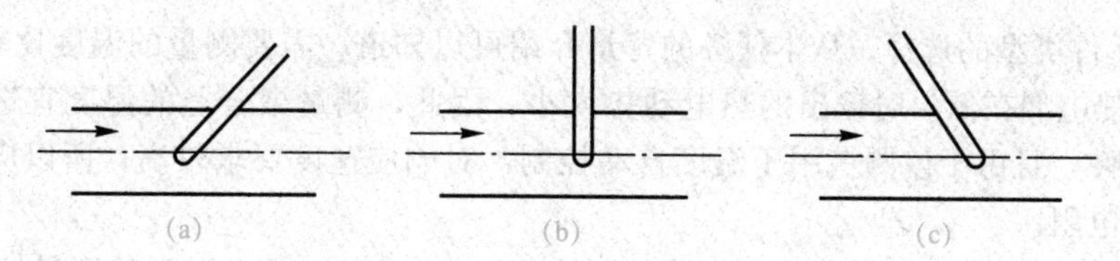

图 4-45 测温元件与流向的关系

(a)逆流；(b)正交；(c)顺流

2)测温元件的感温点应处于管道中流速最大处。一般来说，热电偶、铂电阻、铜电阻保护套管末端应分别越过流束中心线 5～10 mm、50～70 mm、25～30 mm。

3)测温元件应有足够的插入深度，以减小测量误差。为此，测温元件应斜插安装或在弯头处安装，如图 4-46 所示。

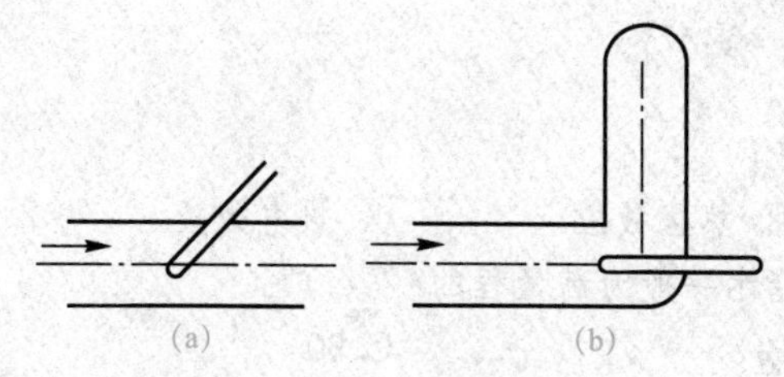

图 4-46 测温元件的插入深度

(a)斜插；(b)插入弯头处

4)若工艺管道过小(直径小于 80 mm)，则安装测温元件处应接装扩大管，如图 4-47 所示。

5)接线盒面盖应向上，以避免雨水或其他脏物进入接线盒中影响测量，如图 4-48 所示。

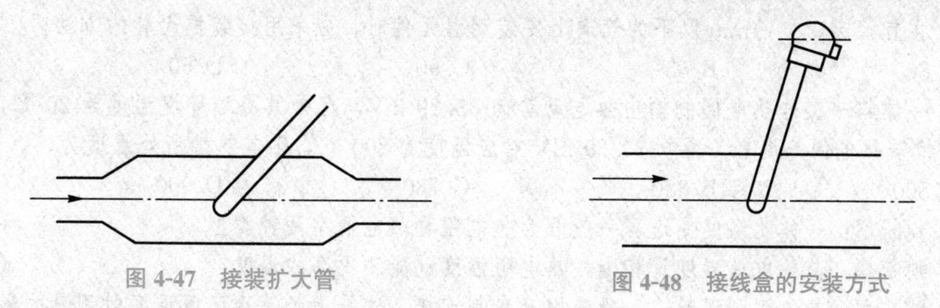

图 4-47 接装扩大管　　图 4-48 接线盒的安装方式

6)为了防止热量散失，测量元件应插在有保温层的管道或设备处。

(2)布线要求。

1)按照规定的型号配用热电偶的补偿导线，注意热电偶的正、负极与补偿导线的正、负极相连接，不要接错。

2)热电阻的线路电阻一定要符合所配二次仪表的要求。

3)为保护连接导线与补偿导线不受外来的机械损伤，应把导线穿入钢管或走槽板内。

4)导线应尽量避免有接头。应有良好的绝缘。禁止与交流电线合用一根穿线管，应尽量避开交流动力电线，以免引起感应。

5)补偿导线不应有中间接头，否则应加装接线盒。另外，宜与其他导线分开敷设。

4.5.6 聚合釜温度检测仪表选型应用

(1)测温元件类型的选择。从本任务的背景介绍可以知道，需要测量的温度比较低(为 50～60 ℃)，由于热电偶在低温时输出的热电动势太小，因此，测量聚合釜的温度宜选用低温表现好的热电阻元件，且由于该测点用于温度自动控制，对响应速度要求较高，所以应采用响应更快的铠装式热电阻。

(2)精度的选择。聚合釜的反应温度波动不能超过±0.5 ℃，因此其温精度最好在±0.1 ℃，最差不能超过±0.5 ℃。从表 4-16 可见，热电阻应选 Pt100 A 级(W0.15)，此时其允许误差为±0.25 ℃，满足要求。

$$\pm(0.15+0.002\times|50|)=\pm0.25(℃)$$

(3)安装。由于聚合釜体积巨大，内部温度分布不均，实际生产中通常采用在聚合釜上安装两支热电阻，一支测量上部温度，另一支测量中部温度，正常情况下采用两者的平均值作为聚合釜温度。

任务测评

1. 热电偶测温原理基于(　　)。

A. 热阻效应　　B. 热磁效应　　C. 热电效应　　D. 热压效应

2. 温度仪表最高使用指示一般为满量程的(　　)%。

A. 70　　B. 85　　C. 90　　D. 100

3. 在测量某些变化较快的温度时，采用无保护套管的热电偶，目的在于减少仪表的(　　)。

A. 系统误差　　B. 滞后时间　　C. 时间常数　　D. 阻尼时间

4. 热电偶输出电压与(　　)有关。

A. 两端温度　　B. 热端温度

C. 两端温度和电极材料　　D. 两端温度、电极材料及长度

5. 在直径为(　　)mm 以下的管道上安装测温元件时，应采用接装扩大管的方法。

A. 80　　B. 85　　C. 90　　D. 50

6. 一镍铬—镍硅热电偶的输出热电动势为 33.29 mV，已知其冷端环境温度为 20 ℃，且查镍铬—镍硅热电偶分度表，得知 33.29 mV 对应温度为 800 ℃，则其热端所处温度为(　　)℃。

A. 800　　B. 820　　C. 780　　D. 900

7. 判断题：一体化温度变送器一般分为热电阻和热电偶型两种类型。　(　　)

8. 判断题：与热电偶温度计相比，热电阻温度计能测更高的温度。　(　　)

9. 判断题：热电阻测温时，一般采用三线制连接，这是为了消除环境温度对测量的影响。　(　　)

10. 判断题：热电偶补偿导线不能起温度补偿作用。　(　　)

11. 判断题：温度变送器的输出信号是标准信号，与温度成线性关系。　(　　)

项目 5

氯乙烯聚合冷却系统执行器选型

项目背景

在化工生产中，大部分场合下执行器是各种调节阀。调节阀安装在现场，直接与工艺介质接触，通常在高温高压、易燃易爆等恶劣环境下工作，选择不当将影响控制质量，甚至造成事故。

70 m^3 等温入料聚合工艺技术先进、产能大，目前已成为国内主流 PVC 悬浮聚合工艺。该工艺采用大型聚合釜，对冷却能力要求很高，因此，设计了以半扁圆形夹套冷却为主，以釜内四根内冷管冷却为辅的冷却系统(图 5-1)。该冷却系统在正常工况下，工艺参数见表 5-1。

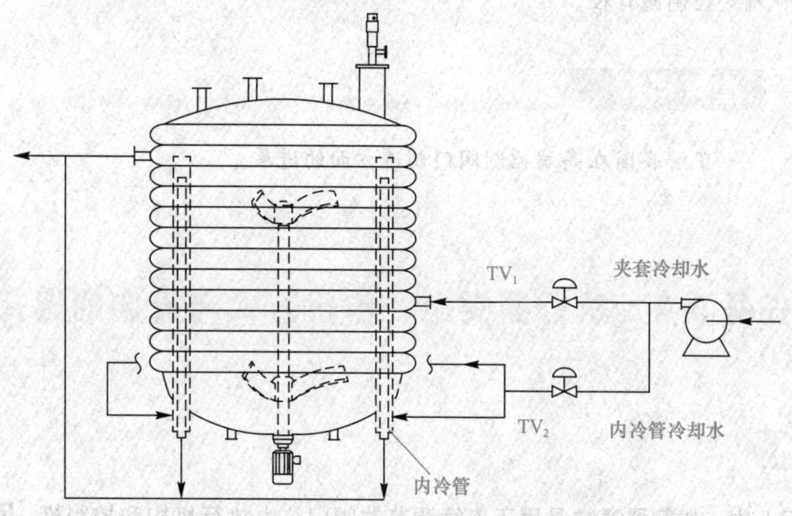

图 5-1　70 m^3 氯乙烯聚合釜冷却系统

表 5-1　夹套冷却水正常工况数据

项目	工艺数据	项目	工艺数据
夹套冷却水流量 Q_n	350 m^3/h	冷却水密度 ρ_L	1 g/cm^3
阀前压力 P_1	750 kPa	阀入口处冷却水饱和蒸汽压 P_v	2.338 8 kPa
阀前后差压 Δp_n	180 kPa	冷却水临界压力 P_c	21 966.5 kPa
正常流量阀阻比 S_n	0.7	水的运动黏度 ν	1.006×10^{-6} m^2/s

续表

项目	工艺数据	项目	工艺数据
最大流量与正常流量之比 n	1.3	最大流量 Q_{max} 与最小流量 Q_{min} 之比	20
阀前后管道直径	300 mm		

本项目的任务就是为夹套冷却水选择一台合适的调节阀 TV_1，具体任务包括确定执行器的类型、作用方向，执行机构与控制阀类型与作用方向，控制阀的流向、流量特性与口径。

知识目标

1. 掌握执行器的类型、构成与工作原理、气开/气关形式等概念；
2. 掌握执行机构与控制阀的类型、作用方式、流向等概念；
3. 掌握控制阀的可调比、放大系数、流量特性、流量系数等概念。

技能目标

1. 能根据具体工艺选择执行器的类型及作用方向，并确定执行机构与控制阀的作用方向；

2. 能根据具体工艺确定控制阀的流向、流量特性，会计算流量系数并据此确定控制阀口径。

素养目标

了解我国在高端控制阀门制造方面的进展。

任务5.1　执行器类型、作用方式与流向的选择

任务描述

动画：气动薄膜执行器

在化工行业中，执行器通常是用于连续调节的阀门，由执行机构和控制机构两部分组成。如图5-2所示为气动薄膜式执行器，其由气动薄膜式执行机构和控制机构(控制阀)组成。

执行机构是执行器的推动装置，它根据控制信号的大小推动控制机构到相应的开度，按其动力来源分为气动执行机构、电动执行机构和液动执行机构，相应的执行器称为气动执行器、电动执行器和液动执行器，但液动执行器在化工、石化领域基本不使用。

控制机构是直接与工艺介质接触的部分，在化工生产过程中，通常是各种类型的控制阀。它接受执行机构的操纵，改变阀芯与阀座之间的流通面积，就可以调节工艺介质的流量，从而

改变被控变量的大小，最终实现控制作用。

气动执行器的动力源于压缩空气，在极端情况下，如果压缩空气因故障中断，此时阀门应处于使生产安全的位置，据此气动执行器可分为气开阀和气关阀。

本任务就是要根据氯乙烯聚合反应的工艺特点，分别确定执行机构的类型、控制阀的类型、执行器的气开/气关形式，并确定执行机构的作用方式、控制阀的安装方式以实现气开或气关阀。

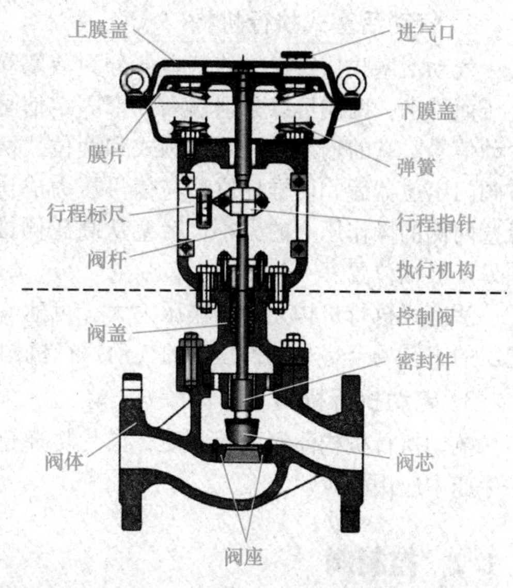

图 5-2　气动薄膜式执行器

5.1.1　执行机构的类型

由于液动执行方式在化工领域中基本不使用，下面只介绍气动执行机构和电动执行机构，尤其是被广泛使用的气动薄膜式执行机构。

1. 气动薄膜式执行机构

气动执行机构有气动薄膜式、活塞式、长行程式、滚筒膜片式等几种结构，根据内部是否设有弹簧又可分为有弹簧和无弹簧两种，有弹簧气动执行机构比无弹簧气动执行机构输出推力小，价格低。有弹簧气动薄膜执行机构又分为单弹簧和多弹簧两种，后者与前者相比，具有质量轻、高度小、结构紧凑、装校方便输出力大等特点，被称为精小型气动执行机构。

(1)气动薄膜式执行机构的结构。下面以常用的正作用精小型气动执行机构为例介绍气动薄膜式执行机构，其结构如图 5-2 所示。其主要由膜片、压缩弹簧、推杆、膜盖、支架等组成。膜片为较深的盆形，采用丁腈橡胶作为涂层以增强涤纶织物的强度并保证密封性，工作温度为 −40～85 ℃；压缩弹簧采用多根组合形式，其数量为 4 根、6 根或 8 根，这种组合形式可有效降低调节阀的高度。也有采用双重弹簧结构，把大弹簧套在小弹簧的外面；推杆的导向表面经过精加工，以减少回差、增加密封性。反作用式执行机构的结构大致相同，区别在于信号压力是通入膜片下方的薄膜气室，因此压缩弹簧在膜片的上方，推杆采用 O 形密封圈密封。

当信号压力(通常为 0.02～0.1 MPa)通入由上膜盖和膜片组成的气室时，在膜片上产生一个向下的推力，使阀杆向下移动压缩弹簧，当弹簧的反作用力与信号压力在膜片上产生的推力相平衡时，阀杆稳定在一个对应的位置，阀杆的位移即执行机构的输出，也称为行程。

精小型执行机构具有可靠性高、外形小、质量轻的特点。其型号：正作用 ZHA、反作用 ZHB，其含义：Z—执行器大类；H—多弹簧薄膜形式；A—正作用；B—反作用。

正作用的执行机构当信号压力增加时，推杆是向下动作的；反之，信号压力增加时，推杆向上动作的称为反作用式执行机构。

(2)气动薄膜执行机构的特性。气动薄膜执行机构的输入为信号压力 P，输出为阀杆的行程 L，可以看成一个一阶惯性环节，其传递函数为

$$G(s)=\frac{L(s)}{P(s)}=\frac{A/K}{Ts+1} \tag{5-1}$$

式中，A 为膜片有效面积；K 为弹簧弹性系数；$T=RC$，R 为阀门定位器至膜片的气阻，C 为膜室的气容。

可见稳态时(弹簧力与气压相等)，阀杆的位移就是阀门的开度就与气压 P 成正比。

气动薄膜式执行机构简单、动作可靠、维修方便、价格低，是化工生产中应用最广泛的执行机构。

2. 气动活塞式执行机构

气动活塞式执行机构的基本部分为活塞和气缸，活塞在气缸内随活塞两侧差压而移动。两侧可以分别输入一个固定信号和一个变动信号，或两侧都输入变动信号。它的输出特性有比例式和两位式两种。比例式是在两位式基础上加有阀门定位器后，使推杆位移与信号压力成比例关系。两位式是根据输入执行活塞两侧的操作压力的大小，活塞从高压侧推向低压侧，使推杆从一个位置移到另一极端位置。

动画：活塞式执行机构

活塞式执行机构允许操作压力大，可达 0.5 MPa，具有很大的输出力，适用于高静压、高差压的工艺场合，是一种强力的气动执行机构，但其价格较高。

3. 电动执行机构

电动执行机构能源取用方便、信号传递迅速，但由于其机构复杂、防爆性能差，因此在化工生产中应用较少。

5.1.2 控制阀

1. 控制阀的基本组成

控制阀的种类很多，内部结构不尽相同，但基本上都包含阀体、阀座、阀杆、阀芯、阀盖及密封件等部件，如图 5-2 中虚线以下部分所示。其中，阀体是控制阀的外壳，构成介质流通的通道，支撑阀门其他元件；阀座是阀门的密封结构之一，与阀芯配合控制流体流动；阀杆是用于传动的部件，上接执行机构或手柄，下面直接带动阀芯移动或转动；阀芯是控制阀的关键控制元件，决定控制阀的流量特性。

2. 控制阀的流向

根据流体通过控制阀时对阀芯的作用方向，控制阀可分为流开阀和流闭阀，如图 5-3 所示。当介质的流动方向有推动阀门打开的趋势时，就称其为流开阀，相反就称为流闭阀。

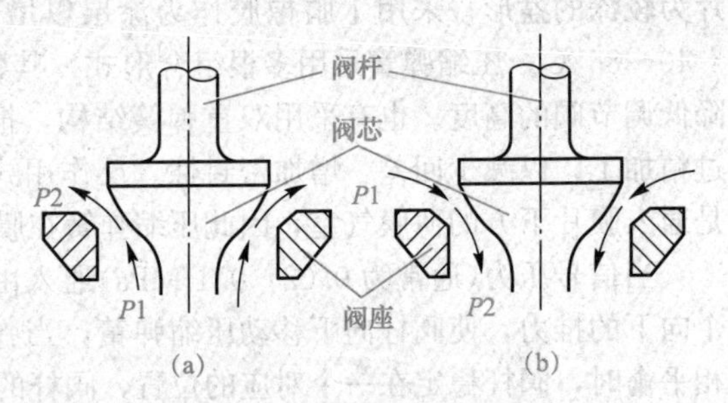

图 5-3　流开/流闭示意

(a)流开型；(b)流闭型

控制阀的流向也是执行器选型需要考虑的一个方面。实际生产中，存在三种情况，第一种是某些控制阀没有流向限制，如球阀、普通的蝶阀等；第二种是某些控制阀的流向已经规定了，不存在选择问题，如三通阀、文丘里角阀、双密封带平衡孔的套筒阀等；第三种是根据工艺条件可以改变流向的阀门，如单座阀、角形阀、高压阀、无平衡孔单密封套筒阀等。

因此，流向的选择仅针对第三类控制阀而言，具体可参考表 5-2。

表 5-2　流向选择表

控制阀类型	工作条件	流向选择
直通单座阀	冲刷不严重	流开
直通单座阀	冲刷严重	流闭
角形阀	高黏度，含颗粒介质	流闭
角形阀	无自洁要求	流开
无平衡孔单密封套筒阀	有自洁要求	流闭

续表

控制阀类型	工作条件	流向选择
无平衡孔单密封套筒阀	无自洁要求	流开
双位式控制阀	无水击、喘振现象	流闭
双位式控制阀	出现水击、喘振现象	流开

综上所述，流开、流闭各有利弊。流开型的阀工作比较稳定，但自洁性能和密封性较差，寿命短；流闭型的阀寿命长，自洁性能和密封性好，但当阀杆直径小于阀芯直径时稳定性差。

单座阀、小流量阀、单密封套筒阀通常选流开型；当冲刷厉害或有自洁要求时可选流闭型。两位型快开特性调节阀选流闭型。

3. 阀芯的安装方式

控制阀的阀芯安装方式有正装和反装。假设控制阀水平放置，当阀杆下移时，阀芯与阀座间的流通截面面积减小的称为正装阀，否则就是倒装阀。

需要注意的是，一般来说，只有阀芯采用双导向结构(上、下都有导向)的控制阀才有正装/反装之分，对于单导向式阀芯的控制阀，只有正装方式。

4. 控制阀的行程方式

控制阀按照行程方式可以分为直行程阀和角行程阀。

直行程阀的阀芯是直线运动的，而角行程阀的阀芯一般是在90°范围内做往复旋转运动。

有时会遇到球形阀和球阀两种名称很相似的阀，但它们是完全不同的两种阀门。球形阀又称截止阀，因为阀体外形像椭球，所以称为球形阀，实际上是一种直行程阀，其英文名称为Globe Valve。

至于球阀，它的阀芯是开孔的球体，实际上是一种角行程阀，其英文名称为Ball Valve。

5. 控制阀的结构形式

根据不同的使用要求，控制阀的结构形式有很多，主要有以下几种。

(1)直通单座阀。直通单座阀的阀体内只有一个阀座和阀芯，调节型和调节切断型的阀芯为柱塞式，切断型阀芯为平板式。此种控制阀泄漏量非常小，调节型的泄漏只有0.01%，是双座阀的1/10，但流体对阀芯的不平衡力大。$DN \geqslant 25$ mm的阀芯为双导向，$DN < 25$ mm的阀芯为单导向，只有正装方式。

动画：直通单座阀

直通单座阀的结构特点使其适合用于阀前后差压较小，对泄漏量要求严格的场合，如果要用在高差压场合，必须加装阀门定位器，增加执行机构的推力。

(2)直通双座阀。直通双座阀的阀体内有两个阀芯和阀座，阀芯为双导向，流体对阀芯的不平衡力小，但泄漏量大。

此类阀适用于阀两端差压较大，允许有较大泄漏量的场合，使用范围较广但因流路复杂，不适用于高黏度和含纤维介质的调节。

(3)角形阀。角形阀的两个接管成直角，阀芯为单导向。它的流路简单，阻力较小，流体流动方向一般是底进侧出，一般用在介质黏度高、差压大和含有少量悬浮物、颗粒物的场合。但这种阀也有一个问题，就是由于结构限制的原因，因此只能用于阀门两端成直角的管路。

(4)蝶阀。蝶阀质量轻，结构紧凑；流阻较小，在相同差压时，其流量为同口径单、双座阀的1.5～2倍；制造方便，可制成大口径的调节阀，与同口径的其他种类阀相比，价格要低；蝶阀所配的气动薄膜式执行机构均选用正作用式；要求较大的输出力矩时，可配用活塞执行机构或长行程执行机构。

蝶阀适用于大口径、大流量、低压力场合，也可用于浓浊浆状及悬浮颗粒物的介质调节。

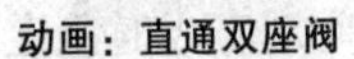
动画：直通双座阀

动画：角形阀

动画：蝶阀

动画：O型球阀

(5)球阀。球阀的阀芯有两种：一种为O形；一种为V形，如图5-4所示。

1)O形球阀的流通能力大；阀座采用软质材料，密封性可靠；球芯可单方向旋转，也可双方向旋转；介质流向任意；结构简单，维修方便；流量特性为快开特性；转角为0°～90°。

2)V形球阀的阀芯为转动球体，在球体上开有各种V形缺口以实现不同的流量特性；具有最大的流通能力，相当于同口径双座阀的2～2.5倍；具有最大的可调比($R=200:1\sim300:1$)；V形缺口和阀座间具有剪切作用，介质不会使阀堵塞；阀座采用软质材料，密封性可靠；结构简单，维修方便；流量特性近似等百分比特性。

(a)　　(b)

图5-4　球阀

(a)O形球阀内部结构示意图；(b)气动V形球阀

O形球阀适用于高黏度、带纤维、细颗粒介质的流体，作切断阀使用。V形球阀适用于高黏度、带纤维、细颗粒介质的流体，既具有调节作用，又可作切断阀使用。

(6)套筒阀。套筒阀的阀体与一般直通单座阀相似，但阀内有一个圆柱形套筒，又称笼子，利用套筒导向，阀芯可在套筒中上下移动。套筒上开有一定形状的窗口(节流孔)，阀芯移动时，就改变了节流孔的面积，从而实现流量控制。根据流通能力大小的要求，套筒的窗口可分为四个、两个或一个。套筒阀分为单密封和双密封两种结构，前者类似于直通单座阀，适用于单座阀的场合；后者类似于直通双座阀，适用于双座阀的场合。

套筒阀可调比大、振动小、不平衡力小、结构简单、套筒互换性好，更换不同的套筒(窗口形状不同)即可得到不同的流量特性，阀内部件所受的汽蚀小、噪声小，是一种性能优良的控制阀，特别适用于要求低噪声及差压较大的场合，但不适用于高温、高黏度及含有固体颗粒的流体，而且其价格比较高。

(7)三通控制阀。三通控制阀的阀体有三个接管口，适用于三个方向流体的管路控制系统，大多用于热交换器的温度控制、配比控制和旁路控制。在使用中应注意流体温差不宜过大，通常小于150 ℃，否则会使三通控制阀产生较大的应力而引起变形，造成连接处泄漏或损坏。三通控制阀有合流型和分流型两种类型。三通合流阀为介质由两个输入口流进混合后由一出口流出；三通分流阀为介质由一入口流进，分为两个出口流出。

(8)凸轮挠曲阀。凸轮挠曲阀又称为偏心旋转阀，其球面阀芯的中心线与转轴中心偏离，转轴带动阀芯偏心旋转，使阀芯向前下方进入阀座。偏心旋转阀具有体积小、质量轻、使用可靠、维修方便、通用性强、流体阻力小等优点，适用于黏度较大的场合，在石灰、泥浆等流体中，具有较好的使用性能。

动画：套筒阀

动画：三通控制阀

动画：凸轮挠曲阀

5.1.3 阀门定位器

阀门定位器是气动调节阀的辅助装置，与气动执行机构配套使用，如图 5-5 所示。阀门定位器将来自控制器的控制信号(I_o或 p_o)，成比例地转换成气压信号输出至执行机构，使阀杆产生位移，其位移量通过机械机构反馈回阀门定位器，当反馈信号与输入的控制信号相平衡时，阀杆停止动作，调节阀的开度与控制信号相对应，由此可见，阀门定位器与气动执行机构构成一个负反馈控制系统。

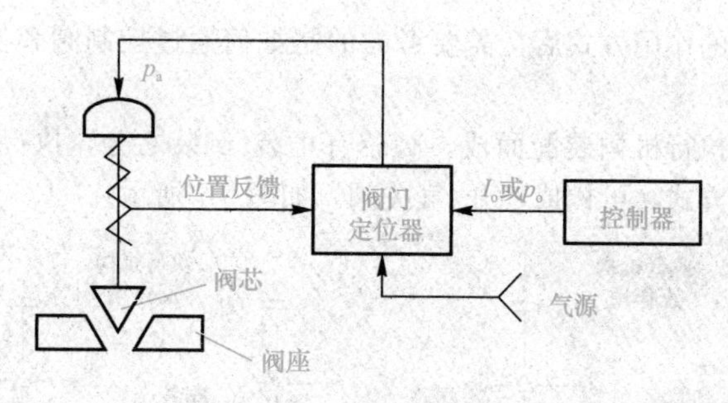

图 5-5 阀门定位器

阀门定位器主要有电/气阀门定位器、气动阀门定位器和智能阀门定位器三种。电/气阀门定位器接受控制器送来的 4～20 mA DC 电流信号，将其转换为气压推动阀杆使阀门准确定位；而气动阀门定位器接受控制器送来的 0.02～0.1 MPa 气压信号将其转换为合适气压推动阀门并准确定位；智能阀门定位器则带有微处理器。

阀门定位器的重要性体现在很多方面。

(1)可提高阀杆位置的线性度。

(2)可克服阀杆摩擦力，并增加输出力(力矩)以克服阀前后高差压对阀位的影响，使阀门位置能按控制信号要求实现准确定位。

(3)可提高执行机构的动作速度，减少调节信号的传递滞后，改善控制性能。

(4)可用 0.02～0.1 MPa 的标准信号压力去操作 0.04～0.2 MPa 的非标准压力信号的气动执行机构；采用电/气阀门定位器后，可用 4～20 mA DC 电流信号去操作气动执行机构。

(5)可改变执行机构的作用方向；智能阀门定位器可快速方便地修改阀门的流量特性。

(6)可实现分程控制，用一台控制器去控制两台控制阀。

5.1.4 执行器的作用方式与实现

气动执行器有气开阀和气关阀。气开阀就是当执行器的气压信号增加时，阀门开度增大，无气压时阀门全关。气关阀是气压信号减小时，阀门开度增大，无气压时阀门全开。

气开/气关作用方式的选择主要从生产安全方面考虑。假设出现气源压缩空气因故障中断的极端情况，如果此时阀门处于全开位置危害性小，则选用气关阀；否则，就选用气开阀。

图 5-6 所示的加热炉温度控制系统，燃料阀 TV 应该选择气开阀，当气源中断时，阀门全

关，确保了安全。而流量阀 FV 如果选择气开阀，那么假设 FV 气压中断，而 TV 气压正常，则 FV 将全关，导致加热炉在空烧，就可能烧坏原料管道，发生事故。因此，FV 就应该选择气关阀。

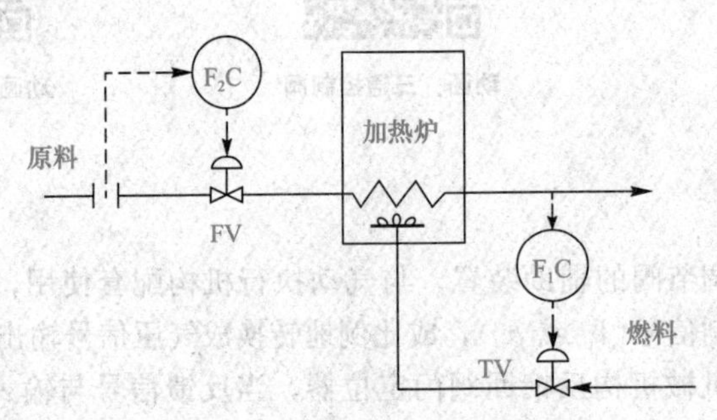

图 5-6　加热炉温度控制系统

确定好整个执行器的作用方式后，需要考虑的是如何通过控制阀和执行机构的配合实现气开或气关形式。

执行器由控制阀和执行机构装配而成，阀芯有正装/倒装之分，执行机构也有正作用/反作用之分，其组合有四种方式，可构成气开/气关阀，如图 5-7 所示。

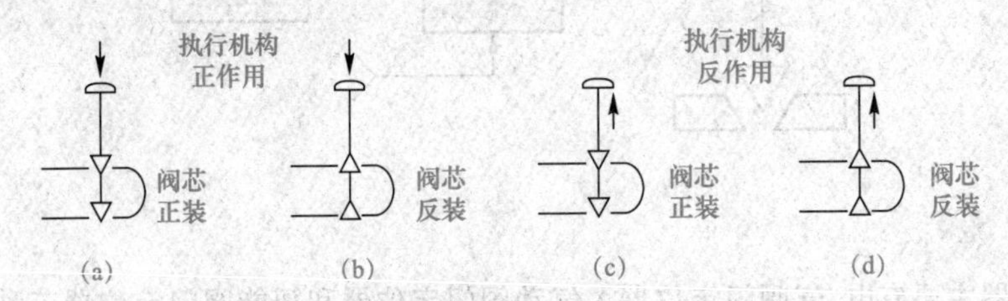

图 5-7　执行机构与控制阀组合方式示意

(a)气关阀；(b)气开阀；(c)气开阀；(d)气关阀

在实际应用中，对于直通双座阀及 *DN*25 以上的直通单座阀，执行机构采用正作用式，只能通过控制阀的正、反装来实现气开和气关。

对于单导向阀芯的调节阀，或者角形阀、隔膜阀以及 *DN*25 以下的直通单座阀来说，它们的阀芯只有正装方式，只能通过执行机构的正、反作用来实现气开和气关。

5.1.5　冷却水执行器类型、作用方式与流向的选择

执行器类型的选择包括确定执行机构的类型及控制阀的类型。

1. 执行机构的选择

执行机构的选型主要考虑是选择气动薄膜式执行机构还是电动执行机构，特殊情况下，也可以考虑活塞式气动执行机构。选型主要从防爆要求、气源配置，执行机构的输出力及管道口径等方面考虑。

如果防爆要求高，而且气源容易获取，那么优先选择气动执行机构。在选定气动执行机构后，还要考虑差压和管径是否匹配，如果工作差压 ΔP 小于气动薄膜执行机构的最大允许差压，那么气动薄膜式执行机构是最优选择。

如果工作差压大于气动薄膜式执行机构的最大允许差压或者管径较大，那么可以选择活塞式气动执行机构，或者也可以继续选用气动薄膜式执行机构，只要为其加装阀门定位器即可。

电动执行机构通常用在无法配置气源且防爆要求不高的场合，在化工生产企业，一般不采用电动执行机构。

基于上述原则，考虑氯乙烯聚合场所对防爆要求很高，因此首先排除电动执行机构。在气动执行机构中，由于气动薄膜式执行机构价格低、成熟可靠，应用量大，使用经验丰富，因此选择精小型气动薄膜式执行机构并加装阀门定位器，一般都可以满足要求。

2. 控制阀类型的选择

控制阀的选型主要从介质、差压、可调比和流通能力等方面考虑，按照行业经验和选型规范，应该优先选择球阀，包括直通单座阀、直通双座阀、套筒阀、角形阀、三通阀等。

在介质黏度低、不含悬浮颗粒的情况下，优先选择直通单座阀和直通双座阀，这两者的区别在于，单座阀适用于差压小、要求泄漏量小的场合，而双座阀用在大流量、大差压，对泄漏量要求不高的场合。其他不同场合控制阀的选型，可参考表 5-3。

表 5-3　控制阀选型表

应用场合	控制阀的选型
介质黏度低、不含悬浮颗粒，阀前后差压小，要求泄漏量小	直通单座阀
介质黏度低、不含悬浮颗粒，泄漏量要求、流量大和阀前后差压较大	直通双座阀
流体洁净，不含固体颗粒，阀前后差压大，液体可能出现闪蒸、空化和气体在阀缩流面处流速超声速且噪声超过 85 dB(A)	套筒阀
介质黏度高、含纤维和颗粒物、污秽流体，且控制系统要求可调范围很宽	球阀
介质黏度高或为悬浮物，且管道要求直角配管	角形阀
介质黏度高、含固体颗粒，且流通能力要求高，可调比大	偏心旋转阀
介质为浓浊液或含悬浮颗粒，且管道口径大、流量大、阀前后差压低	蝶阀
流体温度为 300 ℃以下的分流和合流场合，用以配比控制	三通阀
介质为强腐蚀、高黏度或含悬浮颗粒，以及纤维的流体，同时对流量特性要求不严	隔膜阀
高黏度介质、含固体颗粒或纤维介质、要求紧密关闭的场合	V 形球阀

根据上述选型规范和经验，由于氯乙烯聚合釜温度调节精度要求高，调节介质为洁净的冷却水，因此宜选用泄漏量小的直通单座阀。

3. 执行器作用方式的确定与实现

在本任务中，TV_1、TV_2 两个气动执行器设计用来带走聚合反应产生的大量热量，如果选择气开阀，那么在气源中断的极端情况下，两个阀将全部关闭，反应产生的热量无法带走，将产生爆聚现象，聚合釜温度、压力快速上升，最终导致事故。因此，这两个执行器必须是气关阀，这样在气源因故障中断时，冷却水阀全开，聚合釜温度下降，此时尽管反应可能无法继续导致僵釜现象，但至少不会出现严重的安全事故。

虽然目前尚未确定控制阀的口径，但从工艺可知冷却水流量大，控制阀公称直径必然远大于 25 mm。对于 $DN25$ 以上的直通单座阀，其执行机构只能采用正作用方式，因此根据图 5-7，控制阀必须选择正装阀芯。

4. 流向的选择

冷却水控制阀的介质清洁无颗粒物，选型为直通单座阀，因此根据表 5-2，应选流开型。

综上所述，本任务中两个冷却水调节阀 TV_1 和 TV_2 选择的都是带阀门定位器的精小型气动薄膜直通单座气关阀，执行结构采用正作用方式，阀芯正装。

任务测评

1. 图 4-20 所示的汽提塔浆料流量调节阀的执行机构、控制阀应如何选择？为防止淹塔事故，该调节阀应选气开阀还是气关阀？

2. 换热器温度控制系统如图 5-8 所示，根据下面不同的情况分别确定图中调节阀 TV 的气开/气关形式。

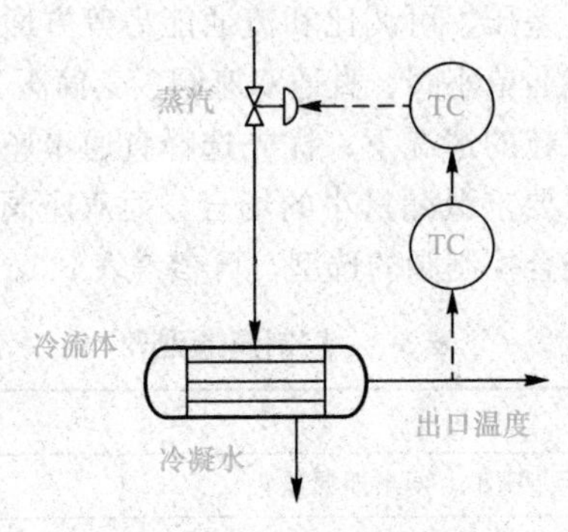

图 5-8 换热器温度控制系统

(1)如被加热流体出口温度过高会引起分解、自聚或结焦；
(2)被加热流体出口温度过低会引起结晶、凝固等现象。

任务 5.2 控制阀流量特性的选择

任务描述

流量特性是指控制阀的相对流量与阀门开度之间的关系。控制阀的流量特性对控制质量有很大的影响，流量特性选择不当，轻则导致控制质量下降，重则使系统不能正常工作。

流量特性不仅与阀门的结构有关，还与控制阀所在管路的配置情况密切相关，因此，流量特性的选择需要综合考虑工艺管道和控制方案的要求。本任务要确定夹套冷却水调节阀的理想流量特性，为完成本任务首先要掌握各种流量特性的特点，熟悉流量特性的选型规范。

5.2.1 控制阀的理想流量特性

流量特性是指流过阀门的相对流量与阀门的相对开度之间的关系，即

$$\frac{Q}{Q_{\max}}=f\left(\frac{l}{L}\right) \tag{5-2}$$

式中 l/L——阀门的开度；

$Q/Q_{\max}$——相对流量，即开度为 l/L 时的流量 Q 与阀门全开时流量 $Q_{\max}$ 的比值。

流过阀门的流量取决于两个因素：一是阀门的开度；二是阀门前后的差压 ΔP_v。

ΔP_v 不仅与阀门开度有关，而且与管路中其他管道附件密切相关。因此，为方便讨论，先假定 ΔP_v 是固定不变的，然后引申到真实情况。

ΔP_v 不变前提下的流量特性称为理想流量特性，也称为固有流量特性，它取决于控制阀的阀芯形状(图 5-9)，主要有直线、等百分比、快开和抛物线四种理想流量特性。

1. 直线流量特性

直线流量特性是指阀门的相对流量与阀门的开度成直线关系，可用式(5-3)精确地表示两者之间的关系，图 5-10 所示为其对应的图像。

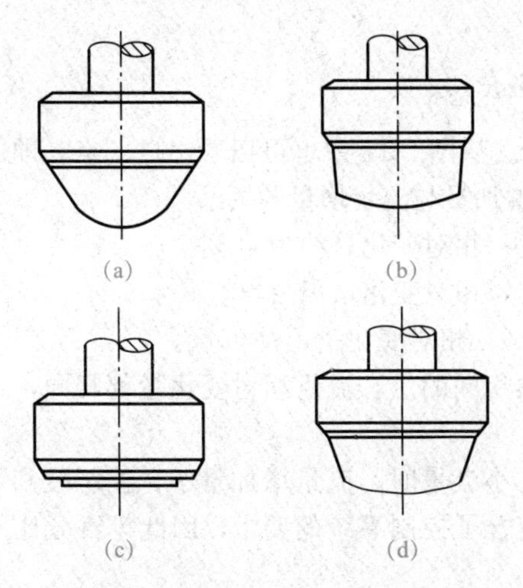

图 5-9　不同流量特性阀芯形状

(a)直线特性；(b)等百分比特性；
(c)快开特性；(d)抛物线特性

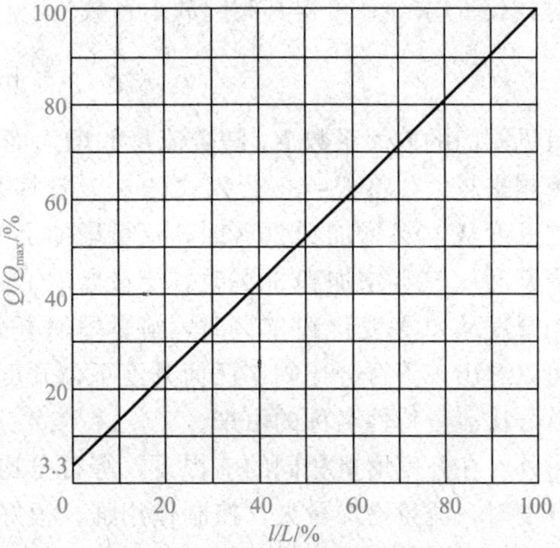

图 5-10　直线流量特性

$$\frac{Q}{Q_{\max}}=\left(1-\frac{1}{R}\right)\frac{l}{L}+\frac{1}{R}=K_v\frac{l}{L}+\frac{1}{R} \tag{5-3}$$

式(5-3)中，R 为理想可调比，即在阀门前后差压不变的情况下，控制阀能平稳控制的最大流量 $Q_{\max}$ 与最小流量 $Q_{\min}$ 之比，即

$$R=\frac{Q_{\max}}{Q_{\min}} \tag{5-4}$$

需要注意的是，$Q_{\min}$ 指的是控制阀能控制的最小流量，它由阀芯和阀座的间隙来确定，并非控制阀全关时的泄漏量，两者是有区别的。体现在数据上控制阀全关泄漏量仅为 $Q_{\max}$ 的 0.01%～0.1%，而控制阀能平稳控制的最小流量 $Q_{\min}$ 大得多，是最大流量的 2%～4%。

可调比越大，阀门可以调节的流量范围就越大，显然性能就越好，但由于加工能力的限制，R 不可能做得很大，常用控制阀的理想可调比 R 为 30～50。当 $R=30$ 时，式(5-3)为

$$\frac{Q}{Q_{\max}}=0.967\frac{l}{L}+0.033 \tag{5-5}$$

式(5-3)中，K_v 称为阀门的放大系数，即图 5-10 所示的直线的斜率，它反映了控制阀的灵敏度，即增加单位阀门开度，能够增加的相对流量，显然 K_v 越大，阀门控制越灵敏，控制能力越强。

根据式(5-5)，当开度从 10%变化到 20%时，可计算出流量变化绝对值是 9.67%，相对值为 74.6%。

开度从 50%变化到 60%时，流量变化绝对值还是 9.67%，相对值为 19.0%，而从 80%开度变化到 90%时，流量变化绝对值依然是 9.67%，相对值是 12.0%。

可见，直线阀在流量小时，流量变化相对值大；流量大时，流量变化相对值小，即在控制阀小

开度时，控制作用可能过强，易于振荡；而在大开度时，调节作用不够灵敏，比较缓慢。

2. 等百分比流量特性

等百分比流量特性的阀的流量与开度的关系如下：

$$\frac{Q}{Q_{\max}}=R^{\left(\frac{l}{L}-1\right)} \tag{5-6}$$

对式(5-6)求导，可得其阀门放大系数

$$K_{v}=R^{\left(\frac{l}{L}-1\right)}\ln R=\ln R\times\frac{Q}{Q_{\max}} \tag{5-7}$$

可见阀门的放大系数 K_v 随着流量的增大而增大。从图 5-11 中也可以看出这一点，即曲线的斜率越来越大。将 $R=30$ 代入式(5-6)，计算开度增加量与流量增量的关系：

当开度从 10%增加到 20%时，流量增加了 1.9%，相对变化量约为 40%。

当开度从 50%增加到 60%时，流量增加了 7.4%，相对变化量仍为 40%。

当开度从 80%变化到 90%时，流量增加了 20.6%，相对变化量还是 40%。

可以看出，等百分比阀在任何开度下，开度增加相同的量，流量相对变化量都相同，这就是等百分比流量特性名称的由来。

另外，在开度增量相同的前提下，等百分比阀在小流量时，流量增加量小，控制缓和，而在大开度时，流量增加量大，控制作用强，很好地契合了控制系统的要求，因此等百分比阀是实际生产中应用最广泛的控制阀。

3. 快开和抛物线流量特性

快开流量特性与抛物线流量特性如图 5-12 所示。快开阀在开度较小时就有较大的流量，开度稍微增大，流量就达到最大，此后再增加开度，流量变化很小。这种阀主要用在双位控制、顺序控制和最优时间控制中，这些控制系统希望控制阀一打开流量就能比较大。

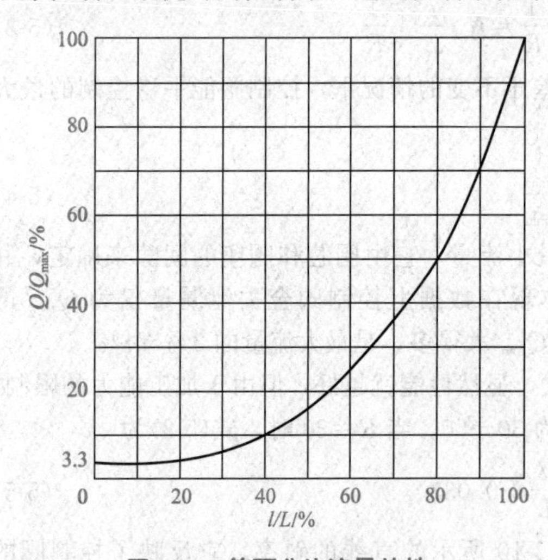

图 5-11 等百分比流量特性

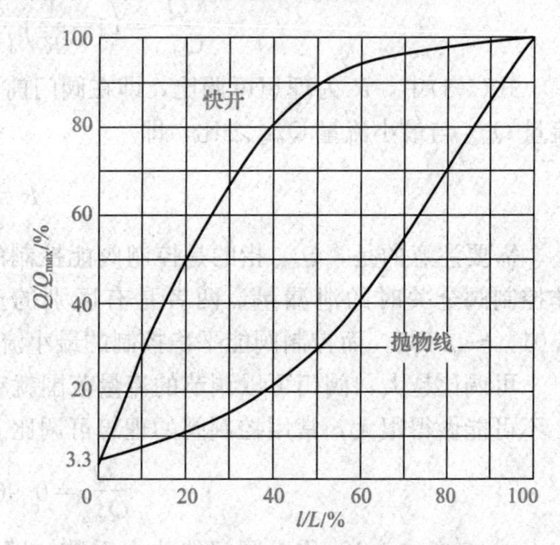

图 5-12 快开与抛物线流量特性

抛物线流量特性的相对流量与开度在直角坐标系中是一条抛物线，其特点介于直线流量特性和等百分比流量特性。

5.2.2 控制阀的工作流量特性

工作流量特性是指控制阀在实际管道系统中相对流量与开度之间的关系。

1. 控制阀与工艺管道串联时的工作流量特性

图 5-13 所示为控制阀和管路中其他管件(如流量计等),串联在一起工作。随着流量 Q 增加,管道中其他管件导致的压力损失 Δp_f 随之增加。而系统总差压 Δp 一般不变,因此控制阀分到的差压 Δp_v 就越来越小。

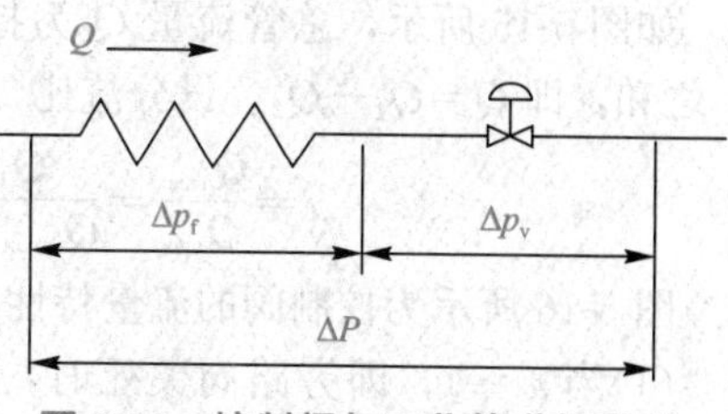

图 5-13 控制阀与工艺管道相串联

流过控制阀的流量 Q 除与阀门开度有关外,还与阀两端的差压 Δp_v(差压为推动力)有关。显然 Δp_v 占总差压 Δp 的比例越小,控制阀的调节能力就越差(Δp_v 为推动力)。

控制阀全开时,其阀两端差压最小,设其为 Δp_{vmin}。通常,用阀阻比 S 来衡量控制阀在管路中的差压占比情况:

$$S=\frac{\Delta p_{vmin}}{\Delta p} \tag{5-8}$$

图 5-14 表示流量特性随 S 值的变化情况,从图中可以看出:

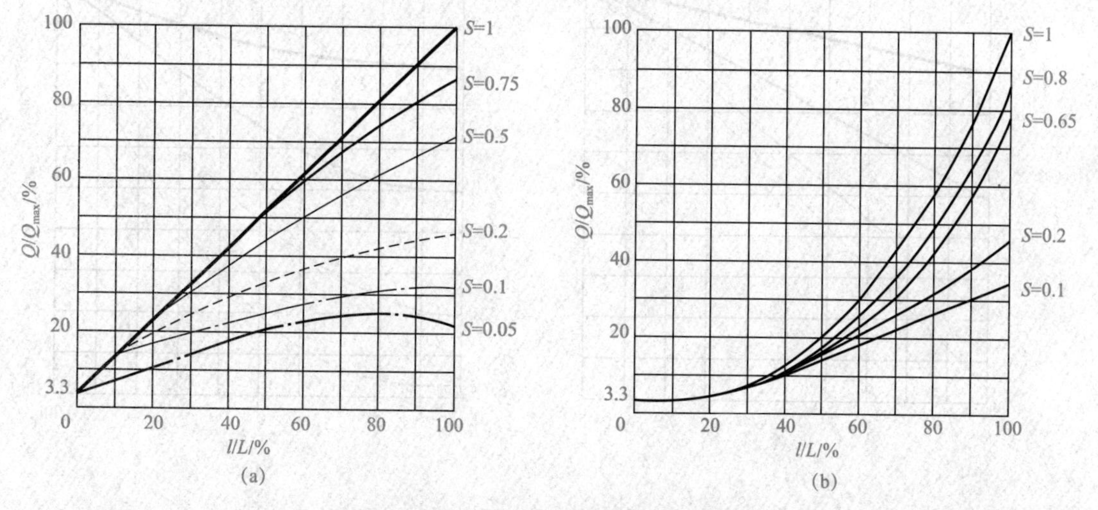

图 5-14 S 值对理想流量特性的影响

(a)直线流量特性随 S 值变化情况;(b)等百分比流量特性随 S 值变化情况

(1)当 $S=1$ 时,即管道阻力损失为零时,系统的总压降全部落到控制阀上,此时实际工作流量特性与理想流量特性一致。

(2)随着 S 值减小,控制阀全开时的流量相比管道阻力损失为零时的全开流量要小(因为控制阀的推动力变小),因而实际的可调比要比理想可调比更小。

(3)随着 S 值减小,流量特性曲线发生很大畸变,等百分比特性趋向于直线特性,直线特性趋向于快开特性,这使可调比 R 和阀门放大系数 K_v 都大大减小,即控制阀的调节范围和控制灵敏度都大大下降。

因此在工程实践中,一般不允许管路系统的阀阻比小于 0.3。另外,控制阀两端通常都装有截止阀,以便拆卸、维护控制阀。在正常工作时,上、下游两个截止阀必须全开,不能通过调节两个截止阀的开度来调节流量,因为这样会使管路 S 值下降,严重降低控制阀的调节性能。

2. 控制阀与工艺管道并联时的工作流量特性

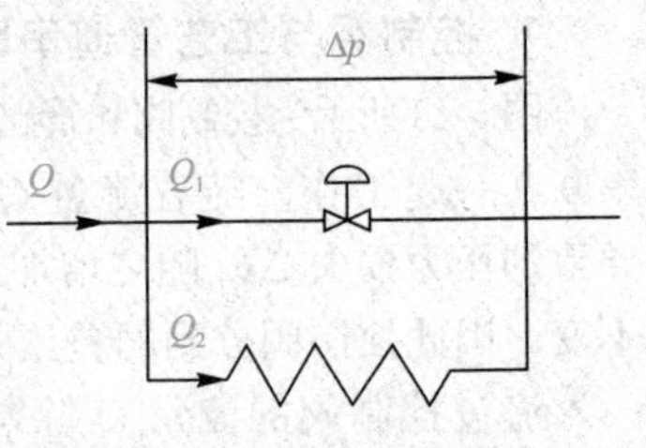

图 5-15 并联管道情况

如图 5-15 所示，总管流量 Q 为控制阀流量 Q_1 与旁路流量 Q_2 之和，即 $Q=Q_1+Q_2$。设分流比

$$x=\frac{Q_{1max}}{Q_{max}}=\frac{Q_{1max}}{Q_{1max}+Q_2}$$

图 5-16 所示为控制阀的流量特性与 x 值的关系，可以看出：

(1)当 $x=1$，即旁路阀关死时，实际工作特性与理想特性一致。

(2)随着 x 值减小，即旁路阀逐渐打开，控制阀能控制的最小流量大大增加，实际工作特性的始点往上移，可调比下降，曲线变得更平缓，即阀门放大系数减小，控制灵敏度下降，但曲线的形状基本保持不变。

(3)在图 5-16 中没有考虑串联管道的阻力损失，在实际使用中，它总是存在的，因而随着流量增加，控制阀上压降减小，调节阀全开时流量最大，实际可调比会下降得更多。

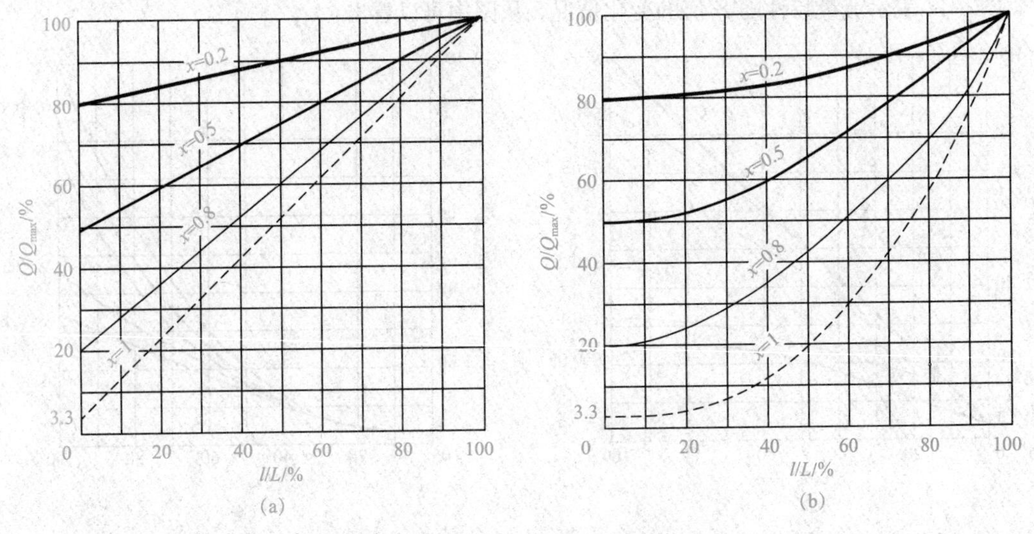

图 5-16 控制阀与工艺管道并联时的特性

(a)直线流量特性随 x 值变化情况；(b)等百分比流量特性 x 值变化情况

一般希望 x 值应不低于 0.5，最好不低于 0.8。管道旁路流量只能为总流量的百分之十几。在实际生产中，除非不得已，是不会打开旁路阀来调节流量的。

5.2.3 冷却水控制阀流量特性的选择

控制阀流量特性对控制系统的质量有着很大的影响。生产过程中控制阀主要有直线特性、等百分比特性、快开特性三种。其中，快开特性一般用在程序控制和双位控制中，因此流量特性的选择实际上是从直线特性和等百分比特性中选择。

必须明确的一点是，流量特性选择指的是确定控制阀的理想流量特性，而不是工作流量特性。选型的方法和步骤如图 5-17 所示，总体来说，流量特性的选择有两种方法。

第一种方法：首先根据被控对象的放大系数 K_p、被控变量及干扰类型、负荷的变化情况等确定控制阀的工作流量特性，然后根据阀阻比 S 值的大小，考虑控制阀流量特性的畸变情况，选择最终的理想流量特性。

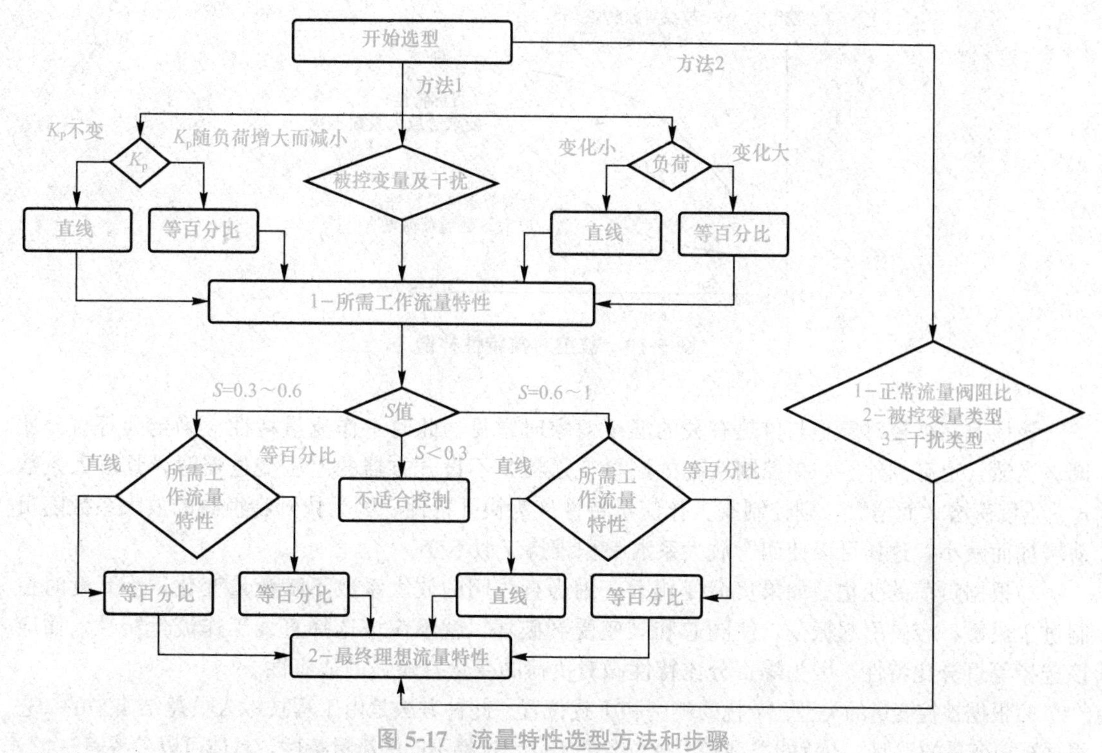

图 5-17　流量特性选型方法和步骤

第二种方法：石化行业标准《石油化工自动化仪表选型设计规范》(SH/T 3005—2016)和化工行业标准《自动化仪表选型设计规范》(HG/T 20507—2014)推荐的选型方法，即根据被控变量类型、控制系统的干扰类型、正常流量时阀阻比直接确定理想流量特性。

1. 方法 1(由所需工作流量特性确定理想流量特性)

(1)第一步：确定工作流量特性。

1)根据被控对象放大系数 K_p。如图 5-18 所示，控制系统的每个环节都有自身的放大系数。如果要维持控制系统的控制品质，不发生恶化，就要求四个放大系数的乘积 $K=K_mK_cK_vK_p$ 在整个生产操作范围内保持近似不变。通常控制器参数整定好之后 K_c 是不变的，测量变送器的放大系数 K_m 除测量流量且不对信号开方的情形外，其余情况也是不变的。

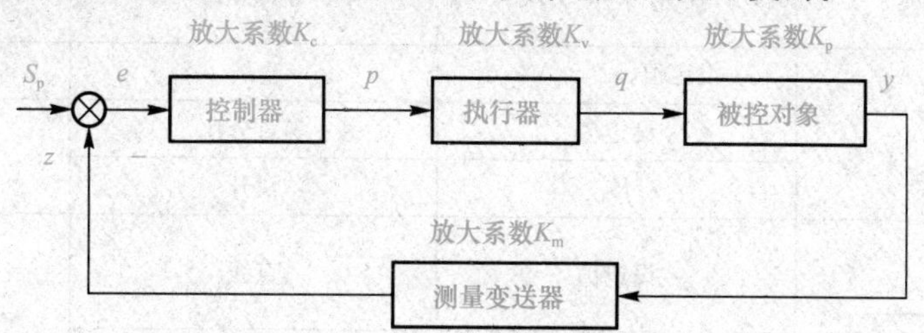

图 5-18　控制系统各环节的放大系数

因此，这就要求被控对象的放大系数 K_p 和控制阀的放大系数 K_v 两者的乘积保持不变。如图 5-19 所示，如果被控对象的放大系数 K_p 随负荷增加而减小，因为等百分比阀的放大系数 K_v 随负荷是增加的，就可以选择等百分比流量特性补偿 K_p 的减小，使两者的乘积近似保持不变。

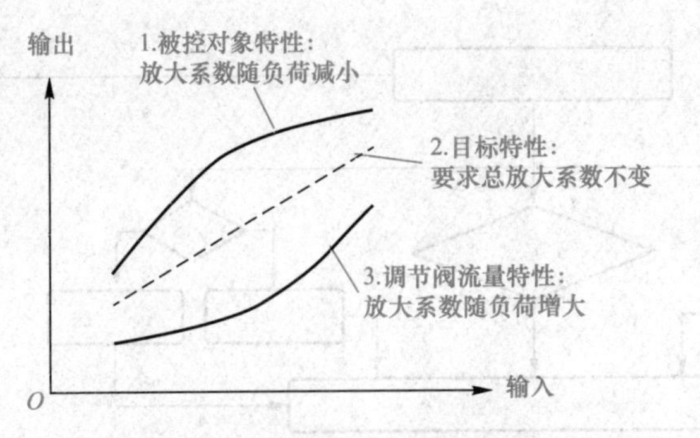

图 5-19　被控对象特性补偿

该情况在被控对象是与传热有关的温度对象时常见，此时工作流量特性应确定为等百分比阀。当然，也有例外。如果控制系统的测量变送器是不设开方器的差压变送器时，其放大系数 K_m 随负荷增大而增大，则控制阀工作流量特性应为快开特性，因为快开特性阀的放大系数随负荷增加而减小，这样可以使四个放大系数乘积维持近似不变。

2)根据负荷的变化。如果负荷变化大，因为直线阀的放大系数不随流量变化，小开度时控制过于灵敏，容易引起振荡，使阀芯和阀座受到破坏，就不应该选择直线工作流量特性，而应该选择等百分比特性，因为等百分比特性阀对负荷的变化有较强的适应性。

3)根据被控变量的类型、干扰的类型和干扰位置。此种方法是由工程技术人员总结出来的，它根据被控变量的类型、干扰的类型和干扰位置的不同，选择不同的流量特性，具体可以参考表 5-4。

表 5-4　控制阀工作流量特性选择表

系统及被控变量	干扰	应选择的工作流量特性	说明
流量控制系统	设定值	直线	变送器带开方器
	P_1、P_2	等百分比	
	设定值	快开	变送器不带开方器
	P_1、P_2	等百分比	
温度控制系统	设定值、T_1	直线	
	P_1、P_2、T_2、T_3、Q_1	等百分比	
压力控制系统	设定值、P_1、V_H	直线	液体
	设定值	等百分比	气体
	P_3	快开	
液位控制系统	设定值	直线	
	V_H	直线	
液位控制系统	设定值	等百分比	
	Q	直线	

(2)第二步：根据所需工作流量特性，考虑阀阻比 S，确定最终的理想流量特性。

选定工作流量特性之后，即可根据配管情况，即 S 值的大小，确定最终的理想流量特性。

具体的选择见表 5-5。当 S 值为 0.6～1 时，理想流量特性应该跟前面确定的工作流量特性相同。当 S 值为 0.3～0.6 时，无论工作流量特性是直线还是等百分比，理想流量特性都应该选择等百分比。而当 S 值小于 0.3 时，说明管道的配置已经不适合进行控制了。

表 5-5　应选理想流量特性与工艺配管、所需工作流量特性的关系

配管情况	$S=0.6\sim1$		$S=0.3\sim0.6$		$S<0.3$
需要的工作流量特性	直线	等百分比	直线	等百分比	该管路系统不适合控制
应选的理想流量特性	直线	等百分比	等百分比	等百分比	

2. 方法 2(直接确定理想流量特性)

该方法通过正常流量时阀阻比及被控变量类型来选型，具体参考表 5-6。

表 5-6　控制阀理想流量特性选择表

特性 / S 值	直线特性	等百分比特性
$S_n=\dfrac{\Delta P_n}{\sum\Delta P}>0.75$	1. 液位定值控制系统； 2. 主要扰动为设定值的流量、温度控制系统	流量、压力、温度控制系统
$S_n=\dfrac{\Delta P_n}{\sum\Delta P}\leqslant0.75$		各种控制系统
注：ΔP_n—正常流量时阀两端差压；$\sum\Delta P$—管路系统总差压；S_n—正常阀阻比		

根据表 5-6，当正常流量阀阻比 S_n 大于 0.75 时，如果被控变量是液位，或者主要扰动是设定值的流量、温度控制系统，则选用直线理想流量特性，其他情况选择等百分比特性。

当正常流量阀阻比小于或等于 0.75 时，所有控制系统都应该选用等百分比特性。

流量特性的选择除上述两种方法外，有时还要考虑一些特殊情况。例如，当流体介质中含有较多固体悬浮物时，可以考虑选用直线理想流量特性，因为这种特性的阀的阀芯曲面形状相对较瘦，在调节阀小开度工作时，阀芯不容易卡死。

3. 冷却水控制阀流量特性的选择

回到氯乙烯聚合釜冷却水控制阀 TV_1 的理想流量特性选择任务中。从表 5-1 中可知正常流量阀阻比 $S_n=0.7<0.75$，因此根据表 5-6，TV_1 应选择等百分比理想流量特性。

从流量特性的选型工作可以看出，要成为一个优秀的自控工程师，除要具备扎实的自控基础知识外，还必须对生产工艺非常熟悉。

知识拓展

化工装备领域的大国重器——特种阀门

控制阀用于调节工艺介质流量，在某些特殊要求的场合，严重依赖国外产品，近年来经过我国相关科研院所、厂商的不懈努力，逐步实现了某些领域的特殊控制阀的国产化替代。

2019 年 10 月，重庆川仪调节阀有限公司设计制造的一批 PDS 高频球阀，在中国石油四川石化有限责任公司 45 万吨/年聚丙烯装置项目上替代进口产品开车至今，使用效果良好，获得用户的高度赞扬，“密封性好，运行稳定，使用性能与原国外进口的高频阀相当”。

聚丙烯 PDS 系统对阀门要求极高，装置内介质气固双相，聚丙烯超细粉料具有自聚性，极易在阀门零件间隙堆积造成阀门卡堵，轻则引发管道堵塞，要求阀门动作频率高，每 2～3 min 开关一次，动作时间小于 2.5 s。为了替代进口，从接到合同订单开始，重庆川仪调节阀有限公司球阀劳模创新工作室的设计师们就一遍遍地研究资料，讨论方案，反复试验论证，终于研发制造出具有优良耐磨性、抗黏结、抗氧化特性，以及防火、防静电、低逸散结构的 PDS 高频球阀。本次高频球阀成功稳定运行，代表着我国在替代进口 PDS 高频球阀国产化道路上又迈出了可喜的一步。

2023 年 3 月，中国航天科工集团第六研究院研制的口径 60 英寸裂解气大阀制造完成。该产品是全球首台 20 万吨单炉膛工艺乙烯裂解炉关键设备，打破了国际垄断，实现了技术和口径双超越。

在产品制造过程中，团队创新地采用拓扑优化铸造阀体，在不增加质量的前提下抗荷载能力提高至原阀门的 1.5 倍，减小了产品卡阻概率，同时，升级产品结构，实现产品轻量化；采用迷宫式整流罩，冲刷量降低 90%，提高了产品使用寿命。目前一台 60 英寸裂解气大阀可达到两台 48 寸裂解气阀的处理功效，大幅降低了成本。该产品的研制成功，将有力支撑乙烯工艺包全部设备实现国产化和国际化。

任务测评

1. 用自己的语言描述流量特性、理想流量特性、工作流量特性。
2. 什么是控制阀的可调比？可调比是大一点好还是小一点好？
3. 什么是控制阀的放大系数？它反映了控制阀的什么性能？
4. 怎样计算阀阻比 S？S 值减小会怎样影响控制阀的可调比和放大系数？
5. 怎样计算分流比 x？x 值减小会使控制阀的可调比和放大系数增大还是减小？
6. 等百分比特性阀与直线特性阀哪种更适合负荷变化大的场合？
7. 流量特性的选择指的是选择控制阀的工作流量特性还是理想流量特性？
8. 某过程控制系统中控制阀与工艺管道串联使用，阀阻比 $S=0.5$，试为该系统选择合适的流量特性。

任务 5.3 控制阀口径的选择

任务描述

控制阀的口径选择是否得当直接影响控制效果。口径选择过小，当经受较大扰动时，会使流经控制阀的调节介质达不到所需要的流量，使系统暂时处于失控状态。口径选择过大，阀门经常工作在小开度，这时，流体对阀芯和阀座的冲蚀很严重，而且小开度时阀芯受不平衡力的影响，容易产生振荡现象，加重了阀芯和阀座的损坏，甚至造成控制阀失灵。

控制阀口径的选择由控制阀的额定流量系数 K_V 决定，流量系数的计算与流体的种类、阀前后差压、管路配置等都有关系。

本任务要求根据表 5-1 所列的工艺数据，按照一定方法计算夹套冷却水控制阀 TV_1 的口径。

要完成该任务，首先要掌握流量系数、额定流量系数等概念，了解流量系数与控制阀口径的关系，其次要了解影响流量系数计算准确性的因素，并掌握相应的校准计算方法。

5.3.1 控制阀的流量系数

流量系数是控制阀口径选择的重要参数，下面从控制阀的工作原理引出流量系数概念。

1. 控制阀的工作原理

控制阀是一个局部阻力可变的节流元件，流体流经控制阀时，由于阀芯与阀座之间流通截面面积局部缩小形成局部阻力，使流体在控制阀处产生能量损失。对于不可压缩流体，根据能量守恒原理，可以得到控制阀的流量方程

$$Q=\frac{A}{\sqrt{\xi}}\sqrt{\frac{2(p_1-p_2)}{\rho}}=\frac{A}{\sqrt{\xi}}\sqrt{\frac{2\Delta p}{\rho}} \tag{5-9}$$

式中 Q——流体的体积流量；

A——控制阀的接管流通截面面积，可视为控制阀的口径；

ξ——控制阀的阻力系数，与阀门结构形式、开度有关；对同一阀门，开度越大，ξ 越小；

Δp——控制阀两端的差压；$\Delta p=(p_1-p_2)$，p_1、p_2 分别为控制阀的前后压力；

ρ——流体的密度。

观察式(5-9)，可知：

(1)在其他因素不变的情况下，控制阀口径 A 越大，流量越大，也就是说控制阀的口径代表了控制阀的流通能力。

(2)Δp 越大，流量越大，说明控制阀前后压力差是流体流动的推动力。

(3)ξ 越大，流量越小，说明 ξ 是流体流动的阻碍因素，这也是 ξ 称为阻力系数的原因。

(4)如果 A、Δp 及 ρ 都不变，那么流量 Q 就只与阻力系数 ξ 有关，而对于特定的阀门，ξ 又只与阀门开度有关，那么控制阀根据输入信号的大小，改变阀的开度就可以调节流量，这就是控制阀调节流量的原理。

2. 控制阀的流量系数

通常在实际应用中，式(5-9)中各参数采用下列单位：

A——cm^2；

ρ——g/cm^3（10^{-5} $N\cdot s^2/cm^4$）；

Δp——100 kPa(0.1 MPa，10 N/cm^2)。

代入式(5-9)，可得

$$Q=\frac{5.09A}{\sqrt{\xi}}\sqrt{\frac{\Delta p}{\rho}}\ m^3/h \tag{5-10}$$

设

$$K=\frac{5.09A}{\sqrt{\xi}} \tag{5-11}$$

则

$$Q=K\sqrt{\frac{\Delta p}{\rho}} \tag{5-12}$$

即

$$K=Q\sqrt{\frac{\rho}{\Delta p}} \tag{5-13}$$

式(5-11)～式(5-13)中的 K 即控制阀的流量系数。

由于控制阀接管截面面积 $A=\frac{\pi}{4}DN^2$，DN 为控制阀的公称直径，因此，式(5-11)可写为

$$K=4.0\frac{DN^2}{\sqrt{\xi}} \tag{5-14}$$

现在根据式(5-12)和式(5-14)得出两个推论，这两个推论对理解控制阀口径选择很重要。

(1)从式(5-12)可知，流量系数 K 越大，Q 流量越大，反之亦然。

(2)从式(5-14)可知，K 仅与控制阀公称直径 DN 和阻力系数 ξ 有关，而 ξ 又与阀的结构形式和开度有关。因此，流量系数仅由控制阀口径、结构、开度决定，是阀门的固有属性，与流体的密度 ρ、阀两端的差压 Δp 都无关。

对于控制阀口径选择任务来说，一般工艺都会提供一个最大流量数据 Q_{max}(控制阀最大开度时的流量)，据此可以根据式(5-13)计算出一个对应的阀门开度最大时的最大流量系数 K_{max}。

如果对于选定的某种控制阀，厂家能够给出在某个口径 DN 下，开度最大时的流量系数 K_V，只要 $K_{max}<K_V$，根据上面推论，口径为 DN 的此种控制阀必然就能通过要求的最大流量。事实上流量系数 K_V 称为额定流量系数，是每个阀门生产厂家都会提供的选型数据，表 5-7 所示为某厂家的气动薄膜双座调节阀额定流量系数。

表 5-7　某厂家的气动薄膜双座调节阀额定流量系数

公称直径/mm	25			32	40	50	65	80	100	125	150	200
阀座直径/mm	15	20	25	32	40	50	65	80	100	125	150	200
额定流量系数 K_V	4	6.3	10	16	25	40	63	100	160	250	400	630

下面通过【例 5-1】来说明这一点。

【例 5-1】　流过某一管道的液体最大体积流量为 $Q_{max}=40\ m^3/h$，流体密度为 $\rho=0.5\ g/cm^3$，阀门上的差压为 $\Delta p=0.2$ MPa，根据表 5-7 选择适当口径的直通双座阀。

解：由式(5-13)有(注意差压和密度的单位)：

$$K_{max}=Q\sqrt{\frac{\rho}{\Delta p}}=40\sqrt{\frac{0.5}{2}}=20$$

根据表 5-7 大于且最接近 K_{max} 的 $K_V=25$，阀门对应的公称直径为 40 mm，阀座直径也为 40 mm，如果选择这个口径的控制阀是否能够满足最大流量要求呢？

假设该阀门开度最大时的流量 Q'_{max}，由于 K_V 是阀门开度最大时的流量系数，而流量系数与流体的性质和密度都无关，将 $K_V=25$、$\Delta p=0.2$ MPa、$\rho=0.5\ g/cm^3$ 代入式(5-12)，可得

$$Q'_{max}=K_V\sqrt{\frac{\Delta p}{\rho}}=25\times\sqrt{\frac{2}{0.5}}=50>Q_{max}$$

可见，满足要求。但选择 $K_V=16$，能否满足要求呢？此时

$$Q'_{max}=K_V\sqrt{\frac{\Delta p}{\rho}}=16\times\sqrt{\frac{2}{0.5}}=32<Q_{max}$$

可见，选择 $K_V=16$ 不能满足最大流量要求。

因此，只要根据工艺数据计算出最大流量时对应的最大流量系数 K_{max}，并找到大于且最接近 K_{max} 的 K_V 值对应的阀门，其公称直径就能满足最大流量的要求。这就是阀门口径选择的基本原理。

额定流量系数 K_V 如此重要，厂家又是怎么给其阀门标定的呢？下面对此作简要介绍。

3. 额定流量系数 K_V

K_V是在国家标准规定的测试条件下，由企业试验标定计算得到的，该测试条件如下：

(1)控制阀全开。

(2)控制阀前后差压 Δp 为 0.1 MPa(100 kPa)。

(3)流体密度 ρ 为 1 g/cm³(5～40 ℃的水)。

式(5-12)中 Δp 的单位是 100 kPa，ρ 的单位是 1 g/cm³，将上述条件代入(5-12)可得

$$Q=K_V\sqrt{\frac{\Delta p}{\rho}}=K_V\sqrt{\frac{1}{1}}=K_V \tag{5-15}$$

根据式(5-15)可知，在表 5-7 中，$K_V=40$ 表示在标准测试条，件下，公称直径和阀座直径均为 50 mm 的直通双座阀 1 h 内能流过的水的体积为 40 m³。可见，K_V 衡量了控制阀的流通能力。

4. 控制阀理想可调比与实际可调比的关系

在 5.2.1 节内容中，曾提及串联管道将导致理想流量特性发生畸变，使控制阀的可调比降低，现在有了流量系数这个概念，来看看实际的可调比 R_r 与理想可调比 R 之间的关系。

理想可调比是指阀前后差压不变的情况下的可调比，则由式(5-12)得

$$R=\frac{Q_{max}}{Q_{min}}=\frac{K_{max}\sqrt{\frac{\Delta p}{\rho}}}{K_{min}\sqrt{\frac{\Delta p}{\rho}}}=\frac{K_{max}}{K_{min}} \tag{5-16}$$

可见，理想可调比等于控制阀的最大流量系数与最小流量系数之比，它是由结构设计决定的。

当控制阀串联在管路中使用时，阀两端的差压实际上是变化的。当阀门全开，流量为 Q_{max} 时，阀前后差压最小，设为 Δp_{min}；当阀门调节到最小流量 Q_{min} 时，阀前后差压最大，记为 Δp_{max}，其可视为管路总差压 Δp。设管路系统的阀阻比为 S，根据 S 的定义：

$$S=\frac{\Delta p_{min}}{\Delta p}\approx\frac{\Delta p_{min}}{\Delta p_{max}} \tag{5-17}$$

则阀门的实际可调比为

$$R_r=\frac{K_{max}\sqrt{\frac{\Delta p_{min}}{\rho}}}{K_{min}\sqrt{\frac{\Delta p_{max}}{\rho}}}=R\sqrt{\frac{\Delta p_{min}}{\Delta p_{max}}}\approx R\sqrt{S} \tag{5-18}$$

因此，S 值越小，实际可调比越小。

5.3.2 流量系数的阻塞流修正

在式(5-13)中，如果将差压 Δp 的单位 MPa 改成 kPa，则

$$K=10Q\sqrt{\frac{\rho}{\Delta p}} \tag{5-19}$$

式(5-19)是用来计算不可压缩流体流量系数的常用公式，观察该式，只要 Q、Δp、ρ 中任何一个变量出现偏差，都会影响流量系数 K 的准确性。

(1)式(5-19)仅适应于不可压缩流体，而不可压缩流体的密度是不变的。但对可压缩流体，如气体在阀前阀后以及阀内的压力都不同，密度 ρ 也就不同。

(2)如果流体出现阻塞流现象，那么将影响式(5-19)中的流量 Q，导致流量系数的计算不准确。

(3)如果流速过慢，也就是雷诺数 Re 太低，则流体压力和流量的关系就不再符合式(5-19)的关系了，此时再用该式计算，误差将非常大。

(4)控制阀前后的接管形状会影响差压 Δp，也会导致计算不准确。

因此，必须对这些因素导致的误差进行修正。本书只讨论液体介质的流量系数修正计算，分为阻塞流修正、低雷诺数修正及管件形状修正。其余介质的计算可参考文献。

1. 阻塞流现象

根据式(5-12)，只要差压 Δp 一直增加，流过控制阀的流量 Q 就可以无限增加。然而试验证明，如果保持阀前压力 p_1 不变，降低阀后压力 p_2，则当两者压力差 Δp 大到某个临界值 Δp_T 时，继续降低 p_2(增加 Δp)，流量不再增加而是稳定在一个最大流量 Q_{max}，这就是阻塞流现象(图 5-20)。

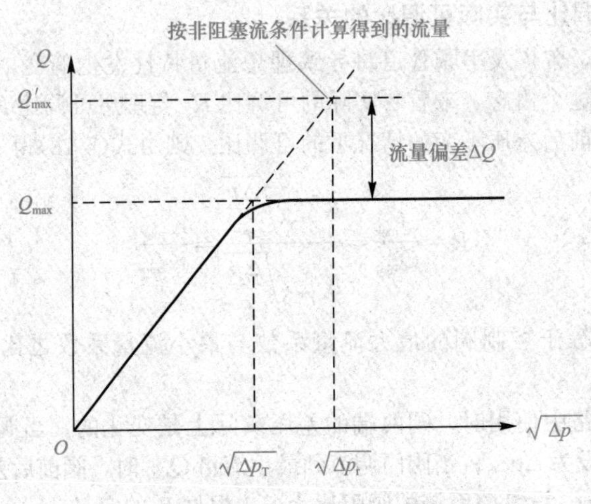

图 5-20　p_1 恒定时，Q 与 $\sqrt{\Delta p}$ 的关系

阻塞流现象对流量系数的计算影响非常大。如图 5-20 所示，当实际差压 $\Delta p=\Delta p_r>\Delta p_T$ 时，如果按照式(5-19)计算流量系数，此时的流量 Q 应该等于 Q'_{max}，然而实际的流量 $Q=Q_{max}$，这就会有比较大的偏差。

前面说过流量系数 K 是控制阀的固有属性，与流体的性质和差压无关。而从图 5-20 中可以看到如果差压 $\Delta p\leqslant\Delta p_T$，那么流量和差压的关系是符合式(5-19)的。因此，可以将阻塞流临界差压 Δp_T 代替实际差压 Δp_r，代入式(5-19)中，即

$$K=10\,Q\sqrt{\frac{\rho}{\Delta p_T}} \tag{5-20}$$

这样就可以得到正确的流量系数。

2. 阻塞流临界差压 Δp_T 的计算

问题关键在于判断是否产生阻塞流，即怎么得到 Δp_T。研究表明，Δp_T 可以按照式(5-21)计算得到

$$\Delta p_T=F_L^2(p_1-F_F p_v) \tag{5-21}$$

式中　F_L——压力恢复系数，其只与阀的结构、流路形式有关，与阀的口径大小无关，常用控制阀的 F_L 值见表 5-8；

p_1——阀前压力，p_v 是流体的饱和蒸汽压，均为绝对压力。

F_F——液体临界压力比系数，可由式(5-22)近似确定：

$$F_F = 0.96 - 0.28\sqrt{\frac{p_v}{p_c}} \tag{5-22}$$

式中　p_c——液体的临界压力；

p_v、p_c——可查询相关物性数据库得到。

表 5-8　常用控制阀的压力恢复系数 F_L 值

阀类型	单座阀					双阀座		角形阀				球阀	蝶阀	
阀内组件	柱塞型		套筒型		V 型	柱塞型	V 型	套筒型		柱塞型		标准 O 型	90°全开	60°全开
流向	流开	流闭	流开	流闭	任意	任意	流开	流闭	流开	流开	流闭	任意	任意	任意
F_L	0.9	0.8	0.9	0.8	0.9	0.85	0.9	0.85	0.8	0.9	0.8	0.55	0.55	0.68

3. 阻塞流修正

计算出阻塞流临界差压 Δp_T 后，比较实际差压 Δp 与临界差压 Δp_T 的大小，即可判断是否处于阻塞流，从而采用不同的计算公式实现阻塞流校正，见表 5-9，计算时特别需要注意各参数的单位，另外计算中涉及的各压力均为绝对压力，而非表压。

表 5-9　阻塞流修正计算公式及其参数说明

<table>
<tr><th>临界差压</th><th>阻塞流判别式</th><th>计算公式</th><th>计算所需参数及其单位</th></tr>
<tr><td rowspan="2">$\Delta p_T = F_L^2(p_1 - F_F p_v)$
$F_F = 0.96 - 0.28\sqrt{\frac{p_v}{p_c}}$</td><td>$\Delta p < \Delta p_T$</td><td>$K = 10Q\sqrt{\frac{\rho}{\Delta p}}$</td><td rowspan="2">1. Δp_T一阻塞流临界差压(kPa)；
2. F_L一 压力恢复系数，根据阀型查表 5-8；
3. p_1一阀前压力(绝压)(kPa)；
4. F_F一液体临界压力比系数，见式(5-22)；
5. p_v一流体饱和蒸汽压(绝压)(kPa)；
6. p_c一液体临界压力(绝压)(kPa)；
7. Δp一阀前后差压(kPa)；
8. Q一液体流量(m^3/h)；
9. ρ一液体密度(g/cm^3)</td></tr>
<tr><td>$\Delta p \geqslant \Delta p_T$</td><td>$K = 10Q\sqrt{\frac{\rho}{\Delta p_T}}$</td></tr>
</table>

5.3.3　流量系数的低雷诺数修正

流量系数计算公式(5-19)是在流体为湍流的情况下推导出来的。当流动状态为层流时，流量与阀的差压成线性关系，不再遵循原来的关系，也就不能用式(5-19)进行计算了，必须对之前的流量系数结果进行低雷诺数修正。

修正步骤如下：

(1)按表 5-10 的公式计算雷诺数 Re，其中 υ 是流体的运动黏度，单位为 $10^{-6}\ m^2/s$；K 为经阻塞流修正之后的流量系数。

表 5-10　雷诺数计算公式

<table>
<tr><th>只有一个流路的阀</th><th>雷诺数计算公式</th><th>具有两个平行流路的阀</th><th>雷诺数计算公式</th></tr>
<tr><td>直通单座阀</td><td rowspan="3">$Re = 70\,700\frac{Q_L}{\upsilon\sqrt{K}}$</td><td>直通双座阀</td><td rowspan="3">$Re = 49\,490\frac{Q_L}{\upsilon\sqrt{K}}$</td></tr>
<tr><td>套筒阀</td><td>蝶阀</td></tr>
<tr><td>球阀</td><td>偏心旋转阀</td></tr>
</table>

(2)根据上一步计算出来的 Re 判断是否需要修正上述流量系数 K。

如果 $Re>3\ 500$，则不必修正。

如果 $Re\leqslant 3\ 500$，则必须对经阻塞流修正后得到的流量系数 K 再进行雷诺数修正。

如果需要修正，应按照式(5-23)计算。其中 K' 是雷诺数修正后的流量系数；F_R 的大小，可以从图 5-21 读取。

$$K'=\frac{K}{F_R} \tag{5-23}$$

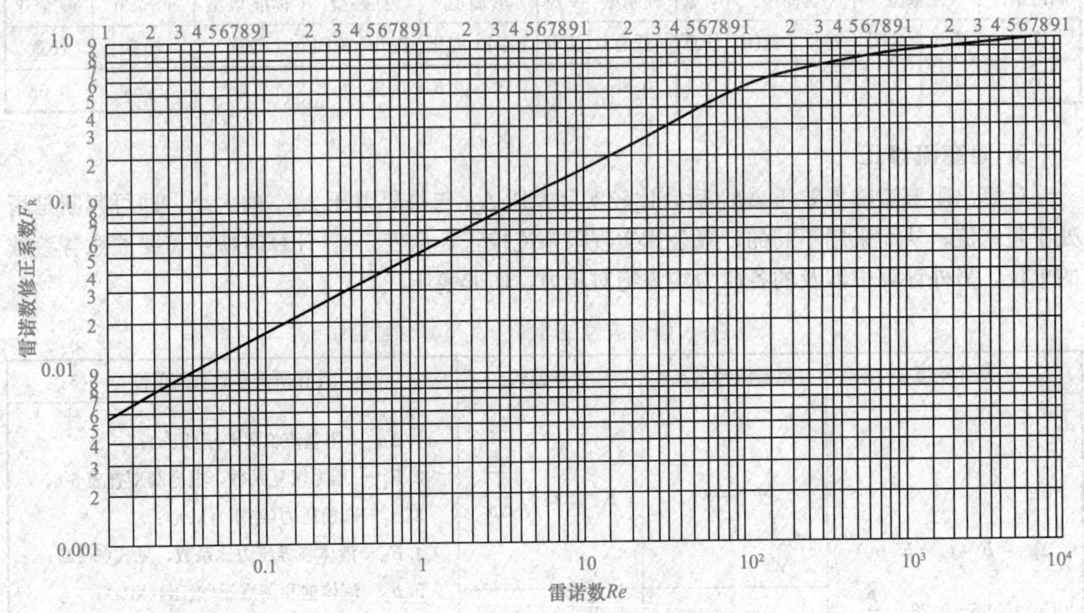

图 5-21 低雷诺数液体的雷诺数修正系数

5.3.4 流量系数的管件形状修正

1. 管件形状修正的原因

如图 5-22 所示，通常管道的直径 D 是大于控制阀的公称直径 d 的，为了安全起见，就要用渐缩管和渐扩管进行过渡连接。过渡管件会引起额外的压力损失，这就使加载在控制阀两端的实际差压要比没有过渡管件时更低，因此需要对此进行修正。否则对于柱塞阀、套筒阀等控制阀，当 D/d 为 1.5～2.0 或更大时，会带来 2%～6% 的误差，而对于蝶阀、球阀等高流通能力的控制阀，这种误差甚至高达 20%，且流体为阻塞流时又比非阻塞流时更严重。

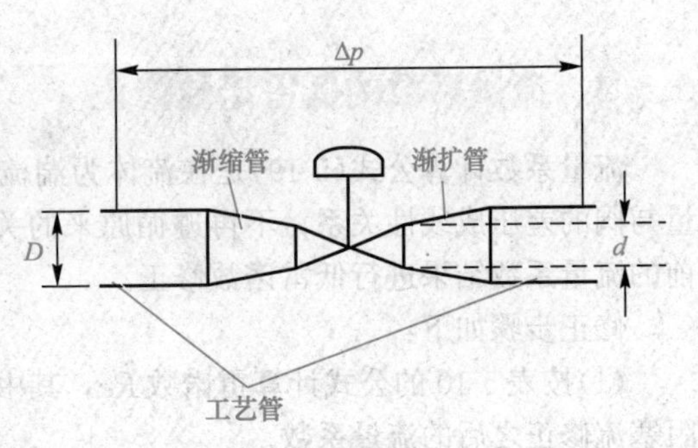

图 5-22 控制阀与管道的连接

2. 管件形状修正的步骤

管件形状修正涉及两个重要参数的计算：一个是管件形状修正系数 F_p；另一个是压力恢复管件形状组合修正系数 F_{Lp}。有了这两个参数，先对阻塞流临界差压进行修正，记修正后的临界差压为 $\Delta p_T'$，则

$$\Delta p'_T=\left(\frac{F_{Lp}}{F_p}\right)^2(p_1-F_F p_v) \tag{5-24}$$

利用修正后的临界差压 $\Delta p'_T$ 判别是否为阻塞流，进行相应的修正计算。记经过前面阻塞流修正和低雷诺数修正后得到的流量系数为 K，管件形状修正后的流量系数为 K'，则

(1)若实际差压 $\Delta p<\Delta p'_T$，则说明修正后为非阻塞流，按式(5-25)计算 K'：

$$K'=\frac{K}{F_p} \tag{5-25}$$

(2)若实际差压 $\Delta p>\Delta p'_T$，则说明修正后为阻塞流，按式(5-26)计算 K'：

$$K'=\frac{K}{F_{Lp}} \tag{5-26}$$

3. 修正系数 F_p、F_{Lp} 的计算

可见，关键在于 F_p、F_{Lp} 的计算，有了这两个参数，即可按照上面步骤对管件形状进行修正。这两个参数的计算，需要下列参数：

d——控制阀口径(mm)；

D_1——上游管径(mm)；

D_2——下游管径(mm)；

K_V——控制阀额定流量系数；

F_L——压力恢复系数。

具体计算公式如下：

$$F_p=\frac{1}{\sqrt{1+\frac{\sum\xi}{0.0016}\left(\frac{K_V}{d^2}\right)^2}} \tag{5-27}$$

$$F_{Lp}=\frac{F_L}{\sqrt{1+F_L^2\frac{\xi_1+\xi_{B1}}{0.0016}\left(\frac{K_V}{d^2}\right)^2}} \tag{5-28}$$

式中　$\sum\xi$——管件压力损失系数的代数和，$\sum\xi=\xi_1+\xi_2+\xi_{B1}-\xi_{B2}$；　(5-29)

ξ_1——上游阻力系数，当过渡管件为标准同心渐缩器时，$\xi_1=0.5\left[1-\left(\frac{d}{D_1}\right)^2\right]^2$；　(5-30)

ξ_2——下游阻力系数，当过渡管件为标准同心渐扩器时，$\xi_2=\left[1-\left(\frac{d}{D_2}\right)^2\right]^2$；　(5-31)

ξ_{B1}——阀入口处的伯努利系数，$\xi_{B1}=1-\left(\frac{d}{D_1}\right)^4$；　(5-32)

ξ_{B2}——阀出口处的伯努利系数，$\xi_{B2}=1-\left(\frac{d}{D_2}\right)^4$。　(5-33)

5.3.5 冷却水控制阀口径的选择

控制阀口径的选择主要依据流量系数，为了能正确计算流量系数，首先必须合理确定控制阀的流量和差压数据。根据计算所得到的流量系数选择控制阀的口径之后，还必须对控制阀的开度与可调比进行验算，以保证所选控制阀的口径能满足控制要求。其具体流程如图 5-23 所示，下面据此流程完成本任务中 TV_1 控制阀口径的选择。

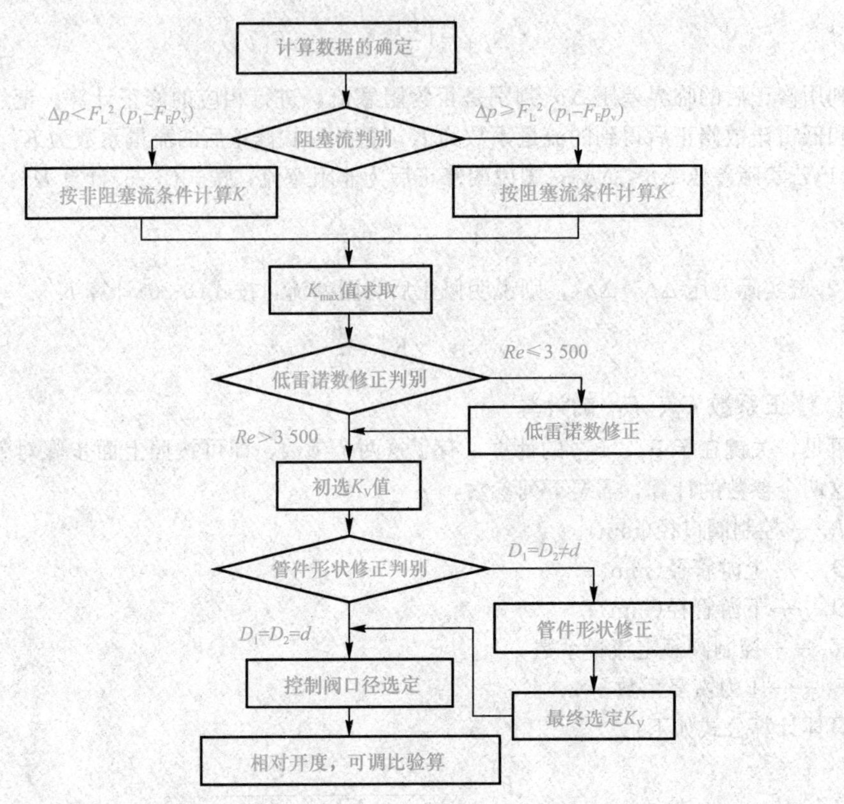

图 5-23 液体介质控制阀口径计算流程

1. 计算数据的确定

阀型：所选控制阀的类型，本任务 TV_1 选型为气动薄膜直通单座阀，等百分比流量特性，流向为流开型。

F_L：压力恢复系数，根据阀型查表 5-8 可得，本任务中 $F_L = 0.9$。

D_1、D_2：阀前后管道的公称直径(mm)，本任务中 $D_1 = D_2 = 300$ mm。

Q_n：正常流量，即额定工况下稳定运行时阀的流量(m^3/h)，本任务中 $Q_n = 350\ m^3/h$。

p_{1n}：正常流量时的阀前压力，绝对压力(kPa)，本任务中 $p_{1n} = 750$ kPa。

Δp_n：正常流量时阀两端差压(kPa)，本任务中 $\Delta p_n = 180$ kPa。

S_n：正常流量时阀阻比，本任务中 $S_n = 0.7$。

n：最大流量与正常流量之比，本任务中 $n = 1.3$。

ρ_L：流体密度(g/cm^3)，本任务中 $\rho_L = 1\ g/cm^3$。

p_c：临界压力，绝对压力(kPa)，本任务中 $p_c = 21\ 966.5$ kPa。

p_v：介质的饱和蒸汽压，绝对压力(kPa)，本任务中 $p_v = 2.338\ 8$ kPa。

计算中最重要的数据为最大计算流量 Q_{max}，通常最大计算流量与正常流量之比 $n = Q_{max}/Q_n \geq 1.25$，本任务中 $n = 1.3$。当然，如果工艺能够给出最大计算流量是最好的。

2. 确定控制阀的最大流量系数 K_{max}

(1)若工艺能够提供 Q_{max} 及 Q_{max} 对应的差压等数据，则直接按照表 5-9 进行计算即可得到最大流量系数 K_{max}。

(2)通常是无法得到上述数据的，这时就需要进行估算。

$$K_{max}=mK_n \tag{5-34}$$

式中，K_n 为正常流量时的流量系数。m 由式(5-35)确定

$$m=n\sqrt{\frac{S_n}{S_{max}}} \tag{5-35}$$

式中，S_{max} 为 Q_{max} 时对应的阀阻比，也需要进行估算。

对于控制阀上、下游均有恒压点的场合

$$S_{max}=1-n^2(1-S_n) \tag{5-36}$$

对于安装在风机或离心泵出口的控制阀，且下游有恒压点的场合

$$S_{max}=\left(1-\frac{\Delta h}{\sum \Delta p}\right)-n^2(1-S_n) \tag{5-37}$$

式中，Δh 为流量从正常流量增大到 Q_{max} 时风机或离心泵出口压力的变化值。

对于本任务来说，由于没有给出最大流量 Q_{max} 及其对应差压，因此，应该按照(2)进行。

首先计算正常流量时的流量系数 K_n。

由式(5-22)计算临界压力比系数

$$F_F=0.96-0.28\sqrt{\frac{p_v}{p_c}}=0.96-0.28\sqrt{\frac{2.3388}{21\,966.5}}=0.957$$

由式(5-21)得到阻塞流临界差压

$$\Delta p_T=F_L^2(p_{1n}-F_F p_v)=0.9^2\times(750-0.957\times2.3388)=605.687\ \text{kPa}>\Delta p_n$$

因此为非阻塞流，按式(5-19)计算流量系数

$$K_n=10Q_n\sqrt{\frac{\rho}{\Delta p_n}}=10\times350\times\sqrt{\frac{1}{180}}=260.87$$

由式(5-36)计算阀阻比 S_{max}

$$S_{max}=1-n^2(1-S_n)=1-1.3^2\times(1-0.7)=0.493$$

由式(5-35)计算 m 值

$$m=n\sqrt{\frac{S_n}{S_{max}}}=1.3\times\sqrt{\frac{0.7}{0.493}}=1.55$$

因此根据式(5-34)得

$$K_{max}=mK_n=1.55\times260.87=404.35$$

3. 低雷诺数修正

由于控制阀为直通单座阀，按表 5-10 计算雷诺数(水的运动黏度 $v=1.006\times10^{-6}\ \text{m}^2/\text{s}$)

$$Re=70\,700\frac{Q_n}{v\sqrt{K_n}}=70\,700\times\frac{350}{1.006\times\sqrt{260.87}}=1\,522\,908\gg3\,500$$

因此无须进行低雷诺数修正。

4. 初选 K_V 值

当前，国内精小型气动薄膜直通单座调节阀的流量系数见表 5-11(理想可调比 $R=50$)。

表 5-11　精小型气动薄膜直通单座调节阀额定流量系数表

公称直径/mm		20				25	32	40	50	65	80	100	150		200	250
阀座直径/mm		10	12	15	20	25	32	40	50	65	80	100	125	150	200	250
额定流量系数 K_V	直线	1.8	2.8	4.4	6.9	11	17.6	27.5	44	69	110	176	275	440	690	1 000
	等百分比	1.6	2.5	4.0	6.3	10	16	25	40	63	100	160	250	400	630	900

从表 5-11 中可以看到，大于且最接近 K_{max} 的 $K_V=630$，且公称直径 $d=200$ mm，故初步选定该口径。

5. 管件形状修正

由于控制阀前后管径 $D_1=D_2=300$ mm 与上一步选定的阀公称直径 d 相差较大，因此应对流量系数进行管件形状修正。

由式(5-30)～式(5-33)，分别计算得到

$$\xi_1=0.5\left[1-\left(\frac{d}{D_1}\right)^2\right]^2=0.5\times\left[1-\left(\frac{200}{300}\right)^2\right]^2=0.154$$

$$\xi_2=\left[1-\left(\frac{d}{D_2}\right)^2\right]^2=\left[1-\left(\frac{200}{300}\right)^2\right]^2=0.309$$

$$\xi_{B1}=\xi_{B2}=1-\left(\frac{d}{D_1}\right)^4=0.802$$

由式(5-29)得

$$\sum\xi=\xi_1+\xi_2+\xi_{B1}-\xi_{B2}=0.463$$

由式(5-27)得

$$F_p=\frac{1}{\sqrt{1+\frac{\sum\xi}{0.0016}\left(\frac{K_V}{d^2}\right)^2}}=\frac{1}{\sqrt{1+\frac{0.463}{0.0016}\times\left(\frac{630}{200^2}\right)^2}}=0.966$$

由式(5-28)得

$$F_{Lp}=\frac{F_L}{\sqrt{1+F_L^2\frac{\xi_1+\xi_{B1}}{0.0016}\left(\frac{K_V}{d^2}\right)^2}}=\frac{0.9}{\sqrt{1+0.9^2\times\frac{0.154+0.802}{0.0016}\times\left(\frac{630}{200^2}\right)^2}}=0.850$$

由式(5-24)，修正后的临界差压

$$\Delta p_T'=\left(\frac{F_{Lp}}{F_p}\right)^2\times(p_1-F_F p_v)=\left(\frac{0.850}{0.966}\right)^2\times(750-0.957\times2.3388)=579.5(\text{kPa})>\Delta p$$

可见，修正后依然为非阻塞流，故可按照式(5-25)进行计算，得到修正后的流量系数为

$$K_n'=\frac{K_n}{F_p}=\frac{260.87}{0.966}=270.1$$

则修正后的最大流量系数为

$$K_{max}'=mK_n'=1.55\times270.1=418.7$$

可见，经过管件形状修正后，依然应该选择 $K_V=630$，且公称直径 $d=200$ mm 的控制阀。

6. 相对开度与可调比验算

由于选取 K_V 值时进行了圆整，因此必须对控制阀的相对开度和可调比进行验算。

(1)开度验算。控制阀开度必须处于适当范围才能保证控制质量，延长使用寿命。一般来说，对直线特性的控制阀，其最大流量对应的开度应不超过 80%，最小流量对应的开度应不低于 10%；而对于等百分比特性的控制阀，其最大流量对应开度应不超过 90%，最小流量对应开度应不低于 30%。

设阀门开度为 l 时对应的流量系数为 K，则对等百分比特性阀：

$$l=1+\frac{1}{\lg R}\lg\frac{K}{K_V}\tag{5-38}$$

直线特性阀 l 与 K 有下面的关系：

$$l\approx\frac{K}{K_V}\tag{5-39}$$

在本任务中，阀门的理想可调比 $R=50$，将 $K'_n=270.1$、$K'_{max}=418.7$、$K_V=630$ 代入式(5-38)中，可得

$$l_n=1+\frac{1}{\lg R}\lg\frac{K'_n}{K_V}=\left(1+\frac{1}{\lg 50}\lg\frac{270.1}{630}\right)\times 100\%=78.4\%$$

$$l_{max}=1+\frac{1}{\lg R}\lg\frac{K'_{max}}{K_V}=\left(1+\frac{1}{\lg 50}\lg\frac{418.7}{630}\right)\times 100\%=89.5\%$$

可见所选控制阀满足开度为30%～90%的要求。

(2)可调比验算。由式(5-18)可知，实际可调比 R_r 与理想可调比 R 的关系为 $R_r=R\sqrt{S}$，因此，只要知道阀阻比 S 即可知道实际可调比 R_r 是否符合要求。阀阻比可按下面方法估算。

对于控制阀上、下游均有恒压点的场合

$$S=\frac{1}{1+\left(\frac{K_V}{K_n}\right)^2\left(\frac{1}{S_n}-1\right)} \tag{5-40}$$

对于控制阀装于风机或离心泵出口，下游又有恒压点的场合

$$S=\frac{1-\frac{\Delta h}{\sum\Delta p}}{1+\left(\frac{K_V}{K_n}\right)^2\left(\frac{1}{S_n}-1\right)} \tag{5-41}$$

在本任务中，按式(5-40)估算 S 可得

$$S=\frac{1}{1+\left(\frac{K_V}{K_n}\right)^2\left(\frac{1}{S_n}-1\right)}=\frac{1}{1+\left(\frac{630}{270.1}\right)^2\times\left(\frac{1}{0.7}-1\right)}=0.30$$

则 $R_r=R\sqrt{S}=50\sqrt{0.30}=27.4$，可满足可调比为20的要求。

任务测评

1. 试说出流量系数 K 与额定流量系数 K_V 之间的区别。

2. 讨论流量系数是否与流体的密度有关。

3. 同一个阀门，开度为10%时的流量系数与开度为50%时的流量系数相同吗？

4. 试为某水厂选择一台气动双座控制阀。已知流体为水，正常流量条件下的数据：$p_1=1.5$ MPa；$\Delta p=0.05$ MPa；$p_v=0.808$ MPa；$\rho=0.897$ g/cm^3；$Q_n=100$ m^3/h；$\upsilon=0.181\times10^{-6}$ m^2/s；$S_n=0.65$；$n=1.25$；接管直径 $D_1=D_2=100$ mm。

5. 试为炼油厂确定安装在重油管道上的气动单座控制阀(流开型)的口径。已知最大计算流量条件下的计算数据：$Q_{max}=6.8$ m^3/h；$p_1=5.2$ MPa；$\Delta p=0.07$ MPa；$\rho=0.850$ g/cm^3；$\upsilon=180\times10^{-6}$ m^2/s；接管直径 $D_1=D_2=50$ mm。已知流体为非阻塞流。

项目 6

控制器选型与参数整定

项目背景

在选型完成后，单回路控制系统除控制器外，其余三个环节的特性不可能出现太多的改变，系统中相对具有较大选择和调整余地的环节就只有控制器。因此，控制器选择是否得当，其参数是否合理、作用方式是否正确，对控制质量甚至系统稳定都有决定性影响。

在图 6-1 的 PVC 浆料汽提塔中有五个控制回路，分别为塔底液位控制系统 L_1C、冷凝水槽液位控制系统 L_2C、进料流量控制系统 FC、塔温控制系统 TC 和塔顶压力控制系统 PC。本项目要为这几个控制回路选择合适的控制器，确定控制器的作用方式，并以塔温控制系统 TC 为例，通过 Simulink 仿真的方式来模拟其控制器参数的整定。

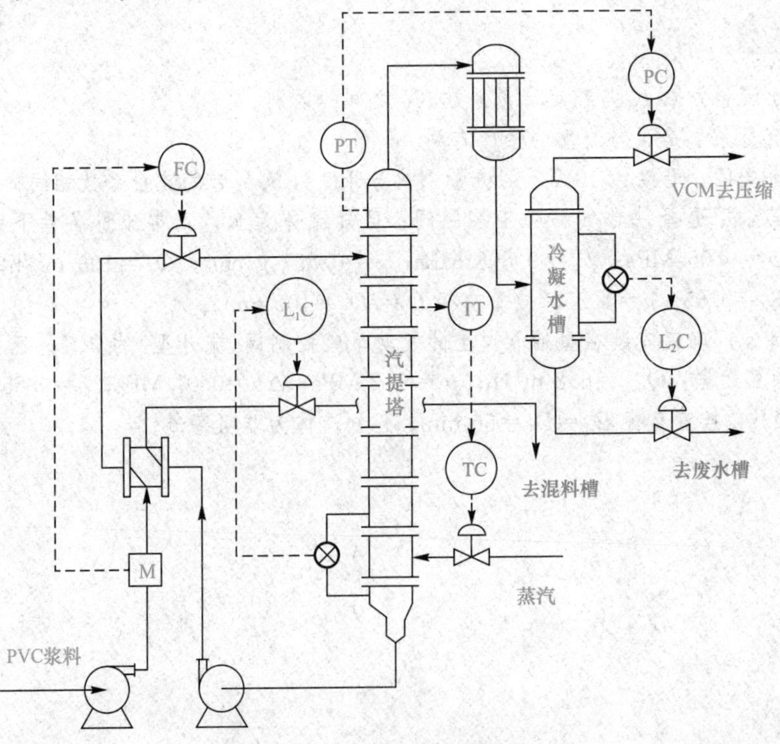

图 6-1　PVC 浆料汽提塔控制系统

需要说明的是，汽提塔的控制在不同的企业可能采用不同的控制方案，如新疆某大型 PVC 生产企业采用的是控制蒸汽流量的方式来控制塔温，而在某些企业，则采用更复杂的前馈—串级控制来控制塔温。

知识目标

1. 掌握比例、积分和微分三种控制作用的表达式、作用特点及适用场合；
2. 掌握比例带、积分时间和微分时间对过渡过程的影响；
3. 掌握数字 PID 算式及其各种改进算法的应用场景；
4. 掌握控制器作用方式确定、控制器参数整定的方法与步骤。

技能目标

1. 能根据具体工艺情况，选择合适的控制规律；
2. 能根据具体工艺，确定控制器的正反作用；
3. 能根据具体工艺，采用合适的方法整定控制器的参数。

素养目标

了解自抗扰控制技术，学习韩京清研究员的创新精神。

任务 6.1　控制规律的选择

任务描述

控制器的输入为偏差 e，输出为控制信号 u，u 通常代表了控制阀的开度。控制器的控制规律就是指控制器的输出 u 与输入 e 之间的关系。

偏差 e 有两种相反的定义：一种是设定值 r 减去测量值 z，即 $e=r-z$；另一种是测量值减去设定值，即 $e=z-r$。由于标准的不统一，包括众多经典教材在内的各种参考资料，有的采用前者，有的采用后者。此处明确本书中偏差 e 的定义为测量值减去设定值，即 $e=z-r$。读者在阅读其他参考资料时务必注意偏差的定义是否与本书相同，以免困惑。

在工业自动控制系统中，除最简单的开关控制外，比例控制、积分控制和微分控制三种控制作用及其组合是历史最久、使用最广、适应性最强的控制算法。

本任务要在熟悉三种控制作用特点的基础上，为图 6-1 中的控制系统选择合适的控制规律。

6.1.1　控制规律的表示方法

首先考察一个例子，甲控制器控制温度，其测量值输入范围为 0～1 000 ℃，控制器输出电流范围为 4～20 mA。当温度偏离设定值 50 ℃时，控制器输出电流增加了 3.2 mA 用以驱动执行器进行控制；乙控制器控制压力，其测量值输入范围为 0～1.0 MPa，控制器输出压力信号范围为 0.02～0.1 MPa。当压力偏离设定值 0.1 MPa 时，控制器输出气压信号增加了 0.02 MPa 用以驱动执行器进行控制。甲、乙两个控制器哪个控制作用更强？

显然，两个控制器输入/输出的物理量、量程都不一样，无法直接比较。但如果用输入、输出的相对变化量来比较就很明显。

对甲控制器，其偏差相对测量范围的大小为 $e_1=50/(1\,000-0)\times100\%=5\%$，控制器相对量程输出增加了 $\Delta u_1=3.2/(20-4)\times100\%=20\%$，则 $\Delta u_1/e_1=4$。

对乙控制器，其偏差相对测量范围的大小为 $e_2=0.1/(1-0)\times100\%=10\%$，控制器相对量程输出增加了 $\Delta u_2=0.02/(0.1-0.02)\times100\%=25\%$，则 $\Delta u_2/e_2=2.5$。

显然，甲控制器的控制作用更强。

此例说明，表示控制规律时，偏差 e 和控制器的输出 u 应该用其相对量程的百分比来表示，e 和 u 都应该是 0～1 没有单位的小数，即所谓“归一化”。在以 DCS 或 PLC 为代表的计算机控制系统中，计算控制作用时都是将输入/输出“归一化”成 0～1 的浮点小数再进行计算的。

因此，本书中的控制输出 u 和偏差 e 都是归一化数据，归一化公式见式(6-1)、式(6-2)

$$u=\frac{u_a}{u_{amax}-u_{amin}} \tag{6-1}$$

$$e=\frac{e_a}{x_{amax}-x_{amin}} \tag{6-2}$$

式中，u_a 为控制器的输出物理信号的大小；u_{amax} 为控制器输出的最大信号；u_{amin} 为控制器输出的最小信号，如对甲控制器，$u_{amax}=20$ mA，$u_{amin}=4$ mA。

e_a 为绝对偏差，x_{amax}、x_{amin} 为测量值的上、下限，如对上述甲控制器，$e_a=50$ ℃，$x_{amax}=1\,000$ ℃，$x_{amin}=0$ ℃。

6.1.2 比例控制(P)

化工生产中大部分情况下要求被控变量比较稳定，简单的开关控制在正常工作时，会产生持续的等幅振荡过程，一般是无法满足控制要求的。

回顾液位的人工控制操作，操作工凭直觉就知道液位偏离设定值越多，也就是偏差越大，阀门开或关的幅度就应越大，这其实蕴含了比例控制的思想。

1. 比例控制的表达式

控制作用大小(阀门开度的变化量)与偏差成正比的控制规律，称为比例控制，一般用字母 P 表示，可用式(6-3)表示。

$$u(t)=K_c e(t)+u_0 \tag{6-3}$$

式中 $u(t)$——t 时刻的控制器输出，可以把它看成 t 时刻的阀门开度；

u_0——控制器的工作点(控制器的偏置)，即系统处于起始平衡状态时的阀门开度；

$e(t)$——t 时刻的偏差；

K_c——比例控制器的比例增益。

由于 $u(t)$、$e(t)$、u_0 均无量纲，因此比例增益 K_c 为无量纲数。

式(6-3)稍做变形，将 u_0 移至左边，即可得

$$\Delta u(t)=u(t)-u_0=K_c e(t) \tag{6-4}$$

$\Delta u(t)$ 为 t 时刻控制器相对于起始平衡状态的输出变化量，即相对于平衡状态时的阀门开度增加量，它的大小代表了控制作用的强弱。

从式(6-3)可以看到，t 时刻的阀门开度仅与 t 时刻的偏差 $e(t)$ 有关，而且与偏差一一对应，不同的偏差大小，对应不同的阀门开度。

从式(6-4)可发现：

(1)t 时刻控制作用的大小与该时刻的偏差 $e(t)$ 成正比例，这正是比例控制名称的由来。

(2)比例增益 K_c 越大，在相同的偏差 $e(t)$ 下，比例控制作用 $\Delta u(t)$ 就越强。

(3)比例控制的传递函数：

$$G_c(s)=\frac{\Delta U(s)}{E(s)}=K_c \tag{6-5}$$

2. 比例带

在过程控制中习惯用比例增益的倒数 δ 来表示比例控制输入/输出之间的关系，即

$$\Delta u(t)=\frac{1}{\delta}e(t) \tag{6-6}$$

式中，δ 称为比例带。δ 具有重要物理意义：如果 $\Delta u(t)$ 代表控制阀开度的变化量，从式(6-6)可以看出，δ 代表使控制阀开度改变 100%(从全关到全开)时所需要的被控变量的变化范围。只有当被控变量在这个范围以内，控制阀的开度变化量(控制作用大小)才与偏差成比例，超出这个“比例带”，控制阀已处于全开或全关的饱和状态，控制器输出 u 与输入 e 已不再成比例，控制器暂时失去了控制作用。

比例带 δ 习惯用它相对于被控变量测量仪表的量程百分数表示。例如，若测量仪表的量程为 100 ℃，则 $\delta=50\%$ 表示被控变量变化超过 50 ℃，控制器就已经失去了控制作用。

显然，比例带 δ 越大，比例控制作用越弱，反之，比例控制作用越强。

3. 比例控制的抗干扰性能

(1)构建图 6-2 所示仿真模型探讨比例控制对干扰的抑制性能。其中，系统 1 被控对象为自衡过程，系统 2 为非自衡过程，其余均相同，控制器为比例控制器，比例增益 $K_c=0.5$，系统的设定值为 0，在 $t=5$ 时刻出现幅值为 1 的阶跃干扰。

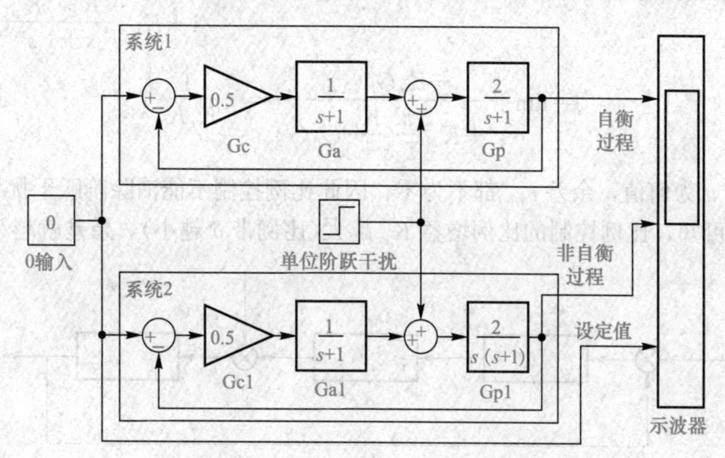

图 6-2 比例控制抗干扰仿真模型

仿真结果如图 6-3 所示，可见不管被控对象是自衡过程还是非自衡过程，比例控制都不能消除由阶跃干扰导致的余差。

(2)仿真结果的解释。不失一般性，令图 6-4 中：

$$G_c(s)=K_c;\ G_a(s)=\frac{K_a}{T_a s+1};\ R(s)=0;\ D(s)=\frac{1}{s};$$

$$G_p(s)=\frac{K_p}{s^{\upsilon}}\times\frac{(T_{z1}s+1)(T_{z2}s+1)\cdots(T_{zm}s+1)}{(T_1 s+1)(T_2 s+1)\cdots(T_{n-\upsilon}s+1)}=\frac{K_p}{s^{\upsilon}}G_0(s) \tag{6-7}$$

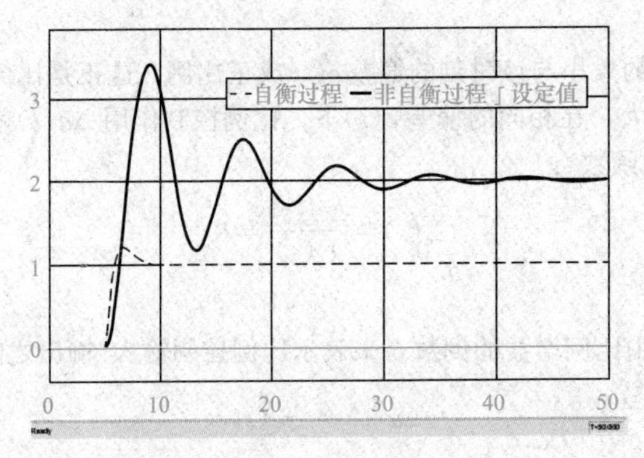

图 6-3　比例控制抗干扰仿真结果

当 $\upsilon=0$ 时，被控对象 $G_p(s)$ 为自衡过程；当 $\upsilon\geqslant1$ 时，为非自衡过程。显然有

$$\lim_{s\to0}G_a(s)=K_a;\ \lim_{s\to0}G_0(s)=1 \tag{6-8}$$

由式(2-35)可知，干扰作用下的误差传递函数为[此处 $G_d(s)=1$，$G_m(s)=1$]

$$\Phi_{ED}(s)=\frac{-G_p(s)}{1+G_c(s)G_a(s)G_p(s)} \tag{6-9}$$

则干扰导致误差的拉普拉斯变换为

$$E_D(s)=\Phi_{ED}(s)D(s) \tag{6-10}$$

将式(6-7)、式(6-9)代入式(6-10)，并由拉普拉斯变换终值定理有余差

$$e_{ssd}=\lim_{s\to0}sE_D(s)=\lim_{s\to0}s\Phi_{ED}(s)D(s)=\lim_{s\to0}\Phi_{ED}(s)=\lim_{s\to0}\frac{-\dfrac{K_p}{s^\upsilon}G_0(s)}{1+K_c\dfrac{K_a}{T_as+1}\dfrac{K_p}{s^\upsilon}G_0(s)}$$

$$=\lim_{s\to0}\frac{-K_pG_0(s)}{s^\upsilon+K_c\dfrac{K_aK_p}{T_as+1}G_0(s)}=-\frac{1}{K_cK_a} \tag{6-11}$$

可见，不管 υ 为何值，余差 e_{ssd} 都不为零，因此比例控制不能消除阶跃干扰导致的余差。另外，从式(6-11)可知，比例控制的比例增益 K_c 越大(比例带 δ 越小)，余差就越小。

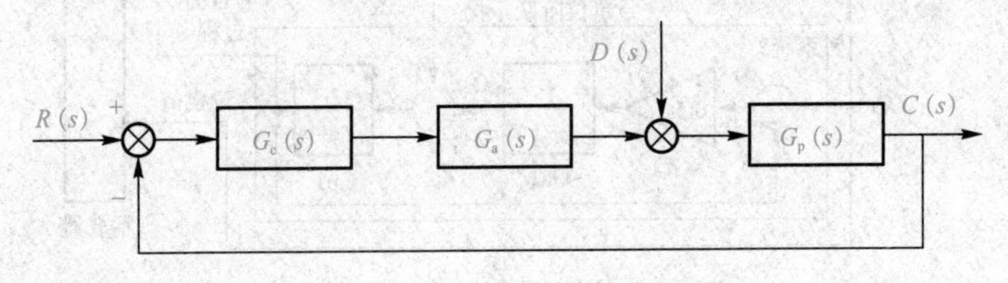

图 6-4　控制系统框图

4. 比例控制的设定值跟踪性能

构建图 6-5 所示的仿真模型，其中干扰为 0，设定值为单位阶跃输入，系统 1 为自衡过程，系统 2 为非自衡过程，此外，其余完全相同。

在 $t=5$ 时刻，同时给两个系统一个单位阶跃输入，要求两个系统跟踪这个设定值信号。

图 6-6 的仿真结果显示，非自衡过程最后的稳态值与设定值曲线重合了，也就是说非自衡过程没有余差的跟上了设定值信号，而对于自衡过程来说，则存在－0.5 的余差。

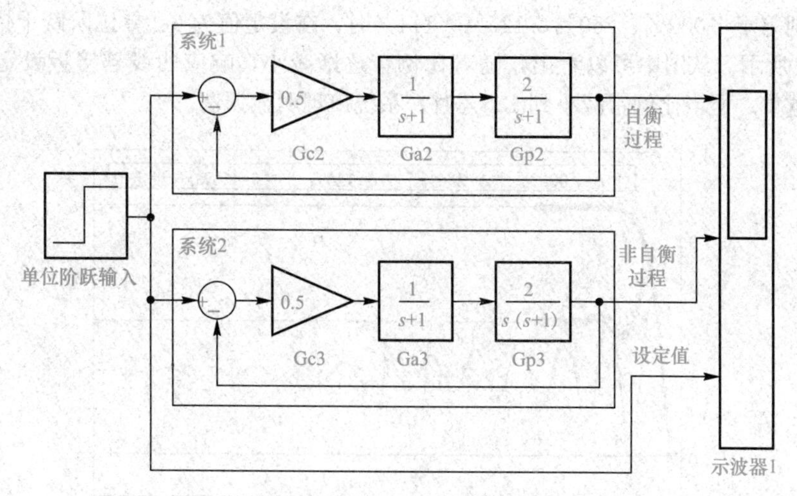

图 6-5　比例控制设定值跟踪性能仿真模型

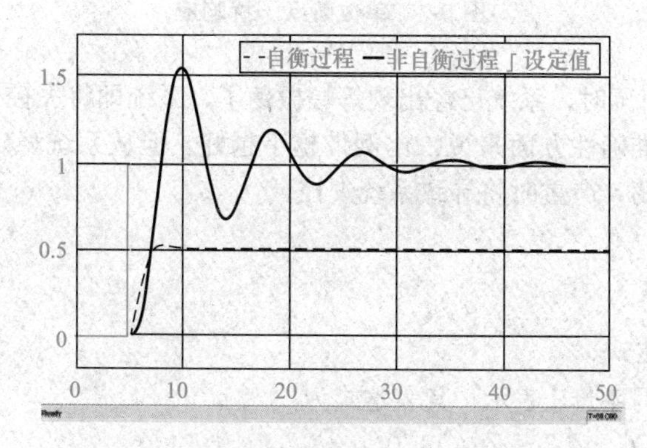

图 6-6　比例控制设定值跟踪性能仿真结果

利用前面的抗干扰分析的方法同样可以证明，在设定值是阶跃输入的情况下，比例控制系统可以消除非自衡过程的余差，但不能消除自衡过程的余差，且自衡过程的余差为

$$e_{ssr}=\frac{1}{1+K_cK_aK_p} \tag{6-12}$$

可见，比例控制的比例增益 K_c 越大(比例带 δ 越小)，由设定值导致的余差就越小。证明过程此处省略，留做课后训练。

在过程控制中，人们习惯笼统地说“比例控制存在余差”。然而此处表明，对于非自衡过程，由于其自身带一个积分环节，因此可以无余差地跟踪阶跃设定值输入。只有当被控对象是自衡对象时，其阶跃设定值跟踪存在余差。另外，上面抗干扰结果表明，比例控制对于干扰，确实无法消除其带来的余差，而过程控制中，自控系统大部分场合下是用来克服干扰的，这就导致了“比例控制存在余差”“比例控制不能消除余差”的说法，本书也将采用此种说法。但是读者在此应明白该说法的由来，并明白该说法并不严谨。

5. 比例带大小对过渡过程的影响

从上面的分析可知，不管是抗干扰还是设定值跟踪，比例控制作用越强(比例增益大，比例带小)，系统的余差越小。那么，是不是比例增益越大越好呢？设图 6-4 系统中

$$G_a(s)=\frac{1}{5s+1};\ G_p(s)=\frac{4}{120s+1}e^{-60s};\ G_c(s)=\frac{1}{\delta}$$

当δ分别等于1 000%、250%、125%、111%时，在设定值为0、单位阶跃干扰作用下，其响应如图6-7所示。从图中可以看出，随着比例带逐渐减小，响应曲线越接近设定值曲线，说明余差越来越小。但当比例带减小到125%时，系统出现明显振荡。

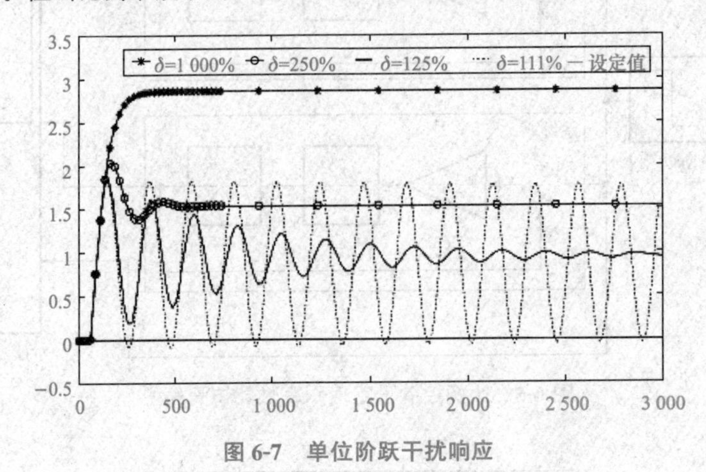

图6-7 单位阶跃干扰响应

当比例带减小到111%时，系统已经出现等幅振荡了，系统即将失控。这说明加强比例控制作用，可减小余差，从准确性方面来说，比例带越小越好。但从系统稳定性考虑，比例带不能太小，否则系统轻则振荡，严重时将导致系统失控。

6.1.3 积分控制(I)

1. 积分控制的表达式

积分控制通常用大写字母I表示，其表达式为

$$\Delta u(t)=\frac{1}{T_{\mathrm{I}}}\int_{0}^{t}e(t)\mathrm{d}t=K_{\mathrm{I}}\int_{0}^{t}e(t)\mathrm{d}t \tag{6-13}$$

式中 $\Delta u(t)$——积分控制作用大小；

T_{I}——积分时间，s(秒)或min(分钟)；

K_{I}——积分速度。

式(6-13)中，$\int_{0}^{t}e(t)\mathrm{d}t$项是偏差的积分，当$e(t)$为无单位的“归一化”数据时，其单位为时间单位，该项再除以积分时间T_{I}，则将时间单位约掉，因此可以说积分控制作用的大小与偏差的累积大小成正比，比例系数为$1/T_{\mathrm{I}}$，积分时间T_{I}越大，控制作用越弱。

根据式(6-13)，$t+\Delta t$时刻的积分控制作用为

$$\Delta u(t+\Delta t)=\frac{1}{T_{\mathrm{I}}}\int_{0}^{t+\Delta t}e(t)\mathrm{d}t=\frac{1}{T_{\mathrm{I}}}\int_{0}^{t}e(t)\mathrm{d}t+\frac{1}{T_{\mathrm{I}}}\int_{t}^{t+\Delta t}e(t)\mathrm{d}t=\Delta u(t)+\frac{1}{T_{\mathrm{I}}}\int_{t}^{t+\Delta t}e(t)\mathrm{d}t \tag{6-14}$$

从式(6-14)可以看出，$t+\Delta t$时刻的控制作用等于在t时刻的控制作用$\Delta u(t)$基础上加上微调量$\frac{1}{T_{\mathrm{I}}}\int_{t}^{t+\Delta t}e(t)\mathrm{d}t$，如果$t\sim t+\Delta t$时间段内的偏差$e(t)$不为0，则$\Delta u(t+\Delta t)\neq\Delta u(t)$，这就意味着该时间段内控制阀一直在调节，直到$e(t)=0$，控制阀才停止调节。

从对式(6-13)、式(6-14)的分析可以得到积分控制很重要的两个特点：

(1)积分控制作用不仅与当前时刻偏差有关，而且与历史累积的偏差成比例。

(2)积分控制只有在偏差为0时才会停止调节，因此可以消除余差。

2. 积分控制的输入/输出特点

图 6-8 所示是根据式(6-13)利用 MATLAB 绘制的积分控制输出与输入的关系。图中实线为偏差 e 的变化曲线，虚线是相应的积分控制输出曲线。

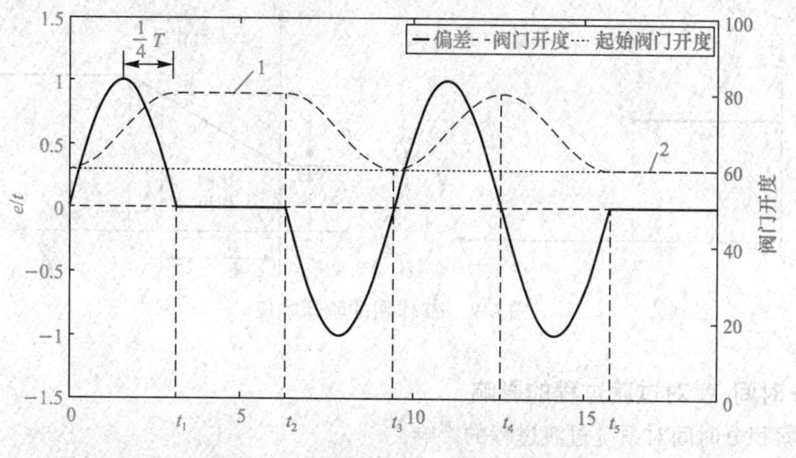

图 6-8 积分控制输入与输出的关系

从图 6-8 中可见，输出的变化总是落后偏差 e 的变化 1/4 个周期，用控制理论术语来说，就是积分控制存在 90°的相角滞后。

此外，只有当偏差 $e=0$ 时，虚线才是水平的，即控制阀开度保持不变，如图中的 1、2 两段。一旦偏差 $e\neq0$，控制阀又开始调节。

再观察虚线 1、2 对应的偏差 e，发现它们都为 0，说明在积分控制中，不同时刻偏差 e 相同，但阀门开度不一定相同，称为无定位性，只有具备无定位性的控制规律才能消除余差。

此外，只有偏差 e 符号发生改变，控制阀的动作方向才会改变。如图 6-8 中 $t_2\sim t_3$ 段偏差为负，控制阀逐渐关小，$t_3\sim t_4$ 段偏差为正，控制阀开始逐渐开大。

3. 比例积分控制(PI)

积分控制最大的优点是它可以消除余差，但积分控制作用落后偏差变化 1/4 个周期，存在很明显的控制滞后，因此积分控制通常不单独使用，而是与比例控制结合构成比例积分控制(PI)，其表达式为

$$\Delta u(t)=K_c e(t)+\frac{K_c}{T_I}\int_0^t e(t)\mathrm{d}t \tag{6-15}$$

其传递函数为

$$G_c(s)=\frac{\Delta u(s)}{E(s)}=K_c\left(1+\frac{1}{T_I s}\right)=\frac{K_c(T_I s+1)}{T_I s} \tag{6-16}$$

图 6-9 所示是比例积分控制在阶跃输入下的响应曲线。在 $t=0$ 时刻，出现幅值为 A 的阶跃输入，因为时间间隔为 0，因此积分项为 0，起作用的是比例控制部分，其大小为 $K_c A$。随着时间推移，积分控制部分逐渐累积偏差，积分控制作用逐渐增大，即图中斜线部分。t_1 时刻之后，虽然偏差已经为 0，但是因为积分控制的累积作用，比例积分控制不会像比例控制那样控制作用变为 0，而是维持在 t_1 时刻的大小，即图中水平段。

从上面输入与输出关系的分析可以得到以下几个结论。

(1)比例积分控制中，比例控制可以看成起粗调作用，它在偏差一出现的瞬间就及时地给出一个幅度为 $K_c A$ 控制作用，控制及时。积分控制可以看成在比例控制基础上的细调，它主要用

来消除比例作用之后的残余偏差。

(2)把 $t=T_{\mathrm{I}}$ 代入式(6-15)，可得 $\Delta u(T_{\mathrm{I}})=2K_{\mathrm{c}}A$，即积分作用等于比例作用所需的时间就是积分时间 T_{I}。

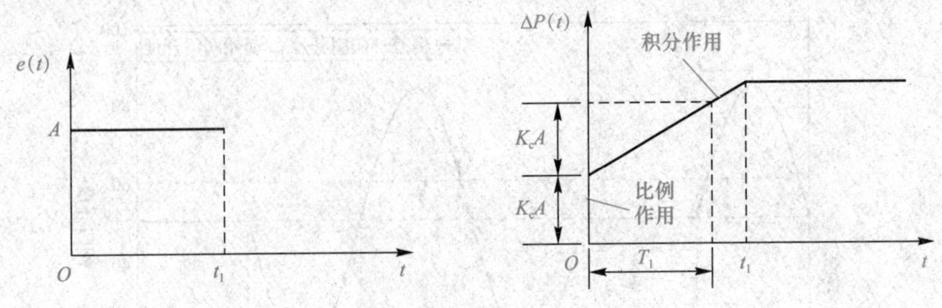

图 6-9 PI 作用的阶跃响应

4. 积分时间 T_{I} 对过渡过程的影响

下面考察积分时间对系统过渡过程的影响。

以图 6-10 所示系统为例，当 $R(s)=0$，系统在单位阶跃干扰的作用下，响应如图 6-11 所示；当 $D(s)=0$，系统跟踪单位阶跃设定值时，响应曲线如图 6-12 所示。

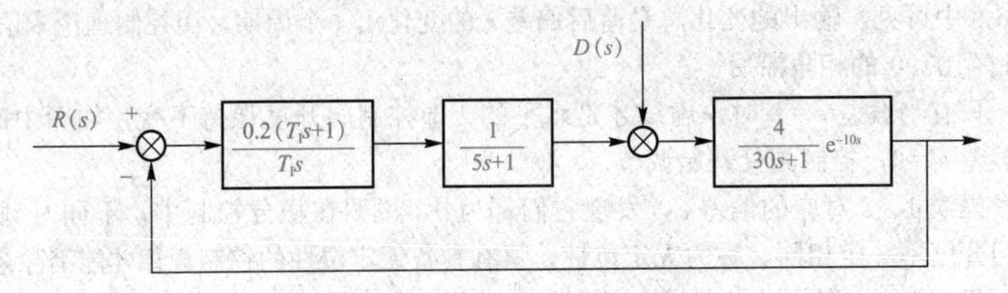

图 6-10 积分时间仿真系统框图

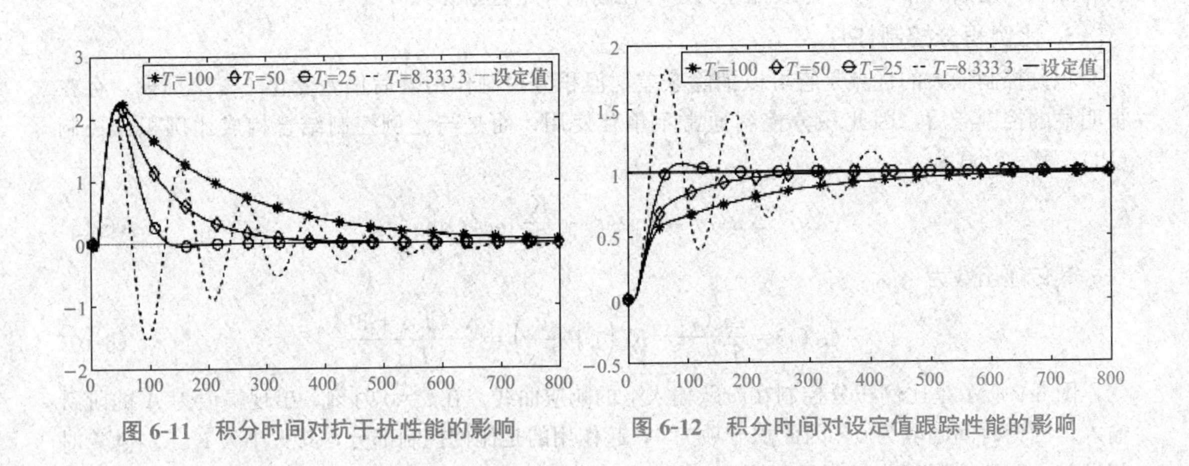

图 6-11 积分时间对抗干扰性能的影响　　图 6-12 积分时间对设定值跟踪性能的影响

从两图中可以看出：

(1)随着 T_{I} 减小，积分作用增强，系统消除余差的速度加快。比如两种情况下，$T_{\mathrm{I}}=50$ 时的曲线明显比 $T_{\mathrm{I}}=100$ 时更快地趋向于设定值，而 $T_{\mathrm{I}}=25$ 时趋向于设定值的速度比 $T_{\mathrm{I}}=50$ 时还要快。

(2)随着 T_{I} 减小，系统的振荡加剧，衰减比降低，系统的稳定性下降。

(3)T_{I} 减小，积分作用增强，使定值控制系统(抗干扰)的最大偏差降低、随动控制系统(设定值跟踪)的超调量增加。

总的来说，T_I 减小，积分作用增强，系统消除余差的速度会加快。但由于积分控制的滞后效应，积分作用过强，使得衰减比下降，振荡加剧，甚至导致不稳定。因此，T_I 也不能过小。

6.1.4 微分控制(D)

微分控制，通常用字母 D 表示，它和比例控制(P)、积分控制(I)一起构成了工业控制上应用最广泛，也是最著名的 PID 控制规律。

1. 理想微分控制的表达式

理想微分控制的表达式如式(6-17)所示，对应的传递函数见式(6-18)

$$\Delta u(t)=T_D\frac{de(t)}{dt} \tag{6-17}$$

$$G(s)=\frac{\Delta U(s)}{E(s)}=T_Ds \tag{6-18}$$

式中 T_D——微分时间，微分时间越大，微分控制作用越强；

$de(t)/dt$——偏差的导数，即偏差在 t 时刻的变化速度。

可见，微分作用的大小 $\Delta u(t)$ 与 t 时刻偏差的变化速度成正比，偏差变化得越快，控制作用越强。但如果偏差不变，即使偏差本身已经非常大，控制作用也为 0，这就说明微分作用不能消除偏差，因此微分控制不能单独使用。

既然如此，为何仍采用微分控制？回顾汽提塔液位控制的人工操作过程，假如工人看到液位迅速上升，其下意识的动作必定是把出口阀大幅度地打开，因为凭直觉判断接下来液位会上涨得更多，很可能马上导致满塔事故，因此提前开大出口阀。此处工人就是根据偏差的变化速度来操作阀门的，偏差变化越快，阀门开得越大。因此说，与比例控制一样，微分控制也是对人脑直观思维的一种模拟。

从上面的分析发现，微分控制关注偏差的变化趋势，也就是偏差的未来信息，具有超前控制的作用，可以提前抑制偏差的变化，能够降低超调量。

2. 比例微分控制(PD)

如果偏差是图 6-13(a)所示的阶跃信号，在 t_0 时刻，因为时间间隔无限小，而偏差大小为 A，那么偏差的导数 de/dt 就为无穷大。根据式(6-17)，理想微分控制器的输出也为无穷大，如图 6-13(b)所示。

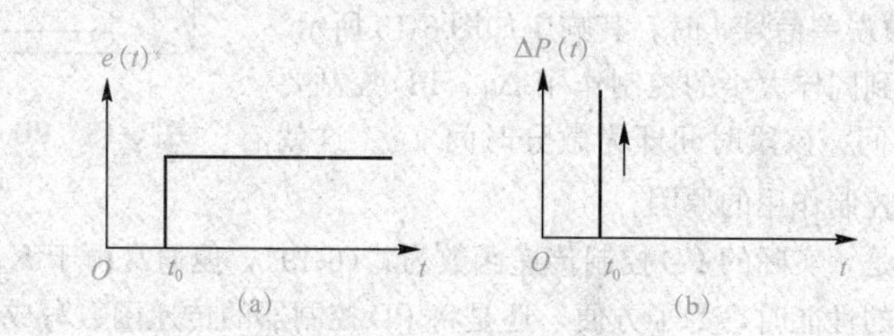

图 6-13 理想微分控制输出

(a)阶跃偏差；(b)理想微分控制作用

在现实世界中，这样的理想微分控制器是无法实现的。

工业上实际应用中，通常是将理想微分作用、比例作用以及一阶惯性环节组合在一起，构成比例微分控制(简称 PD 控制)，其传递函数见式(6-19)。这样的控制器在现实世界中，可通过集成放大器、电容电阻等元器件实现。

$$G(s)=K_c\frac{T_Ds+1}{\frac{T_D}{K_D}s+1}=K_c\left(1+\frac{\frac{T_D}{K_D}(K_D-1)s}{\frac{T_D}{K_D}s+1}\right)=K_c\left(1+\frac{T(K_D-1)s}{Ts+1}\right) \tag{6-19}$$

式中　K_D——微分增益；

$T=\frac{T_D}{K_D}$——微分时间常数。

比例微分控制器在幅度为 A 的阶跃作用下，其输出表达式为(6-20)，对应图像为图 6-14，为一条指数衰减的曲线。

$$\Delta u(t)=K_cA+K_cA(K_D-1)e^{-\frac{t}{T}} \tag{6-20}$$

根据式(6-20)

$$\Delta u(0)=K_cK_DA；\Delta u(\infty)=K_cA$$

因此，可以这样理解比例微分的控制过程，它在偏差到来时刻，预先将偏差信号放大 K_cK_D 倍，然后以时间常数 $T=T_D/K_D$ 按指数衰减至偏差的 K_c 倍。

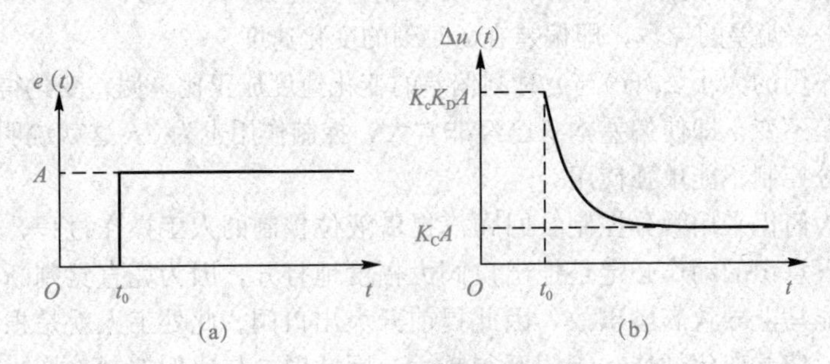

图 6-14　PD 控制的阶跃响应

(a)阶跃偏差；(b)PD 控制作用

K_D 越大，一开始的控制作用幅度就越大，控制作用越强。K_D 在控制器设计时即被确定，一般为 5～10。

T_D 越大，说明微分作用的持续时间越长、微分作用越强。实际的控制器是通过 T_D 来调节微分作用的强弱的。

当给 PD 控制器和 P 控制器(两个控制器的比例增益 K_c 相同)输入同一个斜坡误差信号 e 时，其响应如图 6-15 所示。从图中可以看到，达到同样大小的控制作用 Δu，PD 控制要比 P 控制提前一段时间，该段时间即为微分时间 T_D。这就是微分控制具有超前控制作用的原因。

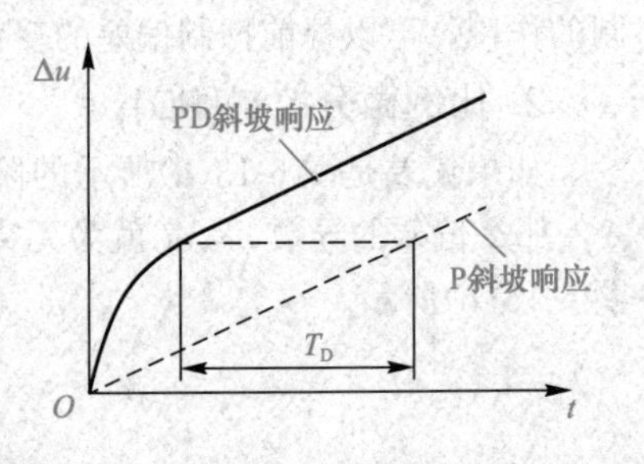

图 6-15　PD 与 P 斜坡响应

另外需要指出的是，实际的 PD 控制传递函数为式(6-19)，但通常由于 K_D 相对于 T_D 很大，因此在分析控制系统的性能时，为了方便，还是将 PD 控制器的传递函数写成

$$G(s)=K_c(1+T_Ds) \tag{6-21}$$

3. 微分时间 T_D 对过渡过程的影响

建立图 6-16 所示系统考察微分时间 T_D 对过渡过程的影响。根据式(6-19)，显然该系统的控制器为 PD 控制器。假设 $K_c=0.5$，$K_D=6$，T_D 分别为 1、4、6、8、20。当 $R(s)=0$ 时，$D(s)=1/s$，系统为定值控制系统(抗干扰)时的单位阶跃响应曲线如图 6-17 所示。

从图 6-17 中可以看到，$T_D=1$、4、6、8 四条曲线最后重叠在一起，而且与设定值 0 存在差

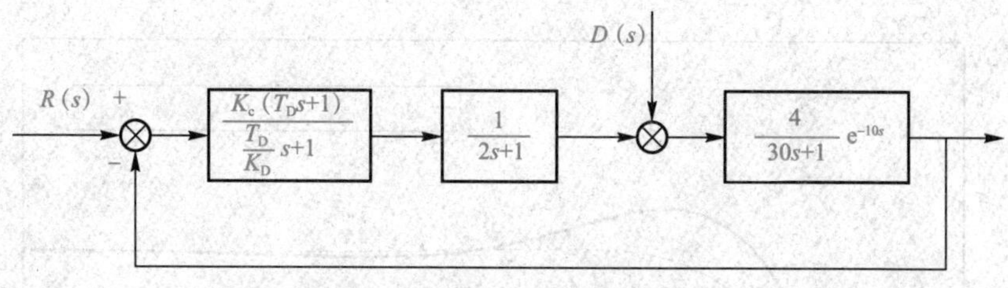

图 6-16　微分时间仿真系统框图

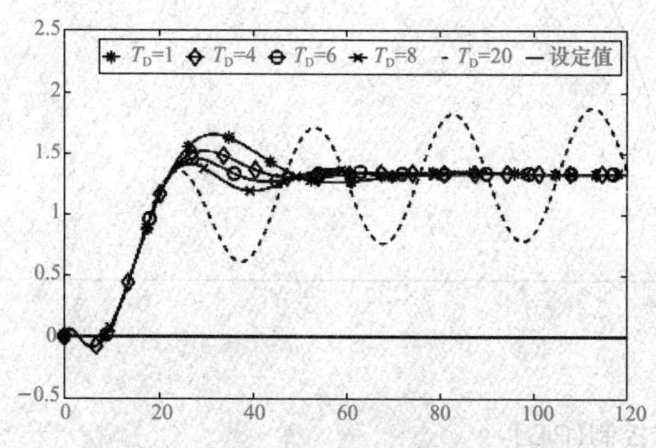

图 6-17　微分时间对定值控制系统的影响

距，说明微分控制对余差没有影响。但这里需要说明的是，虽然微分控制本身不能减小余差，但是由于引入适当微分作用可以提高系统稳定性，在保持稳定性不变的情况下，可以增大比例增益 K_c，而从比例控制的分析知道，增大比例增益 K_c 可以减小余差，因此引入微分作用可以通过增加比例增益 K_c 间接地减小余差。

另外，随着 T_D 增大，最大偏差减小，快速性提高，过渡时间减小；但是当 T_D 增大到 20 时，系统出现了不稳定振荡，说明微分控制作用也不能太强，否则可能会导致系统不稳定。

4. 微分控制的应用场景

将图 6-16 中的被控对象改成

$$G_p(s)=\frac{4}{(30s+1)(60s+1)}$$

在执行器不变的情况下，分别采用比例控制器 $G_{c1}(s)=0.5$，以及 PD 控制器

$$G_{c2}(s)=0.5\,\frac{18s+1}{3s+1}$$

进行抗干扰仿真对比。从图 6-18 的仿真结果可以看到，在相同比例增益下，比例微分控制明显比比例控制效果好，比例微分控制没有超调，而且过渡时间短，比例控制则有明显的超调，也要经过更长时间才能稳定下来。

由于微分控制的超前控制特点，它主要用以时间常数大、容量滞后大的被控对象，如生产中温度和成分对象通常都要用到微分控制。但需要注意的是，微分控制可以改善容量滞后，但对纯滞后没有效果，因此在纯滞后这段时间内，系统偏差没有变化。

此外，微分控制是根据偏差变化速度进行控制的，因此很容易放大高频噪声，导致控制阀频繁极限动作，影响使用寿命和控制质量。

在被控变量为流量和液位的控制系统中，流体的湍动会引起流量噪声，液体进入容器时的飞溅容易造成液位噪声，因此微分控制不应该用于快速变化的液位、流量以及压力系统的控制。

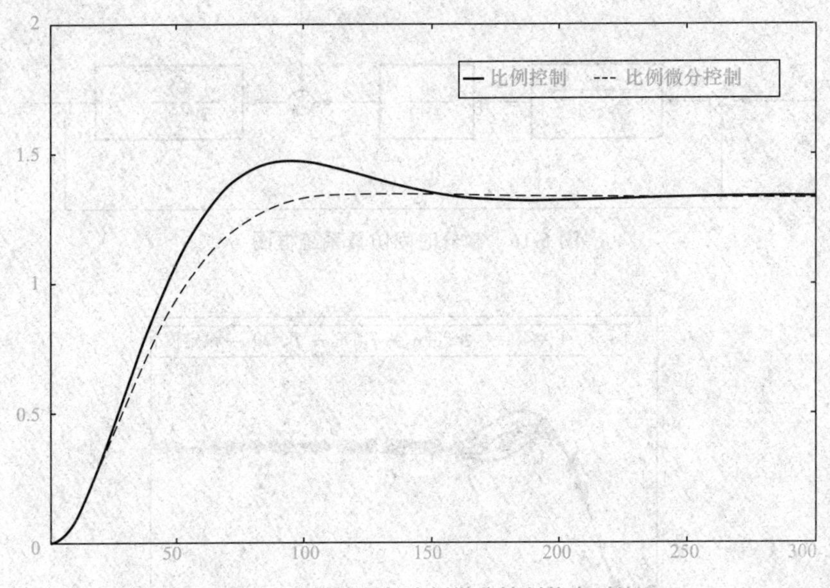

图 6-18　比例控制与比例微分控制仿真对比

5. 比例积分微分控制(PID)

(1)PID 控制表达式。积分控制可消除余差，但存在控制滞后；微分作用具有超前控制作用，可降低超调量，提升快速性，但不能消除余差。因此，可以将比例、积分和微分结合起来，取长补短，构成比例积分微分控制，简称 PID 控制，也称为三作用控制器。

理想 PID 表达式：

$$\Delta u(t)=K_c\left[e(t)+\frac{1}{T_I}\int_0^t e(t)\mathrm{d}t+T_D\frac{\mathrm{d}e(t)}{\mathrm{d}t}\right] \tag{6-22}$$

由于理想微分 $\mathrm{d}e(t)/\mathrm{d}t$ 无法实现，可在式(6-19)的 PD 控制器中加入积分作用 $1/(T_I s)$，构成实际的 PID 控制器，其传递函数为

$$G(s)=K_c\left[1+\frac{1}{T_I s}+\frac{\frac{T_D}{K_D}(K_D-1)s}{\frac{T_D}{K_D}s+1}\right] \tag{6-23}$$

令

$$I=\frac{1}{T_I};\ D=\frac{K_D-1}{K_D}T_D;\ N=\frac{K_D}{T_D} \tag{6-24}$$

则 $G(s)$ 可改写为

$$G(s)=K_c\left(1+I\frac{1}{s}+\frac{Ds}{\frac{1}{N}s+1}\right)=K_c\left(1+I\frac{1}{s}+D\frac{N}{1+N\frac{1}{s}}\right) \tag{6-25}$$

式(6-25)就是图 6-19 所示 Simulink 中 PID 控制器采用 Ideal 形式时的传递函数，其中 K_c 即"Proportional(P)"参数，即比例增益；I 为"Integral(I)"参数，即积分速度，也就是积分时间 T_I 的倒数；D 为"Derivative(D)"参数，从式(6-24)可知，其约等同于微分时间 T_D；N 为"Filter coefficient (N)"参数，即滤波器系数，其默认值为 100。在 D 一定的前提下，N 值越大，微分控制作用越强，但越容易受高频噪声的干扰。

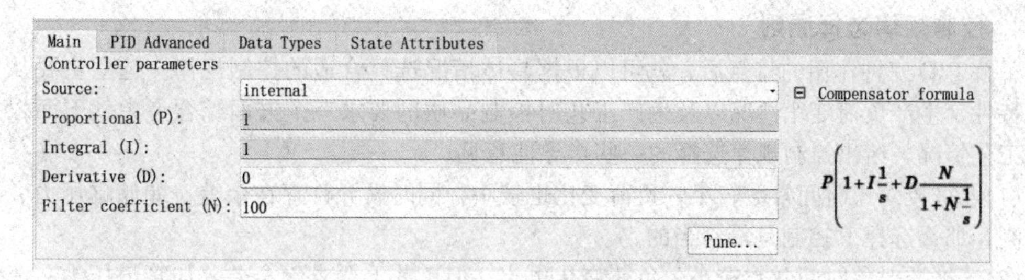

图 6-19　Simulink 中 PID 控制器参数设置界面

(2)PID 控制器的输出特性。PID 控制器的阶跃响应如图 6-20 所示，从中可见：

1)刚开始，微分控制起主导作用，产生强烈的“超前”控制作用，可看作“预调”，随后，微分作用逐渐衰减。

2)微分作用消失后，积分输出逐渐占主导地位，只要余差存在，积分作用就不断增加，直至余差完全消失，积分作用才停止，可看作“细调”。

3)比例作用自始至终与偏差成正比，是一种最基本的控制作用，可看作“粗调”。

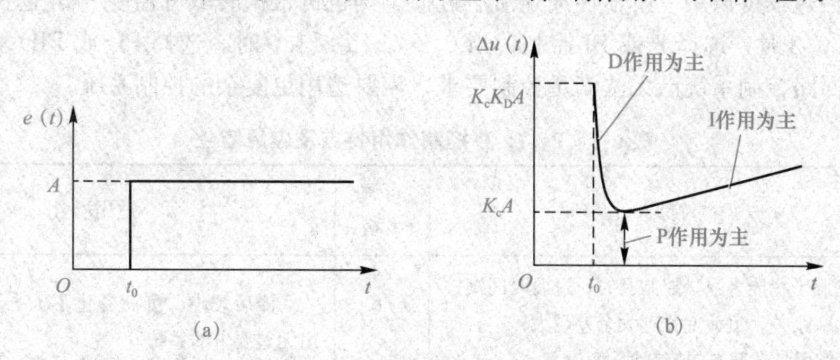

图 6-20　PID 控制的阶跃响应

(a)阶跃偏差；(b)PID 控制作用

6.1.5　数字式 PID 及其改进算法

前面所述 PID 控制规律用于模拟式控制系统。模拟式控制系统每时每刻都在进行数据采集、控制输出，相比之下，计算机控制系统则是每隔一个采样周期 T_s 执行一次控制操作，它是不连续地、离散式地工作的。故 PID 控制规律用于 DCS 等计算机控制系统时，必须进行数字化。扫码查阅相关内容。

数字式 PID 及其改进算法

6.1.6　汽提塔控制系统控制规律的选择

目前的工业生产中，比例控制(P)、比例积分控制(PI)、比例微分控制(PD)以及比例积分微分控制(PID)四种控制规律应用最广泛，其占比超过了 90%。它们都是由 P、I、D 三种作用组合而成的。

表 6-1 总结了 P、I、D 三种控制作用的特点及应用场合。总的来说，比例控制克服干扰能力强，控制及时，但存在余差；积分控制可以消除余差，但存在控制滞后影响系统稳定性；微分控制具有超前控制特点，可以降低超调量，缩短过渡时间，对克服大的容量滞后有明显效果，但是对高频噪声非常敏感。

1. 控制规律选择原则

了解PID三种作用的特点后，就可以根据具体情况选择合适的控制规律。选型主要从被控对象特性、生产负荷变化情况以及生产工艺对控制品质的要求三个方面综合考虑。下面根据不同的工艺情况，给出控制规律选择的一些指导性意见。

(1)若被控对象时间常数较小，负荷变化也较小，同时又允许存在余差，如储罐压力、液位的控制，那么选择P控制是最恰当的。

(2)若被控对象时间常数较小，负荷变化也小，但工艺上要求无余差，如管道压力、流量的控制，那么应该选择PI控制。

(3)若被控对象时间常数大、容量滞后大，则可引入微分作用。若对余差无要求，可选择PD控制，若要求无余差，则应选PID控制。工业上温度、成分和pH值的控制一般都应引入D作用。

(4)微分作用会放大高频噪声，降低控制品质，故在实际应用过程中，液位、流量及压力系统一般不应加入微分作用。

(5)如果被控对象时间常数和容量滞后都非常大，又存在纯滞后，同时负荷变化又很频繁而且幅度大，则应该采用复杂控制系统。

(6)若被控过程可以用一阶惯性加纯滞后近似，则也可根据时域可控度τ/T选择控制规律。当$\tau/T \leqslant 0.2$时，选择P或PI控制；当$0.2 < \tau/T \leqslant 1.0$时，选择PD或PID；如果$\tau/T > 1.0$，说明单回路控制系统已无法满足控制要求，需要选用更复杂的控制系统。

表6-1　P、I、D控制作用特点及应用场合

控制规律	特点	可调参数	适用场合
P	(1)克服干扰能力强，控制及时，过渡时间短； (2)存在余差，负荷变化越大余差越大； (3)P作用是最基本的控制规律	δ/K_c	滞后较小、负荷变化不大、工艺上没有提出无差要求的系统
I	(1)可以消除余差； (2)存在控制滞后，降低稳定性	T_I	滞后和时间常数小、负荷变化不大、工艺参数不允许有余差的系统
D	(1)对克服对象的容量滞后有显著的效果； (2)可降低超调量，缩短过渡时间，增加稳定性； (3)对高频噪声特别敏感	T_D	适用于容量滞后较大、负荷变化大、控制质量要求较高的系统； 时间常数很小、噪声严重的系统，不应加入微分作用

2. 汽提塔控制系统控制规律的选择

根据P、I、D三种控制作用的特点，以及上述控制规律选型原则，结合汽提塔的具体工艺实际，下面给出汽提塔5个控制系统控制器的选型参考。

(1)进料流量控制系统FC控制器选择。汽提塔的进料流量是否精确对塔的稳定操作至关重要，因此除最基本的P控制以外，还需要加上积分作用，由于流量变化极快，不应加入微分作用，因此FC控制器的控制规律应选择PI控制。

(2)塔温控制系统TC控制器选择。汽提塔的温度控制要求较为精确，温度太高会导致PVC颗粒分解变色，温度过低，VCM的脱除效果又太差，通常要求将塔温控制在110 ℃附近。据此分析，TC应加入积分作用，以获得比较精确的控制效果，又因为温度对象容量滞后较大，因此需要引入微分作用。

综上所述，塔温控制系统TC控制器应选择PID控制规律。

(3)塔顶压力控制系统 PC 控制器选择。汽提塔操作时，塔压要求比较精确，应加入积分作用，但压力对象一般不能加微分作用，因此 PC 控制器应选择 PI 控制规律。

(4)塔底液位控制系统 L_1C 控制器选择。塔底液位对塔的稳定操作也有较重要的影响，它虽然不会影响氯乙烯的脱出效果，但塔底液位过高，就会使底部筛板积液，影响筛板脱出效率，而且会造成浆料停留时间长及全塔差压升高。因此，塔底液位控制可加入积分作用，但浆料从汽提塔上部进入，飞溅落入塔底，使液位噪声很大，因此不能加入微分作用。

因此，塔底液位控制系统 L_1C 控制器可考虑选择 PI 控制。

(5)冷凝水槽液位控制系统 L_2C 控制器选择。保持一定的冷凝水槽液位主要是为了防止 VCM 气体从槽底逸出，其液位精确性要求不高，选择 P 控制即可。

知识拓展

韩京清研究员与自抗扰控制技术

“不用被控对象的精确模型，只用控制目标与对象实际行为的误差来产生消除此误差的控制策略的过程控制思想，是 PID 留给人类的宝贵思想遗产，是 PID 控制技术的精髓。”也正是由于这个原因，PID 控制才能在控制工程实践中得到广泛、有效的应用。

PID 控制的缺点如下：

(1)直接以 $e=v-y$ 的方式产生原始误差。控制目标 v 是有可能产生突变的，而对象输出 y 一定是连续的，用连续的缓变的变量追踪可能突变的变量本身就是不合理的。

(2)产生 e 的微分信号没有太好的办法。

(3)线性组合不一定是最好的组合方式。

(4)误差信号 e 的积分反馈的引入有很多负作用。

针对上述缺点，中国科学院数学与系统科学研究院韩京清研究员，摒弃当时国际主流的模型论，依靠工程直觉，在吸取 PID 控制基本思想的同时，创新性地增加了过渡过程、非线性反馈控制律、扩张状态观测器、更合理的微分信号生成器等环节，在国际上率先提出了自抗扰控制(ADRC)技术，并积极推广 ADRC 技术，使其成为控制技术与理论发展的新动力。

1999 年，韩京清带领控制室许可康、黄一完成第一个航天姿态控制课题，提出基于 ADRC 的飞行控制方法。经过 20 多年的发展，目前已经形成原创性的以 ADRC 为核心的飞行器控制设计新方法和新理论，攻克了多项新型飞行器研制中的技术壁垒，带来了一系列航天航空高性能飞行器控制系统核心技术创新，并已实际应用于我国航天航空多个新型飞行器的飞行控制中。

2010 年，美国 Parker Hannifin 挤压机工厂的 10 条生产线采用了 ADRC 技术，实现了节能 57%的效果；2011 年美国国家超导回旋加速器实验室的高能粒子加速器采用了 ADRC 技术，有效提高了对幅值和相位的控制；2013 年美国德州仪器推出了一系列装有 ADRC 算法的运动控制芯片。

韩京清先生脚踏实地、独立思考、不盲从传统的严谨治学精神永远值得人们学习！

任务测评

1. 写出 P、I、D 三种控制规律的传递函数，归纳总结它们各自的特点。

2. 一个自动控制系统，在比例控制基础上分别适当增加积分作用和微分作用，试问：

(1)这两种情况对系统稳定性、最大偏差(超调量)、余差分别有何影响？

(2)为了得到相同的稳定性，应如何调整控制器的比例带 δ？说明理由。

3. 在相同的稳定性前提下，比例微分控制系统的余差为什么比纯比例控制系统的小？

4. 微分控制对克服容量滞后是否有效果？对纯滞后是否有效果？为何？

5. 什么是积分饱和现象？积分饱和产生的原因是什么？

6. 对位置式 PID 算法，怎样才能克服积分饱和的影响？增量式 PID 怎样才能克服积分饱和？

7. 微分先行 PID 具有什么优势？主要用在什么场合？

8. 积分分离 PID 用在什么场合？

任务 6.2　控制器参数的工程整定

任务描述

目前实际生产中应用的控制器大部分是 PID 控制器，它有比例带 δ、积分时间 T_I 以及微分时间 T_D 三个可以调整的参数，改变这三个参数的大小可以调整比例控制、积分控制、微分控制三种作用的强弱。

控制器参数整定就是确定 δ、T_I 以及 T_D 这三个参数大小，以获得满意的控制效果的过程。参数整定有理论计算法和工程整定法两条路线，实际生产中大多采用工程整定法。

本任务要求通过 Simulink 仿真的形式，利用临界比例带法、衰减曲线法和经验凑试法三种广泛应用的工程整定方法，对汽提塔温度控制系统进行参数整定。

6.2.1　临界比例带法

临界比例带法又称 Ziegler－Nichols 法，于 1942 年提出。它便于使用，而且在大多数控制回路中能得到良好的控制品质。尽管有一些其他方法，但与临界比例带法相比看不出明显改进，故临界比例带法仍是常用方法之一，且人们往往将临界比例带法作为与其他整定方法的对比基准。

1. 整定步骤及注意事项

该法先通过试验得到使系统产生等幅振荡的临界比例带 δ_k 和临界周期 T_k，然后根据 δ_k 和 T_k，按照经验公式求出控制器的 δ、T_I 以及 T_D 这三个控制器参数。其具体步骤如下：

(1)待工况稳定后，将控制器设为纯比例作用(把 T_I 设成一个很大的数，T_D 设为 0)。

(2)将比例带 δ 设置为较大数值，加入阶跃扰动(一般是改变控制器的设定值)，观察被控变量的阶跃响应曲线。由大到小改变 δ，直到系统产生如图 6-21 所示的临界等幅振荡。

(3)记下临界振荡时的比例带 δ_k(比例增益为 K_{cr})、振荡周期 T_k(图 6-21)。根据所选控制规律，按照表 6-2 所列公式计算 δ、T_I 以及 T_D。

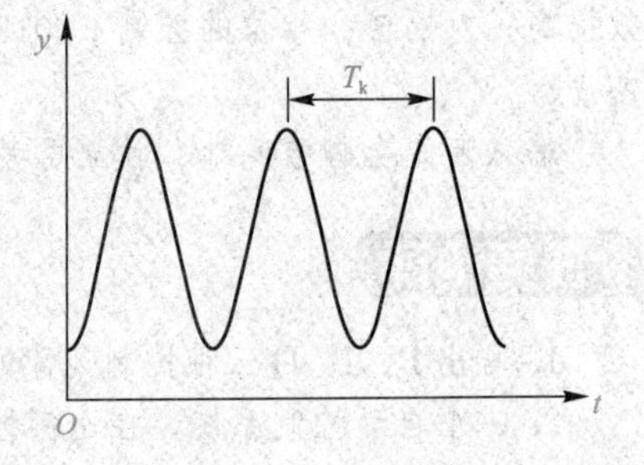

图 6-21　临界振荡

(4)将整定好的参数设置回控制器，观察过渡过程是否合格，如不满意，再进行调整。

临界比例带法是以获得 $\eta=4:1$ 衰减比，并具有适当的超调量(或最大偏差)为目的的。从

表6-2可以得出以下几条具有普遍意义的规律。

(1)纯比例控制时，$K_c=0.5K_{cr}$，说明0.5的稳定裕度是与4∶1衰减基本对应的。

(2)PI控制的$K_c(0.45K_{cr})$值要比纯比例控制的$K_c(0.5K_{cr})$值小10%，这是由于加入积分作用会使系统稳定性变差，为维持原有稳定性，必须将其值减小。

(3)由于微分作用的超前控制作用，可改善稳定性，K_c值可以提高，因此表6-2中PID的K_c值是纯比例时的1.2倍。

(4)积分时间约是微分时间的4倍。

表6-2　临界比例带法整定参数计算公式

控制规律	δ/%(K_c)	T_I/min(K_I)	T_D/min
P	$2.0\delta_k(0.50K_{cr})$		
PI	$2.2\delta_k(0.45K_{cr})$	$0.85T_k(1.18/T_k)$	
PD	$1.8\delta_k(0.56K_{cr})$		$0.100T_k$
PID	$1.7\delta_k(0.60K_{cr})$	$0.50T_k(2.00/T_k)$	$0.125T_k$

采用临界比例带法整定时应注意以下几点：

(1)获取等幅振荡曲线时，应使控制系统工作在线性区，不要使控制阀出现开、关的极端状态，否则得到的持续振荡曲线可能是“极限循环”，实际上系统早已处于发散振荡了。

(2)由于被控对象特性的不同，按表6-2求得的控制器参数不一定都能获得满意的结果。对于非自衡过程，用临界比例带法求得的控制器参数往往使系统响应的衰减比偏大($\eta>4$)。而对于自衡的高阶等容对象，用此法整定控制器参数时系统响应衰减比大多偏小($\eta<4$)。因此，按照上述方法求得的控制器参数，应针对具体系统在实际运行过程中进行在线校正。

2. 临界比例带法的应用场合

(1)临界比例带法适用于临界振幅不大、振荡周期较长的过程控制系统，但有些系统从安全性考虑不允许进行稳定边界试验，如锅炉汽包水位控制系统。还有某些时间常数较大的单容对象，用纯比例控制时系统始终是稳定的，无法得到临界状态，此法也不适用。

(2)临界比例带法只适用于二阶以上的高阶对象，或一阶加纯滞后的对象，否则在纯比例控制情况下，系统不会出现等幅振荡。

(3)临界比例带法对系统的放大系数也有要求，设控制系统中除控制器以外的放大系数为K_p，则当$2\leqslant K_{cr}K_p\leqslant 20$，临界比例带法整定出来的参数比较合适，否则应按下述原则处理。

1)当$K_{cr}K_p>20$时，应采用更为复杂的控制算法，以求较好的调节效果。

2)当$K_{cr}K_p<2$时，应使用一些能补偿纯滞后的控制策略。

3)当$1.5<K_{cr}K_p<2$时，在对控制精度要求不高的场合仍可使用PID控制器，但需要对表6-2进行修正。在这种情况下，建议采用SMITH预估控制或内模控制策略。

4)当$K_{cr}K_p<1.5$时，在对控制精度要求不高的场合仍可使用PI控制器，在这种情况下，微分作用意义已不大。

6.2.2　衰减曲线法

在一些不允许或不能得到临界等幅振荡的场合，可采用衰减曲线法。其整定步骤如下：

(1)将控制器的积分时间T_I设为最大值，微分时间T_D设为零，即切除积分和微分作用。将比例带δ设为较大值，系统投入运行。

(2)待系统稳定后，做设定值阶跃扰动，并观察系统的响应。若系统衰减太快，则减小比例带；反之，系统响应衰减过慢，则应增大比例带。如此反复，直到系统出现如图 6-22 所示的 4∶1 衰减振荡过程。记下此时的比例带 δ_s 和振荡周期 T_s。

(3)利用得到的 δ_s 和 T_s，按照表 6-3 中的经验公式，计算控制器的 δ、T_I 以及 T_D。

表 6-3　4∶1 衰减曲线法计算公式

控制规律	δ/%	T_I/min	T_D/min
P	δ_s		
PI	$1.2\delta_s$	$0.5T_s$	
PID	$0.8\delta_s$	$0.3T_s$	$0.1T_s$

有的过程 4∶1 衰减仍振荡过强，可采用 10∶1 衰减曲线法，方法同上，得到图 6-23 所示 10∶1 衰减曲线后，记下此时的比例带 δ_s 和最大偏差时间 T_r，然后按照表 6-4 中的经验公式进行计算，求出相应的参数。

表 6-4　10∶1 衰减曲线法计算公式

控制规律	δ/%	T_I/min	T_D/min
P	δ_s		
PI	$1.2\delta_s$	$2T_r$	
PID	$0.8\delta_s$	$1.2T_r$	$0.4T_r$

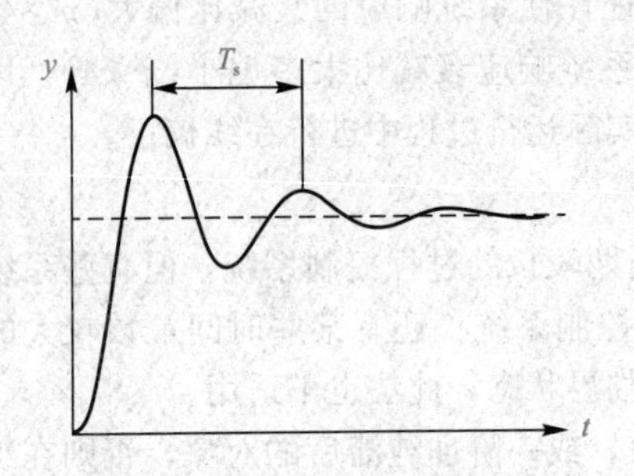

图 6-22　4∶1 衰减振荡过程

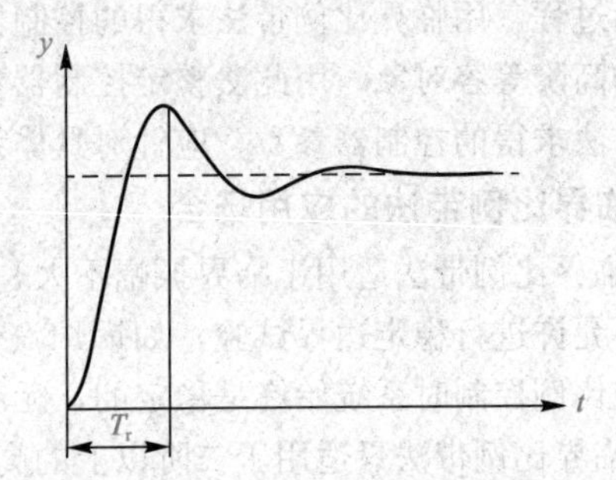

图 6-23　10∶1 衰减振荡过程

衰减曲线法在执行过程中，有以下几点需要注意。

(1)加入的干扰幅值不能太大，一般为额定值的 5%左右，否则对生产的影响太大。

(2)应在工况稳定后再施加干扰，否则得不到正确的数据。

(3)流量、管道压力和小容量的液位控制等反应很快的系统，很难得到 4∶1 曲线。此时可以把被控变量来回波动两次达到稳定，认为是 4∶1 曲线。

衰减曲线法比较方便，适用于一般情况下的各种参数的控制系统。但在干扰频繁、记录曲线不规则、不断有小摆动情况下，由于不易得到正确的 δ_s 和 T_s 等数据，则无法应用。

6.2.3　经验凑试法

经验凑试法的总体思路是根据不同的被控变量类型，参照表 6-5 的生产实践经验，给控制器参数设置一个初值，如被控变量是流量，则将 δ 初值设置为 40%～100%、T_I 设置为 0.3～1 min、T_D 设置为 0，也就是不要微分作用，控制器采用的是 PI 控制。

表 6-5 控制器参数经验数据表

被控变量	被控对象特点	δ/%	T_I/min	T_D/min
压力	时间常数和容量滞后一般，不算大，一般不加微分作用	30～70	0.4～3	
液位	时间常数范围较大，一般不加积分和微分作用	20～80		
流量	时间常数很小，测量噪声较大；T_I 要短；不得加微分作用	40～100	0.3～1	
温度	时间常数和容量滞后较大。δ 要小；T_I 要长；一般应加入微分作用	20～60	3～10	0.5～3

1. 整定步骤

初值设置完成后，改变设定值以施加干扰，观察过渡曲线，按规定顺序逐个整定三个参数，直到获得满意的控制质量。

具体的整定顺序又分成两种：一种是按先比例，后积分，最后微分的顺序依次整定 δ、T_I、T_D；另外一种是先整定 T_I、T_D 再整定 δ。下面重点介绍第一种，其步骤如下：

(1)按照表 6-5 将 δ 设为较大数值，将系统投入自动，改变设定值，观察记录曲线。若曲线不是 4∶1 衰减(假设要求为 4∶1 衰减)，如果此时衰减比 $\eta>4$，则说明 δ 偏大，适当减小 δ，再次改变设定值，观测记录曲线，直到获得 4∶1 曲线为止。需要说明的是，改变 δ 后，如果不再次改变设定值，除非恰好出现干扰，否则是无法看出衰减振荡曲线的。

(2)δ 调整后，如果需要消除余差，则要引入积分作用。一般积分时间取衰减振荡周期的 1/2，同时将 δ 增加 10%～20%，改变设定值，观察记录曲线，看衰减比和余差消除情况是否符合要求，不符合则再次适当改变 δ 和 T_I。

(3)如采用 PID 控制，则在调整 δ 和 T_I 的基础上，再引入微分作用。引入微分作用后由于增加了系统稳定性和快速性，可适当减小 δ 和 T_I。微分时间 T_D 也要凑试，以使系统满足要求。

2. 整定口诀

经验凑试法关键在于“看曲线调参数”，也就是要能通过曲线的形状，判别参数应该变大还是减小，大致应该变大多少，减少多少，这就需要非常熟悉 δ、T_I、T_D 对过渡过程的影响。在长期的工程实践中，工程界总结了下面的调参口诀，供工程技术人员参考。

参数整定找最佳，从大到小顺序查；
先是比例后积分，最后再把微分加；
曲线振荡很频繁，比例度盘要放大；
曲线漂浮绕大弯，比例度盘往小扳；
曲线偏离回复慢，积分时间往下降；
曲线波动周期长，积分时间再加长；
曲线振荡频率快，先把微分降下来；
动差大来波动慢，微分时间应加长；
理想曲线两个波，前高后低 4 比 1；
一看二调多分析，调节质量不会低。

下面对这些口诀做解释。

(1)“参数整定找最佳，从大到小顺序查；先是比例后积分，最后再把微分加”。这一句口诀是对整个参数整定过程的概括性总结。

对于 PI 控制来说，如果只按 4∶1 衰减比的要求进行整定，那么可以有很多对 δ 和 T_I 同样能满足 4∶1 的衰减比，在实际应用中必须根据具体的工艺要求，从多对 δ、T_I 组合中选出一对适合的值，这就是“参数整定找最佳”的含义。

“从大到小顺序查”是说在具体操作时，先把 δ、T_I 放至最大位置，把 T_D 调至零，从大到小改变 δ 或 T_I，实质是慢慢地增加比例作用或积分作用的影响，避免系统出现大的振荡。然后根据系统实际情况决定是否使用微分作用。

“先是比例后积分，最后再把微分加”是经验法的整定步骤。当对系统特性不了解时，应先把积分作用取消，待调整好比例带，使控制系统大致稳定以后，再加入积分作用。对于比例控制系统来说，如果规定 4∶1 的衰减过渡过程，则只有一个比例带能满足这一规定，而其他任何比例带都不可能使过渡过程的衰减比为 4∶1。因此，对于比例控制系统，只要找到能满足 4∶1 衰减比时的比例带就行了。

在调好比例控制的基础上，如果需要消除余差，则需要再加入积分作用。但积分会降低过渡过程的衰减比，使系统的稳定程度下降。为保持系统的稳定程度，就要增大控制器的比例带 δ，降低比例作用，即减小控制器的比例增益 K_c。这就是在整定中投入积分作用后，要把 δ 增大约 20%的原因。其实质是为 δ 和 T_I 的匹配问题，在一定范围内 δ 的减小，是可以通过增加 T_I 来补偿的，但也要看到比例作用和积分作用是互为影响的，如果设置的 δ 过小时，即便 T_I 恰当，系统控制效果仍然会不佳。

(2)“曲线振荡很频繁，比例度盘要放大”。比例度即比例带，早期的控制器大多是气动调节仪表，气动仪表调整比例度就是改变一个针形阀门的开度，为便于观察阀门的开度，阀门手柄上有个等分刻度盘；电动仪表调整的是电位器，同样也有一个等分刻度盘；这就是口诀中说的“比例度盘”。

这一句说的是比例带过小时，会产生周期较短的激烈振荡，且振荡衰减很慢，严重时甚至会成为发散振荡，如图 6-24(a)所示。这时调大比例带，可使曲线平缓下来，如图 6-24(b)所示。

(3)“曲线漂浮绕大弯，比例度盘往小扳”。比例带过大时会使被调参数变化缓慢，即记录曲线偏离设定值幅值较大，时间较长，这时，曲线波动较大且变化无规则，形状像绕大弯似的变化，如图 6-25 所示。这时就要调小比例带，使余差尽量小。

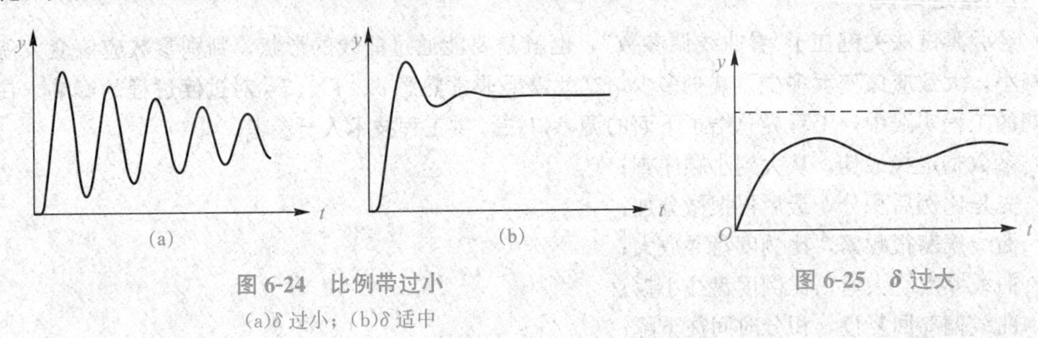

图 6-24　比例带过小

(a)δ 过小；(b)δ 适中

图 6-25　δ 过大

(4)“曲线偏离回复慢，积分时间往下降；曲线波动周期长，积分时间再加长”。说的是积分作用的整定方法。当 T_I 太长时，会使曲线非周期地慢慢地回复到给定值，即“曲线偏离回复慢”，如图 6-26(a)所示，此时适当减少 T_I，就能获得图 6-26(b)所示较理想的过渡过程；相反，当 T_I 太短时，会使曲线振荡，且周期较长，如图 6-26(c)所示，即“曲线波动周期长”，此时应加大 T_I。对比图 6-25 和图 6-26，可以发现 δ 和 T_I 过小都会导致曲线振荡，但积分时间 T_I 过小导致的振荡，其周期相对更长，这就是“周期长”的含义。

(5)“曲线振荡频率快，先把微分降下来；动差大来波动慢，微分时间应加长”。这两句口诀是针对微分作用而言。“曲线振荡频率快，先把微分降下来”指的是当加入微分作用后，如果微分时间 T_D 过大，则会如图 6-27 所示，曲线以较高的频率振荡(相对于无微分作用时)，这时应该将 T_D 降低。

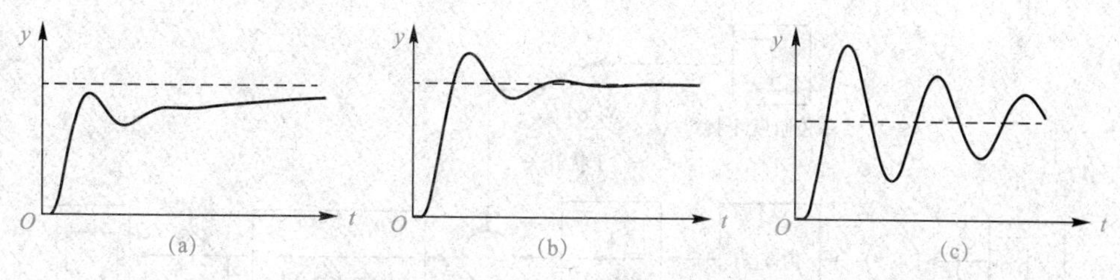

图 6-26　积分时间 T_I 对过渡过程的影响

(a) T_I 过大；(b) T_I 适中；(c) T_I 过小

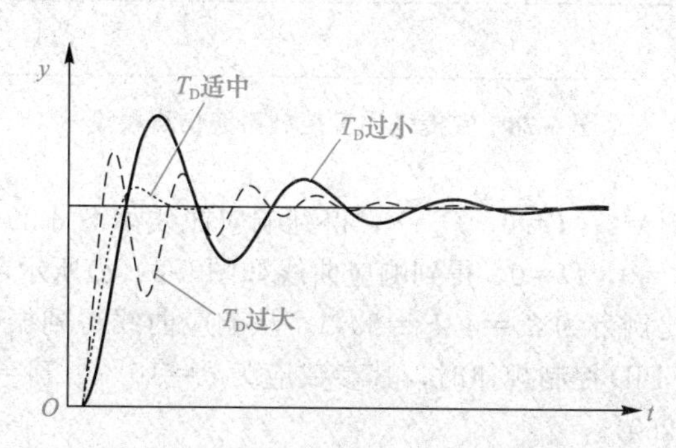

图 6-27　微分作用对过渡过程的影响

“动差大来波动慢，微分时间应加长”，指的是有些过程如果超调量(动差)过大，说明 T_D 太小，即微分作用太弱，应适当增大 T_D。如微分作用大小适当，其超调量和过渡时间都将大大减小。但应注意，微分作用易放大高频噪声干扰，在实际的应用过程中应谨慎加入。

以上说的是孤立的调试方法，在实际调试中，由于比例、积分、微分作用的相互影响，因此要互相兼顾才能调试好。要掌握的是振荡过强则应加大比例带，加大积分时间；恢复过慢则应减小比例带，减小积分时间。加入微分作用后，要把比例带和积分时间在原有的基础上减小一些。

(6)“理想曲线两个波，前高后低 4 比 1”。这句口诀说的是，在多数情况下，都希望得到衰减比 $\eta=4:1$ 的衰减过渡过程。因为在生产现场投用自控系统时，被控工艺参数在受到干扰和控制器的校正后，能比较快地达到一个高峰值。然后又马上下降并较快地达到一个低峰值。工艺操作人员看到这样的曲线，心里就比较踏实，他知道被调工艺参数再振荡几次就会稳定下来了，是不会出现大的超调现象的。但如果过渡过程是非振荡的过程，则工艺操作人员在较长的时间内只看到过程曲线在一直上升或下降，操作人员害怕出事故的心态，可能会驱使其调动相应的阀门改变工艺物料的大小以求指标稳定，由于人为的干扰会导致被调参数大大偏离设定值，这一恶性循环严重时，可能会使系统处于不可控状态，因此选择衰减振荡的过渡过程，并规定衰减比为(4～10)∶1，是根据工艺操作人员的实践经验得来的。

6.2.4　汽提塔温度控制系统参数整定

建立图 6-28 所示汽提塔温度控制系统 Simulink 仿真模型。下面通过仿真方式，演示如何采用 4∶1 衰减曲线法整定控制器参数。

Simulink 中 PID 的参数为比例增益 $P(1/\delta)$、积分速度 $I(1/T_I)$和微分时间 D，整定时要求由大到小改变比例带 δ 和 T_I，即从小到大增加 P、I。为叙述方便，以比例增益 P 和积分速度 I 代替 δ 和 T_I。先设 $P=1(\delta=100\%)$，$I=0$，$D=0$，得到设定值响应曲线如图 6-29(a)所示，可

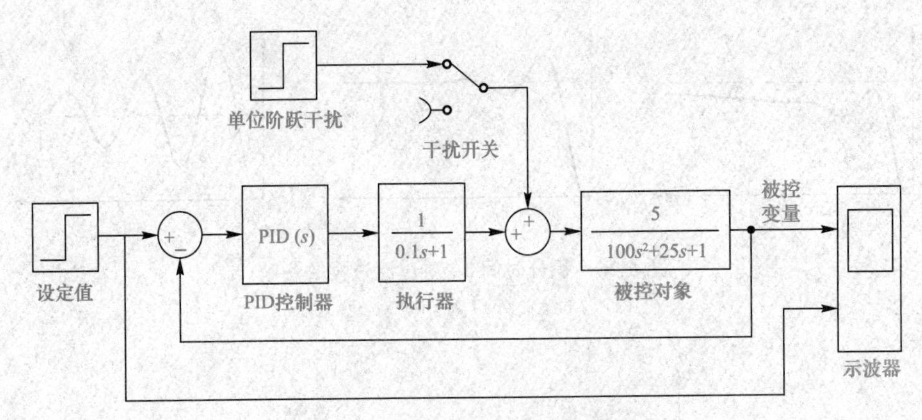

图 6-28 汽提塔温度控制系统仿真模型

见其衰减比 $\eta \gg 4$，再设 $P=2$，$I=0$，$D=0$，得到响应曲线如图 6-29(b)所示，其衰减比 $\eta=11.4$，继续增大 $P=5$，$I=0$，$D=0$，得到响应曲线如图 6-29(c)所示，其衰减比 $\eta \approx 4$。因此，得到 4∶1 响应曲线时的比例带为 $\delta_s=1/P=20\%$，从响应曲线得到振荡周期 $T_s=12.6$，由 δ_s 和 T_s，根据表 6-3，采用 PID 控制规律时，其参数应为 $\delta=16\%$，$T_I=3.78$，$T_D=1.260$（$P=6.25$，$I=0.265$，$D=1.260$）。

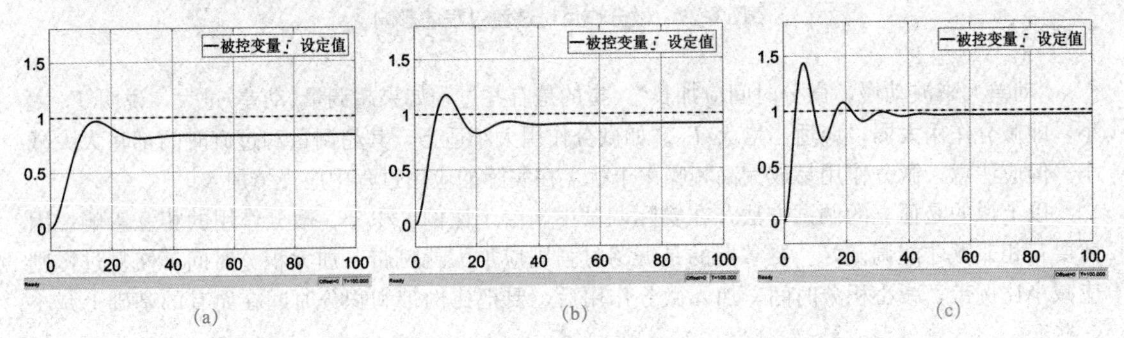

图 6-29 不同比例增益 P 作用下的设定值响应曲线

(a)$P=1.0$，$I=0$，$D=0$；(b)$P=2.0$，$I=0$，$D=0$；(c)$P=5.0$，$I=0$，$D=0$

将整定后的参数设置回 Simulink，得到其单位阶跃设定值响应曲线和单位阶跃干扰(干扰在时刻 60 出现)响应曲线。从图 6-30 中可以看出，该系统的设定值跟踪响应超调较大，但干扰作用下的超调量和过渡时间都较小，整定质量较高。

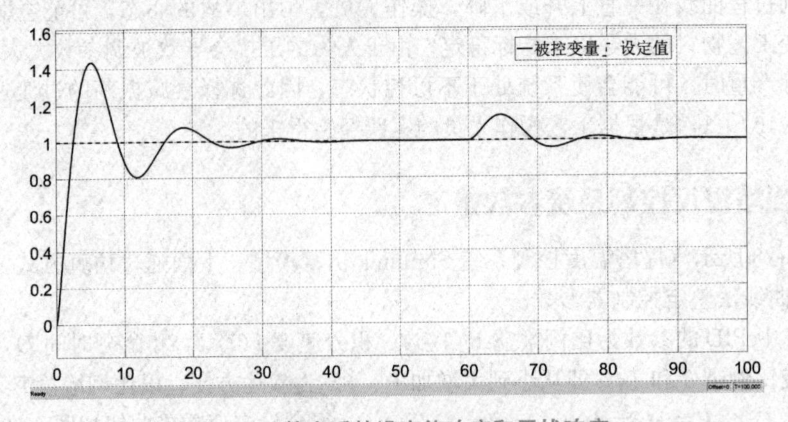

图 6-30 整定后的设定值响应和干扰响应

任务测评

1. 用临界比例带法整定图 6-28 所示汽提塔温度控制系统，整定得到控制器参数 $\delta=$________，$T_I=$________，$T_D=$________，与衰减曲线法整定结果相比，哪个控制质量更高？

2. 用经验凑试法整定图 6-28 所示汽提塔温度控制系统，整定得到控制器参数 $\delta=$________，$T_I=$________，$T_D=$________，与衰减曲线法整定结果相比，哪个控制质量更高？

任务 6.3 单回路控制系统的投运

任务描述

一个自动控制系统设计并安装完成后，或生产装置检修完成重新投入生产时，都面临如何投运的问题。控制系统投运是将工艺生产从手动操作状态切入自动控制状态。这项工作如果做得不好，将给生产带来很大的波动。由于化工生产普遍存在于高温、高压、易燃、易爆等工艺场合，在这些地方投运控制系统，自控人员将要承担一定的风险。因此，控制系统的投运工作往往是鉴别自控人员是否具有足够的实践经验和清晰的控制理论的一个重要标准。

本任务要求将汽提塔液位控制系统投入运行，通过本任务的学习，应达到以下目标。

(1)掌握控制系统投运前系统联调的内容及方法。

(2)能根据具体工艺确定并检查控制器的正反作用。

(3)掌握控制阀投运的操作要点。

(4)掌握手自动切换的操作要点。

6.3.1 投运准备工作

在控制系统投运前，无论是工艺人员还是仪表人员，都要熟悉工艺过程，了解主要工艺流程、控制指标以及各种工艺参数之间的关系；熟悉控制方案，全面掌握设计意图，对测量元件和控制阀的安装位置、管线走向、工艺介质性质等，要做到心中有数，特别是要事先明确气动执行器和控制器的正反作用。

1. 汽提塔液位调节阀的气开/气关形式

前面讲过，执行器的气开/气关形式主要考虑气源中断时生产的安全性，对于汽提塔液位控制系统来说，若选气开阀，则当气源中断时，控制阀全关，这将导致淹塔事故，因此汽提塔液位控制系统的执行器应为气关阀。

2. 汽提塔液位控制器的正反作用

自动控制系统要能正常运行，必须构成负反馈，而这与系统各个环节的作用方式密切相关。控制系统的每个环节都有正反作用。正作用说的是如果某个环节的输入增加时，其输出也增加，该环节的作用方向就是“正作用”，否则，即反作用。

在自控系统中，测量变送器一般都是正作用，因此通常不用考虑。

执行器如果是气开阀，为正作用；如果是气关阀，为反作用。

对于被控对象来说，如果操纵变量增加，被控变量也增加，则为正作用，否则为反作用。

控制器的输入为输入偏差 e，输出为控制信号 p，当控制器的输入偏差 e 增加时，输出 p 也增加的为正作用，反之则为反作用。在仪表行业，控制器的偏差习惯定义成测量值减去设定值(与控制系统框图中的偏差 e 刚好相差一个符号)，即

$$e=z-r \tag{6-26}$$

因此，控制器的正反作用就有以下两种情况：

(1)若设定值 r 不变。根据式(6-26)，显然有测量值 z 越大，偏差越大(指数学上的大小，非偏差的绝对值)。因此，控制器的正反作用也可以这样叙述：在设定值不变的前提下，当测量值增加时，控制输出也增加的为正作用，反之，为反作用。由于化工生产中大部分控制系统都是定值控制系统，因此这种叙述方式也是大部分教材对控制器正反作用的定义。

(2)在测量值不变的前提下，如果设定值增加，根据式(6-20)显然偏差 e 减小，此时如果控制输出增加，则该控制器为反作用，反之则为正作用。这种定义在分析串级控制系统时会用到。

现在回到汽提塔液位控制系统：

(1)由于执行器为气关阀，因此为反作用；

(2)操纵变量(出料流量)越大，被控变量液位越小，因此被控对象汽提塔为反作用；

一般可以用假设法确定控制器的正反作用，即假设液位受干扰上升(增加)，要求将其调回来(降低液位)。由于被控对象是反作用的，则出料流量 Q 必须增加，这就要求控制阀必须开大，而执行器是反作用的，控制阀要开大，则执行器的输入信号即控制器的输出信号要减小。因此，对于液位控制器来说，测量值(液位)增加，控制输出信号却要减小，根据定义液位控制器必须为反作用。

如果液位控制器是正作用的，当液位上升超过设定值时，正作用的控制器输出将增加，即执行器(出料阀)的输入增加，由于执行器为气关阀，则开度将减小，这将进一步推高液位，形成恶性循环，即构成了正反馈，系统是不稳定的。

另外一种方法是将正作用环节的放大系数符号定义为正号，反作用环节的放大系数符号定义成负号，通过要求式(6-27)为负来确定控制器的正反作用，即

$$K_c K_a K_p<0 \tag{6-27}$$

式中　K_c——控制器的放大系数；

K_a——执行器的放大系数；

K_p——被控对象的放大系数。

对于汽提塔液位系统来说，执行器为反作用(气关阀)，因此 $K_a<0$，被控对象为反作用，故 $K_p<0$，因此为满足式(6-27)，控制器放大系数 $K_c<0$，即液位控制器应为反作用。

需要说明的是，式(6-27)中的控制器放大系数 K_c 与式(6-3)、式(6-4)、式(6-22)、式(6-23)中的比例增益 K_c 是互为相反数的，这是因为在控制系统框图中，偏差定义成了 $e=sp-z$，与式(6-26)恰好相反。

6.3.2　系统联调

在熟悉工艺流程与控制方案的基础上，下一步就要对已经安装好的控制系统进行联动调试。进行系统联调之前应满足以下两个要求：

(1)仪表系统安装完毕，管道清扫完毕，压力试验合格，电缆(线)绝缘检查合格，附加电阻配制符合要求。

(2)电源、气源和液压源已符合仪表运行要求。

自控系统的联调包含检测回路联调、控制回路联调以及报警联锁回路联调三大内容，这里主要介绍检测回路联调与控制回路联调。

1. 检测回路联调

检测回路由现场一次点、一次仪表、现场变送器和控制室仪表盘上的指示仪、记录仪组成。系统调校的第一个任务是贯通回路，即在现场变送器处送一信号，观察控制室相应的二次表是否有指示，其目的是检验接线是否正确、配管是否有误。第二个任务是检查系统误差是否满足要求，方法是在现场变送器处送一阶跃信号记下组成回路所有仪表的指示值。其计算公式为

$$\delta=\sqrt{\delta_1^2+\delta_2^2+\cdots+\delta_n^2}$$

式中　δ——系统误差；

δ_1，δ_2，…，δ_n——组成回路的各块仪表的误差。

δ 在允许误差范围内为合格。若配线、配管有误，相应二次表就没有指示，应重新检查管与线，排除差错。若 δ 大于允许误差，则要对组成检测回路的各个仪表逐一重新进行单体调校。

2. 控制回路联调

控制回路由现场一次点、一次仪表、变送器和控制室里控制器(含指示、记录)和现场执行单元(通常为气动薄膜控制阀)组成。

系统调校的第一个任务是贯通回路，其方法是把控制室中控制器手/自动切换开关定在自动上，在现场变送器输入端加一信号，观察控制器指示部分有没有指示，现场控制阀是否动作，其目的是检查其配管接线是否正确。

第二个任务是把手/自动开关定在手动上，由手动输送信号，观察控制阀的动作情况。当信号从最小到最大时，控制阀的开度是否也从最小到最大(或从最大到最小)，中间是否有卡阻的现象，控制阀的动作是否连续、流畅；最后是按最大、中间、最小三个信号输出，控制阀的开度指示应符合精度要求。其目的是检查控制阀的动作是否符合要求。

第三个任务是在系统信号发生端(通常选择控制器检测信号输入端)，给控制器一模拟信号，检查其基本误差、软手动时输出保持特性和比例、积分、微分动作趋向，以及手/自动操作的双向切换性能。

若线路有问题，控制器手动输出动作不能控制相应的控制阀，就必须重新校线、查管。若控制阀的作用方向或行程有问题，要重新核对控制器的正、反作用开关和控制阀的开、关特性，使控制器的输出与控制阀动作方向符合设计要求。若控制器的输出与控制阀行程不一致，而控制阀又不符合其特性，就要对控制阀单独校验。若控制器的基本误差超过允许范围，手/自动双向切换开关不灵，就要对控制器重新校验。

系统调校过程中，特别是带阀门定位器的控制系统很容易调乱，一旦调乱，再调校就不容易了。在这种情况下，有一种经验调校办法，就是当输入为1/2时(如DDZ－Ⅲ型表，输入为12 mA DC，气动仪表为0.06 MPa时)，阀门定位器的传动连杆应该是水平的。也就是说，把阀门定位器的传动连杆放在水平位置，然后把输入信号定在12 mA，再进行校验，就能较快地完成二次调校。

6.3.3　控制阀的投运

系统联调通过后，再用水作为介质试运行48 h合格后即可投入试生产。对于控制系统来说，此时就要将控制阀投入运行了。

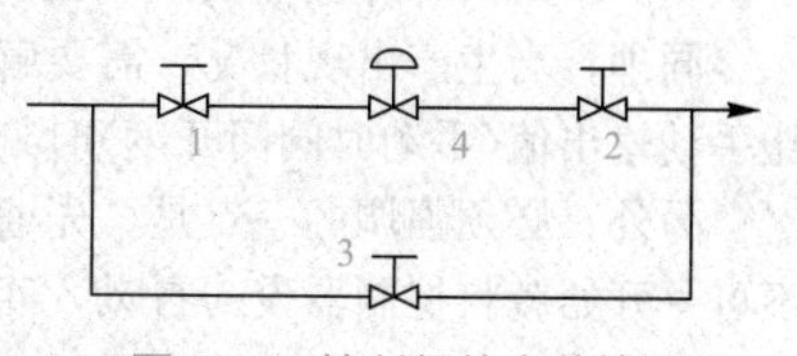

图 6-31　控制阀的安装情况

现场的控制阀一般按照图6-31所示安装，在控制阀4的前后各装有截止阀，图中1为上游阀、2为下游阀。此外，为了在控制阀或控制系统出现故障时不至于影响正常

生产，通常在旁路上安装有旁路阀 3。

开车时有两种方法将控制阀投入运行。一种是先用人工操作旁路阀，然后过渡到控制阀手动遥控；另一种是一开始就用手动遥控。如条件许可，后一种方法较好。

当由旁路阀手工操作转为控制阀手动遥控时，步骤如下：

(1)将上游阀 1 和下游阀 2 关闭，手动操作旁路阀 3，使工况逐渐趋于稳定。

(2)用手动定值器或其他手动操作器调整控制阀上的气压 p，使它等于某一中间数值或已有的经验数值。

(3)先开上游阀 1，再逐渐开下游阀 2，同时逐渐关闭旁路阀 3，以尽量减少波动(也可先开下游阀 2)。

(4)观察仪表指示值，改变手动输出，使被控变量接近给定值。

远距离人工控制阀称为手动遥控，可以有以下三种不同的情况：

(1)控制阀本身是遥控阀，利用定值器或其他手操器遥控。

(2)控制器本身有切换装置或带有副线板，切至“手动”位置，利用定值器或手操器遥控，若是 DCS 系统，则可在操作界面上直接输入阀门开度。

(3)控制器不切换，放在“自动”位置，利用定值器改变设定值而进行遥控。此时宜将比例度置于中间数值，不加积分和微分作用。

一般来说，当达到稳定操作时，阀门膜头压力应为 0.03～0.085 MPa 的某一数值，否则，表明阀的尺寸不合适，应重新选用控制阀。当压力超过 0.085 MPa 时，表明所选控制阀太小(对于气开阀而言)，可适当利用旁路阀来调整，但这不是根本解决的办法，它将使阀的流量特性变坏，当由于生产量的不断增加，使原设计的控制阀太小时，如果只是依靠开大旁路阀来调整流量，会使整个自动控制系统不能正常工作。这时，无论怎样整定控制器参数，都是不能获得满意的控制质量的。

6.3.4 手/自动切换

当通过手动遥控控制阀，使工况趋于稳定后(测量值没有大的波动，而是围绕设定值做非常微小的波动)，控制器就可以由手动切换到自动，实现自动控制了。手/自动切换必须做到无扰动切换。

在由手动往自动切换前，如果设定值 r 与手动调好的稳定工况测量值 z 相差较大，切换成自动后，偏差 $e=z-r$ 将会很大，在这个大偏差输入下，PID 控制器的输出会非常大，导致控制阀大幅度改变开度，使原本平稳的生产工况出现波动，给生产系统带来扰动。

因此为了实现手自动的无扰切换，必须使切换前的设定值 r 与测量值 z 相等，即让设定值时刻跟踪测量值，这样切换后偏差 $e=0$，控制阀才能保持在手动调好的稳定工况处。切换成自动控制后，如果生产系统受到干扰出现偏差，自控系统在 PID 控制器指挥下就可以自动消除干扰的影响，再次稳定工况。

当前大部分的 DCS 系统、PLC 系统实现了设定值跟踪测量值的功能时，只要在组态时设置了该功能，DCS 操作员监控画面上直接单击控制器的手自动切换按钮就可以做到无扰动切换了。

同理，当生产出现状况，需要解除自动控制转为手动操作时，也要实现无扰切换，这就要让手动输出值(手动时阀门开度)时刻跟踪自动输出值(自动控制时阀门开度)。

另外，必须强调的一点是，先通过手动操作将工况稳定在设定值附近才能切换为自动，切不可一开始就将控制器设为自动，否则由于初始偏差过大、控制器参数不合适等原因，这个过程要么超调太大，要么过渡太慢。实际上，人工毕竟比 PID 控制器更加智慧，人工调节一般比自控更加快速、准确。生产中自动控制系统主要还是用来克服频繁的、随机不可测的小幅干扰，这种场景下人工控制限于人的精力、注意力等因素难以胜任。

因此，通过人工操作快速到达稳定工况，然后投入自动，利用自动控制系统去克服随机的扰动才是充分发挥了人和自控系统的各自优势。

6.3.5 控制器参数的整定

切换至自动后，应根据实际情况进行调节器 P、I、D 参数的整定，直到被调工艺参数满足要求为止，参数整定方法前面已经详细介绍，此处不再赘述。

任务测评

1. 试确定汽提塔温度控制系统执行器的气开/气关形式以及控制器的正反作用。
2. 图 5-8 中温度控制系统的控制器应是正作用还是反作用？
3. 为什么要先手动操作使工况稳定之后才投入自动？为什么不能一开始就将系统投入自动？
4. 当从手动向自动切换时，为做到无扰切换，应在切换之前使控制器的________值跟踪________值；当从自动向手动切换时，为做到无扰切换，应在切换前使________值跟踪________值。

项目 7

聚氯乙烯生产复杂控制系统设计与投运

项目背景

到目前为止，本书讨论的均为只有一个闭环的单回路控制系统，这种控制系统设备投资少，维修、投运和整定都比较简单，实践证明它能解决大量生产控制问题，是应用最广的控制系统，在工业控制系统中占比接近80%。

但是，生产工艺的革新以及装置大型化的发展，对控制系统的要求越来越高。例如，聚氯乙烯生产的聚合温度控制精度要求很高，采用大容积的聚合釜后，传热能力下降，单回路控制系统很难满足要求。

本项目将围绕聚氯乙烯聚合反应、氯乙烯合成、氯乙烯精馏等工艺中的复杂控制系统设计展开，重点学习串级控制系统、分程控制系统、比值控制系统、选择控制系统、前馈控制系统等在工业上广泛应用的几种复杂控制系统的原理、应用场景、设计与投运。

知识目标

1. 掌握串级控制系统的结构、特点、适用场合、设计要点、参数整定方法；
2. 掌握分程控制系统的结构、特点、适用场合、实施要点；
3. 掌握选择控制系统的结构、特点、适用场合、实施要点；
4. 掌握均匀控制系统的思想、结构形式、适用场合、参数整定要点；
5. 掌握前馈控制系统的结构形式、特点、适用场合；
6. 掌握比值控制系统的结构形式、适用场合、实施要点、参数整定要点。

技能目标

1. 能根据具体工艺设计并投用串级控制系统；
2. 能根据具体工艺设计合适的分程控制系统；
3. 能根据具体工艺设计合适的选择控制系统；
4. 能根据具体工艺设计合适的均匀控制系统并整定其控制器参数；
5. 能根据具体工艺设计前馈控制系统并整定其控制器参数；
6. 能根据具体工艺设计比值控制系统并整定其控制器参数。

素养目标

了解前馈控制的典型案例——指南车，增强民族自豪感。

任务 7.1　氯乙烯聚合温度的串级控制系统设计

任务描述

PVC 按其聚合度的不同分为不同的型号，而聚合度主要取决于聚合温度，如 PVC-SG2 型号的 PVC 聚合温度控制为 50.5～51.5 ℃，PVC-SG3 型号的 PVC 聚合温度控制为 52～53 ℃。实践表明：聚合温度相差 2.0 ℃，平均聚合度相差 336，而 PVC 相邻型号之间的聚合度仅差 100 左右。因此，为生产出指定型号的 PVC，通常要求反应过渡期间釜温 T_f 超调不超过 0.5 ℃，保温阶段釜温 T_f 偏差不超过±0.2 ℃。

PVC 聚合反应机理复杂，是强放热反应，过程具有大滞后、大惯性、非线性等特点。由于反应釜体积庞大，在 70 m^3 PVC 聚合工艺中，通常如图 7-1 所示，循环冷却水分两路对反应釜进行冷却，其中一路进入反应釜外部的半圆形夹套，另外一路进入反应釜内部的内冷管，在两路冷却水中，以夹套冷却水为主、内冷管冷却水为辅。

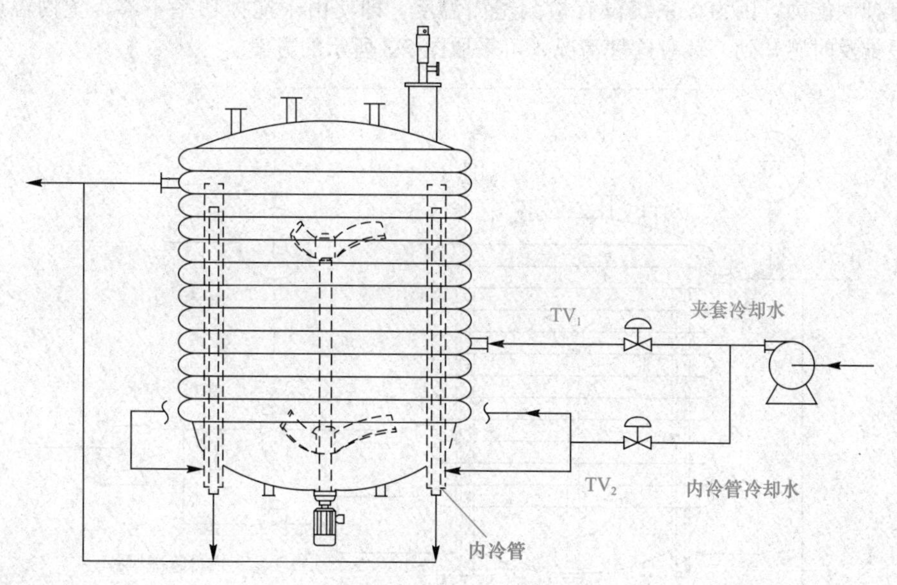

图 7-1　氯乙烯聚合反应釜

循环冷却水受环境、生产装置及公用工程等因素影响，其水温、压力、流量均不太稳定。由于内冷管处于聚合反应釜内部，因此，内冷管冷却水的变化可以比较及时地反映到釜温中，通过检测釜温 T_f 及时调整冷却水阀 TV_2 可较快抑制冷却水温、压力或流量波动导致的干扰。

但对于夹套冷却水来说，从冷却水到釜温 T_f 这个通道，存在冷却水本身的热容，夹套热容、反应釜内胆热容及釜内反应物的热容等几个热容积，容量滞后很大。这使得一方面冷却水干扰发生后，不能及时通过釜温 T_f 的变化感知到；另一方面即使感知到干扰并做出反应，夹套冷却水的控制作用也存在滞后效应。这两方面原因使得控制不及时，导致釜温波动过大。

为精确控制釜温，当前大部分氯乙烯聚合装置均采用一种称为串级控制系统的复杂控制回路来解决循环冷却水的干扰导致釜温波动过大的问题。本任务就是为氯乙烯聚合反应釜设计一个串级控制系统，包括副变量的确定，控制规律的选择，同时讨论串级控制系统的特点、设计要点、参数整定与投运要点。

通过本任务的学习，要切实掌握串级控制系统的结构，能绘制出串级控制系统的方框图，指认出主、副回路，主、副变量，区分一次干扰、二次干扰等概念；同时要掌握其副变量的选择，主、副控制器的选择等设计要点。此外，串级控制系统投运更加复杂，必须掌握其控制器参数整定方法，合理地确定主副控制器的作用方向。

7.1.1 串级控制系统的结构

1. 氯乙烯聚合温度控制系统设计

如前所述，由于夹套冷却水波动干扰频繁，且从冷却水到釜内温度 T_f 这个通道容量滞后过大，导致控制不及时。自然而然可以想到，由于夹套冷却水流量、压力、温度的波动能通过检测夹套冷却水温度 T_j 较快感知到，因此 T_j 的控制比较简单，而 T_j 稳定了，釜温 T_f 受冷却水的干扰影响就较小。因此，可设计如图 7-2 所示的夹套温度控制系统。需要说明的是，在实际的应用中，夹套冷却水温度 T_j 一般取得的是入口温度和出口温度的平均值，此处为了简化表述，图中把夹套冷却水的出口温度当作 T_j。

然而，图 7-2 所示的夹套温度控制系统虽能较好地克服冷却水干扰，但对类似搅拌电压的干扰没有抑制能力，因为该系统没有检测釜内温度，即使由于搅拌功率不够，釜内温度 T_f 超温，也很难及时感知到。针对这种情况，可采取图 7-3 所示的方案。

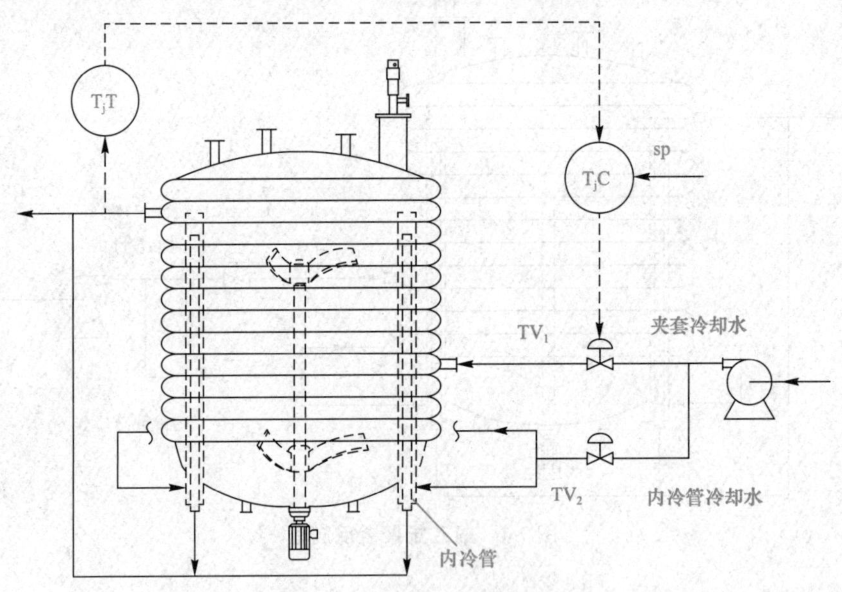

图 7-2　夹套温度控制系统

首先，保留夹套温度控制系统，以快速抑制冷却水的干扰。

其次，增设 T_fT 以及时感知搅拌干扰导致的温度波动，并由釜温控制器 T_fC 根据釜温 T_f 来决定夹套温度控制器 T_jC 的设定值。

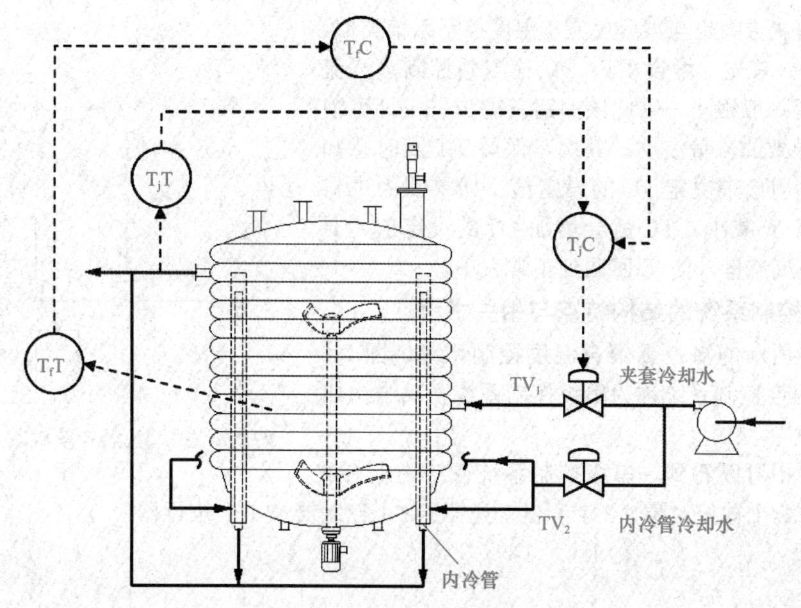

图 7-3　氯乙烯聚合温度控制系统

当主要干扰冷却水波动到来时，T_jT、T_jC 与 TV_1 构成的夹套温度控制系统由于容量滞后小，可以快速抑制干扰，从而快速稳定夹套温度 T_j，继而大大降低冷却水干扰对 T_f 的影响。

当次要干扰搅拌速度下降导致 T_f 升高时，就由 T_fC 下调夹套温度 T_j 的设定值，要求 T_jC 降低夹套温度，提升冷却能力使釜内温度回调到正常值。

2. 精馏塔提馏段温度控制系统设计

精馏塔提馏段温度 T 对产品纯度影响很大，需要精确控制。精馏塔提馏段温度控制系统主要干扰来自蒸汽压力的波动，另外，进料的温度和流量波动也会影响提馏段温度。

如图 7-4 所示，以 T 为被控变量构成的单回路控制系统，实践证明效果很差，原因与之前类似，主要是蒸汽压力波动到 T 这个通道的容量滞后太大，控制不及时。

一个改进思路是如图 7-5 所示增设一个蒸汽压力控制系统。这样确实可以有效抑制蒸汽压力波动干扰，但带来的问题是增加了一个调节阀的投资，同时管路压力损失增大，浪费了能源，而且两个控制回路之间会互相干扰。

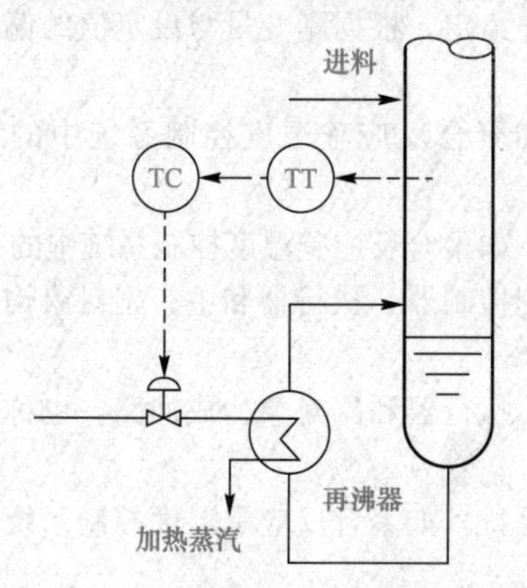

图 7-4　提馏段温度单回路控制系统

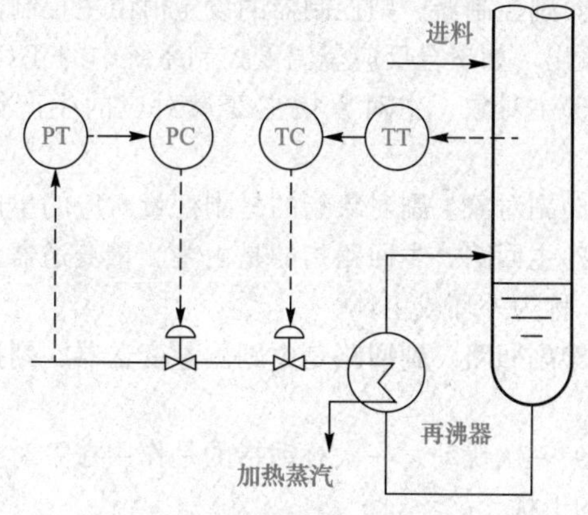

图 7-5　提馏段温度控制改进设计一

最终的解决方案也与聚合反应釜温度控制系统类似，如图 7-6 所示。首先，增设 FT、FC 检测并控制蒸汽流量。流量滞后一般很小，因此该回路只需 2～3 s 即可消除蒸汽压力导致的流量波动。其次，保留 TT 及时感知进料干扰，由 TC 来决定 FC 的设定值。如果因为进料量增大，使得 T 减小，TC 就会增加 FC 的设定值，要求 FC 增大蒸汽流量，使 T 回调到正常大小。

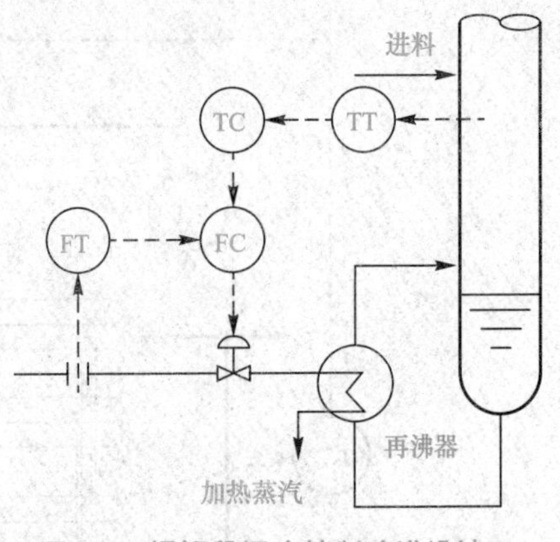

图 7-6　提馏段温度控制改进设计二

3. 串级控制系统的结构特点与相关术语

如图 7-3 所示的氯乙烯聚合温度控制系统，图 7-6 所示提馏段温度控制系统称为串级控制系统，其结构如图 7-7 所示。

从图 7-7 中可以看到，串级控制系统在结构上有 2 个控制回路、2 个被控对象、2 个测量变送器、2 个控制器及 1 个执行器。

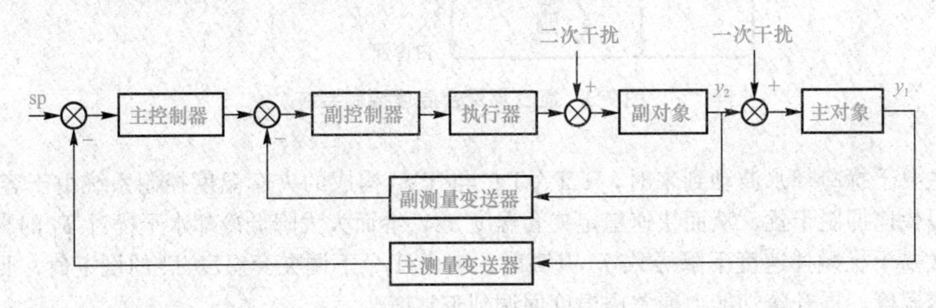

图 7-7　串级控制系统方框图

下面介绍与串级控制系统有关的几个术语。

(1)主变量。主变量指的是主要的被控变量，也就是最终要控制的工艺目标。如对于聚合反应釜温度控制系统来说，主变量就是釜内温度 T。

(2)副变量。副变量指的是为了稳定主变量而引入的辅助变量，聚合反应釜温度控制系统中的副变量就是夹套温度 T_j。

(3)主控制器。主控制器根据主变量与设定值的偏差工作，它的输出作为副变量的目标值，如聚合反应釜温度控制系统中的 T_fC。

(4)副控制器。副控制器的设定值由主控制器的输出给定，根据副变量与设定值的偏差计算控制输出，如聚合反应釜温度控制系统中的 T_jC。

(5)主对象。主对象指主变量对应的生产设备，如聚合反应釜温度控制系统中的反应釜内胆。

(6)副对象。副对象指的是副变量对应的生产设备，如聚合反应釜温度控制系统中的夹套。

(7)主回路。主回路指的是由主测量变送器，主、副控制器，执行器和主、副对象构成的外回路，称为外环或主环。

(8)副回路。副回路是由副测量变送器、副控制器、执行器和副对象构成回路，也称内环或副环。

(9)一次扰动。一次扰动指的是作用在主对象上的干扰，如聚合反应釜温度控制系统中搅拌系统的干扰。

(10)二次扰动。二次扰动指的是作用在副对象上的干扰，如聚合反应釜温度控制系统中冷却水温度和阀前压力干扰。

从图 7-7 中可以看出，串级控制系统相比单回路控制系统，增加了一个测量变送器和一个控制器，设备投资增加不多，但控制质量大大提高。尤其对于计算机控制系统来说，一台计算机可以充当多个控制器，因此实际上只增加了一个测量变送器。

从类型上来说，串级控制系统的主回路是一个定值控制系统，而副回路的设定值是由主控制器根据具体情况给定的，因此是一个随动控制系统。

副回路主要用来克服二次干扰，它的控制通道滞后小，二次干扰在影响主变量之前就已经被大幅度地削弱了。因此，副回路起到了“先调、粗调、快调”的作用。

二次干扰经副回路处理后，剩余影响由主回路继续处理。由一次干扰导致的影响，主回路可通过改变副回路的设定值，由副回路来处理。可见，主回路起到“后调、细调、慢调”的作用。

7.1.2 串级控制系统的特性及其应用场合

串级控制系统是在生产中得到广泛应用的一种复杂控制系统，这是因为其具备一些单回路控制系统所不具备的优良性能。下面首先通过仿真来说明这一点。

1. 串级控制系统与单回路控制系统的控制性能对比仿真

图 7-8 所示为提馏段串级控制系统与相应单回路控制系统 Simulink 仿真对比模型，该模型旨在对比串级控制系统与单回路控制系统的设定值跟踪能力、抗二次干扰能力及抗一次干扰能力。串级系统的主控制器与单回路控制器参数相同，副控制器参数 $P=5$，$I=0$，$D=0$。在时刻 60 时加入幅值为 0.5 的二次干扰。在时刻 120 时加入幅值为 0.5 的一次干扰。图 7-9 所示为其仿真结果。

2. 串级控制系统与单回路控制系统对副回路参数变化适应性的对比仿真

图 7-10 所示 Simulink 仿真模型旨在对比串级控制系统与单回路控制系统在副对象放大系数发生变化时，其控制性能的变化情况，图 7-11 所示为单回路对副对象参数变化的适应性仿真结果，图 7-12 所示为串级控制对副对象参数变化的适应性仿真结果。

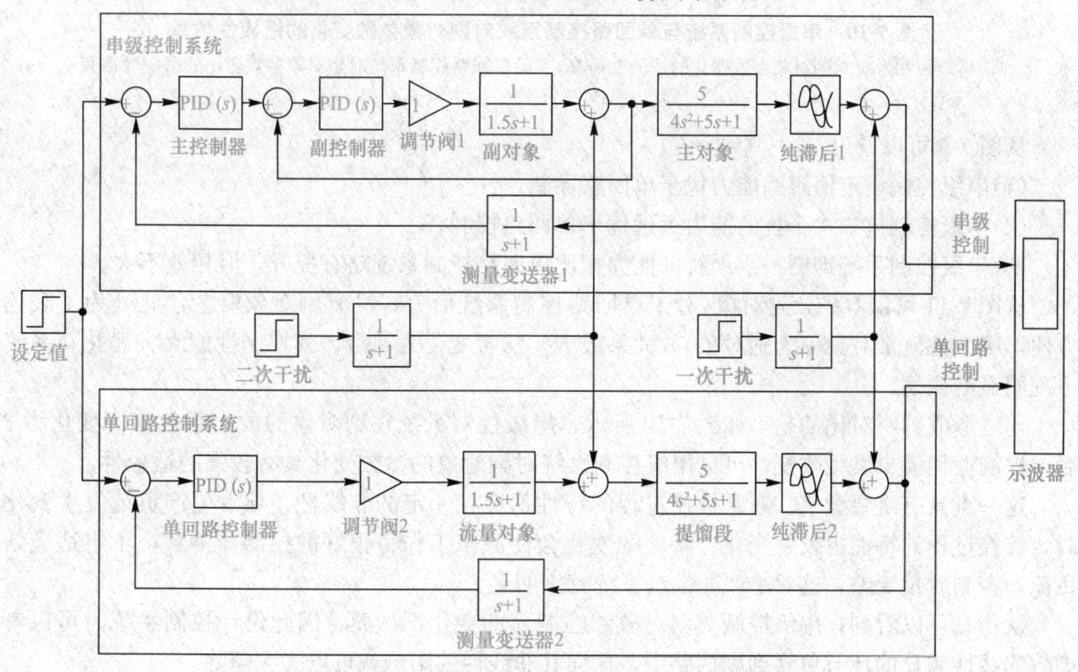

图 7-8 精馏塔提馏段串级控制系统与单回路控制系统仿真对比

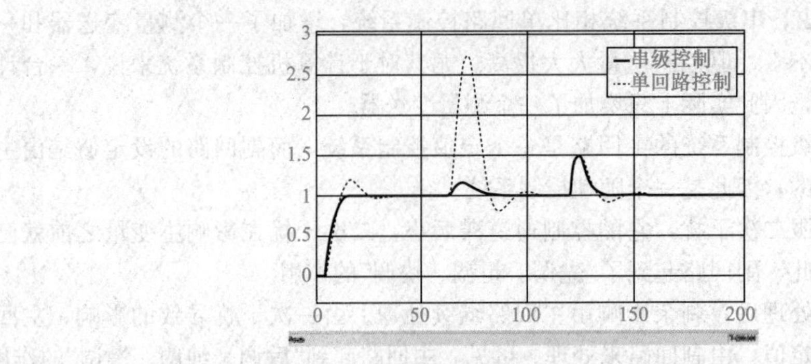

图 7-9　单回路控制系统与串级控制系统性能对比

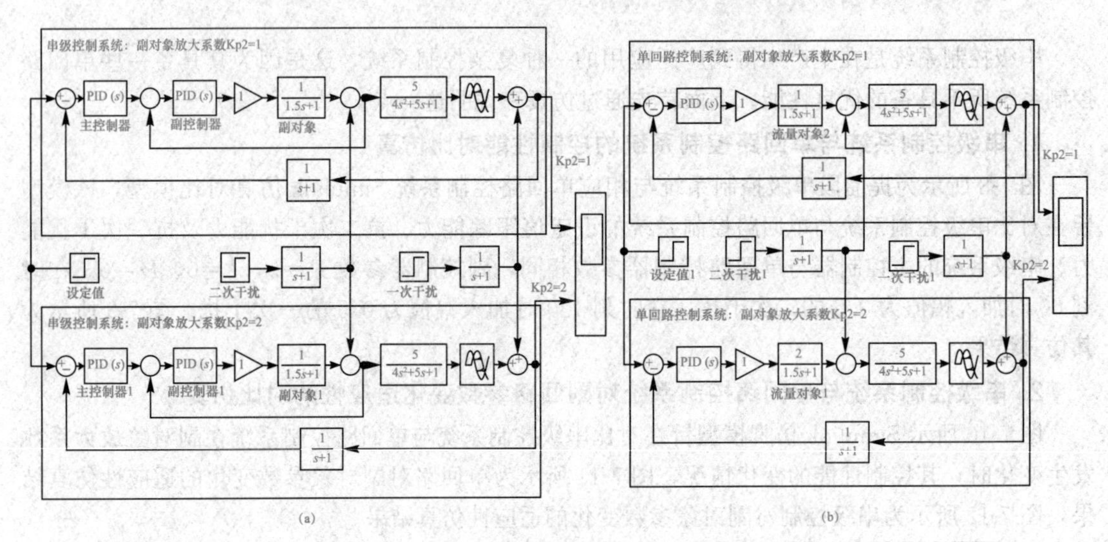

图 7-10　串级控制系统与单回路控制系统对副对象参数变化的适应性仿真

(a)串级控制系统对副对象参数变化的适应性仿真；(b)单回路控制系统对副对象参数变化的适应性仿真

从图 7-9 可以看出：

(1)串级控制设定值跟踪能力优于单回路控制。

(2)串级控制抗二次干扰的能力远远优于单回路控制。

(3)串级控制系统抑制一次干扰的能力相比单回路控制系统略有提升，但相差不大。

从图 7-11 可以看到，副对象(对于单回路控制系统而言，没有副对象概念，此处为了表述方便，统一将流量对象称为副对象)放大系数 K_{p2} 从 1 变化为 2 后，其控制性能大大恶化，系统出现明显的振荡。

与之形成鲜明对比的是，如图 7-12 所示，串级控制系统在副对象的放大系数 K_{p2} 变化为 2 后，控制性能极少发生改变，可见串级控制系统对副对象的参数变化具有较强的适应性。

这一点具有重要意义。通常被控过程的特性都存在一定的非线性，导致生产负荷发生变化时，被控过程的特性也发生变化。特性的变化会使原来工作得很好的控制器参数，不再适应新负荷，控制质量变差，这对单回路控制系统特别明显。

从仿真可以看到，串级控制对副对象和控制阀的变化不敏感，因此设计控制系统时可以考虑将非线性明显的环节包含到副回路中，这样其非线性的影响就可以大大消除。

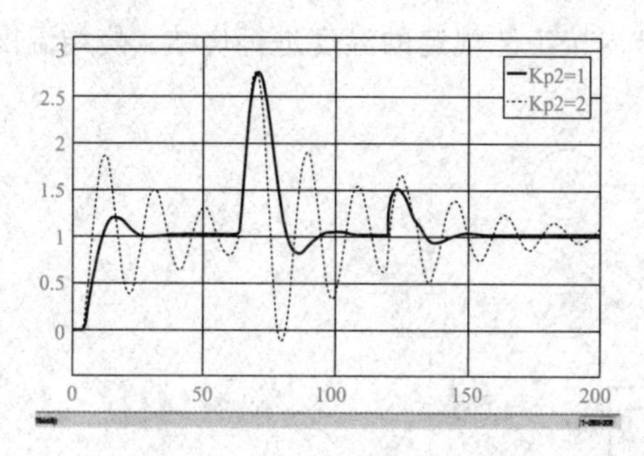

图 7-11　单回路的参数适应性

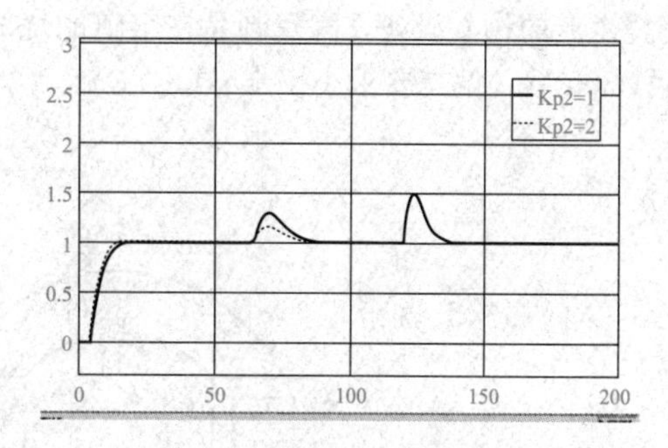

图 7-12　串级系统参数适应性

需要说明的是，串级控制系统只是对副对象和执行器的变化具有适应性，但对主对象的变化，以及主、副测量变送器的变化是没有适应性的。

上述仿真得到的结论具有普遍性，并可通过理论分析得以证明，限于篇幅，这里不提供证明。

由于串级控制具有上述特性，因此其应用非常广泛，在下面几种情况下可以考虑采用串级控制系统以提高控制质量。

3. 串级控制的应用场合

(1)当被控过程存在变化剧烈、幅值大的干扰时，应考虑采用串级控制系统。控制质量除与控制系统本身有关外，跟干扰的特点也有很大关系。如果干扰来得比较平缓，幅度也不大，那么即使控制通道的滞后很大，单回路控制系统也能满足要求。

但是如果遇到干扰很频繁、幅度又很大的情形，即使控制通道滞后很小，单回路控制系统通常也很难满足要求。

串级控制系统的副回路响应很快，有很强的抗二次干扰能力。因此，此时可以考虑把频繁出现、作用很剧烈的干扰包含到串级控制的副回路中，这样就可以有效地克服这些单回路系统难以克服的干扰。

例如，图 7-13 所示的管式加热炉，燃料油压力波动大，即使阀门开度不变，燃料流量变化也非常剧烈，此时就可以考虑采用一个流量副回路来快速有效地抑制燃料油压力的波动。

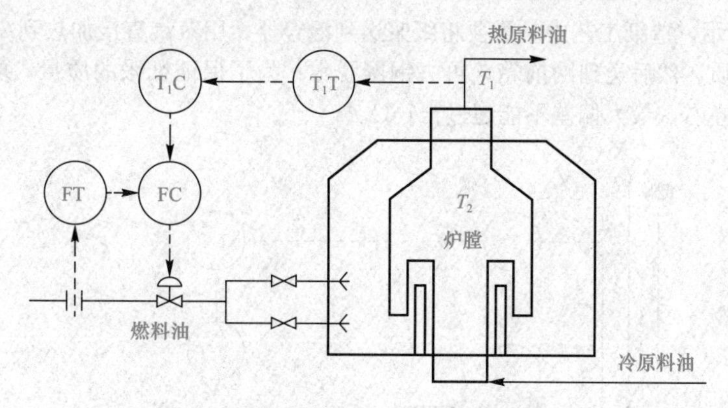

图 7-13　加热炉温度一流量串级控制系统

此外，再增设一个出口温度主回路以克服来自冷原料油的干扰，这样构成的串级控制系统相比单回路控制系统，性能得到了极大的提升。

(2)被控过程容量滞后过大时，应考虑采用串级控制系统。如图 7-14 所示，隔焰式隧道窑是陶瓷生产的核心设备，陶瓷制品在窑道的烧成带内按工艺规定的温度进行烧结，烧结温度一般为 1 300 ℃，偏差要求小于±5 ℃。

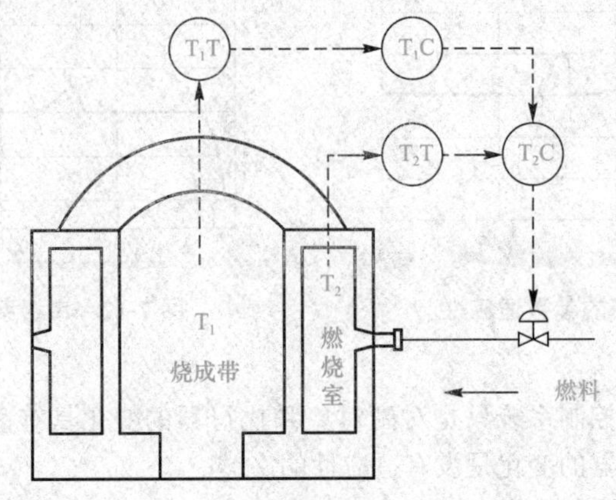

图 7-14 隔焰式隧道窑温度控制系统

如果火焰直接在烧成带中燃烧，燃烧气体中的有害物质会影响产品的光泽度和颜色，那么要让火焰在燃烧室中燃烧，热量经过隔焰板辐射加热烧成带。

这样的一个烧结方式，就导致从燃料阀到烧成带温度 T_1 之间的容量滞后非常大。如果以 T_1 为被控变量构成单回路控制系统，由于燃料油压力的频繁波动以及大容量滞后的存在，将使系统难以满足控制要求。

遇到这种大容量滞后的场合，就应该考虑采用串级控制系统。如果以燃烧室温度 T_2 为副变量，以烧成带温度 T_1 为主变量构成串级控制系统，那么从燃料油压力波动到 T_2 之间的容量滞后要远远小于燃料油压力与 T_1 之间的容量滞后，因此，T_2 很容易稳定住，而稳定住了 T_2，也就将大部分干扰影响消除了。

(3)被控过程纯滞后较大时，应考虑采用串级控制系统。相比容量滞后，纯滞后更难控制，很多时候需要采用特殊的控制方案。但在一些特定场合，采用串级控制系统，也能有效克服纯滞后。

如图 7-15 所示，造纸工艺中，需要将纸浆送到混合器，用蒸汽直接加热到 72 ℃左右，用立筛、圆筛除去杂质，然后送到网前箱，再去铜网脱水；为了保证纸张的质量，要求网前箱温度 T_1 控制在 61 ℃左右，最大偏差不能超过±1 ℃。

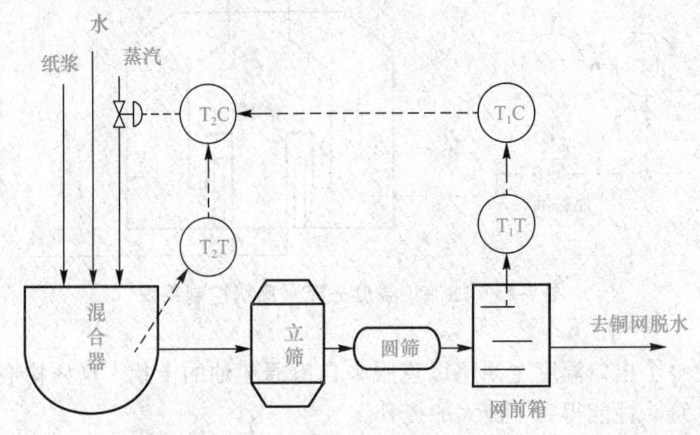

图 7-15 网前箱温度—温度串级控制系统

整个系统的干扰主要来自两个方面：一是纸浆流量的波动；二是蒸汽压力的波动。

纸浆从混合器到网前箱输送需要 90 s，也就是说存在 90 s 的纯滞后，这导致当纸浆流量波动 35 kg/min 时，采用单回路控制系统，最大偏差为 8.5 ℃，过渡时间为 450 s，不能满足控制要求。

稍加思考就可以发现，如果直接检测混合器的出口温度 T_2，以它为副变量构成副回路，这个副回路极少纯滞后，因此可以快速抑制纸浆流量的波动；同时以网前箱温度 T_1 为主变量构成主回路，用来抑制其他次要干扰。

采用这样的串级控制系统后，实践证明，过渡过程的最大偏差小于 1 ℃，过渡时间为 200 s，大大地提升了控制质量，很好地满足了工艺要求。

(4)被控过程非线性较明显时，应考虑采用串级控制系统。串级控制具有负荷自适应性，副对象和控制阀的特性变化对控制性能影响不大。利用这个特点，有时可以获得意想不到的效果。

在图 7-16 所示的醋酸乙炔合成反应器温度控制系统中，反应器中部的温度 T_1 需要严格控制。

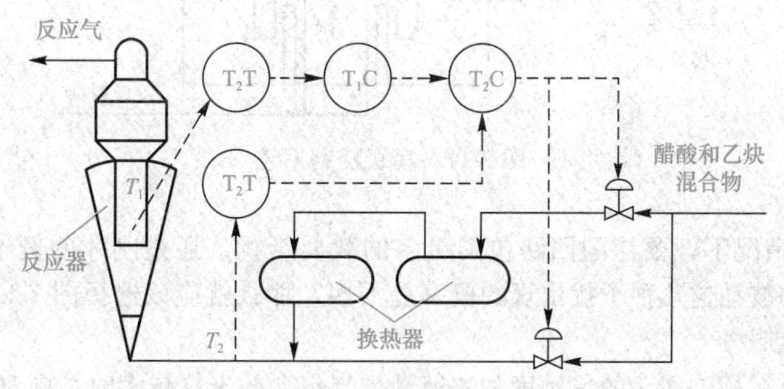

图 7-16　醋酸乙炔合成反应器温度控制系统

初期设计时采用的是单回路控制方案，考虑换热器的出口温度 T_2 随负荷增加明显下降，说明换热器非线性非常严重。因此，控制阀采用了等百分比阀，希望利用该阀的特性去补偿换热器的非线性。

但是实际的运行结果显示，当负荷增加时，原来工作良好的控制器参数不再有效，控制质量非常差。这是因为管路系统中换热器的存在导致 S 值比较小，等百分比特性畸变大，补偿能力有限。

找到原因之后，考虑串级控制系统对副对象和控制阀的非线性不敏感的特点，尝试采用串级控制方案，以换热器出口温度 T_2 为副变量，使换热器包含在副回路中，这样，换热器的特性变化对性能的影响就不会很大。

实际运行结果也证明，这套串级控制方案有效地克服了换热器的非线性影响。

7.1.3　串级控制系统的设计要点

串级控制系统设计的主要任务是副变量与主、副控制器的选择。

1. 副变量的选择

串级控制系统的核心优势在于结构上引入了副回路，因此其设计的核心问题就是如何选择副变量的问题；副变量的选择应该遵循以下原则。

(1)将系统的主要干扰包围在副回路内。对于图 7-13 中的管式加热炉，如果主要干扰来自燃料油的压力波动导致的流量波动，那么就应该如图 7-13 所示选择燃料油流量作为副变量，因为流量系统控制通道短，时间常数小，控制作用非常及时，效果更好。

但是，如果主要干扰来自燃料油的组分或热值变化，图 7-13 所示的温度－流量串级控制系统就不适应了，因为流量副回路没有把组分和热值的干扰包含在其中，流量变送器 FT 并不能感知组分和热值的变化。

此时可采用图 7-17 所示的串级控制系统，在该系统中，副回路的温度变送器除可以感知流量波动导致的干扰外，还可以较快地感知组分和热值的干扰。

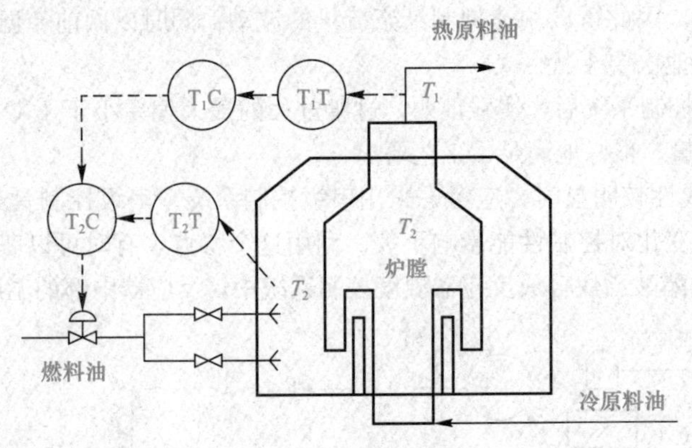

图 7-17　串级控制系统

(2)在可能的情况下，要让副回路包围更多的次要干扰。还是刚才的例子，如果燃料油组分、热值、压力的波动这几种干扰出现的概率差不多，那么就应该选择图 7-17 所示的方案，这几种干扰都可以克服。

但是也应综合权衡副回路的灵敏度和快速性。当包含的干扰越多时，副对象就接近主对象，就失去副回路"快速性"的优势，也容易导致主、副回路的共振现象。

两个系统对比，图 7-13 中燃料油压力一旦发生波动，还没影响炉膛温度就被感知并快速消除了；而图 7-17 燃料油压力波动后，必须经过燃烧，影响炉膛温度之后才能被感知和调节，快速性就不如图 7-13。

(3)要考虑主、副对象时间常数的匹配问题。串级控制中主、副回路相互影响，若主回路工作频率接近副回路的谐振频率，则容易引起图 7-18 所示的主、副回路互相促进的振荡现象，即共振，使系统无法工作。

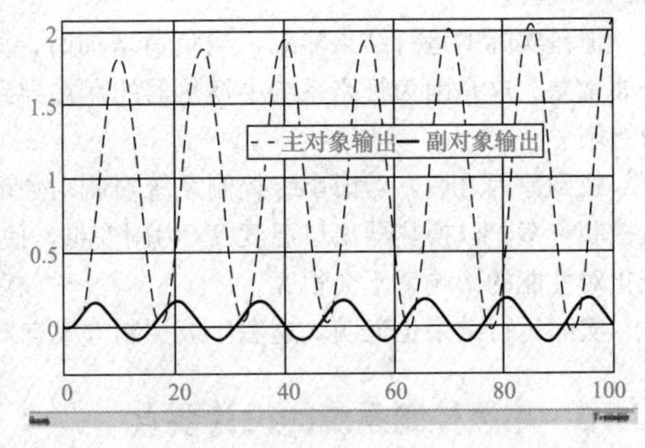

图 7-18　串级控制系统的共振现象

理论和实践都证明，主对象的时间常数是副对象时间常数的 3～10 倍时，才可以有效地防止共振的发生。

这个问题实际上解释了工程上控制流量和液体压力时，气动调节阀上一般不安装阀门定位器的原因。这是因为在图 7-19 所示的流量控制系统中，加装阀门定位器后，阀门定位器与控制阀构成了控制回路。本来看似单回路的控制系统，因为执行器本身构成了一个控制系统，所以就变成了串级控制系统。

问题就在于阀门定位器的时间常数与流量对象时间常数很接近，容易导致共振现象，因此工程上流量和液体压力对象一般不用带阀门定位器的气动调节阀。

(4)当串级控制用来克服纯滞后时，副回路应尽量少包含或不包含纯滞后。图 7-15 所示的网前箱温度—温度控制系统，就要把 90 s 的纯滞后大部分放到主回路中，这样才能充分发挥副回路的快速性优势。

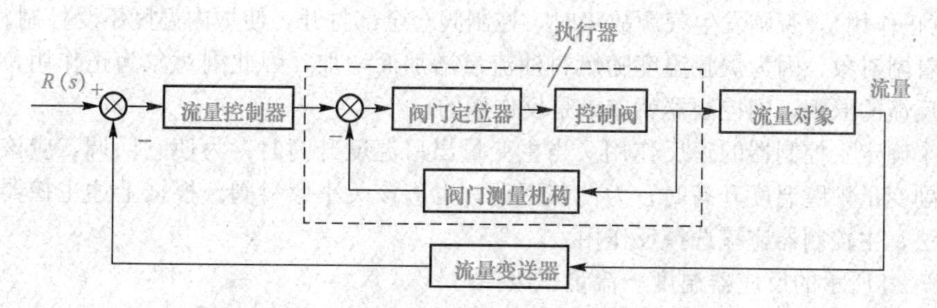

图 7-19　带阀门定位器的流量控制系统示意

2. 控制规律的选择

控制规律选择的一般原则是主回路保证控制精度、副回路保证快速性。

主回路通常需要加入积分作用来消除余差，通常采用比例积分控制(PI)，必要时也可采用PID控制。

设置副回路的目的是快速抑制二次干扰，为保证快速性，一般采用比例控制(P)，尤其当副变量为温度时，副控制器一般不应该加积分作用，因为积分作用滞后比较大。但是，如果副变量是流量或液体压力，因为它本身的滞后和时间常数非常小，所以生产上一般会用 PI 控制。

具体的选择可参考表 7-1，其中 1、2 两种情况应用最多。

根据上述原则，具体到本任务中氯乙烯聚合温度串级控制系统，主控制器应选择 PI 控制规律，而夹套温度副回路要保证快速性，因此应选 P 控制规律。

表 7-1　串级控制系统主、副控制器选择原则

序号	对变量的要求		应选择控制规律		备注
	主变量	副变量	主控制器	副控制器	
1	重要指标，要求很高	允许变化，要求不严	PI	P	主控必要时可引入微分
2	主要指标，要求较高	主要指标，要求较高	PI	PI	副变量为流量(或液体压力)时
3	允许变化，要求不高	要求较高，变化较快	P	PI	
4	要求不高，互相协调	要求不高，互相协调	P	P	

7.1.4　串级控制系统的投运

串级控制系统的投运准备工作与单回路控制系统类似，但串级控制有两个控制器，因此，控制器的作用方式、主控与串级的切换、参数整定，以及投运操作与简单控制系统有所区别。

1. 控制器作用方式的确定

在串级控制系统中，确定控制器作用方式的总体思路是根据单回路控制系统的方法首先确定副控制器的作用方式，然后确定主控制器的作用方式。具体可以这样进行。

第一步，按照工艺安全要求，确定执行器的气开、气关形式。

第二步，按照单回路控制系统方法确定副控制器的正反作用形式。

第三步，确定主控制器的作用方式。这一步可以这样进行：假设主、副变量同时增加时，如果为了抑制其变化，主副控制器对控制阀的动作方向要求是一致的，那么，主控制器就选择反作用，否则，就选择正作用。

下面通过两个例子来说明这一点。对于图 7-17 所示的副回路来说，很显然，执行器应该选

择气开阀(正作用)，否则发生气源故障时，控制阀会全部打开，使炉内温度不受控制。

接着看副对象，因为炉膛温度随燃料油流量增加而增加，因此副对象为正作用，根据使副回路为负反馈的原则，副控制器就应该是反作用的。

接下来确定主控制器的正反作用。当主变量出口温度升高时，为使它回调，应该关小燃料阀。同样副变量炉膛温度升高时，为使其回调，也应该关小燃料阀。根据上述主控器作用方式的确定方法，主控制器应该选择反作用。

看图 7-20 所示的反应器温度一流量串级控制系统。为了生产安全，冷却水阀应该选择气关阀，作用方式是反作用。对于副对象(冷却水管道)来说，阀门开度越大，冷却水流量越大，因而是正作用的。因此，为了使副回路构成负反馈，副控制器应选择正作用方式。

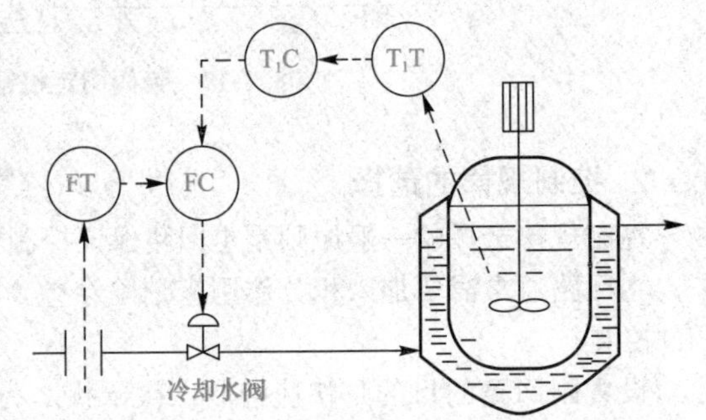

图 7-20 反应器温度—流量串级控制系统

确定主控制器的作用方向。当主变量釜内温度 T_1 升高时，为了使它回调，冷却水阀应该开大；当副变量冷却水流量增大时，为了使其回调，应该关小阀门。主副变量对控制阀的方向要求相反，因此主控制器应该选择正作用。

对于本任务设计的加热炉温度一流量串级控制系统(图 7-3)来说，出于安全考虑，冷却水阀应选择气关阀，即反作用；对于副对象夹套来说，当冷却水流量增加时，副变量夹套温度 T_j 降低，即副对象为反作用。因此，根据构成负反馈的原则，副控制器 T_jC 应为反作用。

现在确定主控制器 T_fC 的作用方向。当副变量夹套温度 T_j 升高时，要使其回调，应开大冷却水阀；当主变量 T_f 升高时，要使其回调，也要求冷却水阀开大，主、副变量对控制阀的要求一致，因此主控制器 T_fC 应为反作用。

2. 主控与串级的切换操作

有些串级控制系统既可以工作在串级状态，又可以工作在主控状态。串级状态指的是副控制器的输出去指挥控制阀，其设定值由主控制器给定，即串级控制系统的正常工作状态；而主控状态指的是主控制器的输出直接去指挥控制阀，副控制器被切断，不起作用。

这两种工作状态在切换时，必须保证一个前提，即切换前后，主、副控制器对控制阀的动作方向要求必须一致，否则系统就要崩溃，导致生产事故。下面通过两个例子说明这一点。

前面已分析出图 7-17 所示的串级控制系统各个环节的作用方式。如果现在系统要由串级状态切换成主控状态，假设切换前主变量出口温度增加，为使温度回调，副控制器将关小控制阀。切换后，出口温度增加，因为主控制器是反作用的，它输出到气开阀的信号是减小的，因为执行器是气开阀，因此控制阀关小，两者对控制阀的动作方向要求是一致的，只需直接切换即可。

对于图 7-20 所示的反应器温度一流量串级控制系统来说，情况就不一样。如果切换前主变量釜内温度增加，副控制器将要求控制阀开大增加冷却效果。如果此时切换成主控状态，因为釜内温度增加，主控制器又是正作用的，因此，它输出到控制阀的信号增加，而控制阀是气关阀，则控制阀就要关小，可见两者对控制阀的动作方向不一致。温度升高，冷却水阀却关小，这必然要导致事故。因此，为了避免事故，应在切换的同时把主控制器改成反作用方式。

从这两个例子可以总结出串级和主控切换的操作原则：

(1)若副控制器为反作用，则切换时无须改变主控制器的正反作用，直接切换即可。

(2)如果副控制器是正作用的，那么切换时必须改变主控制器的正反作用。

因此，串级控制系统的执行器选型时，如果工艺不限制执行器的气开、气关形式，应该选择使副控制器为反作用的执行器类型，这样串级和主控切换操作更加方便，不容易出错。

3. 控制器参数整定

在串级控制系统中，两个控制器串联起来控制一个控制阀，这两个控制器之间是互相关联的，因此，其控制器参数的整定要比单回路控制系统更加复杂，其整定方法主要有一步整定法、两步整定法等，下面分别介绍这两种方法。

(1)一步整定法。一步整定法的思路是根据表7-2的经验数据将副控制器一次放好，不再变动，然后按一般单回路控制系统的整定方法直接整定主控制器参数。在整定过程中如果出现“共振”现象，可以加大主控制器或减小副控制器的参数整定值，一般都能消除。

表7-2　一步整定法时副控制器参数选择范围

副变量类型	副控制器比例带 $\delta_2/\%$	副控制器比例增益 K_{c2}
温度	20～60	5.0～1.7
压力	30～70	3.0～1.4
流量	40～80	2.5～1.25
液位	20～80	5.0～1.25

实践证明这种方法对允许副变量存在余差的串级控制系统是很有效的。

(2)两步整定法。两步整定法的总体思路是先获得并记录副变量4∶1(或10∶1)衰减曲线相关数据，再获取主变量在相同衰减比下的曲线数据，最后根据获取的数据按照相关整定公式计算并设置控制器参数。其具体操作步骤如下：

1)在工况稳定，主、副控制器均为纯比例作用的条件下，令主控制器比例带 $\delta_1=100\%$，逐步减小副控制器比例带 δ_2，求取副变量在满足某种衰减比(如4∶1)下的副控制器比例带和振荡周期，分别用 δ_{2s} 和 T_{2s} 表示。

2)设置 $\delta_2=\delta_{2s}$，逐步减小 δ_1，直至得到相同衰减比下的主变量曲线，记下此时主控制器的比例带 δ_{1s} 和振荡周期 T_{1s}。

3)根据上面得到的 δ_{1s}、T_{1s}、δ_{2s}、T_{2s}，按衰减曲线法，用表6-3或表6-4所列的公式计算主、副控制器的 δ、T_I 和 T_D。

4)按“先副后主”“先比例次积分后微分”的顺序，将计算出的控制器参数加到控制器上。

5)观察控制过程，并进行适当调整，直到获得满意的过渡过程。

整定后，如果出现共振现象，可以适当加大主控制器的比例带或积分时间，这样既可以降低主回路的工作频率，也可以减小副控制器的比例带和积分时间，增大副回路的工作频率，这样处理后一般都可以消除共振。

4. 投运操作

串级控制系统的投运指的是将主控制器由手动切换到自动，副控制器由手动切换到自动再切换到串级状态的过程。

串级系统投运时要先投副回路再投主回路，投运过程要做到无扰动切换。这就要求正确把握投运时机，必须在测量值与设定值相等，偏差为0时切换为自动。

具体的投运操作参考表7-3，这里需要说明的是，因为副控制器开始时已经设置成设定值外给定，因此在主控制器投运完毕后，副控制器就自动地由自动状态切换为串级工作状态了。

表 7-3　串级控制系统投运操作

步骤	操作	备注
准备工作	(1)使主、副控制器均为手动状态； (2)将主控器设定值设为内给定，副控制器设为外给定； (3)正确设置主、副控制器的作用方向； (4)将主、副控制器参数设为预定值	
投运副回路	(1)用副控制器的手操器进行手操(或遥控操作)； (2)通过手操使主变量接近或等于主控制器的设定值，且副变量也比较平稳； (3)此时调节主控制器的手动输出，使副控制器偏差为 0，将副控制器切为自动	
投运主回路	(1)观察过渡曲线，直到副回路稳定下来，主变量接近其设定值，且工况较平稳； (2)此时调整主控制器的设定值，使主控制器的偏差为 0，然后将主控制器切入自动，最后逐渐改变主控制器设定值使其恢复至规定大小	主控制器切为自动后，副控制器即处于串级状态

任务测评

1. 画出一般串级控制系统的典型方框图。

2. 为何说串级控制系统中主回路是定值控制系统，而副回路是随动控制系统？

3. 图 7-21 所示为丙烯聚合温度控制系统，试问：

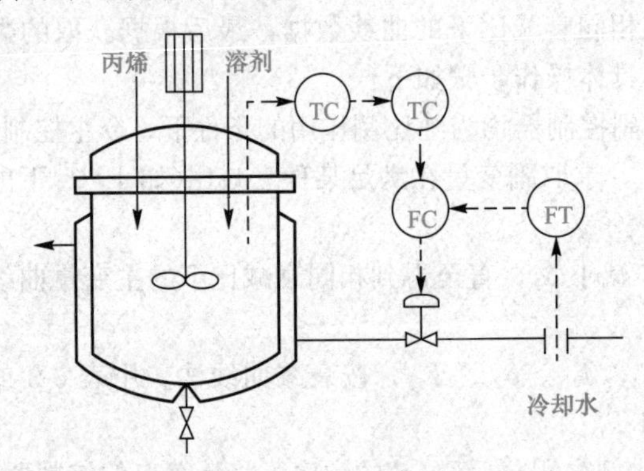

图 7-21　丙烯聚合温度控制系统

(1)这是一个什么类型的控制系统？试画出它的方框图。

(2)如果聚合釜的温度不允许过高，则容易发生事故，试确定控制阀的气开、气关形式；并确定主、副控制器的正、反作用。

(3)如果冷却水温度经常波动，上述系统应如何改进？

(4)如果选择夹套内水温作为副变量构成串级控制系统，试画出它的方框图，并确定主、副控制器的正、反作用。

温度控制系统仿真程序

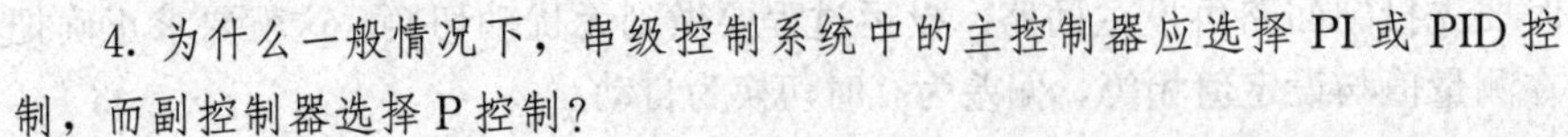

4. 为什么一般情况下，串级控制系统中的主控制器应选择 PI 或 PID 控制，而副控制器选择 P 控制？

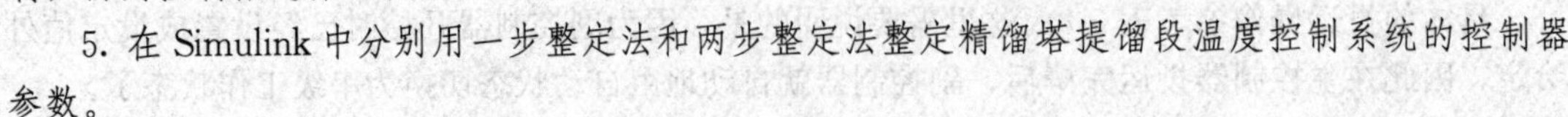

5. 在 Simulink 中分别用一步整定法和两步整定法整定精馏塔提馏段温度控制系统的控制器参数。

任务 7.2　等温水入料的分程控制系统设计

任务描述

当前大部分 PVC 聚合工艺采用等温水密闭入料工艺，即在指定的时间内，将定量的 VCM 和无离子水及各种助剂加入聚合釜，在加料完毕时确保 VCM 和无离子水的混合体系温度达到反应温度。在加入釜内的物料中，只有无离子水的温度可以调节，因此通常如图 7-22 所示，通过调节热无离子水阀 TV_1 和冷无离子水阀 TV_2 的开度使混合后的水温 T 达到所需温度 T_{sp}。T_{sp} 由计算机通过热力学衡算模块得到，其值根据加入的物料量实时变化，因此，要求水温 T 的调节要足够快、足够灵敏。

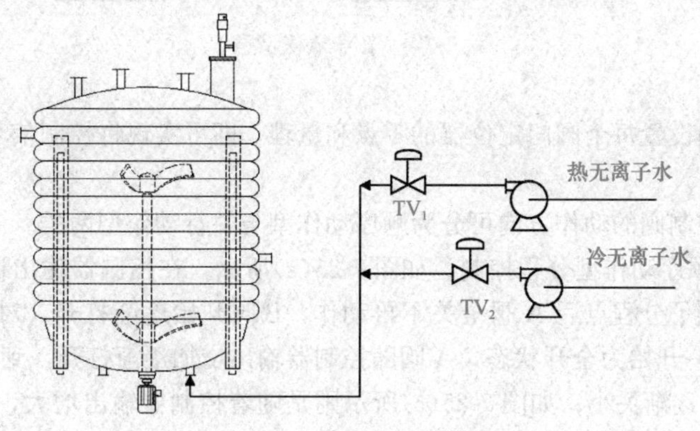

图 7-22　等温水入料示意

本任务要求设计一个控制系统，根据混合后的水温 T 及设定温度 T_{sp}，同时控制 TV_1 和 TV_2 两个阀门，以实现入釜水温的精确调节。通过本任务的学习，学生要掌握分程控制系统的结构和实施要点，熟悉其应用场景。

7.2.1　分程控制系统的结构与实现方式

分程控制系统结构如图 7-23 所示，控制器的输出同时送往两个或多个控制阀，每个控制阀仅在控制器输出的某段信号范围内工作。此处“分程”的意思就是把控制器的输出信号分成几段。

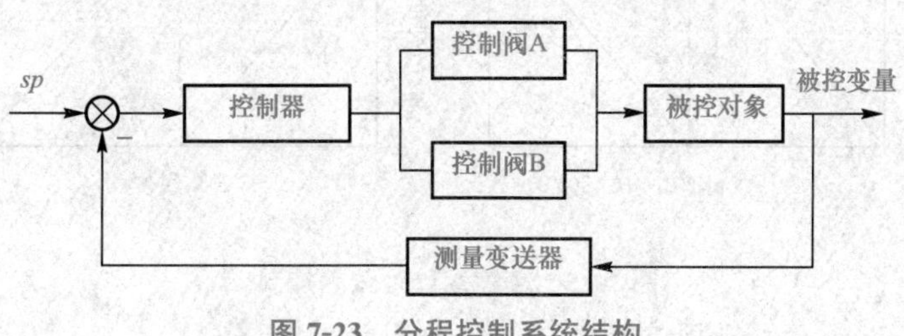

图 7-23　分程控制系统结构

分程控制系统通过气动执行器上的阀门定位器来实现信号分段，调整阀门定位器 A 的零点和量程，让定位器 A 在接收到 4～12 mA 的电流信号后，输出 0.02～0.1 MPa 的气压去推动 A 阀的阀杆，使 A 阀走完全行程。在这个信号范围内，B 阀处于全开或全关的极限位置，是不会动作的。同时，调整阀门定位器 B 的零点和量程，让定位器 B 接收到 12～20 mA 的信号后，输出 0.02～0.1 MPa 的气压去推动阀杆，使 B 阀走完全行程；而在这个信号范围内，A 阀是处于极限位置的，也不会动作，如图 7-24 所示。

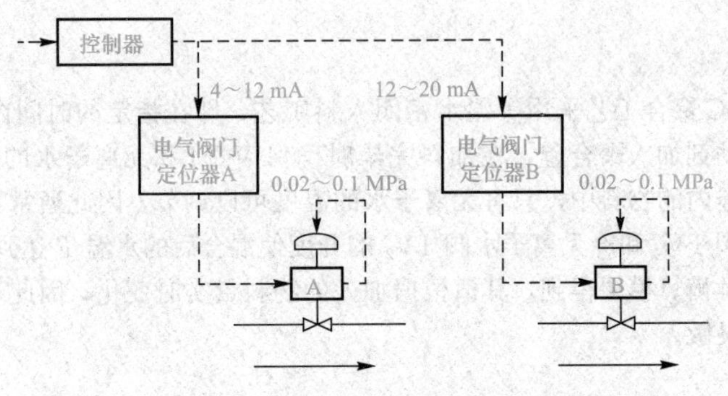

图 7-24　信号分程示意

因此，通过正确设置每个阀门定位器的零点和量程，即可实现将控制信号分成几段的目的，从而实现分程控制。

分程控制多个控制阀的动作方向可分为顺序动作型与并行动作型两类。

图 7-25 所示为顺序动作型分程控制。如图 7-25(a)所示，在控制器输出逐渐增大的过程中，A 阀先逐渐关小，到了分程点后 A 阀全关不再动作，B 阀开始逐渐打开，对流量进行调节。在图 7-25(b)中，B 阀一开始为全开状态，A 阀随控制器输出增加逐渐打开，到分程点后 A 阀全开不再动作，B 阀开始逐渐关小；如图 7-25(c)所示则是随着控制器输出增大，A 阀逐渐打开，到分程点后 A 阀全开不再动作，B 阀开始逐渐打开。可见，顺序动作型分程控制总是一个阀首先完成全行程动作后，第二个阀才接替工作。

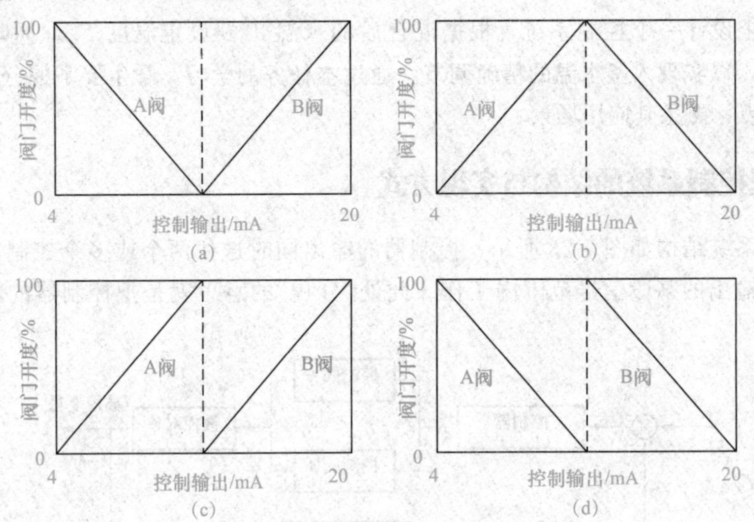

图 7-25　顺序动作型分程控制

(a)关—开；(b)开—关；(c)开—开；(d)关—关

图 7-26 所示为并行动作型分程控制，也称交叉型分程控制。此种类型的分程控制，A 阀和 B 阀同时动作，一个阀在关小的同时，另一个阀在开大。此种类型的分程控制通常用于冷、热两股流体按不同比例混合控制水温，同时又要保持总流量近似不变的场合。

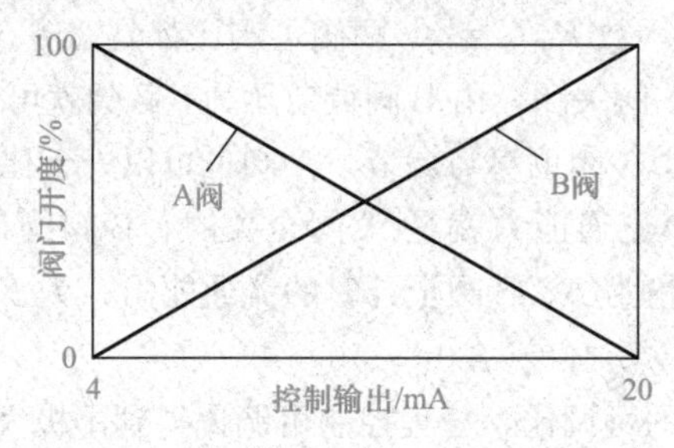

图 7-26　并行动作型分程控制

7.2.2　分程控制系统的应用场景与设计

1. 用以控制两种不同介质，满足特殊操作要求

在间歇反应时，通常初期需要加热使反应达到最优反应温度，反应中期又要移除反应放出的热量，以维持反应温度。这种场景就特别适合采用图 7-27 所示的分程控制系统。在图中，出于安全考虑，A 阀为气关阀(反作用)，B 阀为气开阀(正作用)。由于冷却水流量增加，反应器温度下降，故反应器为反作用方向，为构成负反馈，控制器 TC 应为反作用。

反应初期温度比较低，需要加热，A 阀应该关闭，B 阀应该处于较大开度；因为 TC 为反作用，温度低时其输出信号很大，所以 B 阀应该在 12～20 mA 分程区间工作(假设分程点为 12 mA)。

随着加热进行，反应温度上升，TC 输出下降，B 阀将关小。在分程点，B 阀应该关闭，A 阀开始打开。随着反应进行，温度持续上升，TC 输出继续下降，A 阀开度继续加大以带走反应生成的热量。综上分析，两阀分程特性应该如图 7-25(a)所示。

2. 用以扩大控制阀的可调范围，满足不同生产负荷的要求

图 7-28 所示的锅炉，产生的是 10 MPa 的高压蒸汽，但生产中需要的是 4 MPa 的中压蒸汽，因此，需要通过节流减压的方法，把高压蒸汽减压成中压蒸汽。

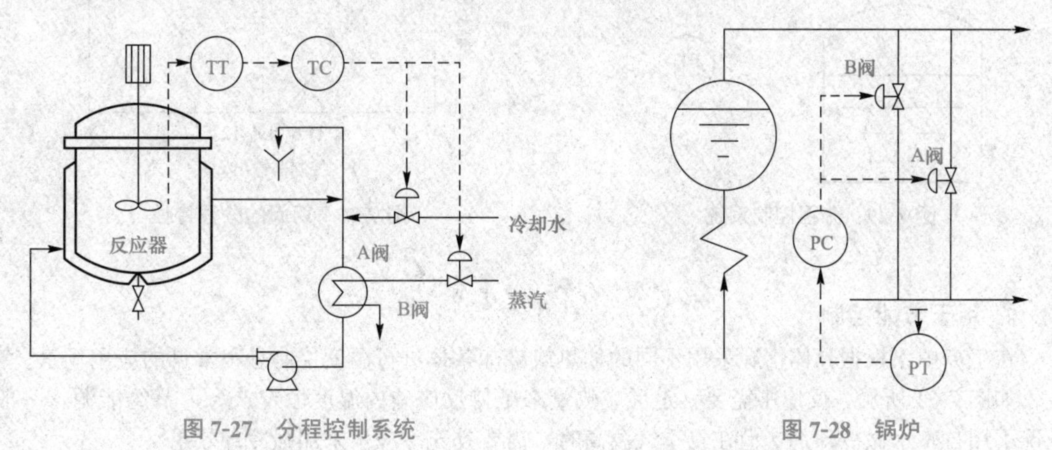

图 7-27　分程控制系统　　图 7-28　锅炉

若采用单回路控制系统，为适应极端大负荷情况，控制阀口径要选得很大，但在正常工况

下，负荷是不大的。由于控制阀可调比有限，因此经常在小开度下工作，易产生噪声和振荡，降低控制质量，影响控制阀使用寿命。

此时可用分程控制来扩大控制系统的可调比。假设图 7-28 所示 A 阀的最大流量系数 $K_{Amax}=100$，B 阀的最大流量系数 $K_{Bmax}=4$，两阀可调比都是 30。

将系统设计成小负荷时 A 阀关闭，由 B 阀调节压力，B 阀就可以处于比较适合的开度范围；而在大负荷时 B 阀全开，同时 A 阀也参与调节，A 阀也可以处于比较适合的开度。

整个系统可以控制的最小流通能力就是 A 阀全关时，B 阀的最小流量系数 $K_{Bmin}=4/30=0.133$。系统能控制的最大流量为 A、B 阀全开时的流通能力，为 $K_{max}=K_{Amax}+K_{Bmax}=104$，这样可调比 $R=K_{max}/K_{Bmin}=104/0.133=780$。

可见相比单回路系统 30 的可调比，分程控制可调比得到了极大的提升。

3. 用作生产安全的防护措施

分程控制有时也用在安全防护方面。如图 7-29 所示，为了保证原料质量与生产安全，要往原料储罐内充氮气以便隔绝空气；储罐在注料与抽料时都要维持微正压，否则容易导致储罐被胀破或者吸瘪；为此设计了分程控制系统。

根据分析，A 阀应该是气关阀、B 阀为气开阀，控制器为反作用。在正常存放工况时，A 阀、B 阀均应该关闭。当注料时，压力上升，压力超过一定限值后，应打开 A 阀泄压，否则储罐要胀破。因为 PC 为反作用，压力大时，输出小，所以 A 阀应在 4～12 mA 分程区间工作(假设分程点为 12 mA)。

卸料时，压力下降。当压力下降至一定值后，B 阀应打开充氮气补充压力，否则储罐会被吸瘪。因为 PC 为反作用，压力小时输出大，故 B 阀应工作在 12～20 mA 分程区间。

同时，为了防止 A、B 两阀在分程点处频繁动作，应该设置一个控制信号不灵敏区，这里取不灵敏区的下限为 11.6 mA，上限为 12.4 mA。故综合分析，两阀的分程特性应如图 7-30 所示。

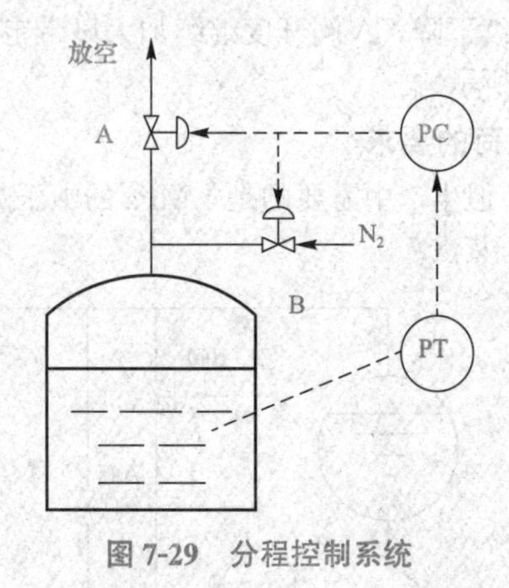

图 7-29　分程控制系统

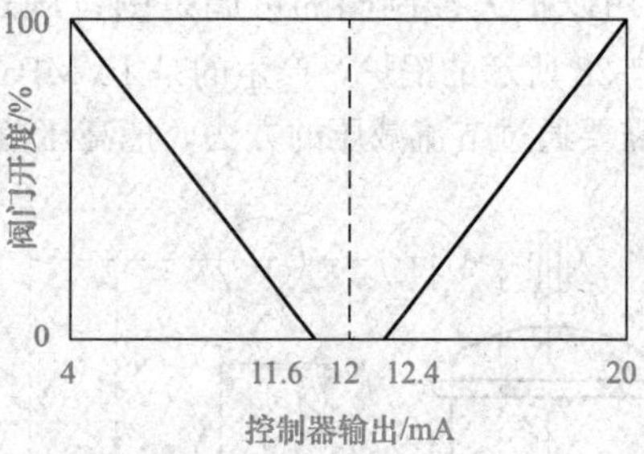

图 7-30　两阀的分程特性

4. 用于节能控制

在生产中，根据具体情况采用不同的加热或冷却载体进行温度控制是很常见的应用场景。

如图 7-31 所示，反应中需要移走反应热量来维持反应釜内温度恒定。为了节约能源，一般情况下用自来水做冷却剂，但在夏季气温高时，需要补充冷冻水来加强冷却效果。

从安全角度考虑，A 阀、B 阀应为气关阀(反作用)，反应釜的温度随冷却水流量增加而降低，故为反作用，为构成负反馈，控制器必须为反作用。反应釜的温度越高，控制输出越小。

因此，A、B阀应该分别在12～20 mA、4～12 mA区间工作(设分程点为12 mA)。

又因A阀、B阀均为气关阀，故两阀的分程特性应该如图7-32所示；系统运行时，因控制器为反作用，反应温度高于设定值时，控制器输出下降，A阀逐渐开大，当温度升到一定值时，控制器输出已降至分程点，此时A阀全部打开；如果A阀全开温度还在上升，控制器输出继续下降，此时B阀开始打开，往夹套内通入冷冻水来加强冷却效果。

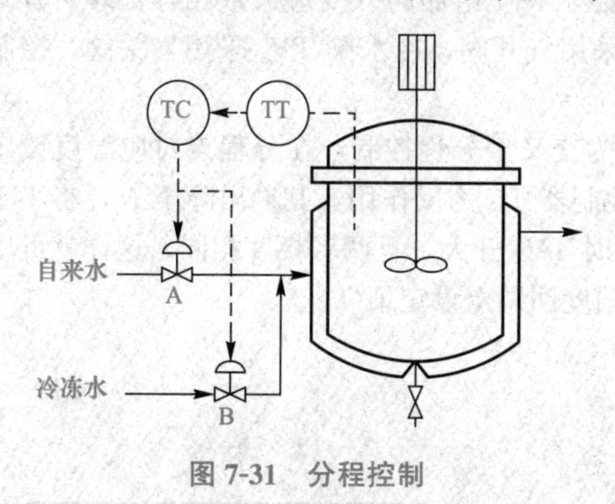

图7-31 分程控制

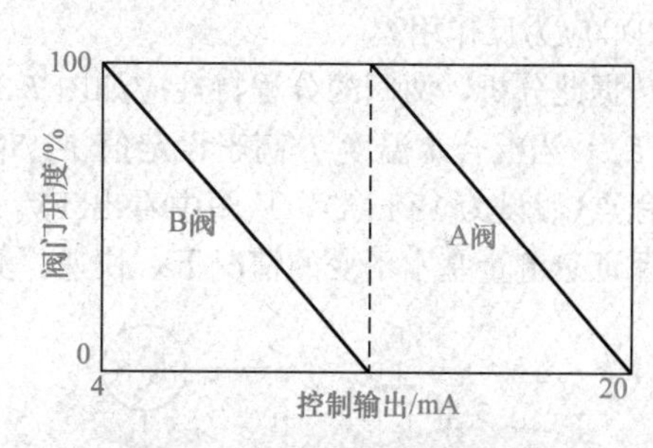

图7-32 两阀的分程特性

7.2.3 分程控制系统实施要点

与串级控制系统相同，分程控制在生产中应用非常广泛，但是，要让分程控制真正发挥作用，在实施过程中有几个需要特别注意的地方。

首先，分程控制系统中的控制阀应该不泄漏或泄漏量极小；特别是在大阀和小阀并联分程时，大阀的泄漏量要小，否则小阀不能充分发挥调节作用。因此，直通双座阀这种泄漏量大的控制阀就不适合用在分程控制系统中。

其次，在分程点上，若两只线性的大阀、小阀并联，总控制阀流量特性将产生严重的突变，严重影响控制质量，如图7-33(a)所示。

解决方法是采用两个等百分比阀，如图7-33(b)所示，流量特性的过渡会更加光滑。

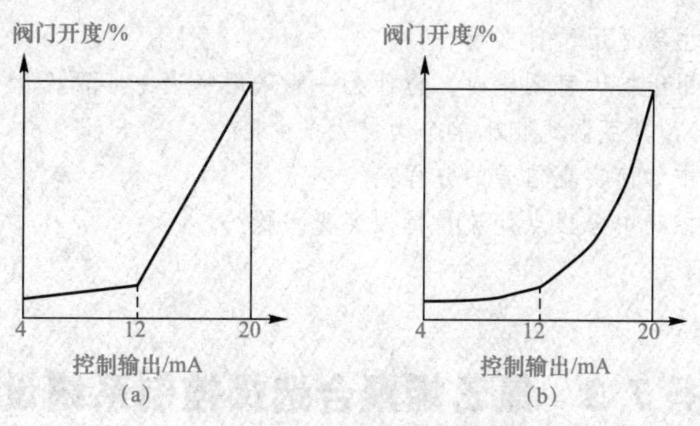

图7-33 阀组合的分程特性

(a)直线阀组合；(b)等百分比阀组合

另外，也可在小阀尚未完全打开时微开大阀，流量特性过渡也会更加光滑。

最后，在控制器参数整定时，如两阀所处的控制通道特性相近，则按任一通道特性来整定都是没问题的；但若如图7-31所示的B阀通道多了换热器，时间常数比A阀大得多，就要折中地选取控制器参数，以兼顾两个通道的特性。

7.2.4 等温水入料的分程控制设计

本任务应采取图 7-34 所示的分程控制系统来控制热水阀 TV_1 和冷水阀 TV_2。为使温度调节更加灵敏快速，当混合水温度过高需要回调时，不但要关小热水阀 TV_1，同时要开大冷水阀 TV_2，为使调节水温时不影响流量，TV_1 减小的开度与 TV_2 增加的开度应大致相等，即两者开度之和应等于 100%。出于安全考虑，热水阀 TV_1 采用气开阀，冷水阀 TV_2 采用气关阀，控制器 TC 应为反作用。

据此分析，两阀的分程特性应如图 7-35 所示，为交叉型分程控制，在分程点对应温度设定值 T_{sp}，当混合水温度 T 高于设定值 T_{sp} 时，由于控制器 TC 为反作用，其输出降至 I_1，将小于分程点(假设为 12 mA)，从图中看出 TV_1 关小，同时 TV_2 开大，且两者幅度相同，这样就可以在保证总流量基本不变的情况下，快速、灵敏地将温度回调至设定值 T_{sp}。

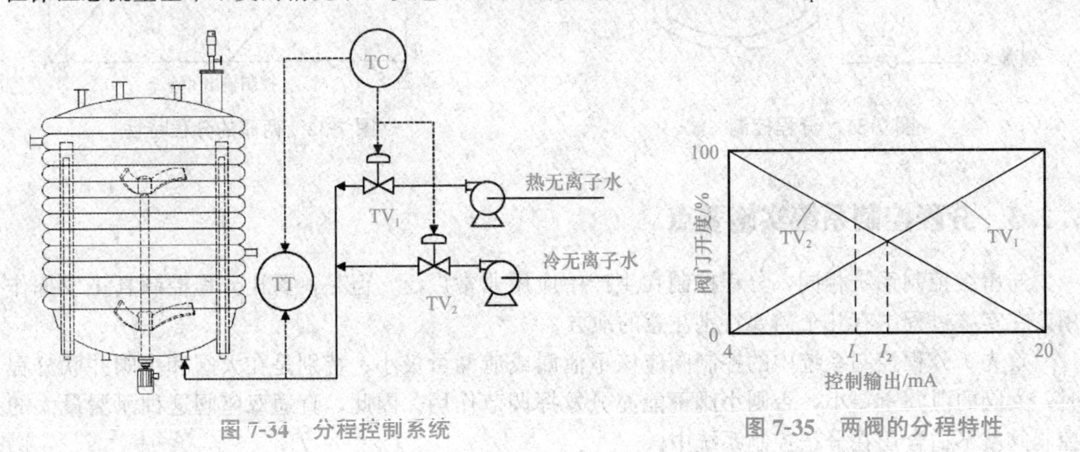

图 7-34 分程控制系统　　图 7-35 两阀的分程特性

任务测评

1. 分程控制系统主要适用于什么场合？
2. 分程控制系统用于扩大可调比时，为什么一般采用一大一小两个控制阀？如果采用两个相同的控制阀($R=30$)，其可调比相比单个阀扩大多少倍？
3. 分程控制系统中如何实现信号的分程？
4. 如何解决分程控制中分程点处流量特性突变问题？

任务 7.3 氯乙烯聚合选择控制系统设计

任务描述

任务 7.1 设计了釜温—夹套温度串级控制系统。在实际生产中，许多工艺采用图 7-36 所示的聚合釜温度控制系统来控制釜温 T_f，图 7-37 所示为该系统的方框图。在该控制系统中，釜温控制器 T_fC 与夹套温度控制器 T_jC 构成串级控制系统，同时，T_fC 的输出直接控制 TV_2 以调节内冷管冷却水流量。该系统通过夹套温度 T_j 和内冷管温度 T_n 的变化来共同控制釜温 T_f。

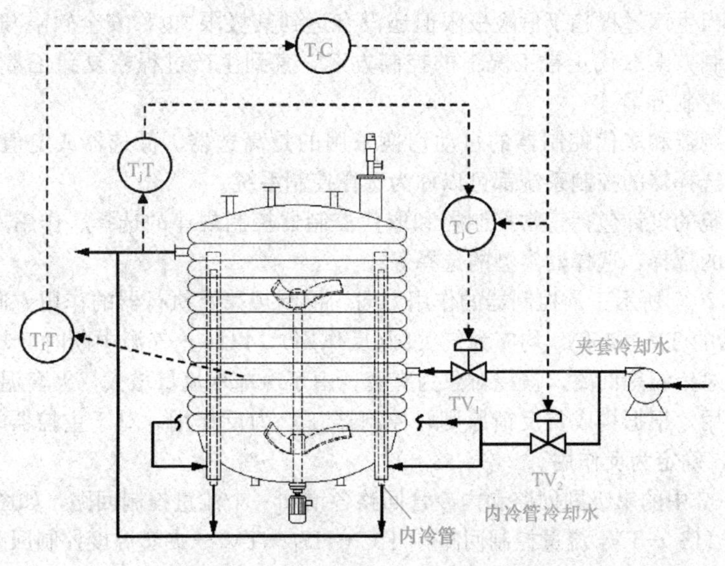

图 7-36 聚合釜温度控制系统

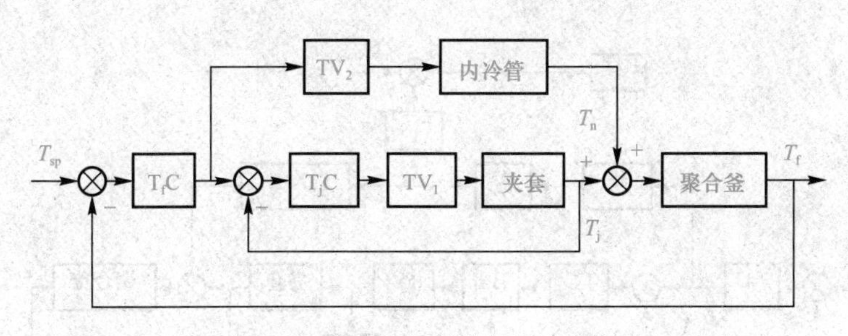

图 7-37 聚合釜温度控制系统方框图

根据流体传热学原理，当冷却水流量大于临界值 Q_{max}（称为最大经济流量）时，进出被传热设备温差将减小，从而吸收的热量也减小，因此，冷却水的吸热量存在一个最大值，并非流量越大吸热越多。因此，在两个回路共同冷却的情况下，就可能出现夹套回路流量大于 Q_{max}，而内冷管冷却水流量较小的情况，导致夹套回路传热效率低，浪费能源。对于内冷管冷却水来说也存在同样的可能。这就需要一个机制，使两个回路的冷却水流量都不超过其最大经济流量。

实现上述两种功能的控制系统称为选择控制系统，本任务要为图 7-36（或图 7-37）系统加上选择控制功能，确定控制器的控制规律、作用方式，选择器的类型，执行器的作用方式等。

通过本任务的学习，学生要掌握选择控制系统的结构、工作原理、类型，掌握选择控制系统设计要点，了解选择控制系统抗积分饱和的措施。

7.3.1 聚合釜温度－冷却水流量选择控制系统设计

在生产中，有时系统会处于濒临事故或低效运行的状态，此时可以切换成手动控制或联锁保护紧急性停车以避免事故的发生，虽然在一定程度上可以起到对系统的保护，但是系统的突然启动、停止会造成很大的经济损失。因此，设计一种在即将发生故障时能起自动保护作用而又不停车的“软保护”措施就显得特别重要，选择控制系统就是起到软保护作用的控制系统，也称为软保护系统、取代控制系统、超驰控制系统。

选择控制系统将生产中极限条件所构成的逻辑关系叠加到正常的自动控制系统上构成组合控制。其思路是当生产过程趋于危险极限但还没有达到其极限(也称安全软限)时，用一个控制不安全状态的控制方案取代正常工况下的控制方案，直到生产过程恢复到正常安全范围以内，系统又恢复到原控制方案。

实现正常控制器和取代控制器的自动切换采用的是高选器、低选器或定值选择器。因此，在控制系统中有选择器的控制系统都可以称为选择控制系统。

选择控制系统的设计包括正常控制器和取代控制器控制规律的选择、作用方向的确定以及执行器作用方向的选择，选择器类型的选择等。

首先确定图 7-37 所示正常控制器的作用方向、控制规律及执行器的作用方向。根据安全原则，图 7-37 所示的 TV_1 和 TV_2 均应为气关阀(反作用)，以防止气源中断时冷却中断导致釜温超高发生事故。对串级副回路，被控对象为夹套，由于冷却水流量增大，夹套温度 T_j 降低，因此，夹套为反作用，根据构成负反馈原则，控制器 T_jC 为反作用。对于主控器 T_fC，根据任务 7.1 介绍的方法，确定为反作用。

下面给图 7-37 中的串级副回路和内冷管回路各增加一个流量控制回路，如图 7-38 所示。其中，$F_1T-F_1C-HS_1-TV_1$ 流量控制回路与 $T_jC-HS_1-TV_1$－夹套温度控制回路构成聚合釜温度－流量选择控制系统，其中流量控制回路的设定值为最大经济流量 Q_{1max}。该选择控制系统工作过程如下：

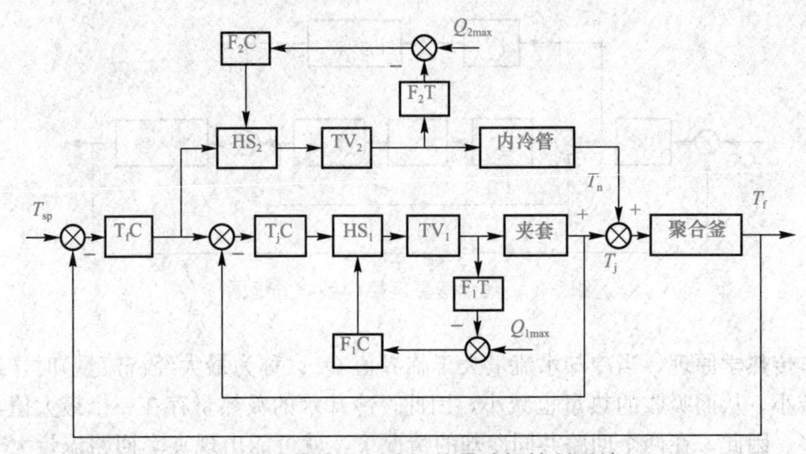

图 7-38 聚合釜温度－流量选择控制系统

当夹套冷却水流量小于最大经济流量 Q_{1max} 时，由选择器 HS_1 选择 T_jC 的控制信号送往控制阀 TV_1，即此时由温度控制回路控制冷却水的大小。

当夹套冷却水流量大于最大经济流量 Q_{1max} 时，选择器 HS_1 选择 F_1C 的控制信号送往 TV_1，即此时由流量控制回路控制冷却水的流量，使其稳定在最大经济流量 Q_{1max}。如果釜内温度下降需要减少冷却水流量，则此时 HS_1 又选择 T_jC 的控制信号来控制 TV_1。

可见，添加了这个流量控制回路构成选择控制系统后，可以确保夹套冷却水的流量不超过最大经济流量 Q_{1max}，避免能源浪费。

但是，如果夹套冷却水流量达到 Q_{1max} 还是不足以带走聚合反应产生的热量，使得釜温 T_f 不能维持在设定温度 T_{sp}。内冷管冷却水也设计了温度－流量选择控制系统，其工作机制与夹套冷却水的温度－流量选择控制系统一样，可以确保内冷管冷却水流量不超过其最大经济流量 Q_{2max}。在生产工艺设计之初，通过计算分析就确定了当夹套冷却水和内冷管冷却水都达到各自的最大经济流量时，足以将反应产生的热量全部带走。

上面分析了温度—流量选择控制系统的工作过程，然而如何实现这个功能呢？首先要确定选择器 HS_1 和 HS_2 是低选器还是高选器。低选器指的是从两个信号中选择一个小的信号，而高选器是从两个信号中选择一个大的信号。

夹套流量对象随着阀门开度增加流量增加，故为正作用，由于 TV_1 为反作用的气关阀，因此为构成负反馈，夹套冷却水流量控制器 F_1C 应为正作用。

上面分析出温度控制器 T_jC 为反作用，那么在反应之初温度较低，T_jC 的输出就非常大；而正作用的 F_1C 在反应初期由于流量较小，因此输出较小。根据之前的分析，在流量没有超过最大经济流量 Q_{1max} 前，应由温度控制回路来控制 TV_1，因此，HS_1 应该选择更大的 T_jC 控制信号，即 HS_1 应该为高选器。同样，可以分析出 HS_2 也应为高选器。

在两个选择控制系统中，正常控制器分别为 T_jC 和 T_fC，相应的取代控制器为 F_1C 和 F_2C。由于 T_jC 为串级副回路的温度控制器，因此其控制规律应选择 P 控制，而 T_fC 为串级主控制器，其控制规律应为 PI(或 PID)控制，而取代控制器 F_1C 和 F_2C 要求精确地控制流量不超过最大经济流量，因此应选择 PI 控制。同时，由于选择控制系统要求超过正常工况时能迅速切换到取代控制器，F_1C 和 F_2C 控制器的比例带应该小一点。表 7-4 给出了本设计结果。

表 7-4　聚合釜温度—流量选择控制系统设计结果

夹套冷却水温度—流量选择控制系统				釜温—内冷管冷却水流量选择控制系统			
名称	符号	作用/选择方向	控制规律	名称	符号	作用/选择方向	控制规律
正常控制器	T_jC	反作用	P	正常控制器	T_fC	反作用	PI(PID)
取代控制器	F_1C	正作用	PI	取代控制器	F_2C	正作用	PI
选择器	HS_1	高选		选择器	HS_2	高选	
执行器	TV_1	气关阀		执行器	TV_2	气关阀	

7.3.2　选择控制系统的类型

选择控制系统在工业生产中有广泛应用，前述聚合釜温度—流量选择控制系统仅是其中之一，下面根据其实现方式进行分类。

1. 开关型选择控制系统

在乙烯分离过程中，裂解气经五段压缩后气温度达 88 ℃，为了进行低温分离，必须将其温度降至 15 ℃左右。工艺上采用丙烯冷却器，利用液态丙烯在低温下蒸发吸热的原理，将裂解气温度降低。

一般的控制方案是以冷却后的裂解气温度为被控变量，以液态丙烯流量为操纵变量，构成图 7-39 所示的单回路控制方案。该方案实际上是通过改变换热面积的方式来控制温度的。当裂解气出口温度偏高时，控制阀开大，液态丙烯流量增加，冷却器内丙烯液位上升，换热面积随之增大，被丙烯汽化所带走的热量增多，从而使裂解气出口温度回调。

然而，当裂解气温度过高或负荷量过大时，控制阀将大幅打开，当冷却器中的列管全部为液态丙烯所淹没，而裂解气出口温度依然降不到希望温度时，就不能再一味地使控制阀开度继续增加，否则液位继续上升会使冷却器中的丙烯蒸发空间减小乃至没有蒸发空间，使气相丙烯出现滞液现象，气相滞液带入压缩机将损坏压缩机，这是不允许的。

必须考虑丙烯液位上升到极限情况下的防护措施，为此设计了图 7-40 所示的裂解气出口温度与丙烯冷却器液位的开关型选择控制系统。

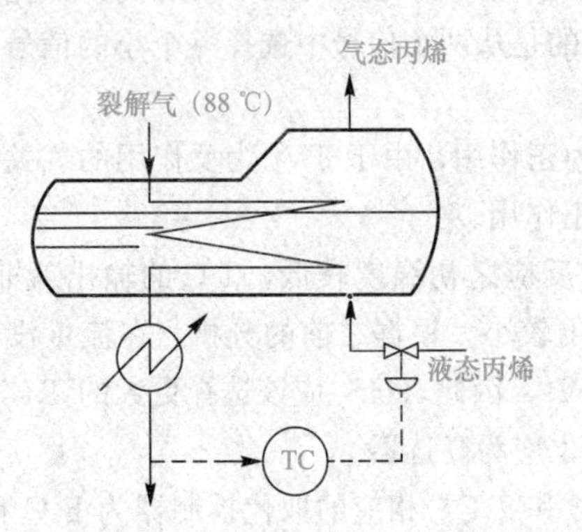

图 7-39　丙烯冷却器单回路控制方案

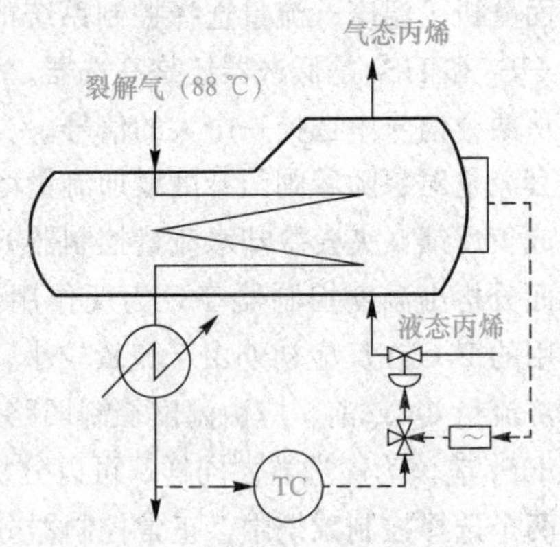

图 7-40　裂解气出口温度与丙烯冷却器液位的开关型选择控制系统

图 7-40 相比图 7-39 增加了一个带上限接点的液位变送器和一个连接温度控制器 TC 与执行器的电磁三通阀。上限接点一般设定在液位总高度的 75%左右。在正常情况下，液位低于 75%，接点断开，电磁阀失电，温度控制器 TC 的输出可以送往执行器，实现温度自动控制。当液位上升至 75%时，这时保护压缩机不被损坏已成为主要矛盾。于是，液位变送器上限接点闭合，电磁阀得电而动作，将控制器输出切断，同时使执行器的膜头与大气相通，使膜头压力降为零，控制阀(气开阀)很快关闭，使液态丙烯不再进入冷却器。待冷却器内液态丙烯逐渐蒸发，液位降到低于 75%，液位变送器上限接点断开电磁阀失电，于是，温度控制器的输出又送往执行器，恢复成温度控制系统。

可见，开关型选择控制系统只是在系统处于极限状态切断正常控制器的输出，它不像图 7-38 所示的聚合釜温度－流量选择控制系统那样还有一个取代控制器。

2. 连续型选择控制系统

连续型选择控制系统与开关型选择控制系统不同，当取代作用发生后，控制阀不是立即全开或全关，而是在阀门原来开度的基础上继续进行连续控制。因此，对于执行器来说，控制作用是连续的。在连续型选择控制系统中，一般有两台控制器，它们的输出通过选择器送往执行器。这两台控制器，一台在正常情况下工作，另一台在非正常情况下工作。在生产处于正常情况下，系统由用于正常情况下工作的控制器进行控制；一旦生产出现不正常情况时，用于非正常情况下工作的控制器将自动取代正常情况下工作的控制器对生产过程进行控制；直到生产恢复到正常情况，正常情况下工作的控制器又取代非正常情况下工作的控制器，恢复对生产过程的控制。

可见，氯乙烯聚合釜的温度－流量选择控制系统是连续型选择控制系统。再如，蒸汽锅炉是工业企业中的重要动力设备，其所用的燃料为天然气或其他燃料气。在正常情况下，根据产汽压力来控制所加的燃料量。当用户所需蒸汽量增加时，蒸汽压力就会下降。为了维持蒸汽压力不变，必须在增加供水量的同时相应地增加燃料气量。

当用户所需蒸汽量减少时，蒸汽压力就会上升，这时就需减少燃料气量。研究发现：进入炉膛燃烧的燃气压力不能过高，当燃气压力过高时，就会产生脱火现象。一旦脱火现象发生，大量燃料气就会因未燃烧而导致烟囱冒黑烟，不但会污染环境，而且燃烧室内积存大量燃料气与空气混合物，会有爆炸的危险。为了防止脱火现象的产生，在锅炉燃烧系统中采用了图 7-41 所示的蒸汽压力与燃料气压力的自动选择性控制系统。

在图 7-41 中采用了一台低选器(LS)，通过它选择蒸汽压力控制器 P_1C 与燃气压力控制器

P_2C之一的输出送往燃气控制阀。

在正常情况下，燃料气压力低于给定值，燃料气压力控制器 P_2C 所感受到的是负偏差，由于 P_2C 是反作用控制器，因此它的输出 a 将呈现为高信号。与此同时，蒸汽压力控制器 P_1C 的输出 b 则呈现为低信号。低选器 LS 将选中 b 作为输出，也即此时执行器将根据蒸汽压力控制器的输出而工作，系统实际上是一个以蒸汽压力作为被控变量的单回路控制系统。当燃料气压力升高(由控制阀开大引起)到超过给定值时，由于燃料气压力控制器 P_2C 的比例带一般设置得比较小，一旦出现这种情况，它的输出口将迅速减小，这时将出现 $b>a$，于是，低选器 LS 将改选 a 信号作为输出送往执行器。因为此时防止脱火现象产生已经上升为主要矛盾，因此，系统将改为以燃料气压力为被控变量的单回路控制系统。待燃料气压力下降到低于给定值时，a 又迅速升高成为高信号，此时蒸汽压力控制器 P_1C 的输出 b 又成为低信号了。于是，蒸汽压力控制器将迅速取代燃料气压力控制器，系统又将恢复以蒸汽压力作为被控变量的正常控制。

3. 混合型选择控制系统

关于燃料气管线压力过高会产生脱火的问题前面已经做了介绍。然而，当燃料气管线压力过低时又会出现什么现象和产生什么危害呢?

当燃料气压力不足时，燃料气管线的压力就有可能低于燃烧室压力，这样就会出现危险的回火现象，危及燃料气罐使之发生燃烧和爆炸。因此，回火现象和脱火现象一样，也必须设法加以防止。为此，可在图 7-41 所示连续型选择控制系统的基础上增加一个防止燃料气压力过低的开关型选择的内容，如图 7-42 所示。

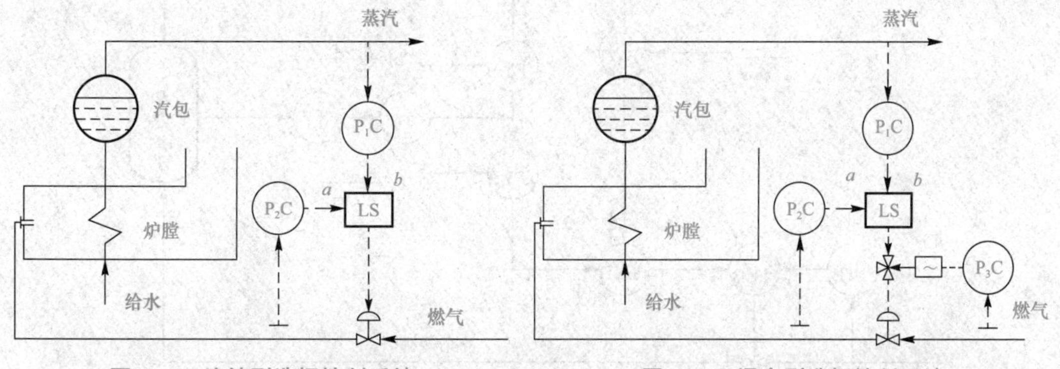

图 7-41　连续型选择控制系统　　图 7-42　混合型选择控制系统

在本方案中增加了一个带下限节点的压力控制器 P_3C 和 1 个电磁三通阀。当燃料气压力正常时，下限节点是断开的，电磁阀失电，此时系统的工作与图 7-41 相同，低选器 LS 的输出可以通过电磁阀送往执行器。

一旦燃料气压力下降到极限值，为防止回火的产生，下限节点接通，电磁阀通电，于是便切断了低选器送往执行器的信号，并同时使控制阀膜头与大气相通，膜头内压力迅速下降到零，于是控制阀将关闭(气开阀)，回火事故将不发生。当燃料气压力上升达到正常时，下限节点又断开，电磁阀失电，于是低选器的输出又被送往执行器，恢复成图 7-41 所示的蒸汽压力与燃料气压力连续型选择控制系统方案。

4. 其他分类

(1)被控变量的选择性控制。在控制器与控制阀之间引入选择器的选择控制系统称为被控变量选择性控制，图 7-38 所示的聚合釜温度—流量选择控制系统，图 7-41 所示的蒸汽压力与燃气压力选择控制系统都属于此类。

(2)操纵变量的选择性控制。为了充分利用能源，实际节能系统采用多种燃料，尽量利用废品燃料或低价格的燃料，不足时才补充高价格的燃料。加热炉燃料的选择控制系统如图 7-43 所示。系统有最大供应量为 F_{maxA} 的低价燃料 A 和最大供应量为 F_{maxB} 的补充燃料 B，载热体的出口温度为被控变量。

加热炉燃料选择控制系统中的 FYA、FYB、FYC 是乘法器；FYD 是加法器；LY 是低选器；FCA、FCB、TC 分别是低价燃料、高价燃料、温度控制器；FTA、FTB、TT 分别是低价燃料、高价燃料、加热炉温度检测变送器。流量控制器设计为反作用方式。

当低价燃料 A 足够，即 $m(1+F_{maxB}/F_{maxA})<F_{maxA}$ 时，低选器 LY 选中 $m(1+F_{maxB}/F_{maxA})$ 并作为 FCA 的设定值，组成出口温度与低价燃料量的串级控制系统。而补充燃料控制器的设定值为 $m(1+F_{maxA}/F_{maxB})-mF_{maxA}/F_{maxB}(1+F_{maxB}/F_{maxA})=0$，补充燃料阀门全关。

当低价燃料 A 供应不足，即 $m(1+F_{maxB}/F_{maxA})>F_{maxA}$ 时，低选器 LY 选中 F_{maxA}，使低价燃料油阀门全开，燃料流量达到 F_{maxA}，此时补充燃料控制器的设定值为 $m(1+F_{maxA}/F_{maxB})-F^2_{maxA}/F_{maxB}>0$，组成温度与补充燃料量的串级控制系统，调节补充燃料阀门的开度。

(3)对测量信号的选择控制。在生化反应过程中，反应器内各点温度变化不一，为此选择其中的最高温度来完成系统的温度控制，构成对测量信号的选择性控制，如图 7-44 所示。

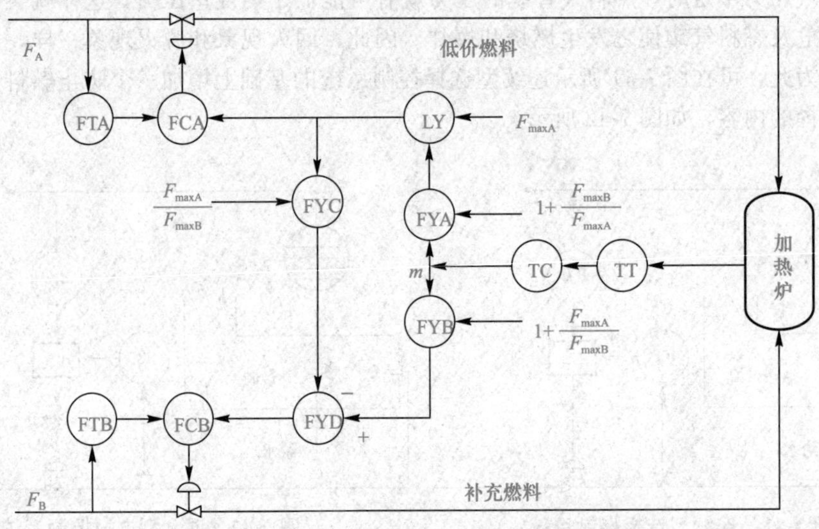

图 7-43　加热炉燃料选择控制系统

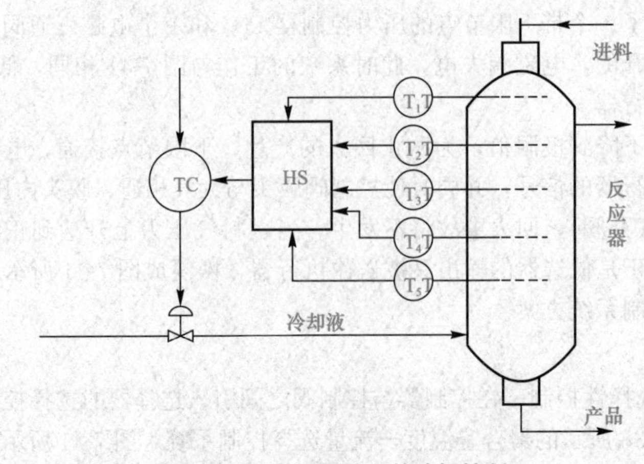

图 7-44　对测量信号的选择控制

7.3.3 抗积分饱和措施

在选择控制系统中，无论是在正常工况下还是在故障工况下，系统都有一个控制器处于开环工作状态，这个处于开环工作状态下的控制器如果具有积分控制作用，在偏差长期存在的条件下，控制器将进入深度积分饱和状态。当它在某个时刻被选择器选中需要进行控制时，则由于它处在积分饱和状态而不能及时发挥作用，失去了控制能力，系统的控制质量变差。

因此在选择控制系统中，应该采取抗积分饱和措施，如外反馈法、积分切除法、限幅法等。对于像DCS这样的计算机控制系统，如果采用增量式PID算法，则不存在积分饱和问题；如果采用位置式PID算法，则需要对输出及积分项都进行限幅。

任务测评

1. 在等温水进料过程中，进料流量的控制很关键，为此设计图7-45所示的FC—FT—FV流量控制回路。由于上游TV_1和TV_2的影响，可能导致FV阀前压力P过低，使无离子水汽化，造成流量计FT损坏及测量误差过大。试设计一个选择控制方案，在阀前压力P过低的情况下，优先保证压力控制，关小FV，使压力P恢复正常，以避免无离子水汽化造成流量计损坏和测量不准。要求画出控制方案的方框图，明确正常控制器和取代控制器的控制规律、正反作用及控制阀FV的作用方向，选择器的类型(高选还是低选)。

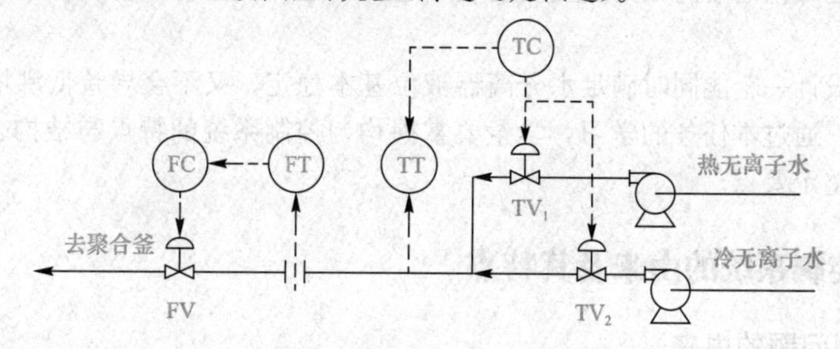

图7-45　进料流量控制系统

2. 选择控制系统有哪几种类型？
3. 选择控制系统的设计要确定哪些内容？

任务7.4　氯乙烯精馏塔进料的均匀控制系统设计

任务描述

氯乙烯精馏过程中，粗VCM经全凝器冷凝成液体后进入水分离器，分水后的VCM液体先送至低沸塔(图7-46)除去乙炔、氮气、氢气等低沸物，最后送至高沸塔脱除高沸物。在低沸塔的操作过程中，要求水分离器的液位大致稳定，同时要求低沸塔进料流量不能波动过大。

当粗VCM或来自尾气冷凝器的液体流量增大后，水分离器的液位必将上涨。若要维持水分离器液位恒定，则要开大FV，增加出料流量，但这将导致低沸塔的进料流量发生波动。

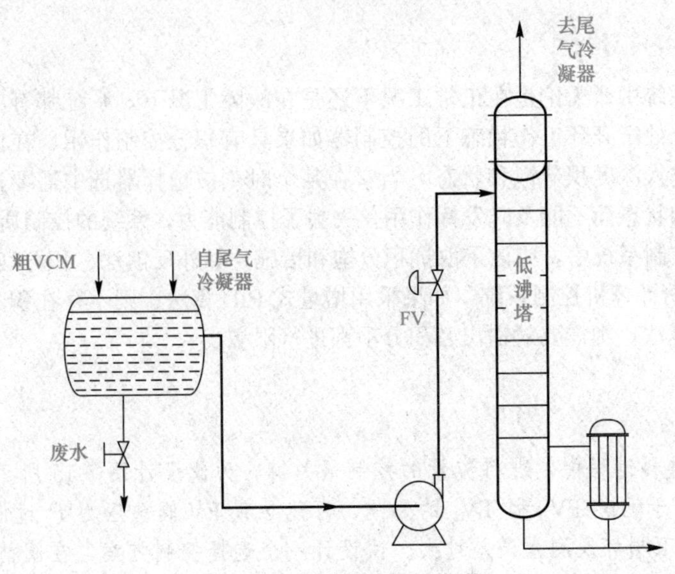

图 7-46　氯乙烯精馏低沸塔

此外，当氯乙烯精馏塔内压力发生波动或者进料泵电压不稳时也会导致进料流量发生较大波动。

本任务要求设计一个能同时满足水分离器液位基本稳定，又不会导致低沸塔进料流量波动过大的控制系统。通过本任务的学习，学生要掌握均匀控制系统的特点与结构、控制规律的选择和控制器参数整定要点。

7.4.1　均匀控制系统的由来及其特点

1. 均匀控制问题的由来

在化工生产中，类似图 7-46 上游设备(水分离器)的出料是下游设备(低沸塔)的进料的情况很常见，在如图 7-47 所示的乙烯生产中，脱丙烷塔的出料就直接作为脱丁烷塔的进料。工艺上要求脱丙烷塔液位维持在一定范围内，不能出现抽空或满塔现象，为了保持脱丁烷塔操作稳定，进料也不能有太大的波动。

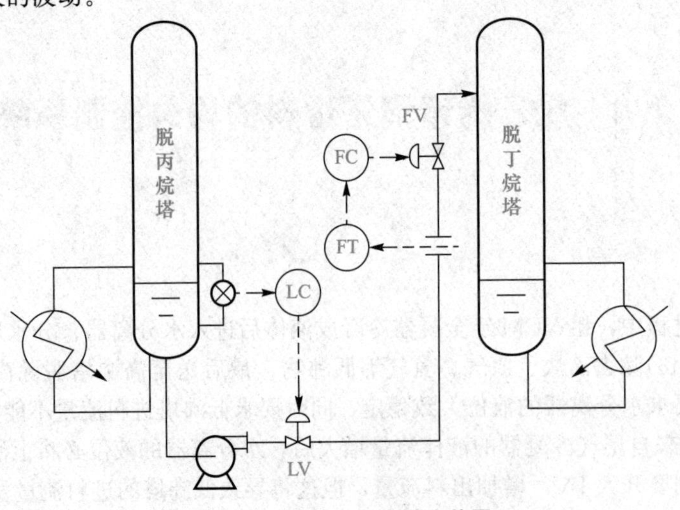

图 7-47　丙烷和丁烷脱除装置

要实现上述功能的自动操作，可以给脱丙烷塔设置一个液位控制系统，同时给脱丁烷塔也设置一个进料流量控制系统。但是，如果塔底液位升高了，液位控制系统就要开大出口阀，使液位回调。但这就必然使脱丁烷塔进料流量增大，它的流量控制系统就要关小入口阀，阻止流量变大，又使得脱丙烷塔液位无法继续下降。也就是说，传统的单回路解决方案会使两个控制系统互相干扰，出现互斥现象。与前面例子相似的“液位－流量”问题是极其常见的，采用两个单回路控制系统的方案往往难以获得满意的控制效果。

处理这种问题的一种思路是在两个装置间增设一个缓冲罐。但是，现代化工生产装置体积庞大、厂区面积有限，增设缓冲罐也会增加设备投资。另外，某些情况下，物料不允许在缓冲罐内停留过长时间，否则可能发生副反应。

另一个思路是让液位和流量之间互相妥协，各自都稍微降低控制要求，使两者都在可允许的范围内缓慢变化，只要不超限即可，不追求控制精度，这就是均匀控制思想。

2. 均匀控制的特点

需要注意的是，均匀控制指的是一种控制思想、一种控制目的，而不是控制结构。均匀控制系统在结构上没有特殊性，可以是单回路的，也可以是串级的，均匀控制主要通过控制器的参数整定来实现。此外，均匀控制的实施前提是两个变量的控制精度要求都不是很高，否则就不能采用均匀控制。

均匀控制强调性能兼顾，要求两个变量在可允许的范围内缓慢地变化。只有图 7-48(c)才符合均匀控制思想，图 7-48(a)和图 7-48(b)都不符合均匀控制的要求，因为它们都过于强调某个变量的控制性能而使另外一个变量出现大幅度的波动。

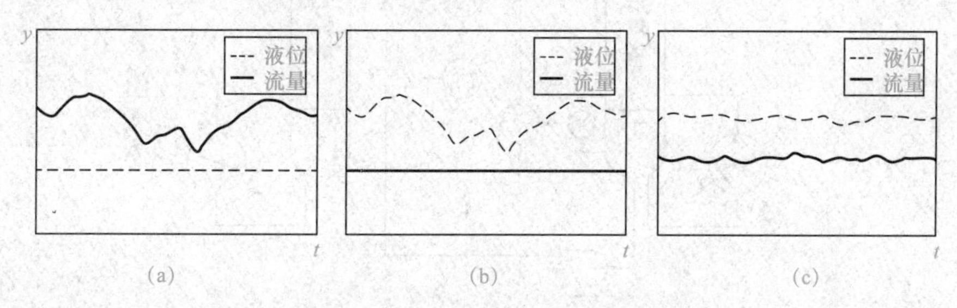

图 7-48　液位—流量的变化曲线

7.4.2　均匀控制系统的结构形式

均匀控制的实现方式有多种，下面主要介绍简单均匀控制系统和串级均匀控制系统。

1. 简单均匀控制系统

简单均匀控制系统和单回路系统一样，在图 7-49 中，用一个单回路液位控制系统实现脱丙烷塔与脱丁烷塔的液位－流量均匀控制，控制器通常选择 P 控制。

串级均匀控制主要依靠参数整定来实现，参数整定时，与单回路控制系统相反，它是先把比例带设成较小数值，再逐步由小变大，只要负荷波动时，液位不超出工艺允许的范围就可以，比例带一般大于 100％。

简单均匀控制系统的优点是结构简单、投资少。但是，如果液位对象自衡能力过强(液位受出口流量的波动影响很小)，同时控制阀前后压力波动较大，就会出现图 7-48(a)所示那样的情况，液位可以缓慢变化，流量却波动厉害，均匀控制效果变得很差。

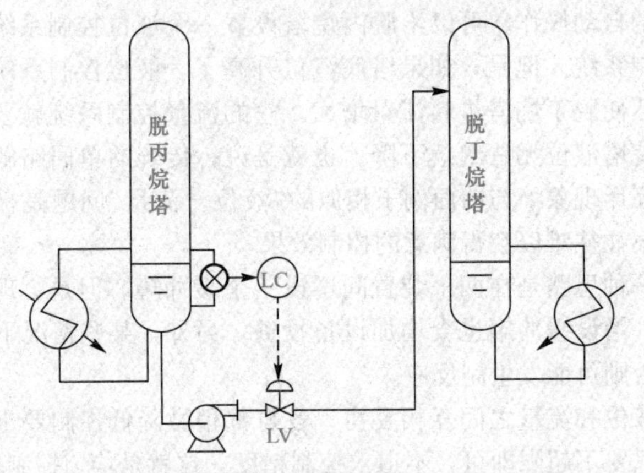

图 7-49　丙烷与丁烷脱除装置的均匀控制系统

2. 串级均匀控制系统

为了克服简单均匀控制系统流量波动厉害的缺点，可以采用图 7-50 所示的串级均匀控制系统。它的结构和一般的串级控制系统完全一样。但它和通常的串级控制系统的目的完全不同。

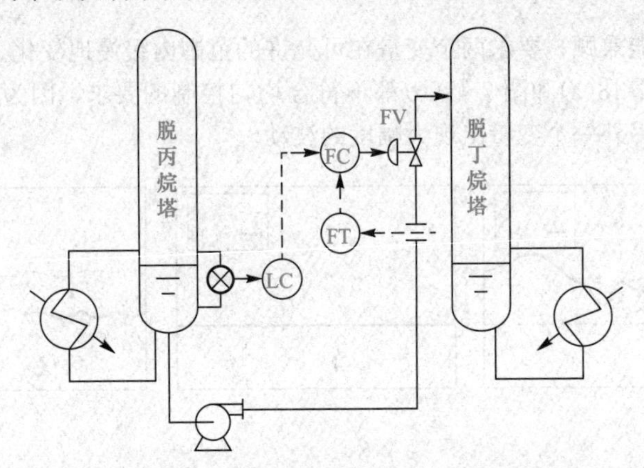

图 7-50　丙烷与丁烷脱除装置串级均匀控制系统

通常，串级控制系统是为了精确地控制主变量才引入副环的，主控制器一般要加入积分作用，为了加强抗二次干扰的能力，副控制器比例作用一般会设置得很强。

但串级均匀控制系统是因为阀前后差压波动导致流量波动过大才引入副环的，它的核心目标是使主、副变量都缓慢均匀地变化，因此，主控制器通常不会加入积分作用，副控制器的比例作用通常也设置得比较弱，避免出现大幅度的波动。

需要说明的是，均匀控制未必都是“液位－流量”之间的均匀。对于气相物料，前后设备间的均匀控制通常是指压力和流量之间的均匀。

7.4.3　均匀控制系统控制器选择与参数整定

1. 控制规律的选择

均匀控制系统的控制规律应该尽量选择纯比例控制。这是因为在纯比例作用下，液位与流量存在单一对应关系：比例带减小，液位波动减小，流量波动增加；比例带增加，液位波动增加，流量波动减小。这种单一对应关系使参数整定更加方便；PI 控制没有这种单一对应关系，整定更麻烦。但以下几种情况，应考虑采用PI控制。

(1)在一些精馏塔塔釜中，由于存在相变，液位测量噪声比较大，此时可选用PI控制。

(2)为克服连续发生的同一方向扰动造成的大偏差，可选用PI控制。

(3)若流量时间常数过小，可选择PI控制，利用I控制的滞后效应，使流量变化更加平缓。

但是，无论选择哪种类型的均匀控制，都不应加入微分作用，因为这会导致参数快速变化，有违均匀控制的初衷。

2. 控制器参数整定

串级均匀控制的副环流量控制器的参数整定与普通流量控制器整定原则相同，即选用大的比例带和小的积分时间，这里不再详述。串级均匀控制与简单均匀控制共有的液位控制器参数整定采用的是“看曲线，调参数”的方法，整定过程中应让液位最大波动接近允许范围，其目的是充分利用容器的缓冲作用，使流量尽量平稳。具体整定步骤如下。

(1)对纯比例控制。

1)将比例度放置在估计不会引起液位超越的数值，如比例度$\delta=100\%$。

2)观察记录曲线，若液位的最大波动小于允许范围，则可增加δ值，其结果必然是液位“控制品质”降低，而使流量更为平稳。

3)当发现液位的最大波动可能会超过允许范围时，则应减小δ值。

4)这样反复调整δ值，直到液位最大波动接近允许范围为止。

(2)对PI控制。

1)按纯比例控制进行整定，得到液位最大波动接近允许范围时的δ值。

2)适当增加δ值后，加入积分作用。逐渐减少积分时间，使液位在每次干扰过后，都有回复到设定值的趋势。

3)将积分时间减小到流量记录曲线将要出现缓慢的周期性衰减振荡过程为止。

7.4.4 氯乙烯精馏塔进料的液位－流量串级均匀控制系统设计

根据任务描述及上述有关均匀控制系统的讨论，显然本任务可以用均匀控制方案来解决水分离器液位与低沸塔进料流量互相矛盾的问题。由于低沸塔塔压干扰可能导致进料流量发生较大波动，因此采用了图7-51所示的水分离器－低沸塔进料流量串级均匀控制系统。

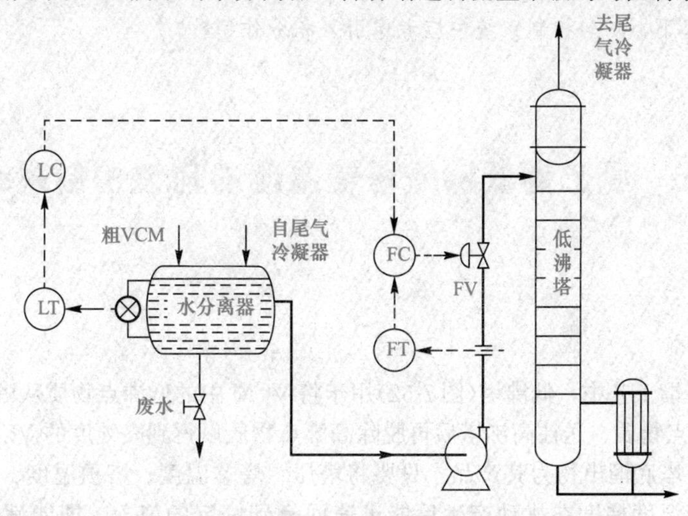

图7-51　水分离器－低沸塔进料流量串级均匀控制系统

如果气源发生故障导致中断，FV为气关阀，将导致低沸塔进料大大增加，超过低沸塔的处理能力或导致淹塔事故。FV若选择气开阀，则FC为反作用方式，根据7.1.4节所述，在副控制器为反作用的方式下，主控制器LC可直接切换到主控方式，而无须改变其自身作用方式。

综上所述，FV应选择气开阀，由于流量对象为正作用，为构成负反馈，因此FC应为反作用。当主变量水分离器液位上涨时，要使其回调，应开大FV；当副变量进料流量增加时，要使其回调，应关小FV。因此，根据串级控制系统主控制器作用方式的确定方法，主控制器应为正作用。

由于进料流量时间常数很小，因此，副控制器FC控制规律应选择PI控制，利用I控制的滞后效应，使流量变化更平缓；而为了使参数整定方便主控制器LC可选择P控制。

水分离器—低沸塔进料流量串级均匀控制系统设计结果见表7-5。

表7-5　水分离器—低沸塔进料流量串级均匀控制系统设计结果

控制器件 / 控制方式	主控制器LC	副控制器FC	执行器FV
作用方式	正作用	反作用	气开阀(正作用)
控制规律	P	PI	

任务测评

1. 扫码获取仿真程序，按照均匀控制系统参数整定方法，在Simulink中整定简单均匀控制系统的控制器参数。

简单均匀控制系统SIMULINK仿真程序

2. 在简单均匀控制系统中，当加大比例控制作用时，会使液位波动(　　)，流量波动(　　)。

A. 减缓　加剧　　B. 减缓　减缓

C. 加剧　加剧　　D. 加剧　减缓

3. 为实现液位—流量的均匀控制，若阀前后压力差波动较大，则应选择(　　)均匀控制方案。

A. 简单　　B. 串级　　C. 双冲量

4. 为什么均匀控制中不应该引入微分作用？

5. 在哪些情况下，均匀控制系统中应考虑引入积分作用？

任务7.5　氯乙烯低沸塔塔釜温度的前馈控制系统设计

任务描述

在氯乙烯的精馏工艺中，低沸塔(图7-52)用于将VCM中的低沸点物质从塔顶脱除，留下塔釜的VCM及高沸点物质，送往高沸塔后再脱除高沸点物质以得到高纯度的VCM。

对于低沸塔，塔底馏出物为其产品，只要将塔压、塔釜温度、塔顶温度、塔釜液位控制在一定数值上，且使温度梯度在扰动产生后能迅速回复到一定的值上，即能满足工艺控制指标要求。

影响塔釜温度的干扰因素有进料流量、进料状态(进料的温度和成分)、塔釜液位等因素，而精馏塔的塔釜温度是一个大滞后、非线性的过程。如果采用传统的单回路控制，通过检测塔釜温度的变化再改变热水流量来调节，由于控制滞后过大，往往使控制精度不能满足要求。

本任务将要采用前馈控制的思想设计一个控制系统来快速有效地克服进料流量、进料状态、塔釜液位干扰以实现高质量的塔釜温度控制。

通过本任务的学习，学生要掌握前馈控制系统的原理、特点、基本结构形式，以及前馈控制器的实现方式，会整定前馈控制器的参数。

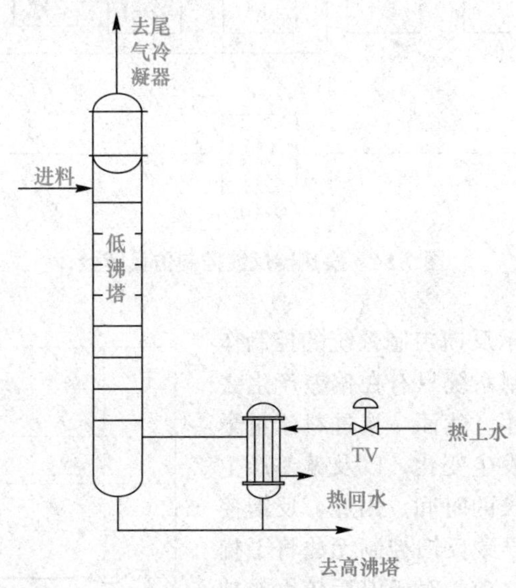

图 7-52　低沸塔示意

7.5.1　前馈控制的由来及其特点

1. 前馈控制的由来

图 7-53 所示为换热器的反馈控制示意，其 Simulink 仿真模型如图 7-54 所示，其中被控对象传递函数为 $G_p(s)=3e^{-8s}/[(10s+1)(25s+1)]$，执行器传递函数 $G_v(s)=1/(s+1)$，温度测量变送器传递函数为 $G_T(s)=1$，进料流量为主要干扰，其干扰通道传递函数 $G_d(s)=5e^{-6s}/[(6s+1)(4s+1)]$。控制器参数经整定设为 $K_c=0.55$，$T_I=80$ s，系统稳定后突加幅值为 1 的阶跃干扰信号，系统的输出响应如图 7-55 所示，设定值跟踪性能尚可，其阶跃响应超调量 $\sigma=20\%$，调节时间约为 150 s。但是抗干扰性能很差，超调量 $\sigma=420\%$，调节时间约为 250 s。

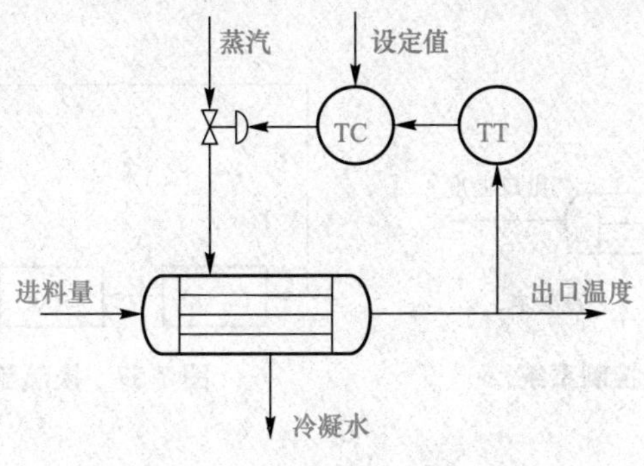

图 7-53　换热器的反馈控制

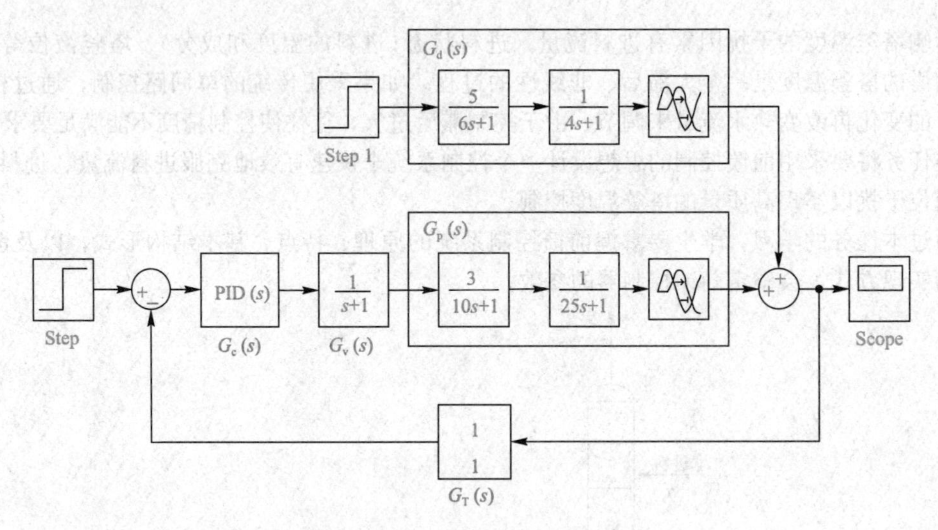

图 7-54　换热器反馈控制仿真模型

究其原因，图 7-53 所示反馈控制系统的控制作用是由偏差驱动的，即控制系统只有在偏差产生之后才会做出相应的控制作用。然而，从进料流量干扰产生到被控量出口温度发生变化，以及偏差产生相应的控制作用，需要较长的时间。因此，反馈控制总是落后于干扰作用，导致反馈控制无法将干扰克服在被控量偏离设定值之前。对于滞后较大的被控对象来说，控制作用不及时，控制质量很差。

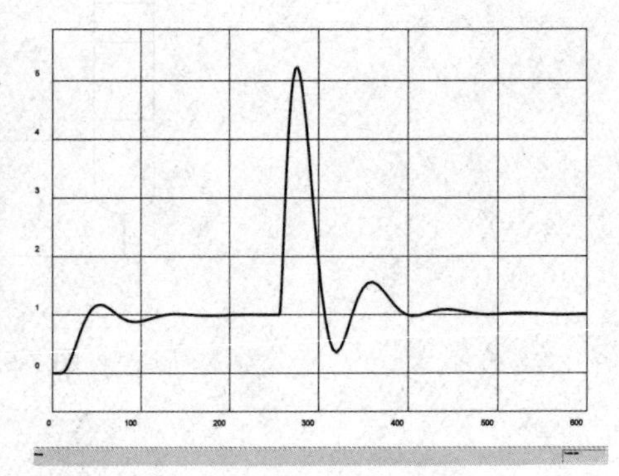

图 7-55　换热器反馈控制仿真结果

因此，人们想到，如果能实时检测干扰，就可以构成类似图 7-56 所示的前馈控制系统，该系统检测进料流量这个主要干扰，进料流量一发生变动就及时地改变蒸汽阀的开度，从而在干扰影响出口温度之前就将其克服。

这里存在一个问题，即进料流量变动后，蒸汽阀的开度应该改变多少？这就需要知道干扰通道的特性(传递函数)。

图 7-57 所示为换热器前馈控制系统方框图，其中 $G_{ff}(s)$ 即图 7-56 所示前馈控制器 FC 的传递函数。如果要使干扰 $D(s)$ 对被控变量 T 的影响为零，则须满足式(7-1)：

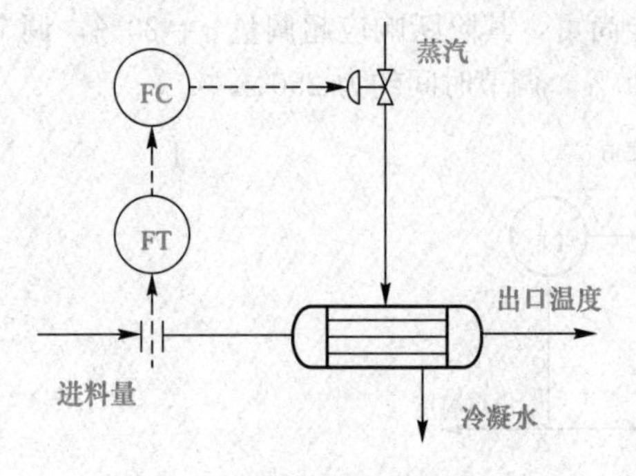

图 7-56　换热器前馈控制系统

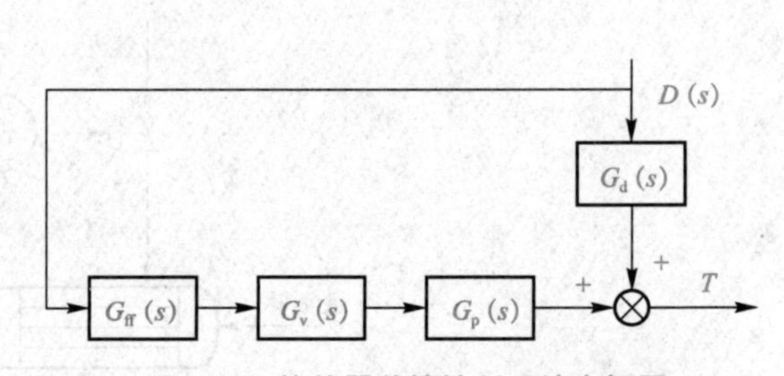

图 7-57　换热器前馈控制系统方框图

$$D(s)G_{ff}(s)G_v(s)G_p(s)+D(s)G_d(s)=0 \tag{7-1}$$

从而得到前馈控制器的传递函数

$$G_{\mathrm{ff}}(s)=-\frac{G_{\mathrm{d}}(s)}{G_{\mathrm{v}}(s)G_{\mathrm{p}}(s)} \tag{7-2}$$

式(7-2)说明，只要知道干扰通道的特性和控制通道的特性[$G_{\mathrm{v}}(s)G_{\mathrm{p}}(s)$]就可以设计出前馈控制器 $G_{\mathrm{ff}}(s)$ 使干扰 $D(s)$ 对被控变量的影响为零。

2. 前馈控制的特点

从上面关于反馈控制与前馈控制的比较分析中可以看出前馈控制的一些特点。

(1)前馈控制及时。由于前馈是按干扰作用大小进行控制的，而被控变量偏差产生的直接原因是干扰作用，因此当干扰一出现，前馈控制器就直接根据检测到的干扰，按一定控制规律来进行控制。当干扰发生后，尚未影响被控变量之前，前馈控制器就已经产生了控制作用，在理论上可以把偏差彻底消除。显然，前馈控制要比反馈控制及时得多，这也是前馈控制主要的优点。表 7-6 比较了前馈控制与反馈控制的特点。

表 7-6 前馈控制与反馈控制的特点比较

控制类型	控制的依据	检测的信号	控制作用发生时间
反馈控制	被控变量的偏差	被控变量	偏差出现后
前馈控制	干扰量的大小	干扰量	偏差出现前

(2)前馈控制为开环控制系统。从图 7-57 可见，前馈控制器 $G_{\mathrm{ff}}(s)$ 对被控对象施加控制作用后，系统并没有检测控制作用的效果(被控变量 T 的大小)，它不根据控制效果来调整控制作用，因此前馈控制是一个开环控制系统。

前馈控制为开环控制系统，这是其最大的缺点。反馈控制由于是闭环系统，控制效果能通过反馈得到检验，而前馈控制的效果不能通过反馈得到检验，因此，前馈控制对被控过程的特性必须掌握得很清楚才能得到一个比较好的控制效果。

(3)前馈控制器是基于对象特性的“专用”控制器。一般反馈控制系统采用通用型的 PID 控制器，而根据式(7-2)可以看出，前馈控制器是被控对象干扰通道与控制通道特性之比(式中负号表示控制作用与干扰作用方向相反)，因此，前馈控制器是完全基于对象特性的“专用”控制器，对象特性不同，控制器也不同。

(4)前馈控制作用只能克服特定干扰。前馈控制作用是按干扰进行工作的，且整个系统又是开环的，因此根据特定干扰设置的前馈控制只能克服特定干扰。对于其他干扰，由于前馈控制器无法感知，也就无能为力了。而反馈控制只用一个控制回路就可克服多个干扰，因此，这一点是反馈控制相对于前馈控制的一个优点。

7.5.2 前馈控制系统的结构形式

1. 纯前馈控制系统

图 7-56 所示为纯前馈控制系统，纯前馈控制指的是整个控制系统只有前馈控制作用，而没有反馈控制作用，整个系统是一个开环系统。

纯前馈控制系统的设计需要考虑稳定性问题。对于对象干扰通道和控制通道均为稳定特性的环节，构成的前馈控制系统也是一个稳定系统。但对于开环不稳定对象，一般的反馈控制系统可以通过合理选择控制器参数使其构成的闭环控制系统在一定范围内是稳定的。而若采用纯前馈控制系统，由于整个系统是一个开环系统，最终将导致不稳定。

2. 前馈－反馈复合控制系统

纯前馈控制系统存在不少局限性，表现如下：

(1)纯前馈控制无被控变量反馈，对控制效果没有检验手段，无法对控制作用做出调整。

(2)工业对象存在多个干扰，为补偿它们对被控变量的影响，必须设计多个前馈控制通道，增加了投资费用和维护工作量。

(3)前馈控制的模型受负荷和工况多种因素影响，会产生漂移，因此，固定的前馈控制器难以获得良好的控制质量。

为了解决这些局限性，可以将前馈控制和反馈控制结合起来使用，构成前馈－反馈复合控制系统(FFC－FBC)。图 7-58 所示为换热器前馈－反馈复合控制系统，图 7-59 所示为其方框图。

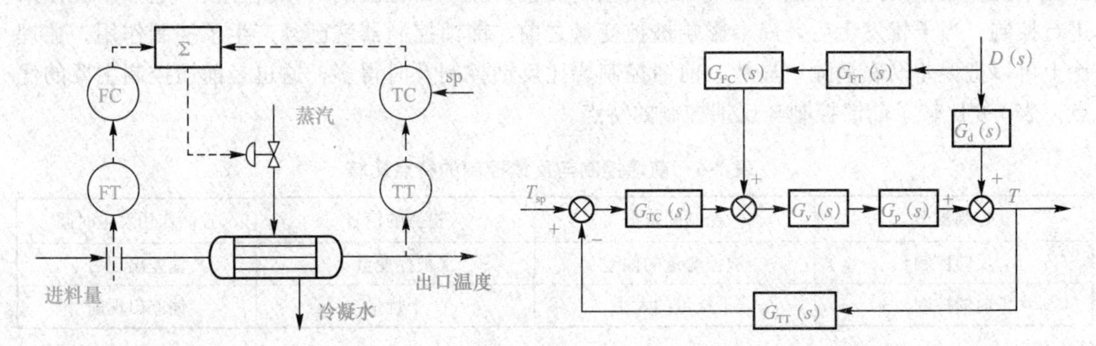

图 7-58　换热器前馈－反馈复合控制系统　　　图 7-59　换热器前馈－反馈复合控制系统方框图

由图 7-59 可知，系统在扰动 $D(s)$作用下的输出为

$$T(s)=\frac{G_d(s)+G_{FT}(s)G_{FC}(s)G_v(s)G_p(s)}{1+G_{TC}(s)G_v(s)G_p(s)G_{TT}(s)}D(s) \tag{7-3}$$

可见要使扰动 $D(s)$对温度 $T(s)$没有影响，即实现扰动的完全补偿，则式(7-3)中的分子要为零，从而得到前馈控制器表达式(7-4)，其中 $G_{FT}(s)G_{FC}(s)$为前馈控制器。对比式(7-2)和式(7-4)，可见前馈－反馈复合控制系统的前馈控制器与纯前馈控制系统的前馈控制器一样，都是干扰通道传递函数 $G_d(s)$与控制通道传递函数 $G_v(s)G_p(s)$的比值，两式中的负号表示控制作用与干扰作用方向相反。

$$G_{FT}(s)G_{FC}(s)=-\frac{G_d(s)}{G_v(s)G_p(s)} \tag{7-4}$$

从实现对主要扰动的完全补偿条件来看，无论采用单纯的前馈控制还是采用前馈－反馈复合控制，其前馈控制器的特性不会因为增加了反馈而改变。由于系统的稳定性由其分母多项式决定，即反馈控制系统的闭环极点决定，与前馈控制器无关。因此，与单独的反馈控制相比，前馈－反馈复合控制既可实现控制精度的提高，又能保证系统的稳定性，在一定程度上解决了系统稳定性与控制精度之间的矛盾。

3. 前馈－串级控制系统

在图 7-58 所示的换热器前馈－反馈复合控制系统中，前馈控制器的输出与反馈控制器的输出叠加后直接送到控制阀，这实际上是将进料量与所要求的加热蒸汽量的对应关系转化为进料量与控制阀开度之间的关系。但是，如果控制阀前后差压不稳定，即使阀门开度不变，蒸汽流量也会有波动，这就导致不能较为精确地补偿进料量波动带来的干扰，违背了前馈－反馈复合控制设计的初衷。

为解决上述问题，可在原有的反馈控制回路中增设一个蒸汽流量副回路，把前馈控制器的输出与温度控制器的输出叠加后作为蒸汽流量控制器的设定值，构成图 7-60 所示的前馈－串级控制系统，该系统方框图如图 7-61 所示。

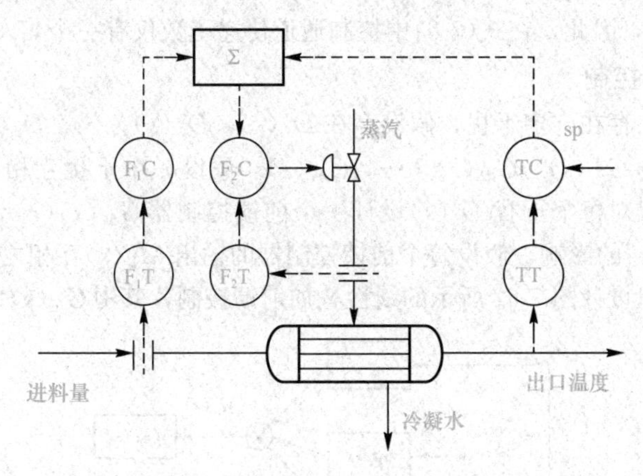

图 7-60　换热器前馈—串级控制系统

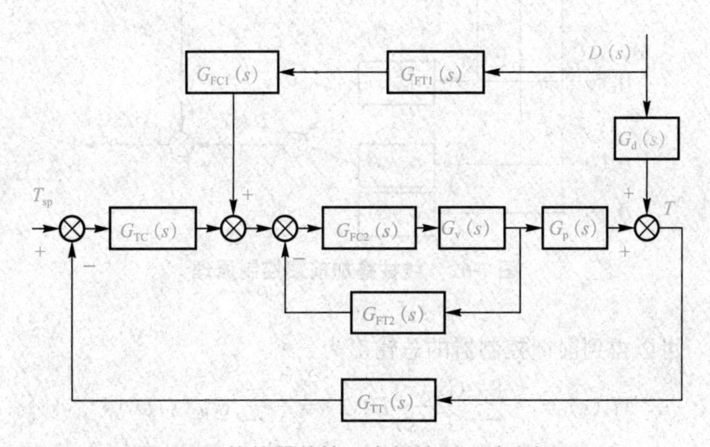

图 7-61　换热器前馈—串级控制系统方框图

将串级副环看成一个环节 $G_p'(s)$，则根据闭环控制传递函数求法如下：

$$G_p'(s)=\frac{G_{FC2}(s)G_v(s)}{1+G_{FC2}(s)G_v(s)G_{FT2}(s)} \tag{7-5}$$

因此系统在扰动 $D(s)$ 作用下的输出可写成

$$T(s)=\frac{G_d(s)+G_{FT1}(s)G_{FC1}(s)G_p'(s)G_p(s)}{1+G_{TC}(s)G_p'(s)G_p(s)G_{TT}(s)}D(s) \tag{7-6}$$

如果串级控制系统的副回路是一个很好的随动控制系统，即其工作频率高于主回路工作频率的 10 倍，则可把副回路近似处理为 $G_p'(s)\approx 1$，这样式(7-6)就简化成

$$T(s)=\frac{G_d(s)+G_{FT1}(s)G_{FC1}(s)G_p(s)}{1+G_{TC}(s)G_p(s)G_{TT}(s)}D(s) \tag{7-7}$$

根据上式，要使扰动 $D(s)$ 对温度 $T(s)$ 的影响为零，实现扰动的完全补偿，则必须有

$$G_{FT1}(s)G_{FC1}(s)=-\frac{G_d(s)}{G_p(s)} \tag{7-8}$$

对比式(7-2)、式(7-4)和式(7-8)，可见无论是纯前馈控制、前馈—反馈复合控制，还是前馈—串级控制，其中前馈控制器的形式均为

$$\text{前馈控制器传递函数}=-\frac{\text{干扰通道传递函数}}{\text{控制通道传递函数}} \tag{7-9}$$

但对于前馈一串级控制系统来说，由于副回路快速性强，将控制通道中串级副回路的等效环节 $G_p'(s)$ 近似成了 1，因此，在式(7-8)中控制通道传递函数仅有一个 $G_p(s)$。

4. 线性叠加前馈控制

在实际的生产中，存在许多干扰，假设存在 $D_1(s)$，$D_2(s)$，…，$D_n(s)$，n 个干扰，对应的干扰通道传递函数为 $G_{d1}(s)$，$G_{d2}(s)$，…，$G_{dn}(s)$。假设 n 个干扰互相之间没有关联且符合线性叠加关系，则可以对每个干扰 $D_i(s)$ 设计一个前馈控制器 $G_{ffi}(s)(i=1, 2, \cdots, n)$ 来补偿该干扰对被控变量 $C(s)$ 的影响，假设每个前馈控制器的输出 $M_{fi}(s)$ 互相之间也没有关联且符合线性叠加关系，则可以设计图 7-62 所示的线性叠加前馈控制，其中 $G_m(s)$ 为控制通道传递函数。

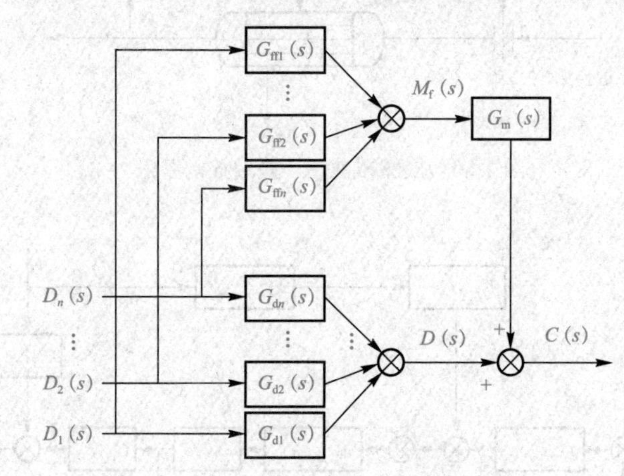

图 7-62　线性叠加前馈控制原理

从图 7-62 中，可以得到前馈控制器的总输出为

$$M_f(s)=-\sum_{i=1}^{n}\frac{G_{di}(s)}{G_m(s)}D_i(s)=-\sum_{i=1}^{n}G_{ffi}(s)D_i(s) \tag{7-10}$$

式中，$G_{ffi}(s)=-G_{di}(s)/G_m(s)$ 为第 i 个前馈控制器的传递函数。式(7-10)就是线性叠加前馈控制模型的一般表达式。在生产中通过测试求得各个干扰通道及控制通道的传递函数 $G_{di}(s)$、$G_m(s)$ 即可建立多变量前馈的线性模型，因此工程上应用较为广泛。但这种应用的前提如下：

(1)被控对象在工作点附近可近似为线性关系。

(2)各前馈控制器输出及各干扰量应该线性独立，如果互相之间存在关联，则在测试对象特性时应扣除关联干扰量的影响。

7.5.3　前馈控制器的实现

由前面的讨论可知，无论是纯前馈控制、前馈一反馈复合控制还是前馈一串级控制，前馈控制器的传递函数都取决于对象干扰通道和控制通道的特性。而要实现对干扰的完全补偿，必须十分精确地知道对象干扰通道和控制通道的特性，这在工业过程中是十分困难的，也是不现实的。实践证明，大部分工业过程具有非周期与过阻尼特性，常常可表示为一阶或二阶加纯滞后环节。因此，可以假定系统控制通道的传递函数为

$$G_m(s)=\frac{K_1}{T_1 s+1}e^{-\tau_1 s} \tag{7-11}$$

干扰通道传递函数为

$$G_d(s)=\frac{K_2}{T_2 s+1}e^{-\tau_2 s} \tag{7-12}$$

则前馈控制器的传递函数 $G_{ff}(s)$ 为

$$G_{ff}(s)=-\frac{G_d(s)}{G_m(s)}=\frac{K_2}{K_1}\frac{T_1s+1}{T_2s+1}e^{-(\tau_2-\tau_1)s}=-K_f\frac{T_1s+1}{T_2s+1}e^{-\tau s} \tag{7-13}$$

式中，$K_f=K_2/K_1$，为静态前馈放大系数；$\tau=\tau_2-\tau_1$。

如果干扰通道与控制通道的滞后时间相近，则式(7-13)可改写为式(7-14)。根据式(7-14)中控制通道时间常数 T_1 与干扰通道时间常数 T_2 的大小，工程上通常将前馈控制器分为静态前馈控制器和动态前馈控制器。

$$G_{ff}(s)=-K_f\frac{T_1s+1}{T_2s+1} \tag{7-14}$$

(1)静态前馈控制器。当 $T_1=T_2$ 时，由式(7-14)可得

$$G_{ff}(s)=-K_f \tag{7-15}$$

上述前馈控制器称为静态前馈控制器。静态前馈就是不考虑干扰作用于被控变量的动态过程，仅保证系统在稳态的补偿作用。静态型前馈控制器有比例特性，实施起来比较容易，K_f 为对象干扰通道与控制通道的静态放大系数之比。当干扰通道与控制通道的动态特性比较相近时，静态前馈控制可以达到好的控制效果。

当通道特性难以获得时，常采用前馈一反馈复合控制系统，前馈控制器利用静态补偿消除干扰的大部分影响，干扰的剩余影响通过反馈来克服，是一种行之有效的做法。

(2)动态前馈控制器。如果能精确地知道干扰通道与控制通道的特性，那么按照式(7-14)设计的前馈控制器，可以在被控变量动态变化的每个时刻都精确地补偿干扰作用，因此称为动态前馈控制器。

当控制通道滞后大于干扰通道滞后时，应使 $T_1>T_2$，即让前馈补偿呈现微分特性；

当控制通道滞后小于干扰通道滞后时，应使 $T_1<T_2$，此时前馈补偿具有反微分特性。

7.5.4 前馈控制系统的参数整定

前馈控制系统参数的整定取决于被控对象的特性和扰动通道的特性，若模型确定，则前馈控制系统参数也就确定了。但是，由于特性建模的精度、测试工况与在线工况的差异，以及前馈控制装置的精度等，使得控制效果并不理想。因此，必须对前馈控制系统参数进行在线整定。

目前，应用较为广泛的是前馈一反馈复合控制方式，反馈控制可保证系统的最终控制精度，前馈控制用来抵消一些主要干扰，减轻反馈控制的负担，使被控量不致出现过大的动态偏差。

在整定前馈一反馈复合控制系统时，反馈回路和前馈控制分别整定，一般先反馈后前馈，且两者基本独立。反馈控制器按反馈控制系统整定原则进行整定，前馈控制器直接按抵消干扰对被控变量的影响来整定。

下面以式(7-14)所示的动态前馈控制器为例，介绍控制器参数 K_f、T_1 和 T_2 的工程整定方法。

1. K_f 的整定

静态参数 K_f 的整定很重要，正确地选择 K_f 才能正确地决定阀门开度。如果选得过大，相当于对反馈控制回路施加了干扰，错误的前馈静态输出就要由反馈控制来弥补。

在工程上，K_f 的整定一般有开环整定法与闭环整定法。

(1)开环整定法。开环整定法是在前馈一反馈复合控制系统中将反馈回路断开，使系统处于单纯静态前馈控制状态下，施加干扰信号 d(t)，K_f 值由小逐步增大，直到系统的被控变量回到设定值，即直到系统完全补偿为止。此时，所对应的 K_f 值为最佳整定值。在整定过程中，应力求使系统工况稳定，减少其他干扰对被控变量的影响。

(2)闭环整定法。待整定系统如图 7-63 所示，闭环整定法可以在前馈－反馈运行状态下整定 K_f，也可以在反馈运行状态下整定 K_f。

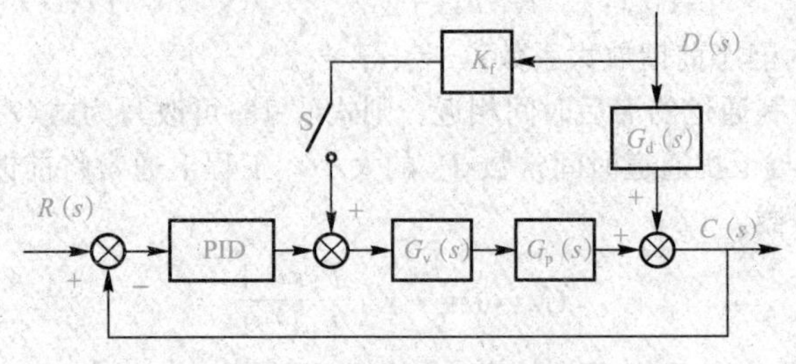

图 7-63　闭环整定法系统方框图

1)在前馈－反馈运行下整定 K_f。在反馈控制器整定好的基础上，将图 7-63 中的开关 S 闭合，使系统处于前馈－反馈运行状态。施加相同的干扰量，由小到大逐渐改变 K_f 值，直至得到满意的补偿过程为止。

K_f 对过渡过程的影响如图 7-64 所示，图 7-64(a)无前馈作用；图 7-64(b)补偿作用欠缺，此时整定的 K_f 值小；图 7-64(c)补偿合适，整定的 K_f 适当；图 7-64(d)K_f 值太大，则造成过补偿。

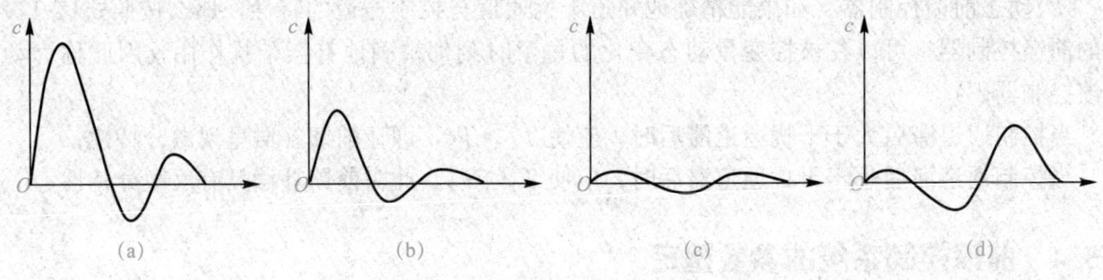

图 7-64　K_f 对过渡过程的影响

(a)$K_f=0$；(b)K_f 太小；(c)K_f 合适；(d)K_f 太大

2)在反馈运行下整定 K_f。整定步骤如下：

①断开图 7-63 中的开关 S，使系统只运行在反馈控制状态。待系统运行稳定后，记录下干扰变送器的输出电流 I_{D0} 和反馈控制器的稳态输出值 I_{C0}。

②对干扰 $D(s)$施加一增量 ΔD，等到反馈控制系统在 ΔD 作用下，被控变量重新回到设定值时，再记下干扰变送器的输出 I_D 和反馈控制器的稳态输出值 I_C。

③计算前馈控制器的静态放大系数 K_f 为

$$K_f=\frac{I_C-I_{C0}}{I_D-I_{D0}}=\frac{\Delta I_C}{\Delta I_D} \tag{7-16}$$

④将 K_f 的计算值设置在前馈控制器上，合上开关。在前馈－反馈复合控制系统中，施加扰动 D 观测系统的响应过程。若不够理想，适当调整 K_f，直到响应曲线符合要求为止。

采用这种整定方法需要注意两点：一是反馈控制器应具有积分作用，否则在干扰作用下无法消除被控变量的静差；二是要求系统工况尽可能稳定，以消除其他干扰的影响。

2. T_1 和 T_2 的整定

动态参数 T_1 和 T_2 的整定要比静态参数 K_f 的整定复杂得多，主要途径是经验或定性分析，同时借助在线运行曲线来判断与整定 T_1 和 T_2 的值。

T_1 和 T_2 决定了动态补偿的程度，当 T_1 过小或 T_2 过大时，会产生类似图 7-64(b)的欠补偿现象，未能有效地发挥前馈控制的补偿功能。

当 T_1 过大或 T_2 过小时，又会产生类似图 7-64(d)的过补偿现象，其控制性能甚至不如单纯的反馈控制。

只有当 T_1 和 T_2 分别接近或等于控制通道和干扰通道的时间常数时才能获得如图 7-64(c)所示的最佳控制品质。

由于过补偿会破坏控制过程，甚至运行到系统不能允许的地步。相反，欠补偿是寻求合理的前馈控制器动态参数的途径。欠补偿的结果总比反馈过程好一些，因此动态参数 T_1、T_2 的整定应从欠补偿开始，并逐步强化前馈作用，即增大 T_1 或减小 T_2，直到出现过补偿的趋势再略减弱前馈作用，便可获得满意的控制效果。该整定方法实际上是看曲线调参数的经验法。

7.5.5 低沸塔塔釜温度的前馈控制系统设计

1. 前馈控制的适用场景

从前面对前馈控制系统的讨论可知，前馈控制主要适用于以下一些场合。

(1)当系统控制通道的滞后太大，反馈控制难以满足工艺要求时，可以采用前馈控制，把主要干扰引入前馈控制，构成前馈－反馈复合控制系统。

(2)系统中存在可测、不可控、变化频繁、幅值大且对被控变量影响显著，控制精度要求又较高时，采用前馈控制可大大提高控制品质。可测是指干扰量可以使用测量变送器在线转化为标准的电或气信号。目前对于某些参数，如成分还无法实现实时检测，也就无法设计相应的前馈控制系统。不可控是指这些干扰难以通过设置单独的控制系统予以稳定，或者虽然设置了专门的控制系统来稳定干扰，但由于生产操作的需要，经常需要改变其设定值。

扰动信号“可测但不可控”，是实施前馈控制的前提条件。

2. 低沸塔塔釜温度控制系统设计

在图 7-52 中，低沸塔塔釜温度 T 通过再沸器的热水阀进行控制，T 的最大干扰是进料干扰(包括进料量和进料温度、成分的变化)；其次是低塔液位 L 的波动。

进料干扰对塔釜温度 T 的影响滞后较大，难以通过检测 T 来及时发现进料的波动，因此，单纯采用反馈控制难以满足要求。

精馏塔的灵敏板对进料扰动很敏感，当进料量、温度或成分任一量变化时，灵敏板上的温度先变化，而物料从灵敏板到稳定板需要一段时间，在这段时间间隔内，灵敏板温度与稳定板温度之差 ΔT 立即发生变化。如果在此时间间隔内能根据 ΔT 的变化适宜地改变加热量，使温度梯度迅速恢复正常，就能使低沸物迅速从塔顶排出，而不会进入塔釜。也就是在进料扰动尚未影响塔底产品质量前，根据进料扰动的大小选择适宜的前馈补偿系数，来改变加热量控制回路的输出值，即可减小进料扰动对塔底产品质量的影响。

可见灵敏板温度与稳定板温度之差 ΔT 较快地综合反映了进料的流量、温度和成分的变化，检测 ΔT 即可检测到进料的扰动。

工程上通常假设进料扰动和低塔液位 L 的波动对塔釜温度 T 的共同作用符合线性叠加关系，因此，设计了图 7-65 所示的线性叠加前馈－反馈控制系统，该控制系统方框图如图 7-66 所示。

在两图中，TdE 为灵敏板温度与稳定板温度之差 ΔT 的检测变送器，$G_{d1}(s)$为进料扰动通道传递函数，$G_{d2}(s)$为塔釜液位扰动通道传递函数。K_{f1} 为补偿进料扰动的静态前馈控制器，

K_{f2} 为补偿塔釜液位扰动静态前馈控制器。采用静态前馈虽然不如动态前馈控制精确，但控制器参数整定更加简单，同时，该系统还有反馈控制可抑制未完全补偿的扰动。

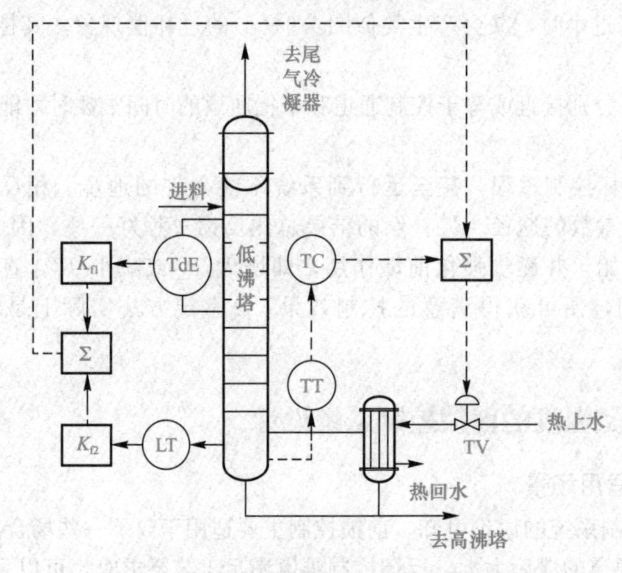

图 7-65 线性叠加前馈—反馈控制系统

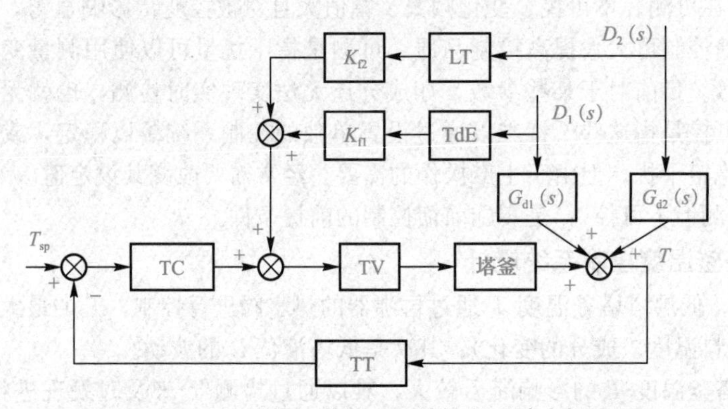

图 7-66 线性叠加前馈—反馈控制系统方框图

知识拓展

指南车——中国古代的前馈控制系统

指南车(图 7-67)是中国古代用来指示方向的一种机械装置，它是一种典型的前馈控制系统。

关于指南车的发明有许多传说和记载：据《宋史·舆服志》记载，公元前 26 世纪中国黄帝时代就发明指南车。公元前 11 世纪周成王时已应用指南车。公元前 3 世纪西汉时代对指南车做了改进。东汉的张衡(78—139 年)、三国时期魏国的马钧、南齐的祖冲之都曾制造过指南车。据王振铎考证，指南车是三国时期魏明帝青龙三年(235 年)由马钧创造的。

图 7-67 指南车

指南车是一种马拉的双轮独辕车，车厢上立一伸臂的木人。车厢内装有能自动离合的齿轮系。当车子转弯偏离正南方向时，车辕前端就顺此方向移动，而后端向相反方向移动，并将传动齿轮放落，使车轮的转动带动木人下的大齿轮向相反方向转动，恰好抵消车子转弯产生的影响。当车子向正南方向行驶时，车轮和木人下的大齿轮是分离的，木人指向不变。因此，无论车转向何方，都能使木人的手臂始终指向南方。

从自动控制原理来看，指南车是利用扰动补偿原理的开环定向自动调节系统，即一个纯前馈控制系统。被控制量是木人的指向。当车子转弯时，车轮带动齿轮系使木人沿着与车子转动方向相反的方向转动，恰好补偿车子的转角。它应用了绝对不变性原理和双通道结构。

任务测评

1. 前馈控制与反馈控制各有什么特点？为什么纯前馈控制在生产中很少使用？

2. 在图 7-6 提馏段温度—蒸汽流量控制系统中，由于精馏塔的进料流量波动很大，试设计一个前馈—串级控制系统来改善系统的品质。要求画出该系统的方框图。

3. 试为下列被控过程设计一个前馈控制系统，该过程的控制通道传递函数：$G_v(s)G_a(s)=(s+1)/[(s+2)(2s+3)]$；扰动 D 的扰动通道传递函数：$G_d(s)=5/(s+2)$。

要求该系统既能克服干扰 D 对系统的影响，又能跟踪设定值的变化。试确定系统的结构形式，画出系统方框图，写出前馈控制器的表达式。

4. 扫码获取仿真程序，按照 7.5.4 节所示控制器参数整定方法，在 Simulink 中整定前馈—反馈复合控制系统中前馈控制器参数 K_f、T_1 和 T_2（仿真模型中反馈 PID 控制器参数已整定完毕，无须整定）。

前馈参数整定仿真程序

任务 7.6　氯乙烯合成的比值控制系统设计

任务描述

VCM 是聚氯乙烯生产的主要原料，在电石法路线中，它是由乙炔和氯化氢反应得到的。生产中，乙炔和氯化氢通入图 7-68 所示的混合器，在其中充分混合，再经冷却器冷却后进入转化器反应生成 VCM。

生产中要求随时保持氯化氢和乙炔两物料的配料比，否则如果乙炔过量，将使催化剂氯化汞逐渐失去活性，同时增加氯乙烯精馏工序的操作负荷，使氯乙烯质量降低。

氯化氢应该比乙炔稍微多一点，但也不能过量太多，否则会生成多氯化物等副产物，乙炔与氯化氢的比例应严格保持在 1∶(1.05～1.1)。

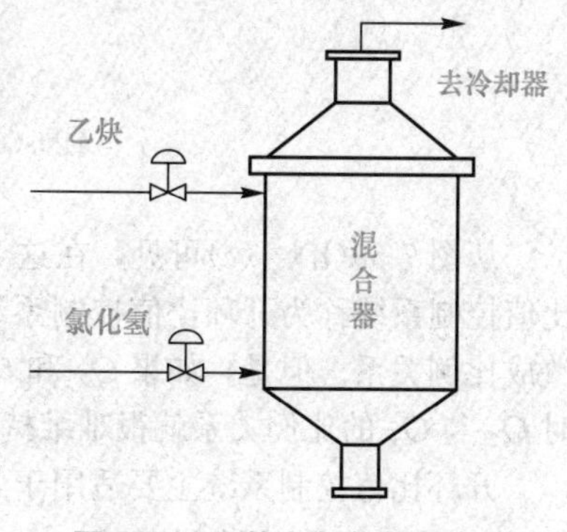

图 7-68　乙炔和氯化氢混合器

某企业的 VCM 生产中，乙炔流量变送器的测量上限为 2 000 m^3/h，氯化氢流量变送器的测量上限为 1 600 m^3/h，均采用差压式流量计，信号不经开方直接输出。本任务是要设计一个控制系统，使乙炔与氯化氢的比值保持为 1∶1.05。

通过本任务的学习，要掌握比值控制系统常见的结构形式及其应用场景，掌握比值控制的设计要点，包括主、从物料选择，控制器选型，比值系数的计算，并能够整定比值控制系统。

7.6.1 比值控制系统的结构形式

图 7-68 所示按一定比例配置物料的情形在化工生产中是普遍存在的。例如，溶液稀释问题、合成氨生产中的氢氮比例问题、稀硝酸生产中氨与空气的比例问题等。

通常，解决此类问题的方法是采用比值控制系统。比值控制系统是使两个或两个以上参数符合一定比例关系的控制系统，一般是流量比值控制系统。

在比值控制系统中，处于主导地位的物料称为主物料，另外一种随主物料的变化而变化的物料称为从物料。

表征主物料数量的物理量，称为主动量，也称为主流量，用 Q_1 表示；表征从物料数量的变量称为从动量，也称为副流量，用 Q_2 表示。

比值控制系统就是要实现副流量 Q_2 与主流量 Q_1 成一定比值关系，满足如下关系式：

$$K=\frac{Q_2}{Q_1} \tag{7-17}$$

根据结构形式的不同，比值控制系统可分为开环比值控制系统、单闭环比值控制系统、双闭环比值控制系统和变比值控制系统四种类型。

1. 开环比值控制系统

图 7-69(a)所示为 NaOH 溶液的配置控制系统。30%的 NaOH 溶液从高位槽以 Q_1 的流量流入混合器，去离子水从另外一根管道也流入混合器。为了配置 6%～8%的 NaOH 稀溶液，利用 F_1T 检测 Q_1 的大小，送到 F_2C 控制器去控制去离子水的流量 Q_2，使 Q_2 和 Q_1 满足规定的比例关系。

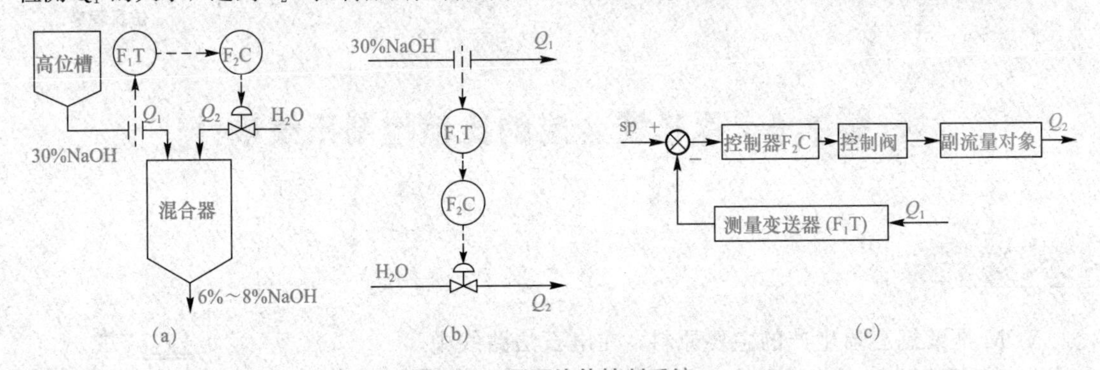

图 7-69 开环比值控制系统

(a)NaOH 稀释控制系统；(b)原理；(c)方框图

从图 7-69(b)、(c)可见，在这个系统中，主动量 Q_1 和从动量 Q_2 都是开环系统，因此这种比值控制系统称为开环比值控制系统。如果在 Q_2 干扰很小的情况下，系统能够使 Q_2 与 Q_1 大致成比例关系。但是，如果 Q_2 和 Q_1 干扰大，由于没有检测 Q_2 的装置，不能感知到干扰，此时 Q_2 与 Q_1 的比例关系就很难维持了。

开环比值控制系统主要适用于副流量比较平稳而且对比值精度要求不高的场合。

2. 单闭环比值控制系统

图 7-70(a)所示为丁烯洗涤塔进料与洗涤水的比值控制系统，该系统的任务是用水除去丁烯馏分中的微量乙腈。

在这个系统中，主物料是丁烯馏分，从物料是洗涤水。从系统方框[图 7-70(c)]可以看出，主动量为开环系统，从动量为闭环系统，因此这种比值控制系统称为单闭环比值控制系统。

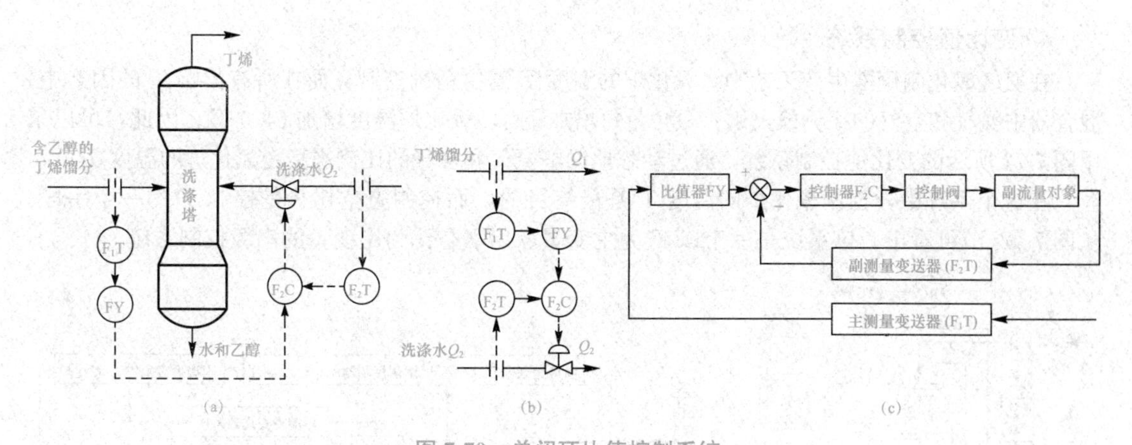

图 7-70　单闭环比值控制系统

(a)丁烯洗涤塔进料与洗涤水的比值控制系统；(b)原理；(c)方框图

相比开环比值控制系统，单闭环比值控制系统可以抑制从动量的干扰，比值控制更加精确。

单闭环比值控制系统结构简单、实施方便，特别适用于主物料比较稳定，同时在工艺上又不允许对其进行控制的场合。

但由于主动量开环，不能克服主动量的干扰，因此不适用于物料直接进入化学反应器的场合。如果生产负荷 Q_1 受干扰影响增大，Q_2 也会随之增加，总物料量的增加就可能超出反应器的散热能力，导致安全事故。此外，这种方案对于严格要求动态比值的场合也是不适用的。

3. 双闭环比值控制系统

氯碱企业生成氯化氢时，氯气和氢气的比值应该严格维持在 1∶1.05，如果氯气过量可能使下游合成 VCM 时，生成氯乙炔副产物，导致安全事故。同时，又因为两股物料直接进入反应器，为了防止总物料超出反应器的承载能力发生事故，因此主物料量需要严格控制。

鉴于上述原因，氯化氢合成时大多采用类似图 7-71 所示的氯化氢合成炉双闭环比值控制系统，其中氯气是主物料、氢气是从物料。在这个系统中，主动量和从动量都采用了闭环控制，因此称为双闭环比值控制控制。

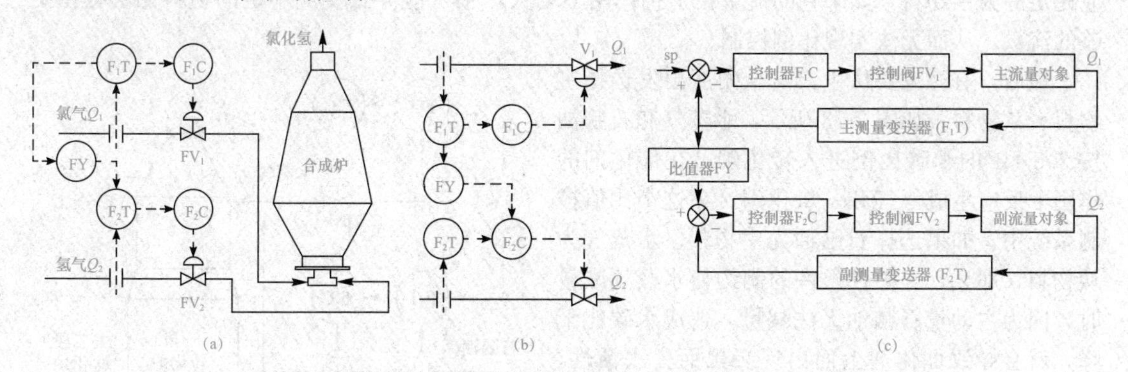

图 7-71　氯化氢合成炉双闭环比值控制系统

(a)氯化氢合成炉双闭环比值控制系统；(b)原理；(c)方框图

双闭环比值控制系统可以实现精确的流量比值，也能确保两物料总量基本不变。另外，只要缓慢地改变主流量控制器的设定值，就可以提降主流量，同时副流量也自动跟踪提降，因此这种系统改变生产负荷非常方便。可见，双闭环比值控制系统主要用于主流量干扰频繁、工艺上不允许负荷有较大波动，或者工艺上经常需要改变负荷的场合。

4. 变比值控制系统

在氨气氧化制硝酸生产工艺中，氧化炉的温度 T 需要精确控制。而在所有影响 T 的因素中，混合器中氨气和空气的比例最灵敏，氨含量每增加 1%，氧化炉温度增加 64.9 ℃。因此，可以采用图 7-72 所示的变比值控制系统，通过动态地调整氨气和空气的比例来稳定氧化炉的温度 T。

在这个系统中，控制氧化炉的温度 T 是最终目的，而控制氨空比只是控制 T 的一个手段。从图 7-72(b)可看出，该系统是一个以 T 为主变量、以氨空比为副变量的串级控制系统。

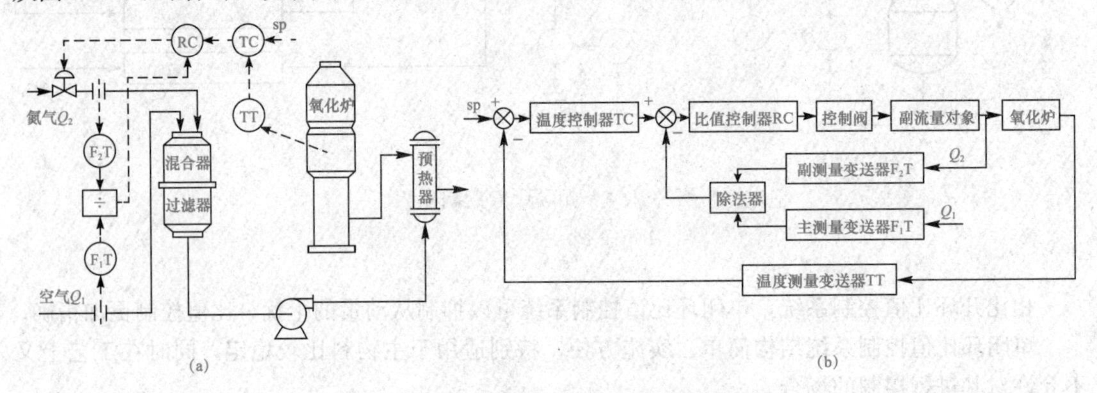

图 7-72 合成氨氧化炉的变比值控制系统

(a)合成氨氧化炉的变比值控制系统；(b)方框图

7.6.2 比值控制系统的设计

比值控制系统的设计包括主物料、从物料的选择，控制方案的选择，控制规律的选择，比值系数 K'的计算等。

1. 主物料、从物料的选择

首先，在生产中起主导作用、能够测量但不可控或者说很难控制的物料应选为主物料。

其次，供应不足的物料应为主物料，供应充足的物料作为从物料。这是因为，如果选择供应充足的为主物料，如果它的流量在干扰作用下增大，很可能导致供应不足的物料无法提供足够的流量，从而无法实现比例控制。

最后，有时也要从生产安全角度出发选择主物料、从物料；如图 7-73 所示，水蒸气和石脑油按 3.5∶1 的水碳比例进入转化炉，在催化剂的作用下反应生成氢气和一氧化碳。在这个比值控制系统中，如果选择石脑油为主物料、水蒸气为从物料，那么，当某种条件的制约使水蒸气减量时，因为主动量石脑油无法减量，造成水碳比下降，就会导致催化剂上面出现炭黑而失去活性，最终很可能造成安全事故。

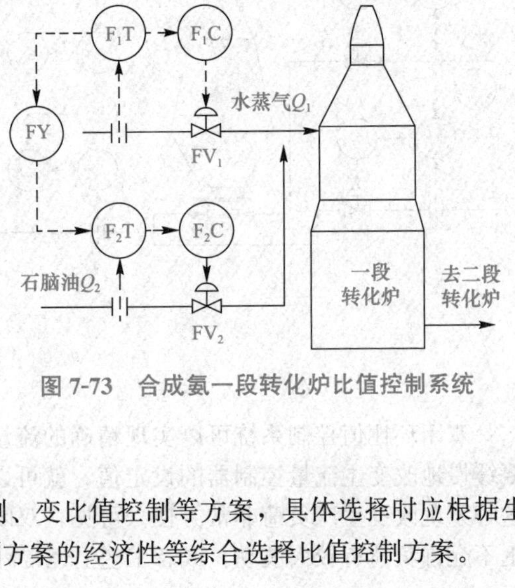

因此，这种情况下就应该选择水蒸气为主物料，石脑油为从物料。

图 7-73 合成氨一段转化炉比值控制系统

2. 控制方案的选择

比值控制有单闭环比值控制、双闭环比值控制、变比值控制等方案，具体选择时应根据生产工艺的要求、负荷变化、扰动、控制要求及控制方案的经济性等综合选择比值控制方案。

(1)系统负荷变化不大，且对总流量变化无要求，可选择单闭环比值控制。

(2)若主、从动量扰动频繁，负荷变化较大，同时要保证主、从物料流量恒定，则可选择双闭环比值控制。

(3)若要求两物料流量比值灵活地随第三个参数的需要进行调节，则选择变比值控制。

3. 控制规律的选择

比值控制系统控制器的控制规律是由不同的控制方案和控制要求确定的。

(1)对于单闭环比值控制系统，主动量控制器接收主动量的测量信号，仅起比值计算作用，故选择比例控制 P；从动量控制器实现比值作用和使从动量相对稳定，应选择 PI 控制规律。

(2)对于双闭环比值控制系统，两物料流量不仅要保持恒定的比值，而且主动量要实现定值控制，其输出为从动量的设定值。因此，两个控制器均应选择 PI 控制规律。

(3)变比值控制系统，从结构上看，它为串级比值控制系统，具有串级控制系统的一些特点，主控制器选择 PI 或 PID 控制规律，比值控制器一般选用 P 控制规律。

4. 比值系数 K' 的计算

在比值控制系统中，工艺上规定的比值 K 指的是两股物料的流量之比。但是通过流量变送器测得是代表流量的 4～20 mA 的标准电流信号，这个标准信号如果是送往 DDZ-Ⅲ为代表的常规控制器，由于 DDZ-Ⅲ控制器是直接对电流信号进行计算的，就要把工艺上的比值关系 K 转换成对应电流信号之间的比值关系。

通常用比值系数 K' 来表示流量信号之间的比值关系，对于 DDZ-Ⅲ型仪表来说：

$$K'=\frac{I_2-4}{I_1-4} \tag{7-18}$$

式中 I_2——从动量变送器的输出电流大小；

I_1——主动量变送器的输出电流大小。

在用常规仪表实施比例控制时，要把比值系数正确设置到控制器上才能实现比例控制，比值系数的计算跟流量的测量方式有关。

对于以 DCS 为代表的计算机控制装置来说，代表流量的电流信号进入 DCS 后会在其内部将流量信号转化为流量的量值，因此一般直接按流量比 K 进行设置即可。但某些型号 DCS 的比值控制系统中依然要求输入比值系数 K'，而不是流量比 K，如浙江中控的 JX-300XP。

(1)当流量与测量信号成线性关系时。如果采用的流量仪表是转子流量计、涡轮流量计，或者虽然采用差压式流量计，但是经过开方运算之后再送出电流信号，那么流量与测量信号是成线性关系的。根据变送器的输出特性，流量由零变化至最大值 Q_{max} 时，变送器对应输出信号为 4～20 mA，当流量为 Q 时，输出电流 I 为

$$I=\frac{Q}{Q_{max}}\times 16+4 \tag{7-19}$$

将式(7-19)代入式(7-18)中有

$$K'=\frac{\dfrac{Q_2}{Q_{2max}}\times 16+4-4}{\dfrac{Q_1}{Q_{1max}}\times 16+4-4}=\frac{Q_2}{Q_1}\times\frac{Q_{1max}}{Q_{2max}}=K\,\frac{Q_{1max}}{Q_{2max}} \tag{7-20}$$

式(7-20)即比值系数 K' 与工艺上的比值 K 之间的关系。

(2)当流量与测量信号为非线性关系时。如果采用差压式流量计测量流量，却不经过开方器运算直接输出信号，流量与电流信号之间就是平方根的关系，而不再是线性的了。差压式流量计流量与差压的关系如下：

$$Q=\alpha\sqrt{\Delta p} \tag{7-21}$$

式中，α 为节流装置的比例系数。对于差压变送器，差压与输出电流的关系

$$\Delta p=\frac{I-4}{16}\times\Delta p_{\max} \tag{7-22}$$

将式(7-22)代入式(7-21)中，整理后得

$$I=\frac{Q^2}{\alpha^2\Delta p_{\max}}\times16+4=\frac{Q^2}{(\alpha\sqrt{\Delta p_{\max}})^2}\times16+4=\frac{Q^2}{Q_{\max}{}^2}\times16+4 \tag{7-23}$$

将式(7-23)代入式(7-18)中有

$$K'=\frac{\dfrac{Q_2{}^2}{Q_{2\max}{}^2}\times16+4-4}{\dfrac{Q_1{}^2}{Q_{1\max}{}^2}\times16+4-4}=\frac{Q_2{}^2}{Q_1{}^2}\times\frac{Q_{1\max}{}^2}{Q_{2\max}{}^2}=K^2\left(\frac{Q_{1\max}}{Q_{2\max}}\right)^2 \tag{7-24}$$

式(7-24)为流量与测量信号为非线性关系时，比值系数 K' 与工艺上的比值 K 之间的关系。

7.6.3 比值控制系统的实施方案

比值控制的目标是实现从动量与主动量按比例变化，在具体的实现过程中有两种方案，分别称为相乘方案和相除方案。

1. 相乘方案

相乘方案可以用比值器实现，也可以用乘法器实现。下面以 DDZ-Ⅲ乘法器为例进行介绍。图 7-74 所示为用 $K'<1$ 时的乘法器实现方案。I_1 是主动量的电流信号，I_2 为从动量电流信号，I_{sp} 是从动量设定值电流信号。相乘方案实施的要点就是要通过恒流给定器给出正确大小的 I_0，从而得到正确的 I_{sp}。下面讲述如何求出 I_0。

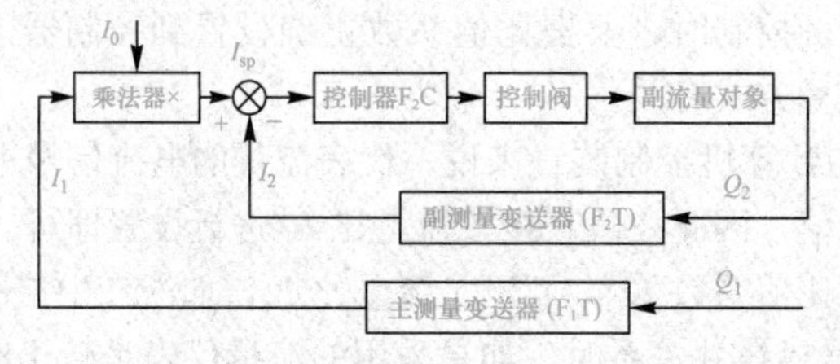

图 7-74 $K'<1$ 时的乘法器实现方案

DDZ-Ⅲ乘法器的运算式如下：

$$I_{sp}=\frac{(I_1-4)(I_0-4)}{16}+4 \tag{7-25}$$

对于 DDZ-Ⅲ仪表，根据式(7-18)，乘法器的输出 I_{sp}(代表从动量的设定值)与 I_1(代表主动量的大小)之间应满足下面关系：

$$K'=\frac{I_{sp}-4}{I_1-4} \tag{7-26}$$

将式(7-25)代入式(7-26)中可得

$$I_0=16K'+4 \tag{7-27}$$

乘法器方案利用给定器远程调整电流 I_0 就可以方便地调整 K'。也可以由另外的控制器输出电流来设定 K'，因此它可以用于变比值控制系统。但是由于采用统一的 4～20 mA 信号，K' 的取值只能为 0～1，这就要求在设计系统时，主动量、从动量的量程上限不能随意设定，而应

该按照式(7-28)来确定。也就是说，从动量的量程上限应该大于主动量量程上限的 K 倍。

$$Q_{2max} \geqslant KQ_{1max} \tag{7-28}$$

如果工艺中无法更改主动量、从动量的量程上限满足式(7-28)，可采用图 7-75 所示的乘法器方案，即将乘法器置于从动量的反馈回路中。此时乘法器电流应按式(7-29)计算。

$$I_0 = 16\frac{1}{K'} + 4 \tag{7-29}$$

下面总结 DDZ-Ⅲ乘法器方案实现比值控制系统的步骤：

(1)由工艺规定的流量比 K 及流量仪表的量程、测量方式计算出比值系数 K'。

(2)根据式(7-27)或式(7-29)计算设定电流 I_0。

(3)在系统投运时，将恒流给定器连接到乘法器，恒流给定器的输出值设为 I_0。

2. 相除方案

相除方案如图 7-76 所示。其中，I_0 是比值的测量信号，I_{sp} 是比值的设定号。

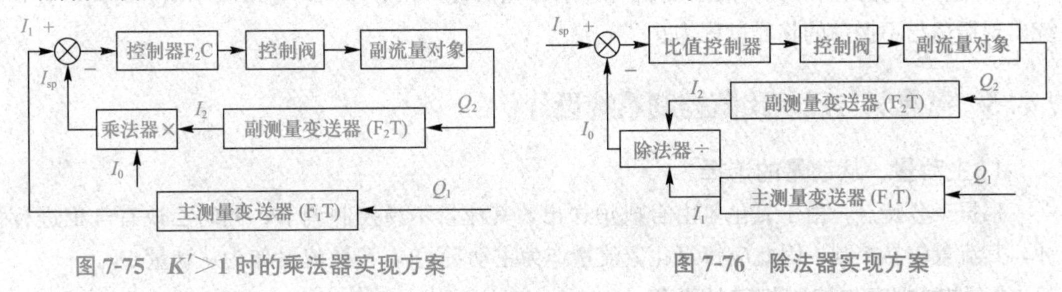

图 7-75 $K'>1$ 时的乘法器实现方案　　图 7-76 除法器实现方案

可以看到，用除法器实现的比值控制系统实际上是一个以比值为被控变量的单回路控制系统，这种方法可以实时读出当前的比值，使用很方便。另外，将 I_{sp} 改成另外一个控制器的输出就可以实现变比值控制。

但是除法器方案也有它的问题。图 7-76 中的除法器，它的输入是 Q_2，输出是代表比值系数 K'的电流 I_0，假设流量与电流信号为线性关系，则根据式(7-20)有

$$K' = \frac{Q_2}{Q_1} \times \frac{Q_{1max}}{Q_{2max}} \tag{7-30}$$

则除法器的放大系数为

$$K_m = \frac{dK'}{dQ_2} = \frac{1}{Q_1} \times \frac{Q_{1max}}{Q_{2max}} = \frac{K}{Q_2} \times \frac{Q_{1max}}{Q_{2max}} \tag{7-31}$$

从式(7-31)可见，除法器放大系数 K_m 与从动量 Q_2 成反比，即除法器为非线性环节，流量越小，放大系数越大，系统越不稳定。因此，在比值控制系统中应尽量少采用除法器方案。

7.6.4 比值控制系统的控制器参数整定

在整定双闭环比值控制系统的主动量时，要求过渡过程缓慢一些，这样从动量才能跟踪的上，并且要尽量整定成图 7-77 中实线那样的非周期变化形式，防止系统发生共振；对变比值控制系统来说，它的主动量回路按一般串级控制系统那样整定就可以了。

从动量回路是随动系统。从动量应该能迅速、准确地跟踪主动量的变化，不应该有过大的超调。因此，从动量回路整定成图 7-77 中虚线那样振荡与不振荡临界的状态最好，此时从动量回路的响应最快；从动量可以按照下面步骤整定。

(1)将积分时间常数置于最大，由大到小改变从动量控制器的比例带，使系统响应迅速，并处于振荡与不振荡的临界过程。

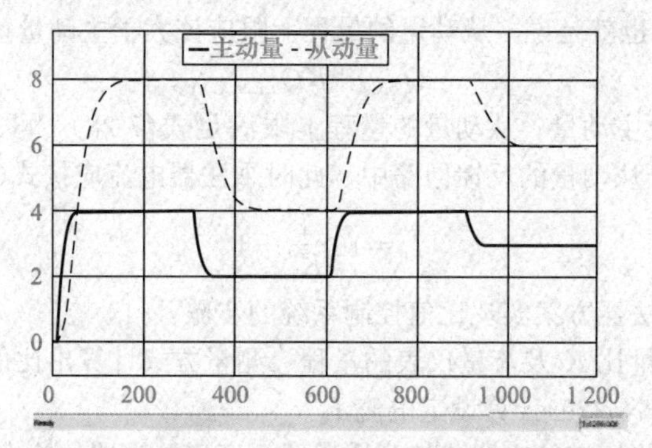

图 7-77 理想的比值控制系统整定曲线

(2)适当增大比例带，一般增加20%左右，然后投入积分作用，逐步减小积分时间，直到系统出现振荡与不振荡的临界过程为止。

7.6.5 氯化氢与乙炔比值控制系统设计

1. 主动量、从动量的选择

根据工艺特点，由于氯化氢由合成炉送出，其流量不易控制调节，同时乙炔有气柜进行缓冲，其流量较易控制，因此应将氯化氢流量作为主动量 Q_1，乙炔流量作为从动量 Q_2。

2. 控制方案与控制规律的选择

由于氯化氢由合成炉送出，其流量不易控制调节，且两股物料先进入混合器，而非直接进入反应器反应，因此氯化氢波动导致的混合器负荷增加影响不大。据此分析，应采用单闭环比值控制系统。

3. 比值系数的计算

由任务描述可知，$Q_{2\max}=1\ 600\ \mathrm{m^3/h}$，$Q_{1\max}=2\ 000\ \mathrm{m^3/h}$，流量比要求为 $K=1/1.05$。由于流量测量不带开方输出，因此根据式(7-24)，比值系数为

$$K'=K^2\left(\frac{Q_{1\max}}{Q_{2\max}}\right)^2=\left(\frac{1}{1.05}\right)^2\times\left(\frac{2\ 000}{1\ 600}\right)^2\approx 1.42>1$$

因此，应采用图 7-75 所示的方案，将乘法器置于从动量的反馈回路中。综合以上，本任务应采用图 7-78 所示的单闭环比值控制系统。

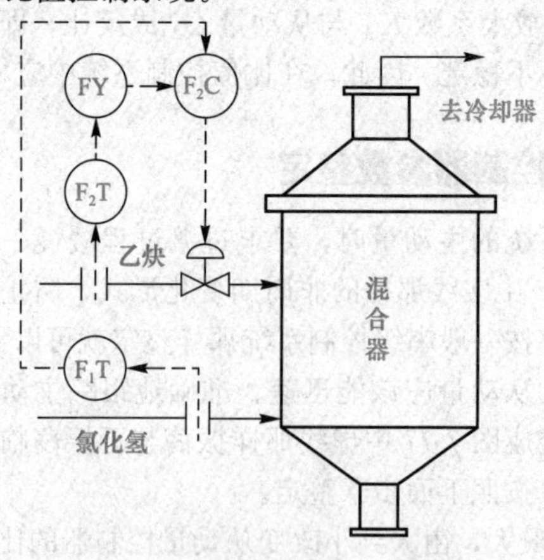

图 7-78 单闭环比值控制系统

4. 乘法器电流 I_0 的设定

根据式(7-29)，乘法器设定电流 $I_0=16/K'+4=16/1.42+4=15.27(\text{mA})$。

任务测评

BI_CLOSED_LOOP_RATIO_CONTROL 仿真程序

1. 什么是比值控制系统？它有哪些类型？画出它们的方框图。

2. 当比值控制系统通过计算求得的比值系数 $K'>1$ 时，能否采用图 7-74 所示的乘法器方案构成比值控制？如果不能，应如何改进？

3. 现有一生产工艺要求 A、B 两物料比值维持在 0.4。已知 $Q_{\text{Amax}}=3\,200\ \text{kg/h}$，$Q_{\text{Bmax}}=800\ \text{kg/h}$，流量采用孔板配差压变送器进行测量，并在变送器后加了开方器。试分析可否采用乘法器组成比值控制系统，如果一定要用乘法器，在系统结构上应做何处理。

4. 一比值控制系统采用 DDZ—Ⅲ型乘法器来进行比值运算，流量用孔板配差压变送器来测量，但没有加开方器，如图 7-79 所示。已知 $Q_{1\max}=3\,600\ \text{kg/h}$，$Q_{2\max}=2\,000\ \text{kg/h}$，要求：

(1)画出该比值控制系统的方框图。

(2)如果要求 $Q_1:Q_2=2:1$，应如何设置 I_0？

5. 扫码获取仿真程序，按照 7.6.4 节所示控制器参数整定方法，在 Simulink 中整定双闭环比值控制系统的主、副控制器参数。

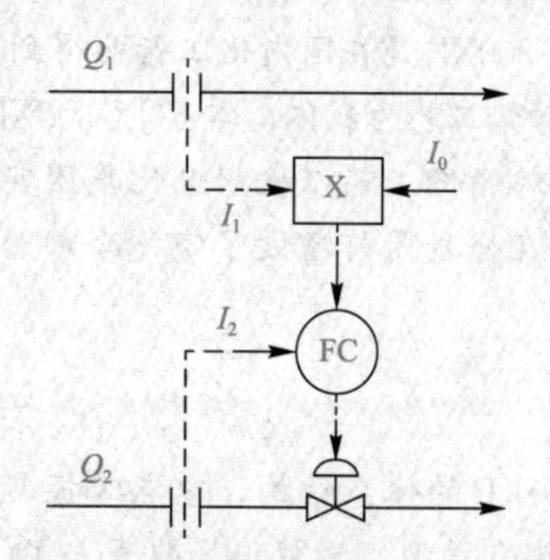

图 7-79　DDZ-Ⅲ型乘法器实现的比值控制系统

项目 8

氯乙烯精馏工艺 DCS 选型与监控组态

项目背景

当今稍具规模的化工生产基本由 DCS 实现过程控制与生产操作。DCS 已成为化工生产最基础、最核心的生产设施。作为化工仪表自控人员，应该切实掌握 DCS 的选型、组态与维护等知识和技能，即使一般化工从业人员，了解 DCS 的内在运行机制也是非常有益的。

浙江中控的 JX-300XP 是在国内化工行业得到广泛应用的一个中小型 DCS 系统，本项目将以氯乙烯精馏工艺为载体，学习 JX-300XP 的硬件选型及监控组态。

本项目的氯乙烯精馏工艺以杭州电化集团实际工艺为主，借鉴宜宾海丰和锐公司的精馏工艺，在全凝器前增设了空气冷却器。

知识目标

1. 了解 JX-300XP 的体系结构，重点掌握其控制站的组成；
2. 掌握 DCS 测点类型，清楚现场仪表与 DCS 进行信息交互的机制；
3. 掌握管道仪表流程图中仪表控制点的表示方法；
4. 掌握 JX-300XP 的组态流程，了解其监控标准画面；
5. 掌握 FBD 功能块图语言，了解相关模块库。

技能目标

1. 能读懂管道仪表流程图，并据此整理出测点清单；
2. 能根据测点清单，合理配置 DCS 硬件，并将测点分配至相关卡件；
3. 能在组态软件中正确设置 IO 点；
4. 掌握 JX-300XP 常规控制方案组态，能利用 FBD 语言进行自定义控制方案组态；
5. 能按要求设置操作站的各种标准画面。

素养目标

1. 了解国产 DCS 的发展历程，激发科技兴邦、实业报国的理想情怀；
2. 从氯乙烯精馏空冷器的创新应用案例，激发创新意识。

任务 8.1　JX-300XP 结构剖析

任务描述

JX-300XP 是浙江中控技术股份有限公司推出的面向中小型规模生产装置的过程控制系统，在化工行业得到广泛应用。氯乙烯精馏工艺采用该 DCS 系统进行监控，因此首先要厘清 JX-300XP 的体系结构，重点剖析其控制站的组成、类型与物理结构及相应的卡件。

8.1.1　JX-300XP 的整体结构

JX-300XP 是一套全数字化、结构灵活、功能完善的 DCS 系统，具备卓越的开放性，可与多种现场总线标准及各种异构系统集成，主要面向中小型生产装置，其结构如图 8-1 所示。

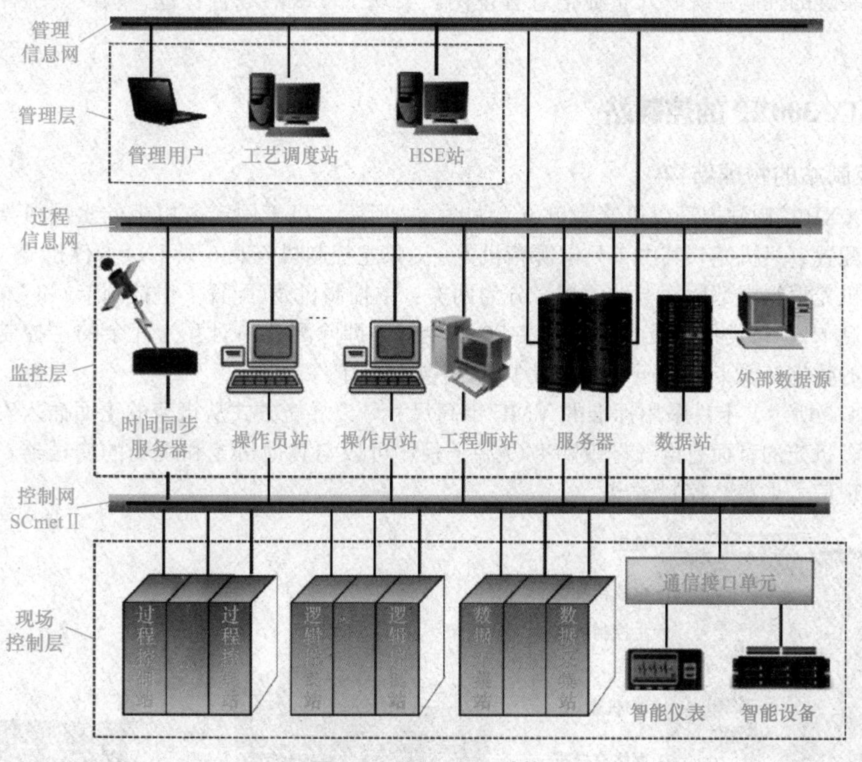

图 8-1　JX-300XP 结构

整个系统分为现场控制层、监控层和管理层，同层之间、层与层之间通过多种通信网络实现互联。

(1)现场控制层。现场控制层由各种控制站构成，包括过程控制站、逻辑控制站、数据采集站、通信接口单元等。该层直接与现场设备打交道，实现工艺数据的采集、工艺参数的自动控制等功能。

JX-300XP 单控制网段最大支持 63 个上述类型的控制站，最大支持 20 000 个 IO 点。

(2)监控层。监控层由各种操作站构成，包括操作员站、工程师站、历史数据站、服务器等，JX-300XP 最大支持 72 个上述类型的操作节点。

操作员站用于操作员监视设备及流程情况，以保障生产连续稳定运行，主要功能包括流程画面显示、工艺参数趋势显示、手自动切换、手动阀门操作、设定值改变、打印报表等操作。

工程师站通过系统组态平台可构建适合生产工艺要求的应用，而使用系统的维护工具软件可实现过程控制网络调试、故障诊断、信号调校等。工程师站可创建、编辑和下载控制所需的各种软硬件组态信息。工程师站具有工程师组态和操作员监控处理的组合功能。

历史数据站集中存储了全系统的所有历史数据，包括趋势、报警、操作记录等，并提供全系统所有历史数据的查询、打印、刻录等功能。

OPC 数据站内含标准的 OPC 通信接口服务程序。通过该软件，用户可以服务器或者客户端的形式方便地实现与第三方系统、设备的数据通信。

SOE 工作站内含 SOE 事件记录分析软件。通过该软件，用户可以方便地进行事故追忆、故障排查，可由工程师站或操作员站兼用。

(3)管理层。管理层可以通过管理信息网获取生产的各种数据和系统运行信息，也可以向下传达上层管理计算机的调度指令和生产指导信息。该层采用大型网络数据库，实现信息共享，可将各个装置的控制系统联入企业信息管理网，实现工厂级的综合管理、调度、统计和决策等功能。

8.1.2 JX-300XP 的控制站

1. 控制站的物理结构

JX-300XP 控制站内部以机笼为单位。如图 8-2 所示，机笼固定在机柜的多层机架上，每只机柜最多配置 8 只机笼，其中 1 只电源箱机笼、1 只主控制机笼及 6 只 I/O 卡件机笼。

卡件机笼根据内部所插卡件的型号分为两类：主控制机笼(配置了主控制卡)和 I/O 机笼(不配置主控制卡)。每类机笼最多可以安装 20 块卡件，即除配置一对互为冗余的主控制卡和一对互为冗余的数据转发卡外，还可以配置 16 块各类 I/O 卡件。

如图 8-3 所示，卡件采用标准的 VME 半高尺寸，以导轨方式从机笼的正面插入安装(固定)在机笼内，机笼的背面有电气母版和 I/O 端子板，可以与其他机笼和现场的变送器、执行器等连接，实现信号采集与控制输出。

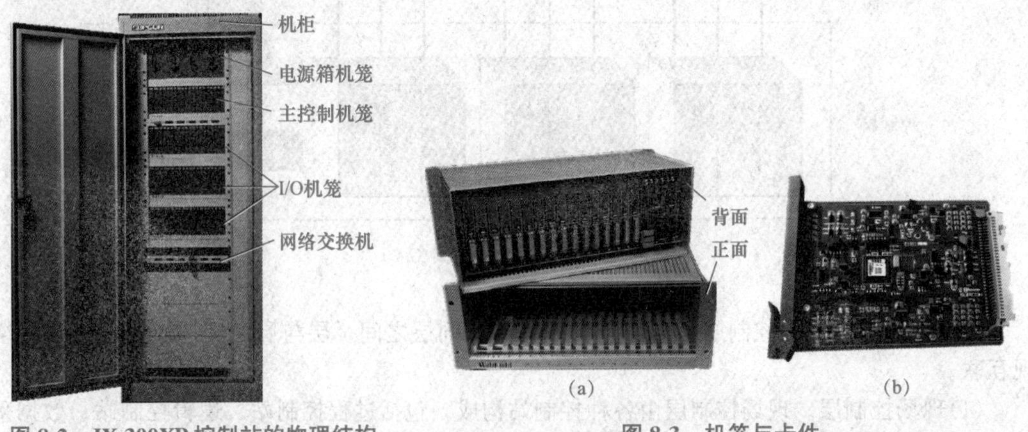

图 8-2 JX-300XP 控制站的物理结构

图 8-3 机笼与卡件

(a)机笼；(b)卡件

2. 控制站的类型

通过软件设置和硬件的不同配置可构成以下三个不同功能的站点，它们的核心单元都是主控制卡 XP243 和 XP243X。

(1)过程控制站：简称控制站，是传统意义上集散控制系统的控制站，它提供常规回路控制的所有功能和顺序控制方案，控制周期最小可达 0.1 s。

(2)逻辑控制站：提供马达控制和继电器类型的离散逻辑功能。其特点是信号处理和控制响应快，控制周期最小可达 0.05 s。逻辑控制站侧重于完成联锁逻辑功能，回路控制功能受到相应的限制。逻辑控制站最大负荷：512 个模拟量输入、2 048 个开关量，1 920 kB 控制程序代码，1 MB 数据存储器。

(3)数据采集站：提供对模拟量和开关量信号的基本监测功能。

3. 控制站的卡件类型及连接

控制站主要卡件有主控制卡、数据转发卡、I/O 卡件，均支持带电插拔和冗余配置，它们在机笼中的安装位置如图 8-4 所示。

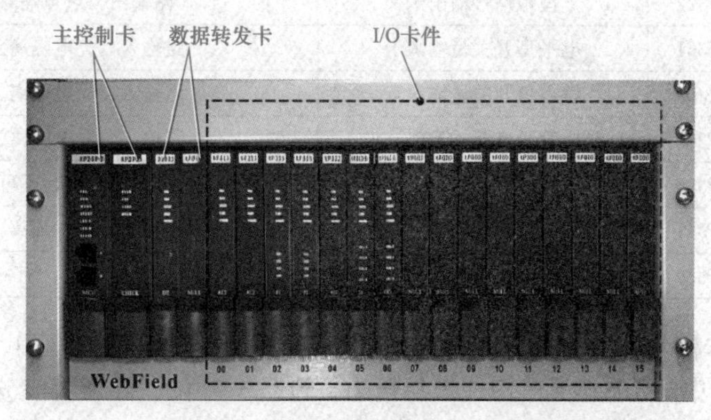

图 8-4　各种卡件在机笼中的安装位置

(1)主控制卡。主控制卡是控制站软硬件的核心，其型号为 XP243 和 XP243X，安装在控制站主控制机笼内最左边两个槽位，其功能为数据采集、信息处理、控制运算。一个控制站只能有一块主控制卡(冗余配置为两块)。

主控制卡向上通过控制网 SCnetⅡ与操作站、工程师站相连，接收上层的管理信息，并向上传递工艺装置的特性数据和采集到的实时数据；向下通过 SBUS 网络和数据转发卡通信，实现与 I/O 卡件的信息交换(现场信号的输入采样和输出控制)。

(2)数据转发卡。数据转发卡的型号为 XP233，它是主控卡连接 I/O 卡件的必经中间环节，一方面驱动 SBUS 总线，另一方面管理本机笼的 I/O 卡件。通过数据转发卡，主控制卡最多可以连接 8 个机笼、128 块 I/O 卡件。

(3)I/O 卡件。在实际生产中，有许多工艺参数需要检测、控制，也有很多设备需要操作控制。如果有一个工艺参数，如温度，需要检测并送到 DCS，则将其称为一个输入点，用 I(Input)表示；如果要从 DCS 中发出一个指令到现场的设备，如电机，将其启动或关闭，或者调节某个阀门的开度，则称为一个输出点，用 O(Output)表示。输入/输出点统称为 I/O 点，或测点，主要有以下一些：

1)模拟量输入(AI)：各种变送器输出的电流信号、热电阻信号、热电偶电压信号等。

2)模拟量输出(AO)：传送给现场阀门的信号，通常为 4～20 mA DC 电流信号。

3)开关量输入(DI)：表示现场泵、电动机、切断阀等设备开、关状态的开关信号。

4)开关量输出(DO)：发送给现场泵、阀门等设备使其启动或停止的开关信号。

大型化工生产的测点数成千上万，甚至数以万计，DCS中检测输入点的卡件称为输入卡件(I)，输出控制指令信号的卡件称为输出卡件(O)，统称为I/O卡件。

JX-300XP的I/O卡件安装在机笼内地址为00～15的槽位上，其主要卡件见表8-1。

表8-1　JX-300XP的I/O卡件

测点类型	卡件型号	卡件名称	性能
AI	XP313	电流信号输入卡	6路输入，可配电，分两组隔离，可冗余
	XP313I	电流信号输入卡	6路输入，可配电，点点隔离，可冗余
	XP314	电压信号输入卡	6路输入，分两组隔离，可冗余
	XP314I	电压信号输入卡	6路输入，点点隔离，可冗余
	XP316	热电阻信号输入卡	4路输入，分两组隔离，可冗余
	XP316I	热电阻信号输入卡	4路输入，点点隔离，可冗余
AO	XP322	模拟信号输出卡	4路输出，点点隔离，可冗余
DI	XP361	电平型开关量输入卡	8路输入，光电隔离、统一隔离
	XP363B	触点型开关量输入卡	8路输入，光电隔离、统一隔离
DO	XP362	晶体管触点开关量输出卡	8路输入，光电隔离、统一隔离
脉冲量输入	XP335	脉冲量输入卡	4路输入，分两组隔离，不可冗余，可对外配电
PAT	XP341	位置调整卡	2路输出，统一隔离，不可冗余
SOE	XP369	SOE信号输入卡	8路输入，统一隔离

表8-1中AI卡件与各种变送器、热电阻信号、热电偶相连，实现压力、液位、流量和温度信号的采集。其中，XP313和XP313I与压力、流量、液位、温度等变送器相连采集4～20 mA DC的标准电流信号，实现相应参数的检测；XP314和XP314I主要与热电偶相连采集温度参数，也可采集0～5 V或1～5 V的标准电压信号。XP316和XP316I则与热电阻相连采集温度数据。

AO卡件XP322接收控制器的指令，输出4～20 mA DC或0～10 mA DC的电流信号，用以控制现场的气动调节阀等执行器。

DI卡件分为电平型开关量输入卡XP361和触点型开关量输入卡XP363B，主要用以采集现场电动机状态(运行或停机)、切断阀状态(开或关)信号。

DO卡件XP362用以启动或停止现场的电动机、离心泵、切断阀等设备。

由图8-5可见，输入卡件(I)是通过数据转发卡将采集到的工艺参数送至主控制卡处理；主控制卡的控制指令也是通过数据转发卡发送至输出卡件(O)，由输出卡件驱动现场的调节阀、电动机、切断阀等设备。

8.1.3　JX-300XP的通信网络

JX-300XP的通信网络由信息管理网、过程信息网、过程控制网、控制站内部I/O控制总线等构成。

信息管理网(Ethernet)采用以太网用于工厂级的信息传送和管理，是实现全厂综合管理的信息通道。该网络通过在多功能站MFS上安装双重网络接口(信息管理和过程控制网络)转接的方法，获取集散控制系统中过程参数和系统运行信息，同时向下传送上层管理计算机的调度指令和生产指导信息。

过程控制网络(SCnetⅡ网)是双高速冗余工业以太网。它直接连接了系统的控制站、操作员站、工程师站、通信接口单元等，是传送过程控制实时信息的通道，具有很高的实时性和可靠性。通过挂接网桥，SCnetⅡ可以与上层的信息管理网或其他厂家设备连接。

SBUS总线分为两层，第一层为双重化总线 SBUS-S2。它是系统的现场总线，物理上位于控制站所管辖的 I/O 机笼之间，连接了主控制卡和数据转发卡，用于两者的信息交换。第二层为 SBUS-S1 网络，物理上位于各 I/O 机笼内，连接了数据转发卡和各块 I/O 卡件，用于它们之间的信息交换。主控制卡通过 SBUS 来管理分散于各个机笼内的 I/O 卡件。

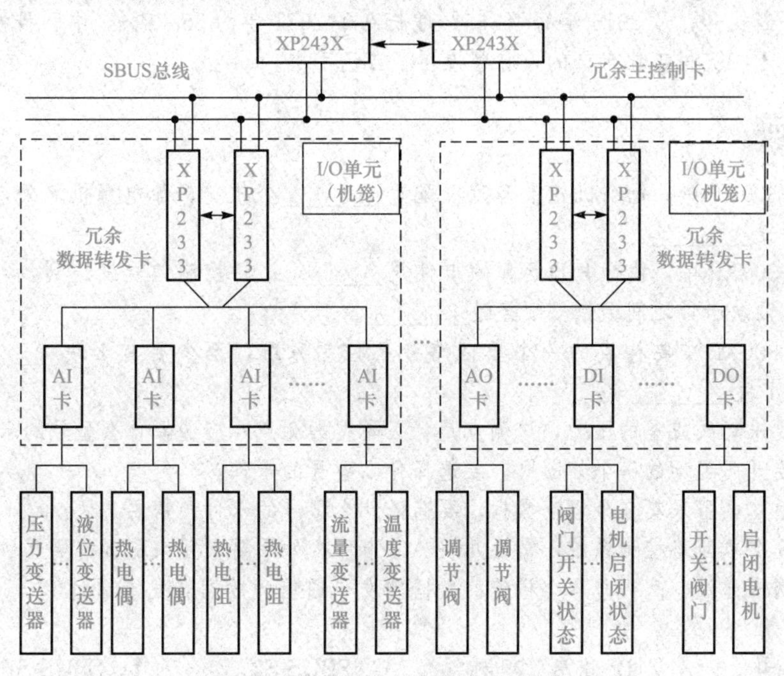

图 8-5　各种卡件与检测仪表的连接

知识拓展

国产 DCS 的发展

DCS是当今流程工业生产中重要的基础设施之一，早期我国DCS市场多被霍尼韦尔国际公司和日本横河电机株市会社等美日系公司占据，其产品价格高、服务差，整个国家流程工业的命脉掌握在外资企业手上，潜在的国家安全威胁令人担忧。

在此背景下，1993年，浙江大学控制系的一批血气方刚的教师聚在一起，以20万元起家，在不足80 m^2 的两间教室里创立了浙江大学工业自动化公司(浙江中控技术股份有限公司的前身)，同年创立的国产DCS厂家还有北京和利时科技集团有限公司与南京科远自动化集团股份有限公司，这两家公司也是当前国产DCS品牌的代表。

浙江中控技术股份有限公司创立伊始，便坚持自主创新，研发自己的DCS产品与品牌，以较快的速度在 1996年9月推出第四代DCS产品JX-300，通过抓住技术窗口，完成了与国际竞品的同步甚至超越。在市场化竞争驱动下，对技术的不懈追求推动浙江中控技术股份有限公司从各国产厂商中脱颖而出，以高性价比推动市占率高速提升。在技术对等的前提下，依靠价格与服务优势，2002年，浙江中控技术股份有限公司就已超过霍尼韦尔国际公司与日本横河电机株市会社，成为国内承接 DCS 项目最多的企业。2020 年，浙江中控技术股份有限公司的 DCS 系统在国内的市场份额已达到 16.72%，超过霍尼韦尔国际公司成为中国 DCS 市场占有率排名第一的厂商，其在化工行业的市场份额更是达到 54.8%，占据半壁江山。

“在行业招标时，只要浙江中控技术股份有限公司一介入，外商的标的价格就会大幅下降。哪怕不能中标，只要参与，就是对民族工业的贡献。”业内人士如此表示。

近年来，在技术、国家政策扶持和战略选择等因素的影响下，以浙江中控技术股份有限公司、北京和利时科技集团有限公司、上海新华控制技术(集团)有限公司为代表的本土品牌市场占有率水平不断提升，从 2016 年的 46.35%增长到了 2021 年的 55.72%，中国科技工作者通过艰辛努力，终于将流程工业生产的命脉掌握在了自己手中。

任务测评

1. 在 JX-300XP 中，每个机柜最多可以配置________个机笼，除电源机笼外，每个机笼都必须有的卡件是________。

2. 在 JX-300XP 中，执行 PID 运算的卡件是________；将控制信号发送到执行器的卡件是________；这两块卡件之间通信必须经过________。

3. 在 JX-300XP 中要构成的一个单回路液位控制系统，至少要有 1 块________卡、1 块________卡、1 块________卡。

4. 如果要采集反应釜的压力，该测点是什么类型的测点？应选择什么型号的卡件？

5. 如果要开关现场的一个切断阀，要选择什么型号的卡件？

6. 如果用热电阻采集 9 个温度数据，要选择什么型号的卡件？需要几块？

7. 现有 5 个单回路控制系统，需要几块 AO 卡件？如果要求冗余配置需要几块？

8. 主控制卡通过(　　)与各个机笼的数据转发卡通信；数据转发卡通过(　　)与本机笼内的卡件通信。

A. SCnetⅡ　　B. 信息管理网　　C. SBUS-S2　　D. SBUS-S1

任务 8.2　氯乙烯精馏管道仪表流程图识读与测点统计

任务描述

DCS 硬件选型与监控组态的第一步是要根据管道仪表流程图，与工艺人员、自控设计人员一起沟通搞清楚生产工艺流程，分析控制回路功能，统计测点的类型与数量，这样才能正确配置 DCS 硬件，并将各种测点合理地分配到相应的 I/O 卡件中。

氯乙烯精馏工艺是典型的双塔精馏流程，先利用低沸塔除去低沸物后进入高沸塔除去高沸物。其流程简述如下：

如图 8-6 所示，压缩机送来的粗氯乙烯气体进入空气冷却器 E301，采用自然湿空气将部分粗氯乙烯气体冷凝成液体，未被冷凝的气体再进入全凝器 E302A～C 后，采用+5 ℃水对其再次冷凝，将大部分氯乙烯气体冷凝为液体，同空气冷却器的冷凝液一同进入水分离器 V301。未冷凝的气体进入尾气冷凝器 E304A～B，用－25 ℃盐水进一步冷凝，被冷凝的液体进入水分离器 V301 与全凝器 E302A～C 的冷凝液混合静置分离除去水分后，采用低沸塔进料泵 P301A～B

加压送入低沸塔 T301。通过低沸塔的再沸器采用转化送来的热水进行加热除去粗氯乙烯中低沸点的物质(以乙炔为主)，塔顶的气相进入塔顶冷凝器 E303 采用 5 ℃水对其进行冷凝，被冷凝的液体以内回流的形式返回 T301，未冷凝气体进入尾气冷凝器。

如图 8-7 所示，低沸塔塔釜液进入过料槽经阀门减压后进入高沸塔 T302，高沸塔再沸器采用转化送来的热水进行加热除去氯乙烯中高沸点的物质(以二氯乙烷为主)，塔顶的气相经塔顶冷凝器 E305 冷凝后，以内回流的方式返回 T302，未被冷凝的气相进入成品冷凝器 E306，采用 5 ℃水进行冷凝，被冷凝后的液体进入固碱干燥器采用固碱直接吸收氯乙烯液相中的水分后进入 VCM 储罐 V304，通过单体压料泵将精氯乙烯间接输送至聚合工序使用。

本任务要求分析图 8-6 和图 8-7，统计各种测点的数量，结合工艺数据，制订测点清单表格和控制回路分析表，为 DCS 硬件配置和测点分配提供基础数据。

管道仪表流程图(Piping and Instrumentation Diagram，P&ID)也称带控制点的工艺流程图，是表达物料从原料到产品的生产过程和控制方法的图样。管道仪表流程图包括设备示意图、管道流程线、管件、阀门、检测与控制系统等图形，以及上述图形的标注和图例。此处根据化工行业标准《过程测量与控制仪表的功能标志及图形符号》(HG/T 20505—2014)的有关规定，分析图 8-6 和图 8-7 中的仪表控制点，包括仪表回路号与仪表位号、检测与控制系统的图形符号含义，控制回路的类型与功能。设备示意图、管道流程、管件、阀门等内容在化工设备、化工制图等相关课程中有详细介绍，此处不展开。

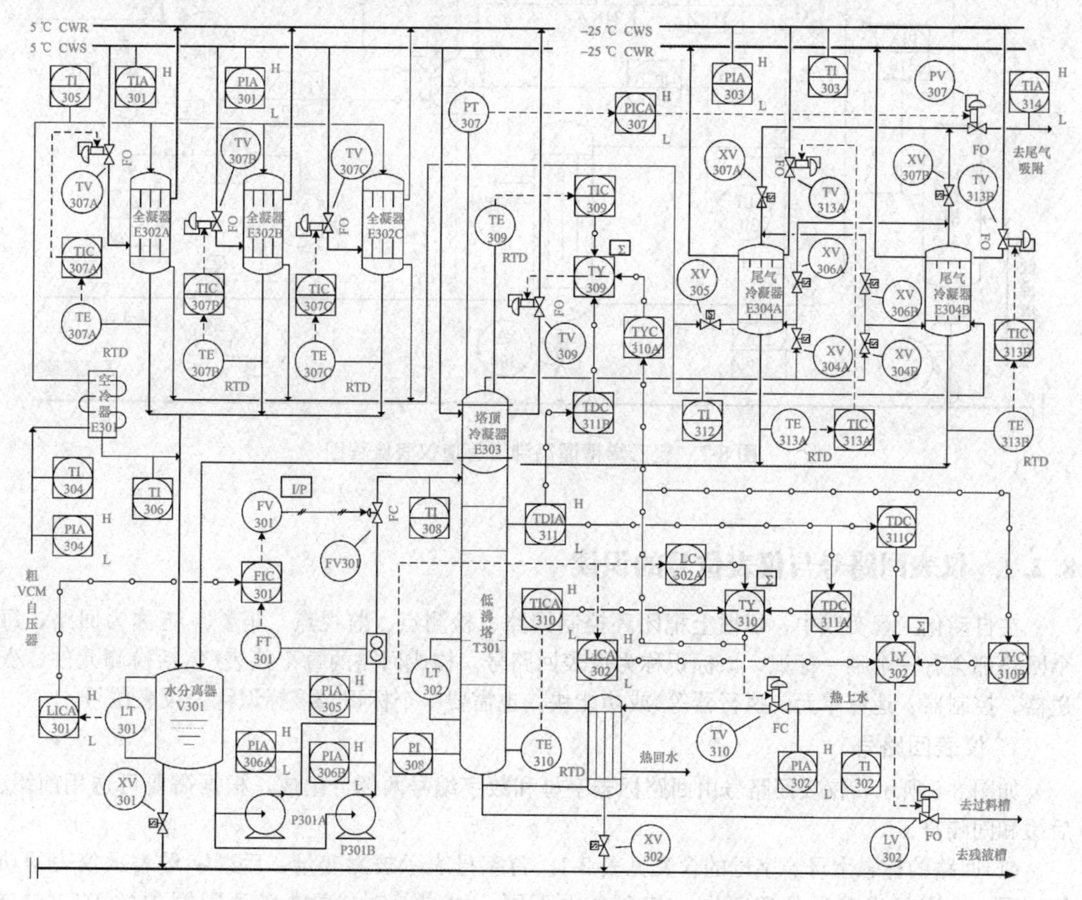

图 8-6　氯乙烯精馏低沸塔管道仪表流程图

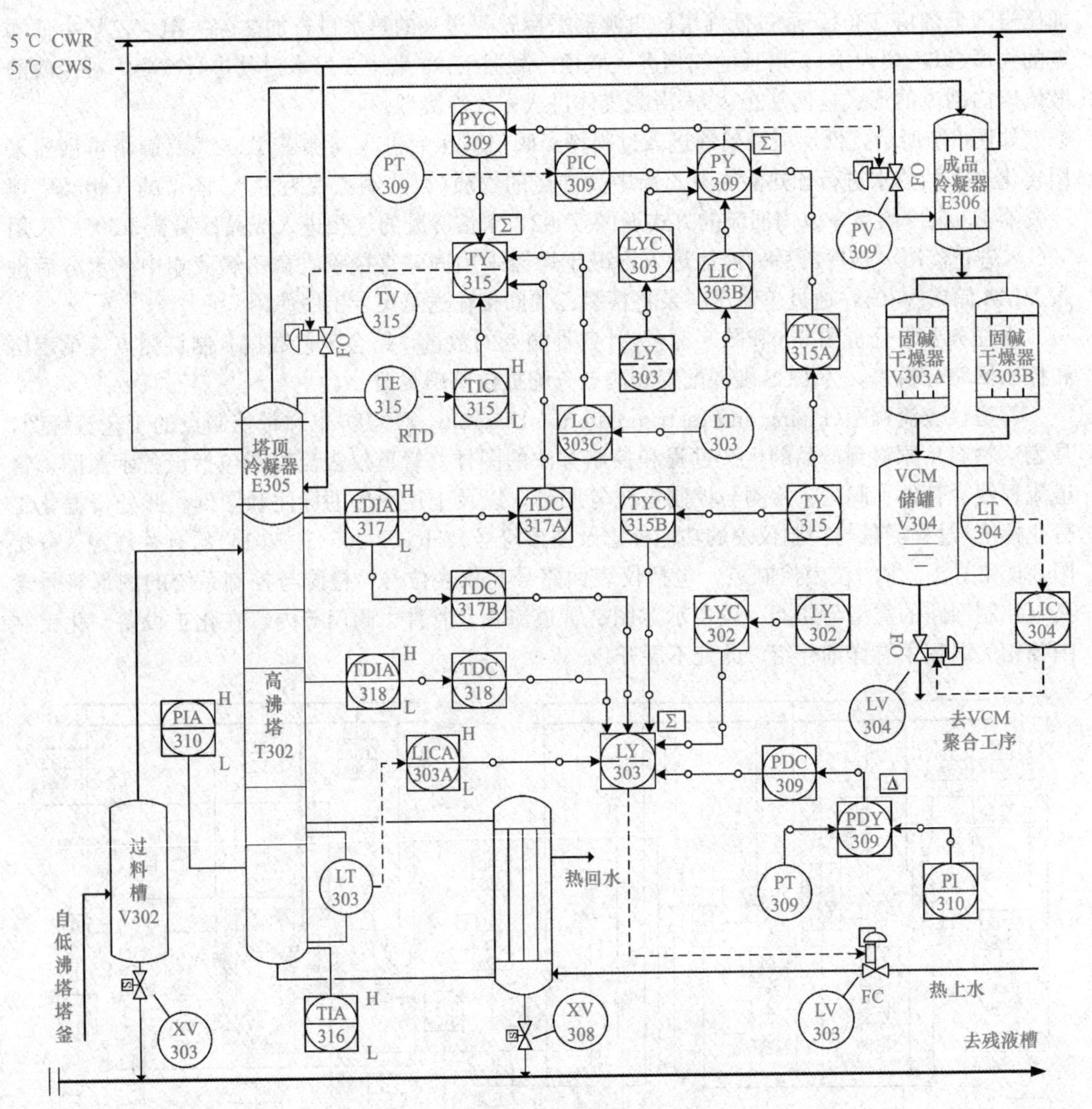

图 8-7 氯乙烯精馏高沸塔管道仪表流程图

8.2.1 仪表回路号与仪表位号的识读

在自动化工程实践中，习惯上把闭环控制回路、检测点、监视点、报警点统称为回路，每个回路都会有一个唯一标识，该标识称为仪表回路号。构成回路的每个仪表(包括检测元件、变送器、控制器、运算单元、执行器等)或功能块，也需要一个标识，该标识称为仪表位号。

1. 仪表回路号

如图 8-8 所示，仪表回路号由回路标志字母和数字编号两部分组成，根据需要可选用前缀、后缀和间隔符。

(1)回路的标志字母。字母的含义见表 2-1。首字母表示被测变量，后继字母表示仪表的功能。同一个字母出现的位置不同，其含义也不同，如图 8-7 中高沸塔顶圆圈中的 PT309 与 TV315，根据表 2-1，前者 T 不是首字母而是后继字母，故 T 表示传送，即变送器，而 P 为首字母，表示被测变量为压力，故 PT309 表示压力变送器；后者 T 是首字母，表示被测变量为温度，V是后继字母，表示阀门，因此，TV315表示控制温度的阀门。

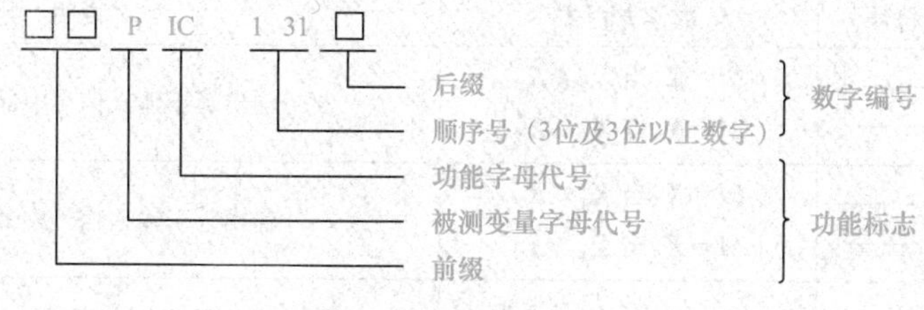

图 8-8　仪表回路号构成示意

工艺参数的显示是常见的仪表功能之一，通常用功能字母I表示。越限报警也是生产中常见的功能需求，可以用功能字母A表示，并在仪表符号旁边用字母标注报警类型：H表示高限报警，L表示低限报警，HH为高高限报警，LL为低低限报警。例如在图8-6中，TIA301为5 ℃循环冷却上水温度显示报警仪表，报警类型为高限报警，PIA301为5 ℃循环冷却上水压力显示报警仪表，报警类型为低限和高限报警。

有时表2-1中的首字母不止一位字母，根据表达需要可能还带有修饰字母。例如图8-7中的TDIA317，T为首字母表示温度，D为修饰字母表示“差”，TD组合起来表示温度差，因此TDIA317表示高沸塔精馏段温差显示及报警仪表。

此外，表2-1中字母“X”为“未分类”，表示作为首字母或后继字母均未规定其含义，它在不同的地点作为首字母或后继字母均可有任何含义，因此，管道仪表流程图中使用字母“X”时应在仪表图形符号外或说明文件中注明“X”的含义。在实际的工程应用中，“X”经常会被用来表示开关功能，在图8-6和图8-7中，XV就表示切断阀，即只有开或关两个状态的阀门。

标志字母的选择应与被测变量对应，而不应与被处理的变量相对应。例如，通过操作进出容器的气体流量来控制容器内的压力的回路应为P，即压力回路，而非F(流量回路)；又如图8-6所示，水分离器的液位通过差压变送器来检测容器内的液位，检测回路和控制回路分别标为LT301、LICA301，而不应该标成PDT301、PDICA301。

当字母Y作为后继字母表示继动器、计算器、转换器功能时，需要在有Y的图形符号外标注附加功能符号。表8-2罗列了常用附加功能代号，更多符号参考《过程测量与控制仪表的功能标志及图形符号》(HG/T 20505—2014)。

表 8-2　常用附加功能代号

序号	功能	符号	数学方程式	说明
1	和	$\sum$	$M=X_1+X_2+\cdots+X_n$	输出等于输入信号的代数和
2	差	Δ	$M=X_1-X_2$	输出等于输入信号的代数差
3	比	K	$M=KX$	输出与输入成正比
4	乘法	$\times$	$M=X_1X_2$	输出等于两个输入信号的乘积
5	除法	$\div$	$M=X_1/X_2$	输出等于两个输入信号的商
6	方根	$\sqrt[n]{\ }$	$M=\sqrt[n]{X}$	输出等于输入信号的 n 次方根

续表

序号	功能	符号	数学方程式	说明
7	高选	$\boxed{>}$	$M=X_1$当$X_1\geqslant X_2$ $M=X_2$当$X_1\leqslant X_2$	输出等于输入信号中最大的那个
8	低选	$\boxed{<}$	$M=X_1$当$X_1\leqslant X_2$ $M=X_2$当$X_1\geqslant X_2$	输出等于输入信号中最小的那个
9	转换	$\boxed{\text{I/P}}$	左边信号转换成右边信号	输出信号的类型不同于输入信号的类型； 输入信号在左边，输出信号在右边； 以下任何信号类型均可代替“I”“P”： A—模拟；B—二进制；D—数字；E—电压；F—频率； H—液压；I—电流；O—电磁；P—气压；R—电阻

图 8-6 所示的 LY302、TY309、TY310，图 8-7 所示的 LY303、PY309、TY315，旁边都有符号$\boxed{\Sigma}$，因此都是对几个输入信号求代数和，并将求和结果送入相应的执行器，而 PDY309 是求高沸塔塔底压力和塔顶压力的差压，因此用了符号$\boxed{\Delta}$；图 8-6 中 FV301 右上标注了$\boxed{\text{I/P}}$则是将 FIC301 输出电流信号转换成气压信号送至 FV301。

(2)回路的数字编号。仪表回路号的数字编号一般应大于 3 位数字，如“－＊01”“－＊001”等，其中＊号一般是与工段(单元)号、图纸号、设备号相关的数字代码。数字编号有并列编制和连续编制两种方式。

1)并列编制方式：指的是相同的数字序列编号用于每一种回路标志字母，即相同的被测变量用一个序列编号。

2)连续编制方式：使用单一的数字序列编号而不考虑被测变量的类型。

假设第 1 工段有 7 个回路，其中温度显示回路 3 个、液位控制回路 1 个、液位显示回路 1 个、压力显示控制回路 1 个、差压显示回路 1 个，则按并列方式编号可编为 TI101、TI102、TI103；LC101、LI102；PIC101、PDI102；按连续方式可编为 TI101、TI102、TI103；LC104、LI105；PIC106、PDI107。

显然，图 8-6 和图 8-7 为并列方式编号，这种方式在实际应用中也更为多见。

(3)回路号的前缀和后缀。仪表位号的后缀用于指明两个及两个以上类似的仪表设备或功能，当出现两个及两个以上类似的仪表设备或功能又有重复的情况时，宜附加后缀，后缀可以是字母或数字，应添加在仪表回路号的后面，如图 8-6 中的 TIC307A、TIC307B、TIC307C，TDC311A、TDC311B、TDC311C 等。

仪表回路号的前缀可以是数字或字母或数字和字母的任意组合，放置在回路标志字母前用以表示回路所在位置，如联合体、工艺装置或单元。例如，位于♯1 工艺装置的一个流量回路，可以表示为 001F—001 或 PP1—F—001。

2. 仪表位号

构成回路可能会有许多仪表和功能模块，每个仪表和功能模块也需要有一个标识，如某个仪表回路为 TICA—201，则构成仪表回路的仪表位号分别为温度传感器 TE—201、温度控制器 TIC—201、温度报警器 TIA—201、电气阀门定位器 TY—201 和温度控制阀 TV—201。若该回路是本质安全仪表回路，则还有输入性安全栅 TN—201A 和输出型安全栅 TN—201B。

从中可以总结出，仪表位号的被测变量与仪表回路号相同，数字编号与仪表回路号相同，只是后续功能字母不同。

8.2.2 检测与控制系统的图形符号识读

检测与控制系统的图形符号一般包括各种测量点(传感器、变送器)、执行器、控制器、指示报警等图形符号，还包括各种连接线(引线、信号线)。

1. 测量点的图形符号

测量点包括检出元件、变送器、一体化变送器(传感器与变送器一体化)，其作用是将生产过程参数转换为便于处理的信号。

(1)一次测量元件与变送器通用图形符号。所谓一次测量元件即传感器，其与变送器的通用图形符号见表 8-3。该表中前三行符号用于一次元件的图形符号还没有相关标准明确规定，或者由于简化画图等原因不绘制一次元件图形符号的场合，此时可根据需要用元件类型标识代替(＊)用于说明一次元件的类型。

例如，图 8-6 中低沸塔塔顶和塔底的 TE309、TE310 在圆圈右下标注 RTD，表示这两个一次元件为热电阻，而 PT307 表示一体化压力变送器，旁边没有元件类型标识，其测压元件为应变式或其他电子传感器，测量的是表压。其他元件类型标识可参考《过程测量与控制仪表的功能标志及图形符号》(HG/T 20505—2014)中表 5.2.2。

表 8-3 一次测量元件与变送器通用图形符号

序号	符号	描述
1	□E (*)	表示通用型一次元件，(＊)为元件类型标识，□为被测变量字母代号
2	□T (*)	表示一体化变送器，(＊)为元件类型标识，□为被测变量字母代号
3	□T / □E (*)	表示一次元件与变送器分体安装形式，(＊)为元件类型标识，□为被测变量字母代号
4	□T #	表示一体化变送器，# 为一次元件的图形符号
5	□T #	表示一次元件与变送器分体安装形式，# 为一次元件的图形符号

(2)一次元件或检测仪表的专用图形符号。表 8-3 后两行用于一次元件可用图形符号明确表示的场合，常见的一次元件的图形符号见表 8-4，更多的图形符号参考《过程测量与控制仪表的功能标志及图形符号》(HG/T 20505—2014)中表 5.2.3。

表 8-4 常用一次元件或检测仪表的图形符号

序号	图形符号	描述
1		单探头物性、成分等一次元件
2		插入式一次元件，也可在设备顶部插入
3		流量孔板

续表

序号	图形符号	描述
4		同心圆孔板
5		涡轮流量计
6		旋涡流量计
7	M	电磁流量计
8	PE (*)	应变式或其他电子压力传感器 (*)为元件类型标识
9	TE (*)	无外保护套管的温度传感器 (*)为元件类型标识

根据表 8-4，可以判断图 8-6 中低沸塔进料流量变送器 FT301 为涡轮流量变送器。

2. 执行器图形符号

流程工业中执行器大部分是控制阀，控制阀分为阀体部分和执行机构部分。常用控制阀阀体的图形符号见表 8-5，执行机构图形符号见表 8-6，更多的执行器图形符号参考《过程测量与控制仪表的功能标志及图形符号》(HG/T 20505—2014)中表 5.4.1 和表 5.4.2。

表 8-5　常用控制阀阀体图形符号

序号	图形符号	描述
1		通用性二通阀、直通截止阀、闸阀
2		通用性二通角阀、角形截止阀、安全角阀
3		通用性三通角阀、三通截止阀，箭头标识故障或未经激励时的流路
4		同心圆孔板
5		球阀
6		偏心旋转阀

表 8-6　常用执行机构图形符号

序号	图形符号	描述
1		通用型执行机构，弹簧—膜片式执行机构
2		带定位器的弹簧—膜片式执行机构
3		压力平衡式膜片执行机构
4		直行程活塞式执行机构

续表

序号	图形符号	描述
5		带定位器的直行程活塞式执行机构
6		角行程执行机构
7		带定位器的角行程执行机构
8	S	用于工艺过程的开关阀的电磁执行机构；可调节的电磁执行机构

根据表 8-5 和表 8-6，图 8-7 中 TV315、PV309、LV303、LV304 都是带定位器的气动薄膜执行机构，XV301～XV308 均为由电磁执行机构控制的开关阀。

此外，可以在控制阀下方标注 FO、FC、FL、FL/DO、FL/DC 以表示阀的气开/气关特性。其中，FO(Fail to Open)表示当出现故障时阀门全开，即气关阀；FC(Fail to Close)表示气开阀；FL(Fail to Lock)表示保位阀，即当出现气源中断故障时，阀门位置保持不变；FL/DC 表示当气源中断时，阀门保位但趋于关闭，当执行器内气体消耗完后阀门处于关闭位置；FL/DO 表示当气源中断时，阀门保位但趋于关闭，当执行器内气体消耗完后阀门处于全开位置。

因此，TV307A－C、TV309、TV313A－B、TV315、LV302、PV307、PV309 为气关阀，TV310、FV301 为气开阀。

3. 仪表设备与功能图形符号

上面介绍的是控制系统的测量装置与执行装置的图形符号表示，下面介绍《过程测量与控制仪表的功能标志及图形符号》(HG/T 20505—2014)中与仪表设备及其功能有关的图形符号。

(1)基本图形符号。表 8-7 列举了仪表设备与功能的基本图形符号，其中，基本过程控制系统是相对于安全仪表系统的概念，用于生产的自动控制和操作监控，由于化工行业大多采用 DCS 实施自动控制与生产操作，因此，可将表 8-7 中第一行看成 DCS 的图形符号，表中其他符号含义很明显，此处不再赘述。

表 8-7　仪表设备与功能基本图形符号

序号	图形符号	描述
1		首选或基本过程控制系统
2		备选或安全仪表系统
3		单台仪表
4		计算机系统及软件功能
5	I	联锁逻辑系统功能

续表

序号	图形符号	描述
6		带编号的联锁逻辑系统
7		信号处理功能
8		指示灯

表达处理两个或多个变量(同一壳体仪表)，或处理一个变量，但有多个功能的复式仪表时，可用相切的细实线圆表示，如图 8-9(a)所示。例如，热电阻一体化温度变送器的表示方式如图 8-9(b)所示，其中 TW 为热电阻的保护套管，TE 为热电阻测温元件，TT 为变送器。

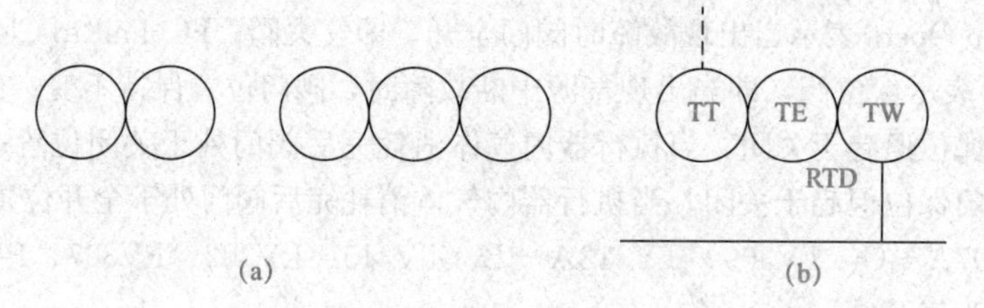

图 8-9　仪表圆圈相切的表示方式

如图 8-10 所示，当两个测量点引到一台复式仪表上，而两个测量点 a、b 在图纸上距离较远或不在同一张图纸上，则分别用两个相切的实线圆圈和虚线圆圈表示。

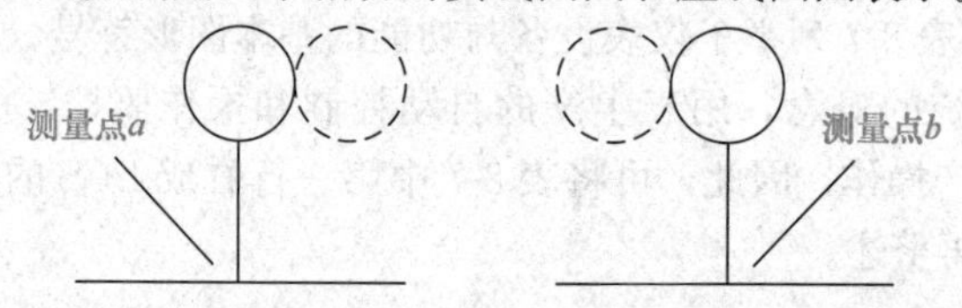

图 8-10　测量点距离较远的复式仪表表示方法

(2)仪表安装位置与可接近性的图形符号。在工程实践中，生产的监控经常采用中央控制方式和就地控制方式两种，因此实现既定控制方式的地点就有了中央控制室实现和就地实现两种。此外，在某些工程中还设有现场控制室(仪表室、分析器室等)，有一些功能就安排在现场控制室中。

在生产操作中，有些功能需要操作人员经常监视，如工艺参数的变化趋势，这就需要在屏幕上是可见的，或者在仪表盘上是可见的；有些功能不需要操作人员监视，如某些计算功能，此时在屏幕上不可见，或者在仪表盘背面(里面)实现这些计算。

由于有上面这些不同的需求，功能实现或仪表安装位置就会有所不同，表 8-8 所示为仪表安装位置和可接近性的图形符号。

从表 8-8 可以看出，图形符号中间没有横线的仪表为就地安装仪表，有一根横线的为中央控制室安装仪表，而有两根横线的为现场控制室安装仪表。

横线的线型表明仪表的可视性、可接近性。横线为实线说明该仪表是可视可接近的，而虚线说明仪表是不可视、不可接近的。

表 8-8　仪表安装位置与可接近性图形符号

序号	共享显示、共享控制		计算机系统及软件功能	单台仪表设备或功能	安装位置与可接近性
	首选或基本过程控制系统	备选或安全仪表系统			
1					①位于现场； ②非仪表盘、柜、控制台安装； ③现场可视； ④可接近性：通常允许
2					①位于控制室； ②控制盘/台正面； ③盘正面或视频显示器可视； ④可接近性：通常允许
3					①位于控制室； ②控制盘背面； ③位于盘后的机构； ④盘正面或视频显示器不可视； ⑤可接近性：通常不允许
4					①位于现场控制盘/台正面； ②盘正面或视频显示器可视； ③可接近性：通常允许
5					①位于现场控制盘背面； ②位于现场机柜内； ③盘正面或视频显示器不可视； ④可接近性：通常不允许

此处“可接近性”指是否允许包括观察、设定值调整、操作模式更改和其他任何需要对仪表进行操作的操作员行为，即仪表的可操作性。

另外，表中“共享控制”经常被用来描述 DCS、PLC 或基于其他微处理器的系统的控制特征。通俗来说，就是一个控制器可以处理多个控制回路的输入和输出；“共享显示”则经常被用于描述上述系统的显示特征，即多个被测变量可以在同一个显示设备中显示。

根据上述规则，对某些现场总线控制仪表，如带有控制功能的变送器或带有控制功能的控制阀，可以看成一个复合仪表，则可以表示为图 8-11(a)和(b)，注意圆圈中间不能有横线，因为现场总线仪表位于现场，并非安装在控制室。基地式仪表集检测、控制和执行功能于一体，安装在现场设备上，因此可表示为图 8-11(c)。

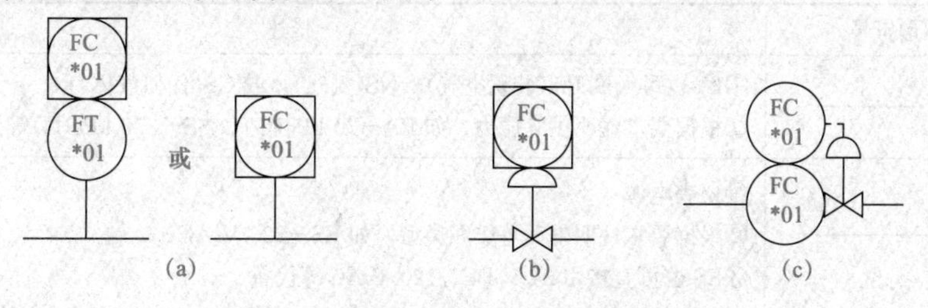

图 8-11　现场总线仪表与基地式仪表

(a)带控制功能的现场总线变送器；(b)带控制功能的现场总线控制阀；(c)检测、控制与执行一体的基地式仪表

根据上述规则，可见图 8-6 和图 8-7 所示氯乙烯精馏管道仪表流程图中的大部分仪表均为可视可操作的 DCS 仪表，如低沸塔中的 TI301、PI301 等。TY309、TY310、LY302、TY315、LY303、PY309、PDY309 这几个仪表为 DCS 内部的辅助计算模块，不必显示给操作员，因此其中间的横线为虚线。类似 FT301、PT307 这样由一个圆圈表示的仪表则为就地安装仪表。

4. 仪表连接线图形符号

构成控制系统的各个仪表、功能块，相互连接才能构成一个完整的控制系统。《过程测量与控制仪表的功能标志及图形符号》(HG/T 20505—2014)规定了仪表与工艺过程之间，以及仪表与仪表之间各种信号线的表达符号。

(1)检测仪表与工艺过程之间的连线。表 8-9 表示了仪表与工艺过程连接的通用表达方式，从中可见仪表与工艺过程连线的通用符号为细实线，如带有平行虚线，则表示仪表测量管线带有伴热(伴冷)管线。

表 8-9　检测仪表与工艺过程的连线符号

序号	图形符号	描述
1	——	①仪表与工艺过程的连接线； ②测量管线
2	—— ----(ST)----	①伴热(伴冷)的测量管线； ②伴热(伴冷)类型：电(ET)、蒸汽(ST)、冷水(CW)等
3	⊥	①仪表与工艺过程管线连接的通用形式； ②仪表与工艺过程设备连接的通用形式
4	⊥ (带平行虚线)	①伴热(伴冷)仪表测量管线的通用形式； ②工艺过程管线或设备可能不伴热(伴冷)
5	◎ (外圈虚线)	①伴热(伴冷)的仪表； ②仪表测量管线可能不伴热(伴冷)

(2)仪表与仪表之间的信号线。表 8-10 规定了仪表之间信号线的连接符号，其中前三行表示仪表所用的能源，在下列情况下，应明确标出：

1)与通常使用的仪表能源不同时；

2)当仪表设备需要独立的仪表能源时；

3)控制器或开关的动作会影响仪表能源时。

表 8-10　仪表或系统之间信号线规定与说明

序号	图形符号	描述
1	IA ——	①IA 也可换成 PA(装置空气)，NS(氮气)，或 GS(任何气体)； ②根据要求注明供气压力，如 PA－70 kPa(G)、NS－300 kPa(G)等
2	ES ——	①仪表电源； ②根据要求注明电压等级和类型，如 ES－220 V AC； ③ES 也可直接用 24 V DC、120 V AC 等代替
3	HS ——	①仪表液压动力源； ②根据要求注明压力，如 HS－70 kPa(G)

续表

序号	图形符号	描述
4	- - - - - - - - - - - -	电子或电气连续变量或二进制信号
5	—//——//—	气动信号
6	—○——○—	①共享显示、共享控制系统的设备和功能之间的通信连接和系统总线； ②DCS、PLC或PC的通信连接和系统总线(系统内部)
7	—●——●—	①两个及两个以上以独立微处理器或计算机为基础的系统的通信连接或总线； ②DCS－DCS、DCS－PLC、PLC－PC、DCS－现场总线等的连接(系统之间)
8	—×——×—	导压毛细管

在当今控制系统中，第4行与第6行所示信号线应用最广泛，其中第4行的虚线表示电信号，如4～20 mA DC的标准模拟信号，或二进制信号；第6行表示DCS或其他计算机控制系统中内部的数据交换。例如，在DCS中，由变送器送过来的工艺参数，存储在内存中，可以被多个控制回路使用；一个控制器或功能块的输出也可以直接被其他控制回路使用，而不必采用专用的通信线路进行传递。

例如，图8-6中水分离器液位LICA301－低沸塔进料FIC301构成的串级均匀控制系统中，控制器LICA301的输出在DCS内部就可以赋予FIC301作为其设定值，因此两个控制器之间的连线应为"—○——○—"(实际上两个控制器功能都由DCS中的同一块主控卡实现，并不存在两个独立的实体控制器)，而两个回路的变送器至控制器之间的信号为标准的4～20 mA DC信号，因此，其图形符号为"------"。上述情况在图8-6和图8-7中比比皆是，不再赘述。

第5行图形符号表示气动信号，从图8-6中可看出，FV301接收的信号即为气动信号，其来自电-气转换器FY301。

在复杂的工艺流程图中，为便于了解控制系统中各部分信号的关系，可在信号线中加标箭头表示信号的流向，图8-6和图8-7中的所有信号都标注了流向。

8.2.3 氯乙烯精馏测点统计

下面根据图8-6和图8-7，结合工艺数据，统计其测点。

1. 测点类型统计

(1)图8-12中TI305表示的是温度显示仪表，它实际上是图8-12(b)的简化表示形式，即要实现该温度信号的显示，还需要一体化温度变送器TT305(假设测温元件为热电阻RTD)，也就是说现场送至DCS的信号为4～20 mA DC，图中PI301、TDI311等测点也是如此，送往DCS的信号均为4～20 mA DC，均利用JX-300XP的XP313I电流信号输入卡采集。

(2)像TE307A－C、TE309等明确标注了RTD的测点，则表示该信号由热电阻测温元件送至DCS，由热电阻输入卡XP316I采集。

(3)像TY309、LY302等为DCS内部的辅助计算功能，其并非测点。

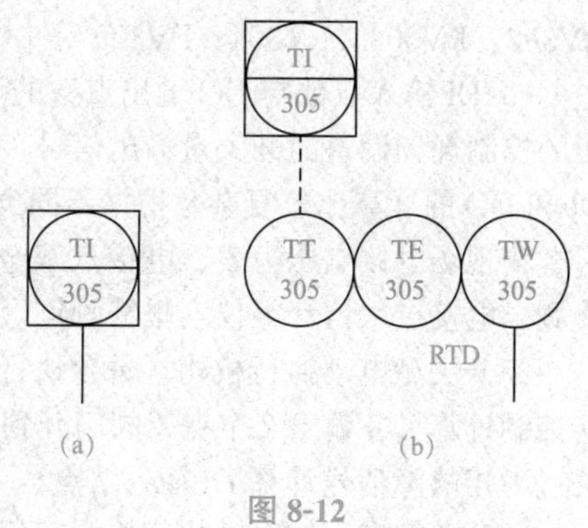

图8-12
(a)简化表示；(b)详细表示

(4)FV301、LV302、TV307A—C 等表示控制阀，其应由 DCS 的 AO 输出卡件 XP322 根据主控卡指令输出 4～20 mA DC 来控制其开度。

(5)XV301～XV308 为气动切断阀，由其内部的电磁阀的通断来控制气路通断，从而实现开关操作，因此需要用开关量输出卡件 XP362 对其进行开关操作，用 XP363B 采集其开关状态。

(6)P301A、B 为 VCM 输送泵，也要用 XP362 对其进行启动/停止操作，用 XP363B 采集其运行状态。

2. 测点数量统计

DCS 的测点数是仪表专业 I/O 点数、电气专业 I/O 点数和 DCS 系统与其他系统的通信点数总和。准确统计 DCS I/O 点数能为使用单位选择 DCS 系统品牌和 DCS 系统造价提供依据。

DCS 系统点数是从 AI 模拟输入点数、AO 模拟输出点数、DI 开关量输入点数、DO 开关量输出点数和 DCS 与其他系统通信点数五个方面统计结果得出，下面开始统计本任务的测点数。

(1)AI 输入点数的计算。AI 指进入 DCS 系统或 PLC 的模拟量输入信号。从现场可以直接输入 DCS 系统的 AI 输入信号有热电偶、热电阻信号、标准电流信号(4～20 mA、0～20 mA)、标准电压信号(1～5 V、0～5 V 和 0～10 V)和脉冲信号；其他形式的信号如需送入 DCS 系统，则要先用信号隔离器、电流变送器、电压变送器等信号转换设备将该信号转换为 4～20 mA 或 1～5 V，再在送入 DCS 系统。

1)热电阻和热电偶测点的计算。单支装配式热电阻或者单支铠装热电阻按 1 个 AI 点计算；双支装配式热电阻或者双支铠装热电阻需要在 DCS 系统显示同一测点的两个传感器温度按 2 个 AI 点计算，只显示该测点的一个温度按 1 个 AI 点计算；单支多点热电阻或多点热电阻常用于监测同一测点不同部位温度，热电阻有几个测量点则计算几个点热电阻 AI 输入。热电偶 AI 输入点数统计方法和热电阻 AI 输入点数统计方法相同。因此，图 8-6 和图 8-7 中，热电阻信号有 TE307A—C、TE309、TE310、TE313A—B、TE315 等 8 个测点。

2)标准电流、电压 AI 输入点统计。每一路送入 DCS 系统的 4～20 mA、0～2 mA、0～5 V、1～5 V 或 0～10 V 信号分别计算 1 个 AI 点，同时统计该输入信号对应的量程范围。

在图 8-6 和图 8-7 中，此类测点最多，凡是由变送器送至 DCS 的信号均为 4～20 mA DC。

(2)AO 输出点数的计算。AO 指 DCS 系统或 PLC 发出的控制现场执行设备的模拟量输出信号。AO 输出一般有 4～20 mA、0～20 mA、0～5 V、1～5 V 和 0～10 V 五种类型，其中 4～20 mA 为最常用。DCS 系统 AO 输出通常接入气动执行机构、电动执行机构、变频器、电力调整器和工业控制模块等设备，通常每个被控对象对应一路 AO 输出，AO 输出点数与被控设备数量相同。

本任务中，AO 输出有 TV307A－C、TV309、TV310、TV313A－B、TV315、FV301、LV302、LV303、LV304、PV309 等 13 个 AO 点，均为 4～20 mA DC。

(3)DI 输入点数与 DO 输出点数的计算。DI 指进入 DCS 的开关量输入信号；DO 指 DCS 发出的控制现场设备的开关量输出信号，通常通过中间继电器接入其他不同电压等级的用电设备。DI 和 DO 的计算比较复杂，根据不同类型的设备分述如下。

1)现场电接点压力表、电接点双金属温度计、电接点水位计、液位开关、流量开关、火焰检测、电接点水位计等仪表报警触点，每一个报警触点接入 DCS 时计算为一个 DI 输入点。

2)开关型电动执行机构。每台执行机构阀位反馈 4～20 mA 计算 AI 输入 1 点，阀门正转/反转控制计算 DO 输出 2 个点，阀门开到位/阀门关到位信号计算 DI 输入 2 个点，阀门开过力矩/关过力矩故障信号计算 DI 输入 2 点。

3)开关型多回转电动执行机构。每台执行机构阀位反馈 4～20 mA DC 计算 AI 输入 1 点(如无反馈信号则不计算该 AI 点数)，阀门正转/反转控制计算 DO 输出 2 个点，阀门开到位/阀门关到位(限位开关)计算 DI 输入 2 个点，执行器开过力矩/关过力矩故障信号计算 DI 输入 2 点。

4)变频器。每台变频器频率反馈计算 AI 输入点数 1 点，频率给定信号计算 AO 输出 1 个点，变频器运行状态计算 DI 输入 1 个点，变频器故障报警计算 DI 输入 1 个点，运行/停止给定指令计算 DO 输出 1 个点，故障复位计算 1 个 DO 输出点。

(4)DCS 与其他系统通信点数。如果变频器用网络通信方式与 DCS 系统连接，则只计算 1 个通信点，不计算其他点数。

1)DCS 系统外接电磁阀、指示灯、接触器等设备。每个设备计算 DO 输出 1 点(如多个设备共用一个控制信号，通常通过增加中间继电器触点方式完成，只需要计算 1 个 DO 输出)。

2)电动机控制回路。最简单的电动机控制回路至少需要 2 个 DI 输入点、2 个 DO 输出点。每个回路运行状态(来自接触器辅助触点)计算 DI 输入 1 个点，故障信号(来自热继电器或者电动机保护器过载信号)计算 DI 输入 1 个点；电动机的启动/停止可以只采用 1 个 DO 输出点来控制，但各用 1 个 DO 点分别控制电动机启动和停止的方案应用得更多。

电动机回路如还需要电流显示和就地/远传控制，除计算 2 个 DI、1 个 DO 外，电流信号(来自交流电流变送器)计算 AI 输入点数 0～3 个点(小功率电机通常不用监测电流，则不计算该 AI 输入点数；大功率三相电动机有几相电流需要送入 DCS 显示就计算几个 AI 输入点，必须将每一路 0～5 A 电流信号经电流变送器转换为 4～20 mA 信号送 DCS，最多 3 个点)；如电动机需多地控制，则控制地点选择开关计算 1 个 DI 输入。

在本任务中，XV301、XV302、XV303、XV304A－B、XV305、XV306A－B、XV307A－B、XV308 为气动切断阀，由其内部的电磁阀的通断来控制气路的通断，根据上述 1)规则，共需要 11 个 DO 点，而对每一个气动切断阀，需要检测阀是否开关到位的 DI 点 2 个，共需 22 个 DI 点。

本任务中 P301A、B 为 VCM 输送泵，如需要在 DCS 中远程控制泵的启停，并监视泵的运行状态，则根据上述规则 2)，每台泵需要运行状态显示、故障信号、电动机远程/就地选择指示 3 个 DI、电动机启停 2 个 DO 以及检测三相电流的 AI 输入点 3 个。

对于采集 DI 信号或施加 DO 控制输出的 DCS 卡件，每一个通道在组态时都有常开(简称 NO)和常闭(简称 NC)。常开是指卡件 DI 或 DO 通道的初始状态是断开的，而常闭说明通道的初始状态是闭合的，常开还是常闭由具体情况确定。

根据上述各种测点数量的统计，结合工艺数据，可整理得到本任务中的表 8-11(扫描右侧二维码获取)。需要注意的是，对于一些重要的测点，如控制回路的输入和输出，一般需要冗余配置。

表 8-11 氯乙烯精馏工艺测点清单

8.2.4 控制回路分析

1. 低沸塔控制回路分析

在低沸塔管道仪表流程图(图 8-6)中，存在以下控制回路：

(1)全凝器液相出口温度控制回路，即 TICA301A－C。其功能为稳定液相出口温度，使低沸塔进料温度 TI308 不至于波动太大，从结构上明显可见为简单的单回路控制系统，执行器为气关阀，故控制器为反作用方式。

(2)尾排压力控制回路，即 PICA307。该回路用于稳定低沸塔塔顶压力，为单回路控制系统，执行器为气关阀，控制器为反作用方式。

(3)水分离器液位－低沸塔进料流量控制回路，即 LICA301－FIC301 串级控制回路。该回路为串级均匀控制系统，执行器为气开阀，FIC301 为反作用，由串级控制系统主控器作用方式的确定方法，LICA301 可确定为正作用方式。

(4)低沸塔加热控制回路。由7.5.5节可知，该回路为前馈—反馈复合控制系统，其方框图如图8-13所示，可见管道仪表流程图中的LC302A和TDC311A均为前馈控制器，在工程实践中，为方便应用，通常这两个前馈控制器均选为静态前馈，即两者都是比例环节。

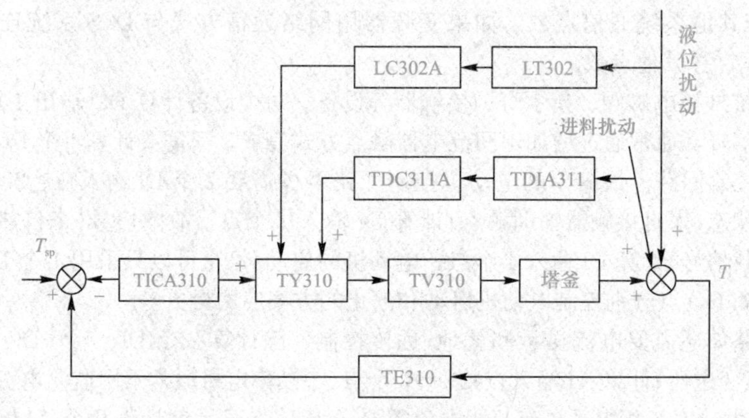

图8-13 低沸塔加热控制回路方框图

(5)低沸塔回流量控制回路。氯乙烯精馏采用内回流，为了既保证精馏塔效率，又节约冷剂、热剂，必须选择并稳定一个合适的冷量。该回路的主被控变量为低塔顶温TE309，但它受进料量、进料状态及塔釜加热量的扰动影响，故加入了表征进料量、进料状态波动干扰精馏段温差TDIA311及表征塔釜加热量波动的塔釜加热调节阀开度TV310两个前馈量，如图8-14所示，其中，TYC310A和TDC311B为静态前馈控制器。

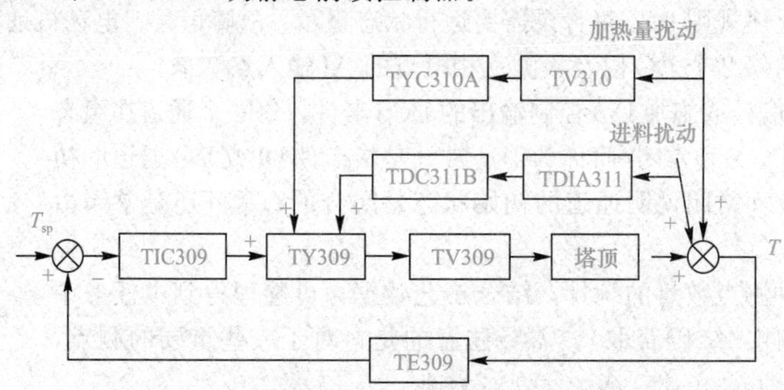

图8-14 低沸塔回流量控制回路

(6)中间过料控制。中间过料即低沸塔出料控制回路其主被控变量为低塔液位LT302。它也受进料量、进料状态及低塔釜加热量波动的影响，故加了精馏段温差TDIA311及TV310开度两个前馈量，构成前馈反馈控制，其控制系统方框图留作任务测评用。

(7)尾气冷凝器液相出口温度控制回路，即TIC313A和TIC313B，均为单回路控制系统，执行器为气关阀，控制器为反作用方式。

2. 高沸塔控制回路分析

在高沸塔管道仪表流程图(图8-7)中，存在下列控制回路。

(1)高沸塔回流量控制回路。主被控变量为表征高沸塔产品质量的塔顶温度TE315。而高沸塔的液位LT303和表征高沸塔传质传热效果的精馏段温差TDIA317，以及表征成品冷凝器冷量波动的阀门PV309的开度最终都会影响TE315，故将这几个扰动量作为前馈补偿引入。图8-15所示为其系统框图。其中，PYC309、TDC317A、LC303C均为静态前馈控制器。

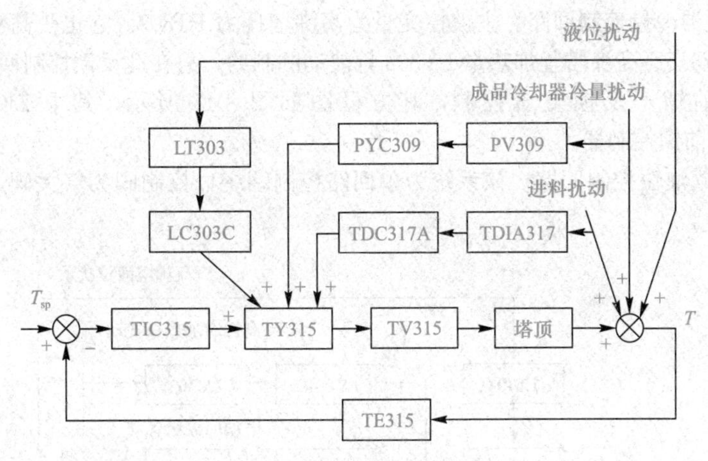

图 8-15 高沸塔回流量控制回路

(2)高沸塔釜加热量控制回路。其主被控变量为高沸塔液位。这是一个相当重要的控制回路。液位由塔釜加热量来间接控制，但加热量的多少并非仅由液位决定，其影响因素较多。

因为高沸塔的液位 LT303 由低沸塔过来的物料与高沸塔馏出需排放的高沸物共同决定，而高沸物是遥控定量排放的，在正常操作时，随着高沸物馏出量的增加，其液位中两者比例不断变化，高沸物浓度不断上升，塔釜温度 TIA316 也不断上升，当 TIA316 上升到一定值时就要遥控定量排放高沸物，此时塔内的工况会有所变化，其内在的动态机理较复杂。

工况的微小变化都会在表征高沸塔传热传质效率的精馏段温差 TDIA317 和提馏段温差 TDIA318 及表征气相速度的塔压降 PDY309 上反映出来，并对加热量提出要求。还有低沸塔过来的物料量、塔顶回流量的波动对加热的需求也要先于 LT303。所以高沸塔釜的液位是在一定的范围内波动的，在不同的时段其控制值不同。在此回路中引入了 TDIA317、TDIA318、PDY309 及过料阀 LV302 开度（表征过料量）和塔顶冷却水调节阀 TV315 开度（表征回流量）等 5 个前馈量。该控制系统方框图如图 8-16 所示，其中 PDC309、LYC302、TYC315B、TDC318、TDC317A 为静态前馈控制器。

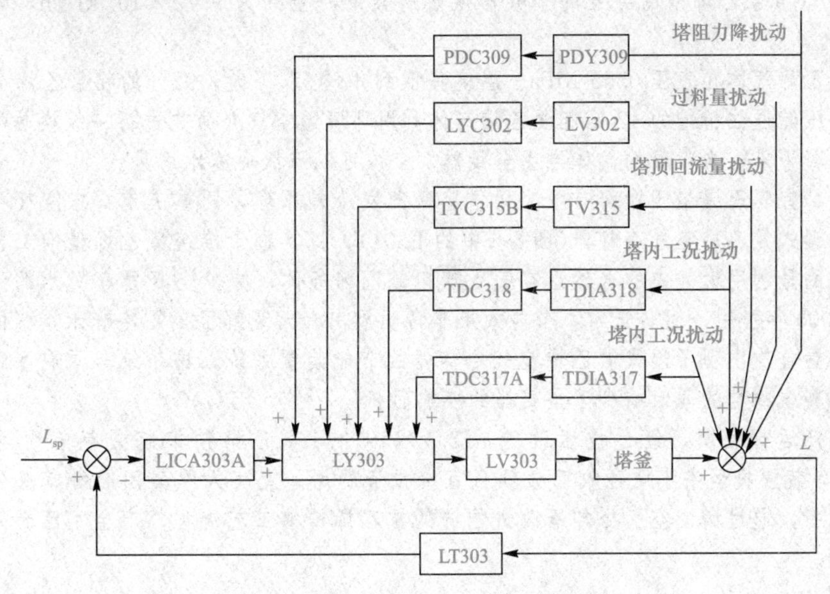

图 8-16 高沸塔加热量控制回路方框图

(3)成品冷凝器冷量控制回路。主被控变量为高沸塔压力 PT309。它也受高沸塔液位 LT303、高沸塔回流量 TV315、高沸塔釜加热量 LV303 等波动的制约，故在此反馈控制回路中引入以上三个前馈量组成前馈－反馈复合控制，其方框图如图 8-17 所示，其中 LIC303B、LYC303、TYC315A 为静态前馈控制器。

(4)VCM 储罐液位控制回路。该系统为单回路控制系统，控制阀为气关阀，控制器 LIC304 为反作用方式。

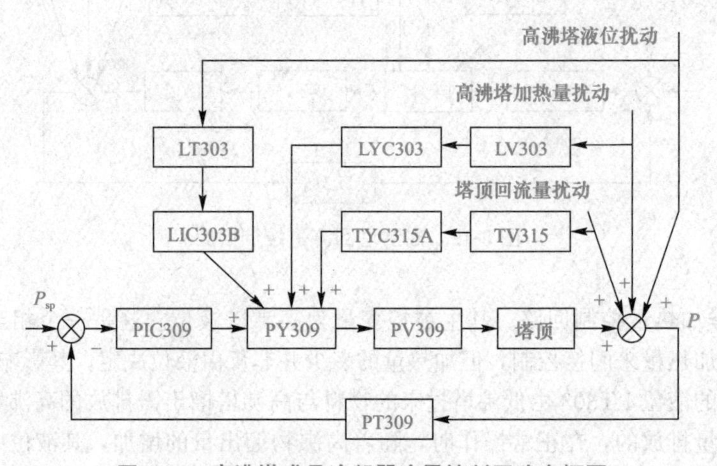

图 8-17　高沸塔成品冷凝器冷量控制回路方框图

表 8-12　控制回路分析表

根据上述分析，结合工艺数据，可得表 8-12(扫描右侧二维码获取)。

知识拓展

氯乙烯精馏空冷器的创新应用

在氯乙烯精馏工艺中，全凝器是耗冷量最大的换热设备，传统采用制冷机组提供低温冷媒水进行间接换热，使氯乙烯气体冷凝，冷量消耗大，运行费用相当高。宜宾天原集团股份有限公司的 24 万 t/a 氯乙烯精馏装置的全凝器换热所需的冷量约为 9.72×10^6 kJ /h，需耗用大量 5 ℃冷冻水。

考虑氯乙烯气体在表压 0.55 MPa、温度降低到 40 ℃以下时，92%的粗氯乙烯会被冷凝液化，如果将压缩送往精馏的 42 ℃粗氯乙烯气体利用环境湿空气介质先进行一级换热冷凝，使大部分气体冷凝下来，未冷凝的气体再去全凝器，应该可以降低冷冻水用量。

基于此，宜宾天原集团股份有限公司借鉴氨蒸发冷却原理，同重庆市蜀东空气冷却厂共同开发设计了湿式氯乙烯空气冷却器(图 8-6 中的 E301)，将其置于传统氯乙烯精馏工艺的全凝器之前，其目的是利用大气中的自然湿空气冷却粗氯乙烯气体，减少全凝器 5 ℃水的消耗量。该套设备于 2005 年投用，运转正常，节能效果非常明显，大大缓解了 5 ℃冷冻水紧张的局面。氯乙烯精馏装置首次出现了湿式氯乙烯空气冷却器的节能装置系统，该系统与原有系统结合，在达到降低全凝器冷量的同时减少了全凝器的换热面积。

实际生产运行表明，经过技术改造后 2.4×10^5 t/a 氯乙烯精馏装置年节约运行费用为 103.7 万元，装置投运半年便可收回该项目直接投资费用。宜宾天原集团股份有限公司通过大胆的技术创新，通过增设空气冷却器改进传统的氯乙烯精馏工艺流程，产生了巨大的经济效益和社会效益。

任务测评

1. 图 8-18 所示为某工艺管道仪表流程图，试问：

(1)该控制系统是什么类型的控制系统？

(2)FT211 和 FT212 是什么类型的仪表？

(3)FY211A、FY212、FY211 各自的功能是什么？

(4)FIC211 和 FIC212 安装类型有哪些？可视可操作性如何？

(5)FY211 和 FY212 是什么部件？它们起何种作用？FV211 和 FV212 是何种的调节阀？它们是否带阀门定位器？

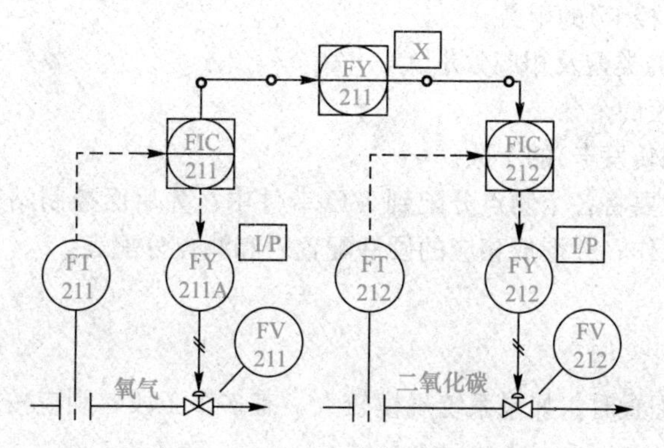

图 8-18　某工艺管道仪表流程图

2. 图 8-19 所示是丙烯聚合 P&ID 图，其中，能实现控制功能的仪表有________，能实现高、低限报警的仪表有________，能够实现数据记录功能的仪表有________，DCS 操作员可以监控的仪表有________，AI201 仪表的作用是________，现场安装仪表有________，位于控制室且是盘面安装的仪表有________。

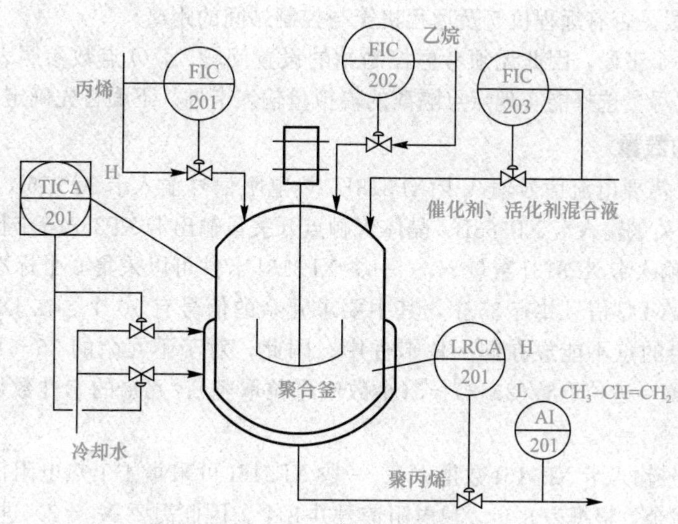

图 8-19　丙烯聚合 P&ID 图

3. 指出图 8-13～图 8-17 中执行器与反馈控制器的作用方向。

4. 画出中间过料控制回路的方框图。

任务8.3　硬件配置与测点分配

任务描述

在DCS工程设计过程中，整理出系统的测点清单后，下一步就是根据设计规范确定DCS的硬件配置，主要包括以下内容：

(1)确定控制站(主控卡)的个数。

(2)确定I/O卡件的类型及相应数量。

(3)确定各种端子板的个数。

(4)确定机笼(数据转发卡)的个数。

硬件配置完成后，要将各个测点分配到I/O卡件中，为后面控制站组态奠定基础。本任务要求完成上述两部分工作，并形成相应的硬件配置表和测点分配表。

8.3.1　硬件配置

在进行DCS硬件配置时，如果系统规模较大，有多个工段，则应按以下步骤进行：

氯乙烯精馏工艺测点清单

(1)明确项目分为几个工段，是否需要分开设置控制站。

(2)明确各工段的I/O点数。

(3)明确各模拟量输入点是否需要点点隔离。

(4)明确各工段是否需在同一个网络中。

(5)明确各工段之间的距离。

(6)明确各工段是否有远程机笼及远程机笼与控制站间的距离。

本项目只有一个工段，因此无须考虑控制站的设置问题，I/O点数参照表8-11，为提高信号质量考虑，建议尽量选择能实现点点隔离的模拟量输入卡件。下面首先确定I/O卡件的数量。

1. I/O卡件的数量

根据表8-11，需要电流信号输入卡XP313I、热电阻信号输入卡XP316I、模拟信号输出卡XP322、触点型开关量输入卡XP363B、晶体管触点开关量输出卡XP362等卡件。

(1)电流信号输入卡XP313I数量N_1。一块XP313I卡件可以采集6个标准电流信号。根据表8-11，4～20 mA DC信号共有35个，其中要求冗余的信号有10个。在JX-300XP中，要求冗余的点与不冗余的点不能放在同一块卡件中。因此，对于不冗余的35－10＝25(个)测点，需要的卡件数量n_1＝进位取整(25/6)≈5(小数应进位取整)；冗余的卡件数量n_2＝2×进位取整(10/6)≈4。故N_1＝9。

(2)热电阻信号输入卡XP316I数量N_2。一块XP316I可采集4个热电阻信号，本项目中热电阻信号均要求冗余，根据表8-11，热电阻信号共8个，因此需要N_2＝2×进位取整(8/4)＝4。根据工程惯例，每种类型的卡件测点应留有一定余量，以便将来扩展需要，故可考虑再加一对互为冗余的卡件，即N_2＝4＋2＝6。

(3)模拟信号输出卡XP322数量N_3。根据表8-11，本项目模拟量输出信号(AO)共互为冗余的14点，而XP322为4路点点隔离卡，因此N_3＝2×进位取整(14/4)＝8。

(4)触点型开关量输入卡 XP363B 数量 N_4。根据表 8-11，DI 信号共有 28 个，XP363B 为 8 路输入卡，因此 N_4＝进位取整(28/8)＝4。

(5)晶体管触点开关量输出卡 XP362 数量 N_5。根据表 8-11，DO 信号共 15 个，XP362 为 8 路输出卡，因此 N_5＝进位取整(15/8)＝2。

2. 机笼与电源的数量

XP211 是 JX-300XP 系统的 I/O 机笼，提供 20 个卡件插槽：2 个主控制卡插槽、2 个数据转发卡插槽和 16 个 I/O 卡插槽。由于一个机笼能插 16 块 I/O 卡件，根据 I/O 卡件统计结果，共有各类 I/O 卡件 29 块。因此，I/O 机笼的数量为

I/O 机笼 XP211 数量＝进位取整(I/O 卡件总数/16)＝进位取整(29/16)＝2

XP251-1 为 JX-300XP 系统的配套电源，用于机笼中各 I/O 卡件的供电，一块 XP251-1 电源单体最多可以驱动 2 个机笼，一般按照冗余配置，则电源模块数量 A 与机笼数量 B 的关系为

$$A=\begin{cases}B\text{，若 }B\text{ 为偶数}\\B+1\text{，若 }B\text{ 为奇数}\end{cases}$$

XP251-1 电源单体插装在电源机笼 XP251 中，一个电源机笼可以插装 4 块电源单体。因此，本项目中需要 XP251-1 电源单体 2 块，电源机笼 XP251 一个。

3. 控制站的个数

控制站的数量即是主控制卡的个数(一个控制站应有一对冗余的主控制卡)。JX-300XP 控制站 I/O 点的最大配置能力：AO≤192，AI≤512，DI≤1 024，DO≤1 024，以上四个条件任一条件不满足时，表明该控制站需要分成两个控制站。

此外，根据各种点数配置出所需的卡件，按每个机笼 16 块卡件来确定机笼数，一对主控卡最多可以带 8 个机笼，若四类点数都未超过上限，但机笼数超过 8 个也需增加一对主控制卡。

根据表 8-11，本项目的 AI 为 43 点，AO 为 14 点，DI 为 28 点，DO 为 15 点，均满足条件，同时 I/O 机笼的数量为 2，因此一个控制站即可，需要 2 块互为冗余的主控制卡 XP243X。

4. 端子板的数量

在 JX-300XP 中各种卡件并不是直接与变送器、调节阀及各种开关直接连接的，而是要通过端子板转接。

端子板分为普通端子板(XP520、XP520R)和特殊端子板(XP562GPR、XP563GPRLU、XP521 转接模块)。普通端子板的作用等同于接线端子，用以连接卡件和现场的变送器、热电阻、热电偶等 AI、AO 信号；特殊端子板是对于 DI、DO 信号而言的，主要功能是实现方便地接入与输出各种不同工作电压的开关量信号。

(1)XP520 的数量 N_6。XP520 用以连接非冗余配置卡件，共 32 个接线端子，一块端子板可以连接两块非冗余 I/O 卡件。根据上面 I/O 卡件统计结果，本项目中非冗余 AI、AO 卡件数量为 5 块，因此其数量为

N_6＝进位取整(非冗余 AI、AO 卡件数量/2)＝进位取整(5/2)＝3

(2)XP520R 的数量 N_7。XP520R 用以连接冗余配置卡件，共 16 个接线端子，供互为冗余的两块 I/O 卡件使用。根据上面 I/O 卡件统计结果，本项目中冗余 AI、AO 卡件数量为 18 块，因此其数量为

N_7＝进位取整(冗余 AI、AO 卡件数量/2)＝进位取整(18/2)＝9

(3)特殊端子板的数量。对于有特殊要求的开关量输入/输出信号推荐使用特殊端子板，有利于现场施工的接线与维护，使用方便，减少工程人员的工作量，而且端子板做了抗浪涌等相应的保护与抗干扰措施，可以起到保护卡件的作用。

XP563-GPRLU 为 8 通道通用继电器隔离开关量输入端子板，通过 XP527 转接模块与 XP363B 卡件配合，用于采集现场的开关量信号。该端子板可配合一块不冗余的 XP363B 卡件或者两块冗余的 XP363B 卡件使用。

根据卡件统计结果，本项目中有不冗余的 XP363B 卡件 4 块，因此，共需要 4 块 XP563-GPRLU 端子板、4 块 XP527 转接模块。

XP562-GPR 为 16 路多功能通用继电器输出端子板，通过 XP521 端子板转接模块与机笼中的两块 XP362 相连，控制现场的电动机、电动门、电磁阀等装置。

根据卡件统计结果，本项目中有不冗余的 XP362 卡件 2 块，因此，共需要 1 块 XP562-GPR 端子板、1 块 XP521 转接模块。

5. 安全栅的数量

在工程项目中，当从有防爆要求的场所引入和输出信号时，要考虑用安全栅进行隔离。应根据信号的类型选用相应的安全栅。安全栅可将热电偶、热电阻等信号转换成标准 4～20 mA DC 信号，DCS 模拟量卡件只需采用 XP313I 即可，本项目出于教学目的，不考虑采用安全栅。

根据上面分析得到本项目的 DCS 控制站硬件配置表，见表 8-13。

表 8-13　氯乙烯精馏 JX-300XP 控制站硬件配置表

序号	名称	型号	单位	数量
1	主控制卡	XP243X	块	2
2	数据转发卡	XP233	块	4
3	I/O 机笼	XP211	个	2
4	电源机笼	XP251	个	1
5	电源单体	XP251-1	块	2
6	电流信号输入卡	XP313I	块	9
7	热电阻信号输入卡	XP316I	块	6
8	模拟量输出卡	XP322	块	8
9	触点型开关量输入卡	XP363B	块	4
10	晶体管触点开关量输出卡	XP362	块	2
11	非冗余模拟量端子板	XP520	块	3
12	冗余模拟量端子板	XP520 R	块	9
13	开关量输入端子板	XP563-GPRLU	块	4
14	开关量输入端子板转接模块	XP527	块	4
15	开关量输出端子板	XP562-GPR	块	1
16	开关量输出端子板转接模块	XP521	块	1

8.3.2　测点分配

确定好卡件类型及其数量之后，就需要将表 8-11 中的各个测点分配到各个卡件中。测点的分配一般应参考以下原则。

1. 测点在不同控制站间的分配原则

(1)同一工段的测点尽量分配在同一控制站。

(2)同一控制回路需要使用到的测点必须分配在同一控制站。

(3)同一联锁条件需要使用到的测点必须分配在同一控制站。

(4)条件允许下，在同一个控制站中留有几个空余槽位，为设计更改留余量。

2. 同一控制站内测点分配原则

(1)模入测点按照测点类型顺序排布。

建议按照温度(TI)－压力(PI)－流量(FI)－液位(LI)－分析(AI)－其他 AI 信号－AO 信号－DI 信号－DO 信号－其他类型信号的顺序分配信号点，信号点按字母顺序从小到大排列，不同类型信号之间(温度、压力等)空余 2～3 个位置，填上空位号。

(2)配电与不配电信号不要设置到不隔离的相邻端口上，最好放置在不同卡件上。

(3)同一类型卡件尽量放置在同一机笼中。

(4)要求冗余的点和不冗余的点不能分配在同一张卡件上。

(5)冗余卡件在 I/O 机笼中的地址必须为偶数。

(6)相同类型的卡件，尽量集中在一起(相邻)安装在机笼中。

(7)热备用卡件组在同类型卡件的最后。

1＃机笼和 2＃机笼测点分配表(表 8-14、表 8-15)

本项目只有一个控制站，2 个 I/O 机笼，根据同一控制站内测点分配的原则，制定 1＃机笼和 2＃机笼的测点分配表见表 8-14 和表 8-15(扫描右侧二维码获取)。

任务测评

1. 硬件选型时，控制站数量主要由哪些因素决定?

2. 什么类型的测点需要考虑用特殊端子板? 使用特殊端子板有什么好处?

3. 在本项目的选型结果中，如需再增加 4 点不冗余的 4～20 mA DC AI 测点、2 点 AO 测点(4～20 mA)、2 点 DI 触点，试问是否需要增加硬件配置? 如需要，则增加哪些硬件?

任务 8.4　总体信息设置

任务描述

硬件选型及测点分配完成后，即可开始 DCS 监控组态了。图 8-20 所示为 JX-300XP 组态流程，其中总体信息设置规定了 DCS 系统的控制站、操作站类型、个数，是否冗余配置等。设置好总体信息之后，先进行控制站组态(图 8-20 中“主控卡设置”这一分支内容的设置)，再进行操作站组态，包括各种标准画面的设置、报表组态等。

本任务要在组态软件中完成下面两项工作：

(1)在组态软件中新建组态工程。

(2)按表 8-16 配置系统。

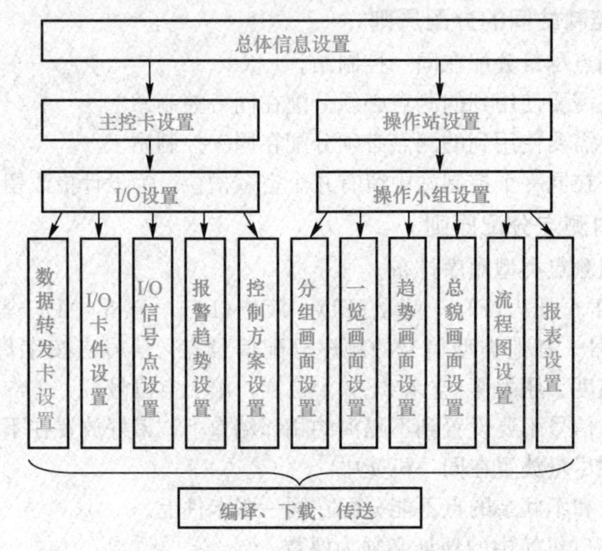

图 8-20 JX-300XP 组态流程

表 8-16 氯乙烯精馏 DCS 系统配置

类型	数量	IP 地址	备注
控制站	1	02	主控卡和数据转发卡均冗余配置 主控卡注释：1＃机柜 数据转发卡注释：1＃机笼、2＃机笼
工程师站	1	129	注释：ES129，该站可同时监控低沸塔与高沸塔
操作站	2	130、131	注释：OS130、OS131。其中，OS130 负责监控低沸塔，OS131 负责监控高沸塔

8.4.1 新建组态工程

微课：组态软件安装

JX-300XP 组态软件为 AdvanTrol-Pro，当前版本为 2.8，可用于 Windows 10、Windows 11 系统。

本项目需新建名为“氯乙烯精馏监控组态”的组态工程，组态工程新建完成后，系统会生成“氯乙烯精馏监控组态 . sck”的组态文件，同时，在同一个目录下系统会自动地生成一个名为“氯乙烯精馏监控组态”的文件夹。该文件夹内有多个子文件夹，其中几个比较重要的文件夹及其作用：Flow－存放流程图文件；Control－存放图形化编程文件；Run－存放运行和编译相关信息；Report－存放报表文件；Security－存放用户权限相关信息；FlowPopup－存放弹出式流程图文件。

8.4.2 主机设置

微课：新建组态工程

下面完成表 8-16 的设置，即主机设置。主机设置包括主控制卡设置和操作站设置。

1. 主控制卡设置

由于新旧主控制卡内所用 CPU 不同，影响了软件组态中的一些配置，主控制卡分为两个系列(O系列和N系列)，下面将用系列名标有使用差异的功能。

(1)N系列：包括FW247、FW247(B)、FW243X、XP243X。

(2)O系列：包括FW243L、FW243M、FW243S、FW243C、FW245、XP243、XP243C。

主控制卡设置内容如下：

(1)注释：可以写入相关的文字说明(可为任意字符)，注释长度为20个字符。

(2)IP地址：控制站作为控制网SCnet II的节点，其网络通信功能由主控制卡担当，其TCP/IP协议地址采用表8-17的系统约定，组态时确保所填写的IP地址与实际硬件的IP地址一致。单个区域网中最多可组63个控制站。

表8-17 TCP/IP协议控制站地址的系统约定

<table>
<tr><th rowspan="2">类别</th><th colspan="2">地址范围</th><th rowspan="2">备注</th></tr>
<tr><th>网络码</th><th>主机码</th></tr>
<tr><td rowspan="2">控制站地址</td><td>128.128.1</td><td>2～127</td><td rowspan="2">每个控制站包括两块互为冗余的主控制卡。每块主控制卡享用不同的网络码。主机地址统一编排，相互不可重复</td></tr>
<tr><td>128.128.2</td><td>2～127</td></tr>
</table>

(3)周期：即控制周期，其值必须为0.05 s的整数倍，范围为0.05～5 s，本项目采用默认值0.5 s。

(4)类型：类型一栏有控制站、采集站和逻辑站三种选项，它们的核心单元都是主控制卡，三者之间区别见8.1.2节，本项目中类型应为控制站。

(5)型号：可以根据需要从下拉列表中选择不同的型号，本项目中使用XP243X主控制卡。

(6)通信：数据通信过程中要遵守的协议。目前通信采用UDP(用户数据包协议)。

(7)冗余：设置当前主控制卡是否为冗余工作方式，本项目要求为冗余方式。

(8)网线：选择需要使用的网络A、网络B或者冗余网络进行通信。每块主控制卡都具有两个通信口，在上的通信口称为网络A，在下的通信口称为网络B，当两个通信口同时被使用时称为冗余网络通信。

(9)冷端：选择热电偶的冷端补偿方式，可以选择就地或远程。

1)就地：表示通过热电偶卡(或热敏电阻)采集温度进行冷端补偿。

2)远程：表示统一从数据转发卡上读取温度进行冷端补偿。仅对O系列控制卡有效，N系列控制卡的冷端功能需要到具体卡件的参数项中配置。

(10)运行：选择主控制卡的工作状态，可以选择实时或调试。选择实时，表示运行在一般状态下；选择调试，表示运行在调试状态下。

(11)保持：即断电保持。默认设置为否。

(12)阀位设定值跟踪：N系列主控制卡专用，主控制卡在手自动切换时，选择阀位设定值是否跟踪测试值(测试值是指在手动状态下回路的PV值)。监控中，回路的SV在手动状态下是否可操作，根据该控制站是否跟踪做不同处理。若该控制站设置为跟踪，则SV在手动状态下不可操作；若控制站未设置为跟踪，则SV在手动状态下可操作。

2. 操作站设置

操作站的设置内容如下：

(1)IP地址：最多可组72个操作站，其规定与表8-17相似，但主机码范围为129～200。每个操作站包括两块互为冗余的网卡。两块网卡享用同一个主机地址，但应设置不同的网络码。主机地址统一编排，相互不可重复。

(2)类型：操作站类型分为工程师站、数据站和操作站三种，可在下拉列表框中进行选择。

(3)冗余：用于设置两台操作站冗余。该功能可实现两个站间的数据同步，互为冗余的站将在启动后向当前作为主站的操作站主动发起同步请求，通过文件传输完成两个站间的历史数据同步。所有类型的操作站中只能有一对进行冗余配置(在需要冗余的两个操作站的“冗余”设置项中打钩)，否则编译会出错。

(4)关联策略表：每一个操作站有一个固定的关联策略表，不能修改。

(5)控制站诊断屏蔽：用于设置操作站指定屏蔽的控制站，组态发布后，各操作站根据相应设置对控制站诊断数据进行屏蔽，被屏蔽的控制站不进行诊断，因此任何来自此控制站的故障信息都不会在监控界面上进行报警。

微课：总体信息设置

主控制卡、操作站的具体组态操作可扫描右侧二维码观看。

任务测评

1. 简述组态的工作流程。

2. 组态时可否将操作站的 IP 地址设为 128.128.1.120？为什么？

3. 在 JX-300XP 中，可通过类似 C 语言的 SCX 语言进行控制方案编程，但是 SCX 语言仅适用于 O 系列主控制卡，本项目采用的是 XP243X 主控制卡，试问能否使用 SCX 语言编写控制方案？

任务 8.5　控制站 I/O 组态

任务描述

I/O 组态是整个组态工程中任务最重的工作，也是后续控制方案组态、操作站组态的基础。其基本内容主要如下：

(1)数据转发卡的设置。

(2)每个 I/O 点的位号、量程、单位、信号类型等参数设置。

(3)趋势服务组态。

(4)报警设置。

本任务要求按照表 8-14 和表 8-15 在组态软件中设置各个测点的参数。

8.5.1　数据转发卡设置及 I/O 卡件的挂接

选择菜单栏中“控制站(C)”→“I/O 组态(I)”选项，即可弹出组态界面，各参数含义如下：

(1)主控制卡：此项下拉列表列出了“主机设置”组态中已组态的所有主控制卡，可以从中选择一块作为当前组态的主控制卡。选定主控制卡，之后所组的数据转发卡都将挂接在该主控制卡上。一块主控制卡下最多可组 16 块数据转发卡。

(2)注释：可以写入数据转发卡的相关说明(可由任意字符组成)。

(3)地址：定义相应数据转发卡在挂接的主控制卡上的地址，地址值应设置为 0～15 的偶数(冗余设置时奇数地址设置自动完成)。

(4)型号：根据选择的不同型号的主控制卡，可以从下拉列表中选择不同型号的数据转发卡。

微课：数据转发卡设置及 I/O 卡件挂接

(5)冗余：用于设置数据转发卡的冗余信息，设置冗余单元的方法及注意事项同主控制卡。

根据本项目具体情况，应组态两对互为冗余的数据转发卡，均挂接在“1＃机柜”主控制卡上，其中一对注释为“1＃机笼”，另一对注释为“2＃机笼”，两对类型均为 XP233，冗余项均应打钩。

数据转发卡设置好，就可以按照表 8-14 和表 8-15 将各 I/O 卡件挂接在相应的数据转发卡上。

8.5.2 AI 测点组态

1. 参数设置

对于模拟量输入信号，控制站根据信号特征及用户设定的要求做一定输入处理。处理流程如图 8-21 所示。图 8-22 所示为组态时模拟量输入参数组态界面。其中，“折线表”对应图 8-21 的“自定义信号非线性处理”，控制站调用用户为该信号定义的折线表处理方案即可进行非线性处理。

微课：AI 测点组态

“温度补偿”“压力补偿”“开方”对应于图 8-21 中温压补偿、开方操作，一般用于对流量计(如孔板流量计)送来的流量信号进行补偿或校正，使流量测量更加精确。

当信号点所取信号是累积量时，如累积流量，则可选中“累积”复选框，在“时间系数”项、“单位系数”项中填入相应系数，计算方法见后；在“单位”项中填入所需累积单位，软件提供部分常用单位，也可根据需要自定义单位。时间系数与单位系数计算方法如下：

若工程单位：单位 1/时间 1；累积单位：单位 2，则时间系数＝时间 1/s；单位系数＝单位 2/单位 1。

“滤波”项可降低信号的高频噪声，滤波系数越小，滤波结果越平稳，但是灵敏度越低；滤波系数越大，灵敏度越高，但是滤波结果越不稳定。

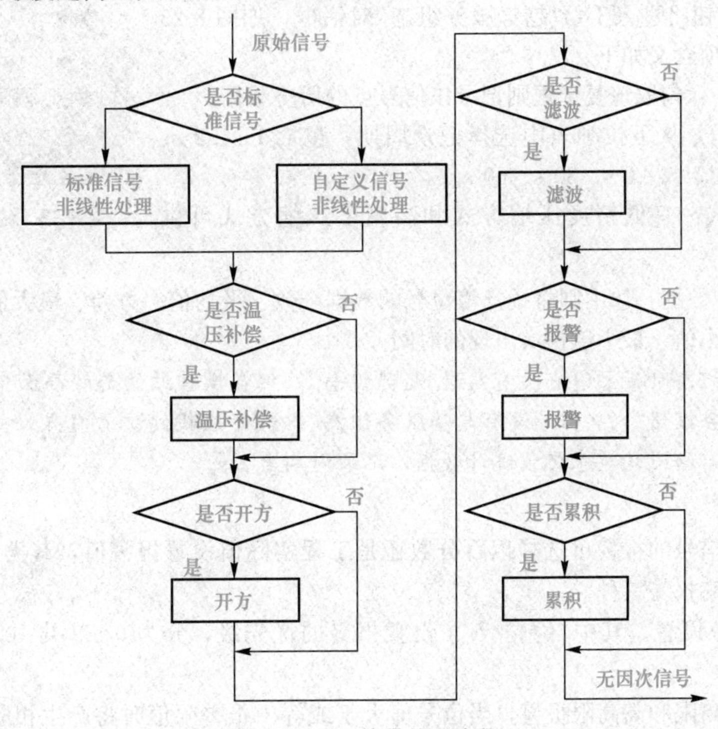

图 8-21 AI 信号处理流程

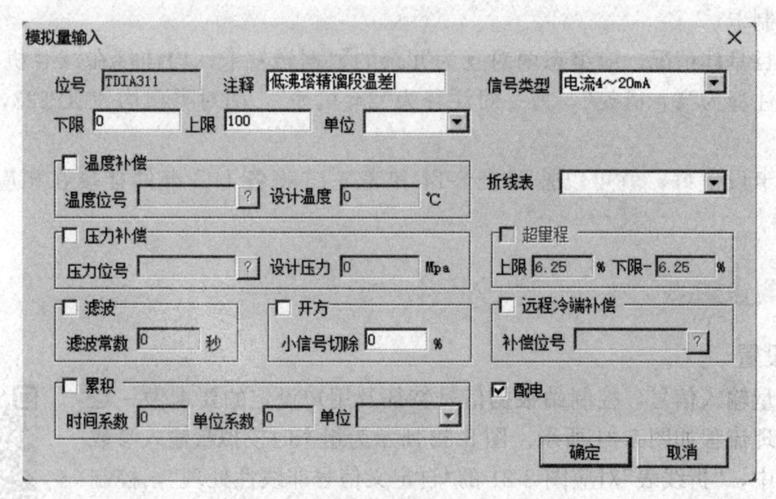

图 8-22 “模拟量输入”对话框

“超量程”项当主控制卡为 XP243X 时无效。

当信号点所取信号为热电偶信号时，如果需要对测点进行现场冷端补偿，则可选中“远程冷端补偿”复选框，将打开后面的“补偿位号”项，单击补偿位号项后面的“?”按钮，此时会弹出位号选择对话框，从中选择补偿所需温度信号的位号“远程冷端补偿”项。

“配电”项意为是否由卡件对与其相连的变送器提供电源，如果是则应勾选该项，否则变送器应单独另配电源。本项目中变送器均有卡件配电，故应勾选该项。

2. 趋势服务组态

在 I/O 组态界面的 I/O 点标签页中选中某一信号点，单击“趋势”下的 » 按钮将进入 I/O“趋势服务组态”对话框，如图 8-23 所示，图中各选项含义如下。

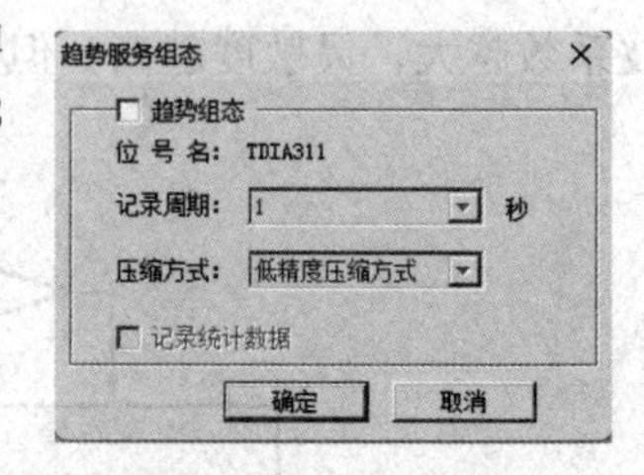

图 8-23 趋势组态界面

(1)趋势组态：勾取该复选框则记录该信号点的历史数据。

(2)记录周期：从下拉列表中选择记录周期，包括 1 s、2 s、3 s、5 s、10 s、15 s、20 s、30 s、60 s。

(3)压缩方式：有低精度压缩方式和高精度压缩方式可供选择。

(4)记录统计数据：选中则将统计该位号的数据个数、平均值、方差、最大值、最大值首次出现的时间、最小值、最小值首次出现的时间。

注意：如果组态时某 I/O 点没有勾选“趋势组态”，但在操作站的趋势画面中又引用了该 I/O 点，编译时将会报错“××位号没有趋势服务组态”，此时应找到该 I/O 点，并勾选其趋势组态项。本项目中 I/O 点均要求记录统计数据，记录周期为 1 s。

3. 报警设置

模拟量输入信号的报警可选择以百分数还是工程实际值设置报警值，其类型有超限报警、偏差报警、变化率报警三种。

(1)超限报警设置。其中“优先级”：设置报警的优先级，分为 0～9 共 10 级，0 级最高，9 级最低。

死区：对于高限和高高限报警，当位号值大于或等于报警限值时将产生相应报警；当位号值小于(报警限值－死区值)时报警消除。对于低限和低低限报警，当位号值小于或等于限值时将产生相应的报警，当位号值大于(报警限值＋死区值)时报警消除。

(2)偏差报警设置。

1)高偏：设置高偏报警的高偏值。当位号值大于或等于(跟踪值＋高偏值)时将产生高偏报警；当位号值小于(跟踪值＋高偏值－死区值)时高偏报警消除。

2)低偏：设置低偏报警的低偏值。当位号值小于或等于(跟踪值－低偏值)时将产生低偏报警；当位号值大于(跟踪值－低偏值＋死区值)时低偏报警消除。

3)跟踪值：设置偏差报警的跟踪值。

4)跟踪位号：设置偏差报警的跟踪位号。

5)延时：设置报警生效的持续时间。当报警发生持续超过延时设定的时间值后，报警进入记录与显示；若报警发生没有持续到延时设定的时间值就已消除，则该条报警视为无效，不予记录与显示。

(3)变化率报警设置。

1)上升：设置超速上升报警的变化率。当位号值上升变化率(位号的秒变化值)大于或等于设定的上升变化率时将产生变化率报警；反之报警消除。

2)下降：设置超速下降报警的变化率。当位号值下降变化率(位号的秒变化值)大于或等于设定的下降变化率时将产生变化率报警；反之报警消除。

3)延时：设置报警生效的持续时间。当报警发生持续超过延时设定的时间值后，报警进入记录与显示。若报警发生没有持续到延时设定的时间值就已消除，则该条报警视为无效，不予记录与显示。

以上三种报警都有弹出式报警功能，是指当满足弹出属性的报警产生后，在监控的屏幕中间会弹出报警提示窗，样式与光字牌报警列表相仿，包括确认和设置等功能。

8.5.3 AO测点组态

微课：AO测点组态

对于模拟量输出信号的设置，主要有“输出特性”和“信号类型”两个参数需要设置。“输出特性”是为了让DCS上显示的0%控制输出对应实际阀门的全关状态，100%控制输出对应实际阀门的全开状态。因此对于气关阀来说，“输出特性”应为反输出，气开阀则应为正输出，这也是表8-15中各AO点正、反输出的根据。

“信号类型”项选择Ⅲ型为4～20 mA DC，Ⅱ型则为0～10 mA DC，当前Ⅱ型已极少使用。

8.5.4 DI与DO测点组态

微课：DI与DO测点组态

DI与DO测点都是数字信号，两者的设置基本一致，“开关量设置”对话框如图8-24所示。

(1)注释：此项填入对当前信号点的描述，为长度小于或等于60的字符串。

(2)状态：勾选表示开关量初始状态为常开，否则表示初始状态为常闭。

(3)端子：勾选表示该点为有源。

(4)开/关状态表述(ON/OFF描述、ON/OFF颜色)：此功能组共包含4项，分别对开关量信号的开(ON)/关(OFF)状态进行描述和颜色定义。

DI和DO测点的报警有状态报警和频率报警两种。

(1)状态报警。

1)ON 报警/OFF 报警：选择是 ON 状态报警还是 OFF 状态报警。

2)延时：设置报警生效的持续时间。当报警发生持续超过延时设定的时间值后，报警进入记录与显示；若报警发生没有持续到延时设定的时间值就已消除，则该条报警视为无效，不予记录与显示。

3)优先级：设置报警优先级。优先级分成 0～9，共 10 级。

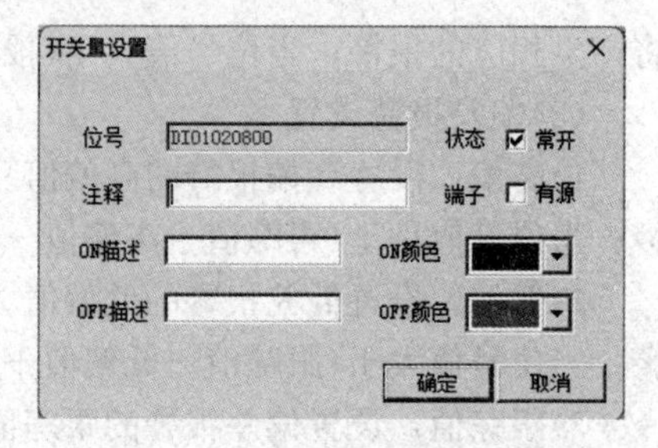

图 8-24　开关量信号点设置

(2)频率报警。

1)最小跳变周期：设定脉冲最小周期值(最大脉冲频率)，当脉冲周期小于此设定值时将产生报警。设定值应大于 10。

2)延时：用于设置延时时间。当报警产生时，在延迟的时间内没有消失则进行报警，否则不进行报警。

3)优先级：设置报警优先级。优先级分成 0～9，共 10 级。

两种类型报警弹出都是指当满足弹出属性的报警产生后，在监控的屏幕中间会弹出报警提示窗，样式与光字牌报警列表相仿，包括确认和设置等功能。

任务测评

1. 根据本任务介绍内容，参考组态操作视频，完成表 8-14 和表 8-15 中各测点的组态。
2. 信号点设置对话框中的“累积”单元如何设置？
3. 为什么要设置报警死区？报警死区有何作用？
4. 因系统工艺变更，要取消某 I/O 点，应怎么处理？
5. 组态工程编译时，出现“××位号没有趋势服务组态”，试问这是什么原因导致的，应如何解决。

任务 8.6　常规控制方案组态

任务描述

组态软件提供了一些常规的控制方案，对一般要求的常规控制，基本能满足要求。这些控制方案易于组态，操作方便，且实际运用中控制运行可靠、稳定，因此对于无特殊要求的常规控制，建议采用系统提供的控制方案，而不必用户自定义。

在本项目的表 8-12 中，低沸塔塔釜加热控制回路、低沸塔回流量控制回路、中间过料控制、高沸塔回流量控制、高沸塔釜加热量控制、成品冷凝器冷剂量控制这六个控制回路为多变量的前馈—反馈复合控制，无法用常规控制方案实现组态；其他几个控制回路均可以通过常规控制方案实现组态，本任务即是要对这些控制回路进行设置。

8.6.1　常规控制方案类型及其组态画面

JX-300XP 系统以基本 PID 算式为核心进行扩展，设计了串级、前馈、串级前馈(三冲量)等多种控制方案。首先熟悉以下控制方案：手操器、单回路、串级控制、前馈控制、比值控制。

1. 手操器

手操器可以根据操作员的操作指令以设定阀位值，来实现阀位信号的实时输出，没有设定值和 PID 的控制运算功能，只提供一个测量值的显示接口和一个阀位手动操作输出的功能。一般手操器输出阀位值与一定的被控对象的测量值 PV 相对应，所以可通过组态(填写手操器的输入位号)将一定的输入变量值实时地显示在手操器的控制仪表内。在该手操器控制仪表内，这个输入变量的作用仅仅是显示功能，它可以帮助操作员尽快了解阀位变化对控制对象发生的状态变化的情况。

2. 单回路

单回路 PID 控制的是最常用的控制系统，其回路参数设置如图 8-25 所示。其中：

(1)回路 1/回路 2 功能组用以对控制方案的各回路进行组态(回路 1 为内环，回路 2 为外环)。回路位号项填入该回路的位号；回路注释项填入该回路的说明描述；回路输入项填入回路反馈量的位号，常规控制回路输入位号只允许选择 AI 模入量，位号也可通过 ? 按钮查询选定。在系统支持的控制方案中最多包含两个回路。单回路控制方案中仅一个回路，只需填写回路 1 功能组。

(2)当控制输出需要分程输出时，选择分程选项，并在分程点输入框中填入适当的百分数(40%时填写 40)。

(3)如果分程输出，输出位号 1 填写回路输出＜分程点时的输出位号，输出位号 2 填写回路输出＞分程点时的输出位号。如果不加分程控制，则只需填写输出位号 1 项，常规控制回路输出位号只允许选择 AO 模出量，位号可通过一旁的 ? 按钮查询选定。

(4)跟踪位号用于当该回路外接硬手操器时，为了实现从外部硬手动到自动的无扰动切换，必须将硬手动阀位输出值作为计算机控制的输入值，跟踪位号就用来记录此硬手动阀位值。

3. 串级控制

串级控制回路的参数含义与设置界面与单回路相同，只是此时回路 2 作为串级控制的主回路需要设置相应的参数。在系统内部已经将回路 2 的控制输出作为回路 1 的设定值，因此此处无须设置回路 2 的输出位号。图 8-26 给出了本项目水分离器液位－低沸塔进料流量串级均匀控制系统的参数设置。

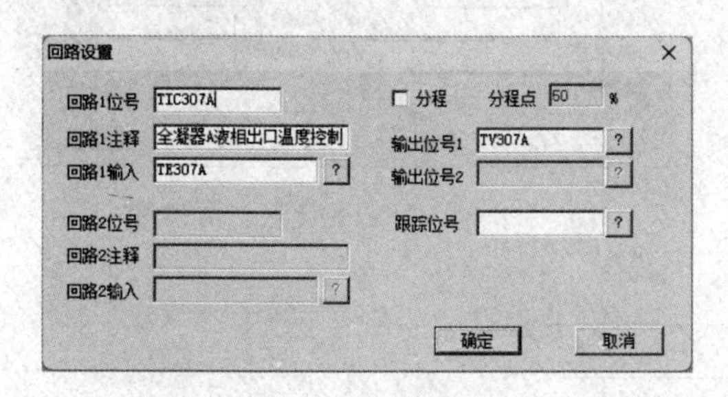

图 8-25　单回路参数设置

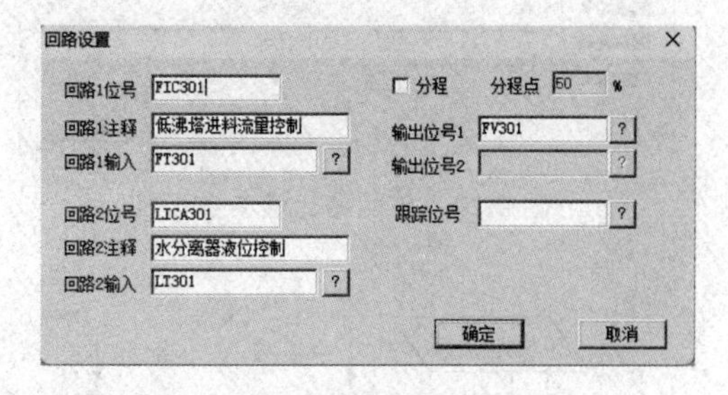

图 8-26　串级控制参数设置

4. 前馈控制

在 JX-300XP 系统中，新建常规控制方案时如果选择“单回路前馈”控制方案，则可以实现图 7-59 所示的前馈－反馈复合控制，其参数设置如图 8-27 所示，其中前馈位号指的是导致干扰，从而需要进行前馈补偿的工艺参数对应的位号。如果选择“串级前馈”控制方案，则可以实现图 7-60 所示的前馈－串级控制系统，其参数如图 8-28 所示，前馈位号含义与单回路前馈相同，回路 2 为串级主回路，回路 1 为副回路。从上述参数设置界面可以看出，常规的前馈控制只能设置一个前馈量，如果有多个前馈量需要补偿，则需要采用自定义控制方案实现。另外，该对话框只可设置前馈信号，而前馈控制器的各参数则只能在 DCS 的调整画面中设置，控制参数包括式(7-13)中的前馈增益 K_f、超前时间 T_1、滞后时间 T_2、纯滞后 τ。

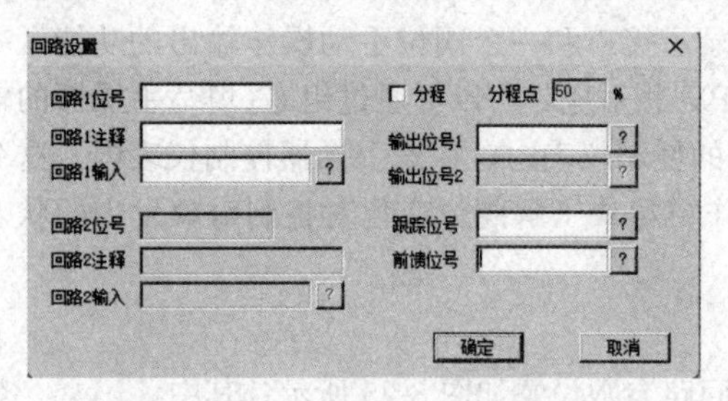

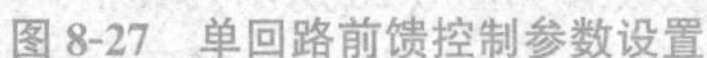
图 8-27　单回路前馈控制参数设置

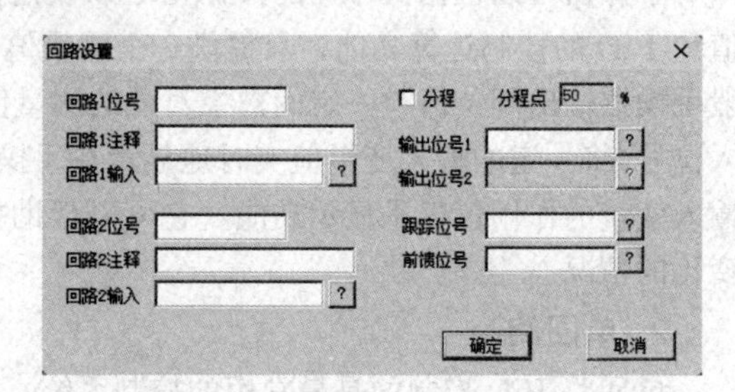

图 8-28　串级前馈控制参数设置

5. 比值控制

在 JX-300XP 中，新建常规控制方案时如果选择“单回路比值”控制方案，则可以实现图 7-70 所示的单闭环比值控制系统，其参数设置如图 8-29 所示。其中，比值位号即比值控制系统主动量对应的位号，在 DCS 对应的调整画面中还有式(7-18)的比值系数 K' 及偏移量需要设置。

如果选择“串级变比值”控制方案，则可以实现图 8-31 所示的前馈－串级控制系统。其中，主控制器的输出 R 为工艺上从动量 Q_2 与主动量 Q_1 的比值，将流量信号 Q_1 乘以比例系数 R 作为副控制器的给定值。在控制处于稳定状态下，主、副流量 Q_1、Q_2 的静态关系应为 $Q_2=Q_1\times R$，为实现控制策略的无扰动切换和工程实现，乘法器采用以下算式：

$$R\times Q_1\times K'+C_0$$

其中 K' 为比值系数，C_0 为静态偏移量。

串级变比值系统的参数设置如图 8-30 所示，其中回路 1 输入即图 8-31 中从动量 Q_2 对应的位号，回路 2 输入即主参数 PV1 对应位号，而前馈位号为主动量 Q_1 对应的位号。

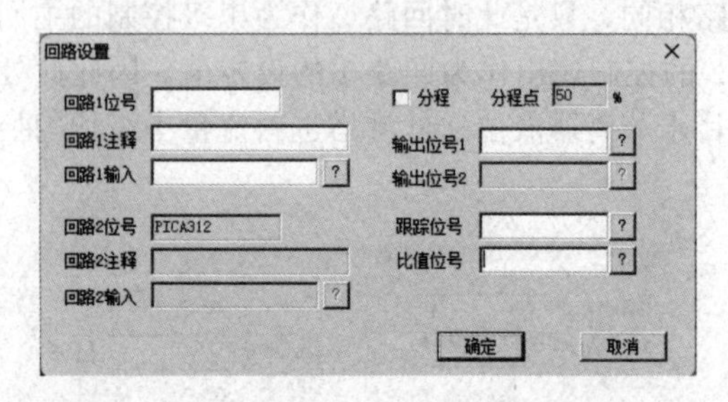

图 8-29　单回路比值参数设置

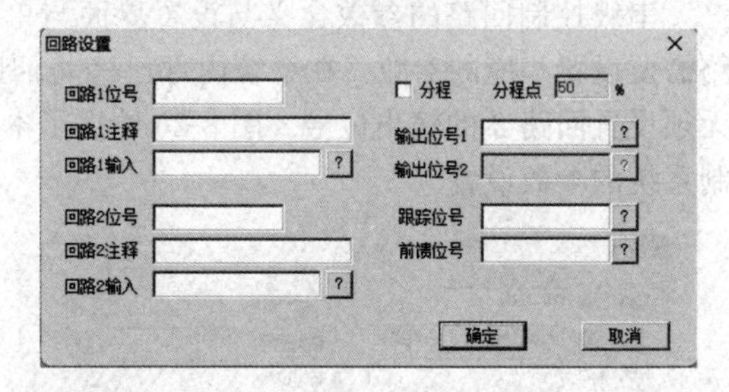

图 8-30　串级变比值参数设置

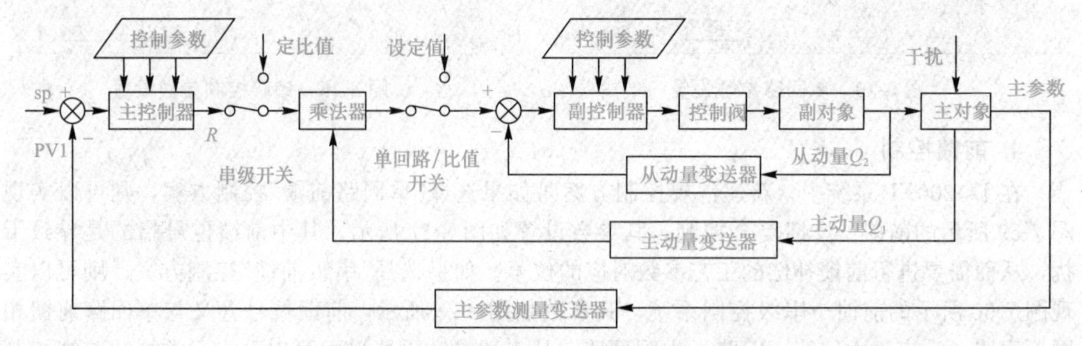

图 8-31　采用乘法器实现的串级变比值控制系统

8.6.2 氯乙烯精馏常规控制方案组态

根据表8-12，本项目中有水分离器—进料流量控制、全凝器A～C液相出口温度控制等8个常规控制方案，其中水分离器—进料流量控制为串级均匀控制系统，其余均为单回路控制系统。此处仅演示全凝器A液相出口温度控制、水分离器—进料流量控制两个回路的组态设置操作(扫描右侧二维码观看相应视频)，其余留做任务测评。

微课：常规控制方案组态

任务测评

1. 完成全凝器A液相出口温度控制、水分离器—进料流量控制2个回路以外的其他6个单回路组态操作。

2. 某分程控制系统，要求当控制器输出电流在4～8 mA区间时A阀动作，在8～20 mA时B阀动作，则图8-25中分程点应设置为多少?

3. 若有2个以上的前馈量需要补偿，能不能通过常规控制方案组态来实现?

任务8.7 自定义控制方案组态

任务描述

常规控制回路的输入和输出只允许AI和AO，对一些有特殊要求的控制，用户必须根据实际需要定义控制方案。用户自定义控制方案可通过SCX语言编程(N系列主控制卡不支持SCX语言)和图形编程两种方式实现。

本项目主控制卡XP243X为N系列主控制卡，不支持SCX语言编程，因此，本任务将采用FBD功能块图形编程的方式实现表8-12中6个多变量前馈—反馈控制回路的组态。

为完成本任务，首先要学习图形化编程的基础知识，包括如下内容：

(1)程序的构成与运行原理。

(2)数据变量的类型及定义。

(3)FBD功能块图语言的程序结构、执行次序、常用模块。

微课：新建工程与段落

8.7.1 程序构成与运行原理

1. 程序的构成

JX-300XP的图形化编程软件为SCControl，一个图形化程序由工程、段落和区段构成，三者之间的关系如图8-32所示。

(1)工程。SCControl用一个工程(Project)描述一个控制站的所有程序。每个工程唯一对应一个控制站，工程必须指定其对应的控制站地址。

要进行图形化编程，首先必须通过菜单栏的“控制站”/“自定义控制方案”选项启动图形化编程软件SCControl新建工程，并将工程的控制站地址设为本控制站的地址。

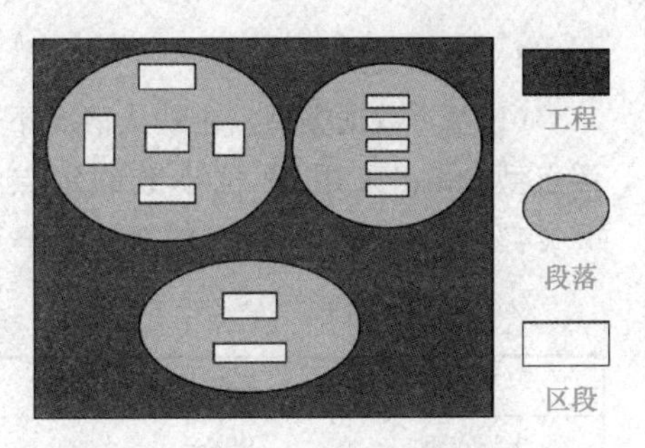

图8-32 工程、段落与区段的关系

(2)段落。一个工程包含一个或多个段落(Section)。一个段落对应一个文件，是组成工程的基本单位，各种控制功能是通过在段落中编写图形化的程序代码实现的，SCControl通过任务管理来管理多个段落文件，在工程文件中保存配置信息。

可选择SCControl软件的菜单“文件”→“新建程序段”选项新建段落，也可在左侧工作空间的工程名称上右击新建段落，新建段落时必须指定段落的编辑类型和程序类型。

段落根据其采用的编程语言类型可分为梯形图(LD段落)、顺控图(SFC段落)、功能块图(FBD段落)或ST段落；根据其用途，段落又可分为程序和模块，其中程序段可独立运行，程序段内可包括一个或多个模块；模块段相当于一般高级语言的子程序，需要别的程序调用方可发挥作用，不能独立运行。

本项目新建两个FBD段落：一个名为“低沸塔控制”；另一个名为“高沸塔控制”。其程序类型均为“程序”。

(3)区段。区段指在同一段落中有数据信号相连的元素的总和。一个段落可以包含一个或多个区段(SFC段落只有一个区段)。区段只是一个表示段落中元素间关系的概念，新建区段不会生成任何新文件。

2. **程序运行原理及执行次序**

在各种段落中编写完程序后，通过编译检查程序语法错误，修改程序至程序编译无误，然后将程序下载到主控制卡，联机调试程序，使程序运行时符合控制方案的要求。

如图8-33所示，图形化自定义程序下载到控制站后，每隔一个运行周期 T_S 运行一次，T_S 与主控制卡组态时设定的“周期”相同，在本项目中为0.5 s。控制站执行程序时，先判断段落的执行次序，对于段落中的执行次序，先判断区段的执行次序，然后判断区段中各个编程元素的执行次序。

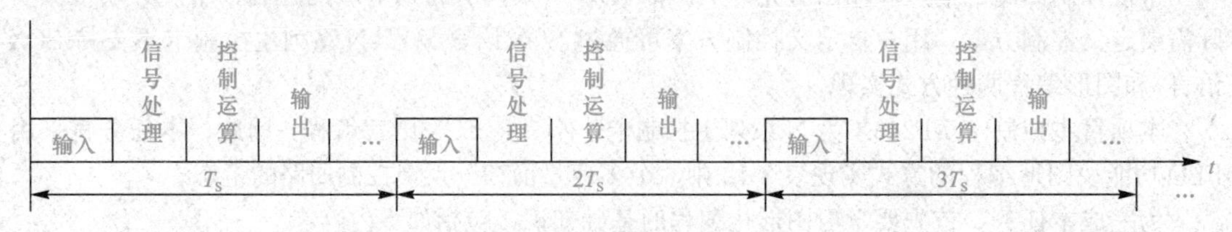

图8-33 程序运行原理

用户可通过任务管理设置同一运行周期各程序运行的优先级，即排在队列靠前的同一运行周期程序比排在队列靠后的程序优先执行。不同运行周期的程序之间的优先级无法比较。

8.7.2 数据类型与变量类型

1. 数据类型

(1)基本数据类型。在默认情况下，图形编程软件支持表8-18中的基本数据类型，其中半浮点型Sfloat采用12位小数的定点数表示，用于位号的赋值和运算，其运算精度 $2^{-12}=0.024\%$，即小于0.024%的数被看作0。

表8-18 基本数据类型

类型	关键字	字节数	表示范围
半浮点型	Sfloat	2	−7.999 7～+7.999 7
开关型	Bool	1	0～255

续表

类型	关键字	字节数	表示范围
浮点型	Float	4	$\pm 1.175\ 490\ 351 \times 10^{-38} \sim 3.402\ 823\ 466 \times 10^{38}$
长整型	Long [int]	4	−2 147 483 648～ 2 147 483 647
整数	Int	2	−32 768～ +32 767
数组	变量[下标]	同类型	
结构	struct 结构名	不定	
累积型	structAccum	8	

(2)预定义的结构数据类型。此外，系统预定义了部分结构数据类型，包括模拟量输入数据类型 structAI、开关量输入数据类型 structDI、PAT 数据类型 structPAT、单回路控制模块类型 structBSC、串级控制模块 structCSC，这里重点介绍 structAI 和 structBSC。

其中，模拟量输入数据类型 structAI 的成员见表 8-19。

表 8-19　structAI 类型的数据成员

成员	说明	数据类型
FLAG	信号质量码	Int
PV	信号值(默认成员)	Sfloat
ENA	报警使能开关(ON 自动/OFF 手工输入)	Bool
MPV	手/自动(OFF 关/ON 开)	Bool
SUM0	累积值 12 位小数+4 位无符号整数	Sfloat
SUM1	16 位无符号整数累积值次高位	Int
SUM2	16 位无符号整数累积值高位	Int
FILTER	滤波常数(0.1 s 为单位的整型)	Int
CUT	小信号切除(14 位)	Sfloat
HH	报警上上限(14 位)	Sfloat
HI	报警上限(14 位)	Sfloat
LO	报警下限(14 位)	Sfloat
LL	报警下下限(14 位)	Sfloat
DZ	报警死区(14 位)	Sfloat

这里 PV 为模拟量输入信号的大小，JX-300XP 规定，所有输入信号被转化成 0.000～1.000 的数值(实际上是 0.00～0.999 7 的四舍五入)，也就是 PV 的大小为 0.000～1.000。

单回路 PID 控制模块(BSC)实现单回路控制，其功能逻辑如图 8-34 所示，该图将一个单回路 PID 控制系统在工程中实际应用的所有操作都包含其中，其运行流程如下所述。

①PV 值核验。通过计算机接口将 PV 值采集进来，处理成 0.000～1.000 的半浮点数，并对其进行超限检查。若该 PV 值超过了工艺上所要求的上限值或下限值，则要发出报警信息给控制信息 Flag，进行声光报警并记录在案；若该 PV 值在正常范围，则无报警信息产生。

②偏差计算及报警。PV 值与设定值 SV 进行偏差计算，在此，设定值 SV 可以有两种方式来源(由标志 SwSV 标志决定)：一种是由内部直接设定；另一种是由外部来设定。如进行串级控制时，副回路的设定值由主回路控制器来给定。一旦选定给定方式后，要输出显示出 SV。对于计算所得到的偏差进行超限检查(若没有要求，可跳过这一步)，若超过了规定的限制值，则进行报警。

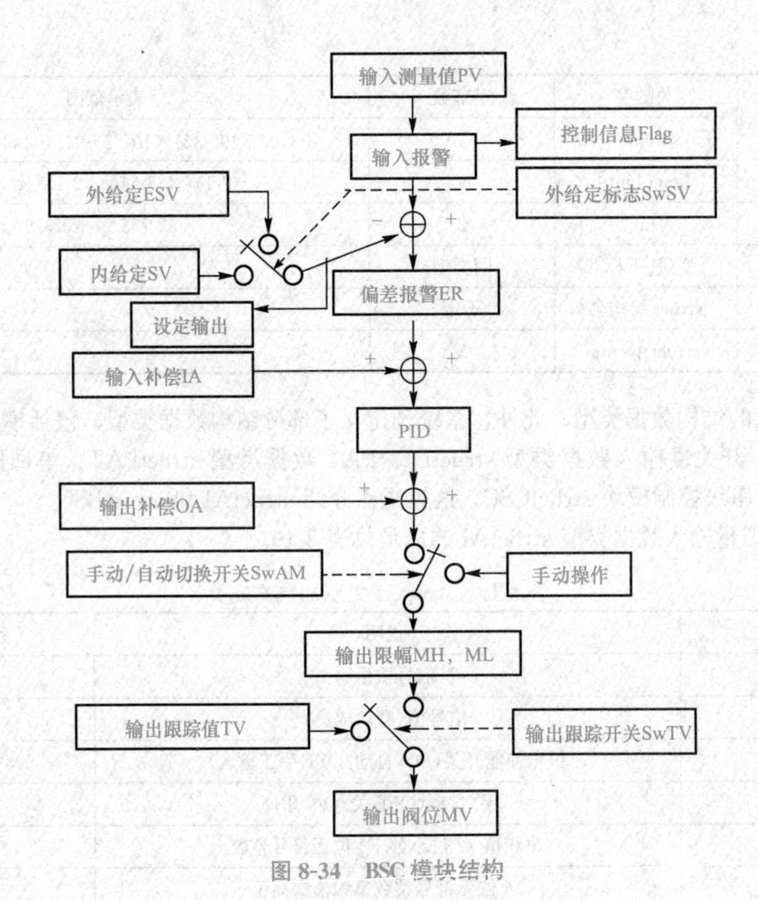

图 8-34 BSC 模块结构

③输入补偿。若要对偏差信号进行补偿，则进行输入补偿处理，然后进入 PID 控制算式的运算。

④输出补偿。若要对 PID 运算的结果进行补偿，则加上补偿量，作为控制计算结果输出。输出补偿的典型应用就是前馈－反馈复合控制，只要将前馈控制量作为输出补偿即可实现本项目的几个前馈－反馈控制回路。

⑤输出选择与限幅。PID 的输出结果只有在控制系统是在自动状态下才输出来并进行输出幅值的高、低限检查，即超过高限(或低限)按高限(或低限)值输出，送给执行机构，如控制阀；在输出过程中，若系统设为手动操作，执行机构位置由人工操作给定。手动或自动由 SwAM 标志决定。另外，若执行机构位置需要直接跟踪某一值 TV(由 SwTV 标志决定)，则执行机构与输出跟踪相连，PID 控制算式输出对执行机构不起作用。单回路控制模块的数据成员见表 8-20，其中属性列中的 R 表示该数据成员只可读不可修改，RW 表示可读也可修改。

表 8-20 单回路控制模块的数据成员

成员	说明	数据类型	补充说明	属性
PV	输入测量值	Sfloat		R
Flag	控制信息	Bool		
SwSV	给定值切换开关	Bool	ON：外给定 OFF：内给定	RW
ESV	外给定值	Sfloat		RW
SV	内给定值	Sfloat		RW

续表

成员	说明	数据类型	补充说明	属性
ER	偏差报警值	Sfloat		
IA	输入补偿	Sfloat		RW
KP	比例常数	Sfloat	$2\times K_{c}=1/P$	RW
TI	积分时间	Int	0.1 s为单位	RW
TD	微分时间	Int	0.1 s为单位	RW
OA	输出补偿	Sfloat		RW
SwAM	手动 / 自动切换开关	Bool	ON：自动 OFF：手动	RW
MH	输出限幅上限	Sfloat		RW
ML	输出限幅下限	Sfloat		RW
SwTV	输出跟踪开关	Bool	ON：输出跟踪 OFF：输出不跟踪	RW
TV	输出跟踪值	Sfloat		RW
SwDT	微分方式切换开关	Bool	ON：dPV/dt OFF：dErr/dt	RW
SwNeg	控制作用切换开关	Bool	ON：反作用 OFF：正作用	RW
KV	可变增益	Sfloat		
TS	控制周期	Int		
MV	输出阀位	Sfloat		RW

2. 变量类型

在图形编程软件中，变量按照结构可分为基本变量和复合变量。基本数据类型(如 Bool、Sfloat、Int 等)构成的变量称为基本变量；复合数据类型(如结构体、数组等)所对应的变量称为复合变量。

变量按照作用范围，可分为下面四种。

(1)组态中定义的变量。其作用范围为整个组态，包括图形化工程和 SCX 语言程序、操作组态。

(2)全局变量。其作用范围为整个图形化工程，包括各个段落。

(3)私有变量。其只在定义其的段落内起作用。

(4)输入变量与输出变量。其只在自定义段落起作用。

8.7.3 FBD 功能块图语言

1. 功能块图的构成元素

功能块图(FBD)是一种图形化的编程语言，它用功能和功能块来构建控制策略，具有直观、易于维护的优点。一个 FBD 程序段包含下列元素：

(1)功能和功能块(FFB)。FFB 是基本功能块(EFB)和自定义功能块(DFB)的统称。功能块用带有输入和输出的图形框来描绘。输入在图形框的左边，输出在图形框的右边。功能块的名称在图形框的中间显示。功能块的实例名在图形框上显示。在同一工程内，模块的实例名是唯一的。

所有功能块都可以用一个 EN 输入和一个 ENO 输出进行配置。当调用功能块时如果 EN 值等于 0，则该功能块将不被执行，ENO 值自动设置成 0；如果 EN 值等于 1，则该功能块将被执行，执行完后，ENO 值自动设置成 1。在不需要 EN 时，可以隐藏 EN 和 ENO 引脚。需要注意的是，EN 可以决定功能块起不起作用，但不会影响功能块输入与输出之间的关系。

在图 8-35 中有两个功能块，名称均为 ADD_INT，左边功能块实例名为 P2_1，右边功能块实例名为 P2_2。P2_2 的 EN 输入和 ENO 输出被隐藏。

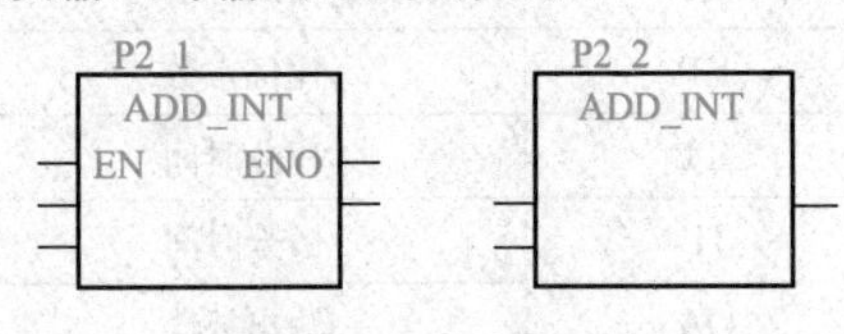

图 8-35　功能块示意

(2)信号(位号、变量)。功能块通过处理各种输入数据，并把数据处理结果输出以实现相关功能。功能块的输入和输出就称为信号，主要是各种 AI、DI、AO、DO 信号或自定义的变量。如图 8-36 所示，P2_1 功能块的输入就是两个 INT 型的变量 A 和 C。

(3)链接。链接是功能块之间的连接。一个功能块的输出可以作为多个功能块的输入，要连接的输入/输出必须要有相应的数据类型。图 8-36 中 P2_1 的输出就作为 P2_2 的第一个输入(输入的顺序为从上到下，最上面的输入称为第一个输入)，该功能块图实现的功能是将 3 个 INT 型变量 A、B、C 相加，并将相加结果赋给变量 C。

链接允许与其他目标重叠，链接不能循环配置。循环必须通过实际参数来解决，图 8-36 要实现的功能如果按照图 8-37 来编写就是错误的。

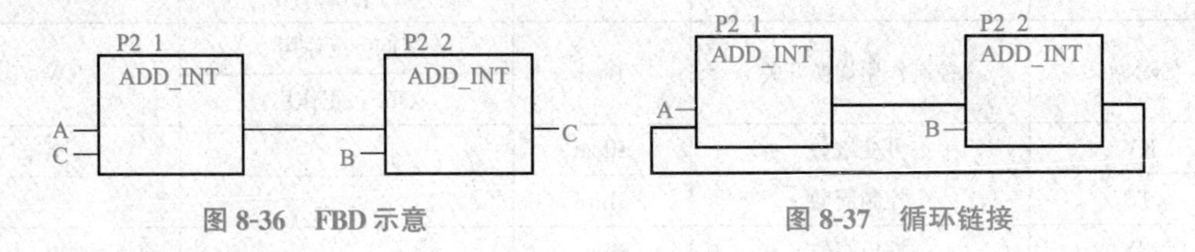

图 8-36　FBD 示意　　　图 8-37　循环链接

2. FBD 的执行次序

有链路相连的元素的组合称为 FBD 区段，如图 8-38 所示，P2_3、P2_4、P2_5 构成一个区段，P2_6、P2_7 构成一个区段，P2_8 也是一个区段，共三个区段。

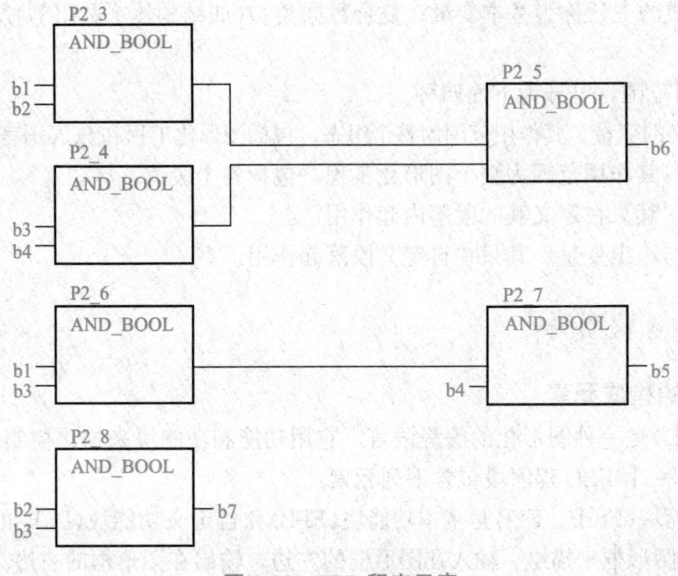

图 8-38　FBD 程序示意

在FBD区段内输入只连接变量或位号或常数的模块，被称为区段的起始模块，如其中P2_3、P2_4、P2_6、P2_8都是起始模块。区段内有多个起始模块时，在图形区域中位置最上的模块称为启动模块，因此，P2_3、P2_6、P2_8是启动模块。

区段的执行从启动模块开始。FBD区段内的执行次序由区段内的数据流决定。FBD段落中各区段间的执行次序由区段的启动模块在段落图形中的位置决定。执行次序由上到下，因此在图8-38中，P2_3、P2_4、P2_5构成的区段最先执行，其次是P2_6、P2_7构成的区段，最后才执行P2_8区段。

3. 功能块库

图形编程提供了几个功能块库，如IEC模块库、辅助模块库、自定义模块库、附加库等。

在本项目编程中，IEC模块库用到的模块有算术运算模块、比较运算模块、转换运算模块，辅助模块库用到的模块主要为控制模块。

8.7.4 低沸塔自定义控制方案的实现

低沸塔的三个前馈一反馈自定义控制方案FBD程序如图8-39所示，以其中低沸塔加热控制回路为例，该程序是以名为P1_11的单回路控制模块BSCX为核心实现前馈一反馈控制的。P1_11的各个引脚的作用见表8-20，其中N为自定义回路的编号，OA为输出补偿，即前馈补偿量，MV为控制输出。P1_4和P1_5均为半浮点数乘法模块，P1_4将液位扰动大小(TE302.PV)乘前馈系数LC302A(静态前馈控制器的比例系数)，构成液位扰动的前馈补偿量；P1_5将进料扰动大小(TDIA311.PV)乘前馈系数TDC311A构成进料扰动的前馈补偿量。两个补偿量通过P1_6半浮点数加法模块相加后，送至单回路控制模块的OA引脚，实现前馈补偿，从而构成前馈一反馈复合控制。由于液位和温差TDIA311的测量值都是半浮点数，因此，P1_4、P1_5、P1_6必须选择半浮点数模块，否则编译会出错。

可见，要实现图8-39的三个自定义控制方案，首先必须定义三个编号分别为0、1、2的自定义回路来对应图中P1_11、P1_13、P1_17三个单回路控制模块。

此外，还必须定义LC302A、TDC311A、TYC310A、TDC311B、TYC310B、TDC311C共6个半浮点数作为静态前馈控制器的比例系数，这6个数据决定了相应的前馈补偿作用的强度，自控工程师可在操作站的控制分组中对它们的大小进行设置和修改。

图8-39中“2一低沸塔回流量控制回路”和“3一中间过料控制回路”均存在g_bsc[0].MV变量，此处g_bsc表示自定义控制回路的集合，JX-300XP可以有64个自定义控制回路。g_bsc[0]表示第0个自定义控制回路，也就是单回路控制模块P1_11对应的自定义控制回路(因为该模块的引脚N为0，单回路控制模块的引脚N必须和其对应的自定义控制回路编号相同)，g_bsc[0].MV表示第0个自定义控制回路的控制输出，在此处即是低沸塔加热阀TV310的开度。

因此低沸塔自定义控制方案的组态流程如下：

(1)新建本控制站对应的图形化组态工程，并新建“低沸塔控制”FBD段落。

(2)在组态软件快捷工具栏中单击按钮，进入自定义变量界面，新建6个类型为半浮点数的2字节变量和3个“No”分别为0、1、2，“回路数”均为单回路的自定义回路变量。

(3)根据具体控制方案，编制FBD程序。

具体操作可扫描二维码观看相关视频。

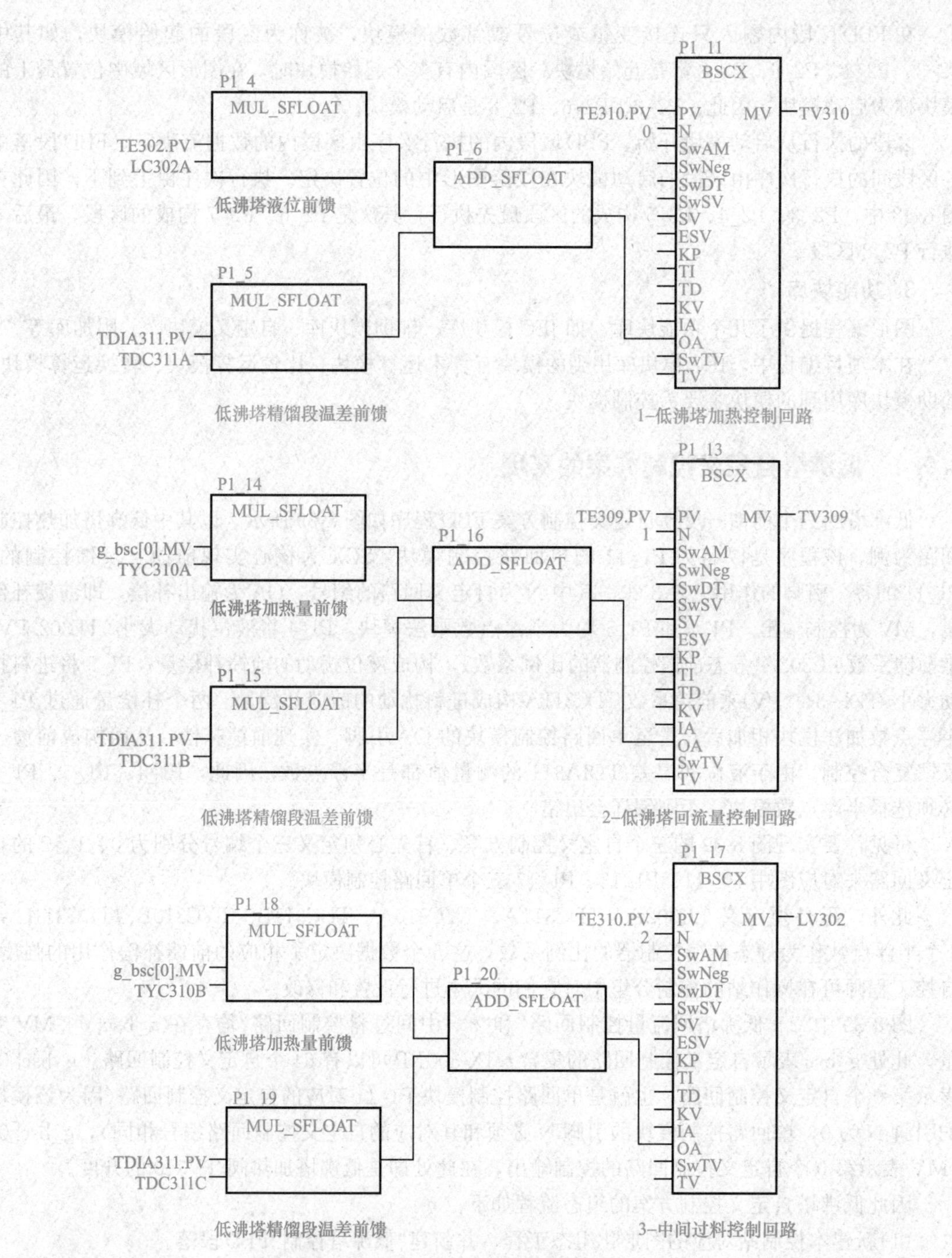

图 8-39　前馈—反馈自定义控制方案 FBD 程序

微课：自定义变量设置

微课：编制 FBD 程序

微课：低沸塔回流量控制回路

微课：高沸塔加热量控制回路

8.7.5 高沸塔自定义控制方案的实现

高沸塔自定义控制方案 FBD 程序如图 8-40 所示，其中回流控制回路与成品冷凝器控制回路实现与低沸塔十分相似，此处不再赘述。

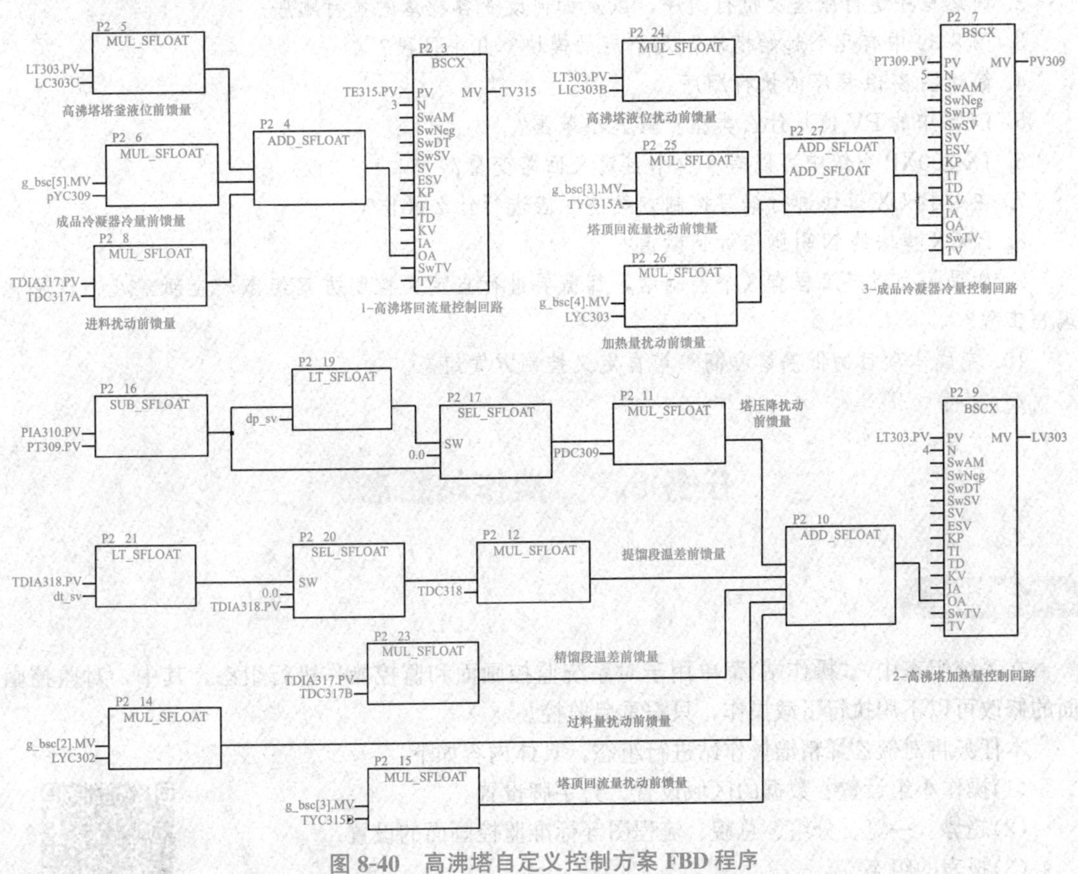

图 8-40 高沸塔自定义控制方案 FBD 程序

但对于“2－高沸塔加热量控制回路”，塔正常工作时的塔压降（ΔP = PIA310. PV－PT309. PV）必须小于某定值 dp_sv，否则塔内部肯定有堵塞等不是控制能解决的工艺或设备问题，此时不应引入前馈补偿，而应采取其他人工手段处理堵塞等工艺设备问题。因此，加了一个约束条件，只有在 $\Delta P \leqslant$ dp_sv 时才引入前馈补偿，否则补偿为 0。

在程序中用 SUB_SFLOAT（该模块把上面的输入减去下面的输入后将结果输出）得到压降 ΔP 后，将其输入 LT_SFLOAT 与 dp_sv 比较，并将比较结果输入 SEL_SFLOAT 模块的 SW 引脚。若 $\Delta P \geqslant$ dp_sv，则 LT_SFLOAT 的输出（SEL_SFLOAT 的输入 SW）为 OFF，对 SEL_SFLOAT 来说，如果其 SW 为 OFF，则其输出为第一输入，即 0.0，也就是说塔压降的前馈为 0，即不引入塔压降前馈补偿作用。

提馏段温差 TDIA318 补偿类似，当 TDIA318. PV 大于一定的值后，塔内的工况变得很复杂，补偿影响的方向有可能会发生变化，可能需人工参与。因此加了一个约束条件，即当 TDIA318. PV$\leqslant$某设定值 dt_sv 时补偿起作用，否则补偿为“0”，其程序与塔压降的补偿类似。

任务测评

1. 说出工程、段落、区段的区别。一个工程中有3个FBD段落，2个LD段落，则有几个段落文件？

2. 简述程序运行原理及执行次序，以及如何改变各段落的执行顺序。

3. 图8-39中有几个起始模块？几个启动模块？几个区段？

4. 简述图8-39程序的执行顺序。

5. DCS中的PV值是什么类型？其大小范围？

6. JX-300XP系统中可以有多少个自定义回路变量？

7. 在用BSCX模块进行编写控制方案前，应进行什么操作？

8. BSCX模块的N引脚应如何赋值？

9. 如果一个组态工程有3个控制站，都需要进行自定义控制方案组态，应新建几个图形化编程工程？

10. 完成本项目的低沸塔和高沸塔自定义控制方案组态。

任务8.8　操作站组态

任务描述

在系统组态中，“操作站”菜单用于对系统监控画面和监控操作进行组态。其中，对监控画面的修改可以不用执行下载操作，只需重启监控。

本任务将对氯乙烯精馏操作站进行组态，具体内容如下：

(1)操作小组设置、数据的区域设置、光字牌设置。

(2)趋势、一览、分组、总貌、流程图等标准监控画面的设置。

(3)报表的组态。

上述组态操作涉及的表格有表8-21～表8-27(扫描右侧二维码获取)。

操作站组态表格

(表8-21～表8-27)

8.8.1　区域设置

区域设置是对系统进行区域划分，将其划分为组和区。其包括创建、删除分组分区以及修改分组描述与分区名称缩写。其中，0组及各组的0区不能被删除，删除数据组的同时将删除其下属的数据分区。

微课：区域设置

数据分区包含一部分相关数据的共有特性：报警，可操可见；数据组主要将数据分流过滤，使操作站只关心相关数据，减少负荷。同时，数据组的划分可实现服务器－客户端的模式。

本项目要求实现表8-21所示的数据分组分区。

8.8.2　操作小组及光字牌设置

1. 操作小组设置

设置操作小组的意义在于不同的操作小组可观察、设置、修改不同的标准画面、流程图、报表等。所有这些操作站组态内容并不是每个操作站都需要查看，在组态时选定操作小组后，在各操作站组态画面中设定该操作站关心的内容，这些内容可以在不同的操作小组中重复选择。

微课：操作小组设置

建议设置一个操作小组，它包含所有操作小组的组态内容。当其中有一操作站出现故障时，可以运行此操作小组，查看出现故障的操作小组的运行内容，以免时间耽搁而造成损失。本项目设置工程师组、低沸塔组、高沸塔组三个操作小组，其中工程师组包含低沸塔和高沸组两组的所有内容，其配置见表 8-22。

2. 光字牌设置

微课：光字牌设置

光字牌用于显示光字牌所表示的数据区的报警信息。根据数据位号分区情况，在实时监控画面中将同一数据分区内的位号所产生的报警集中显示。通过闪烁的方式及时提醒操作人员某个区域发生报警。

按照表 8-22 设置好光字牌后，以不同的操作组身份登录，显示的光字牌是不一样的。

8.8.3 控制分组、趋势和一览画面组态

分组画面是对控制回路进行集中的操作和监控的画面，它是 DCS 的标准画面之一。为方便集中管理前馈一反馈复合控制回路，按照操作小组分别设置了表 8-23 所示控制分组。趋势画面组态用于完成实时监控趋势画面的设置，本项目设置了表 8-24 所示的趋势画面，其中每页趋势跨度时间为 3 天 0 小时 0 分 0 秒，要求显示位号描述、位号名和位号量程，坐标显示方式为百分比。

一览画面在实时监控状态下可以同时显示多个位号的实时值及描述，本项目设置了表 8-25 所示的一览画面。上述三种画面设置的具体操作可扫描相关二维码观看相应视频。

微课：控制分组设置

微课：趋势画面设置

微课：一览画面设置

8.8.4 流程图画面组态

流程图是控制系统中最重要的监控操作界面，用于显示被控设备对象的整体流程和工作状况，并操作相关数据量。实际生产中，大部分的过程监视和控制操作可以在流程图画面上完成。因此，控制系统的流程图应具有较强的图形显示(包括静态和动态)和数据处理功能。

流程图的制作由 AdvanTrol一Pro 组态软件包中的 SCDrawEx 来完成，绘制完成的流程图文件应保存在系统组态文件夹下的 Flow 子文件夹中，弹出式流程图文件则应保存在 FlowPopup 子文件夹中。

本项目要求为低沸塔及工程师操作组制作图 8-41 所示低沸塔监控流程图画面，为高沸塔及工程师组制作高沸塔监控画面。此处仅介绍低沸塔流程图画面的制作，高沸塔监控画面作为任务测评环节，由读者自行完成。

图 8-41 的组态可分为流程图设置、静态图形绘制、动态数据设置及交互操作设置三部分。

1. 流程图设置

选中低沸塔操作组后，单击组态软件 SCKey 快捷工具栏中的按钮即可进入图 8-42 所示流程图设置画面。

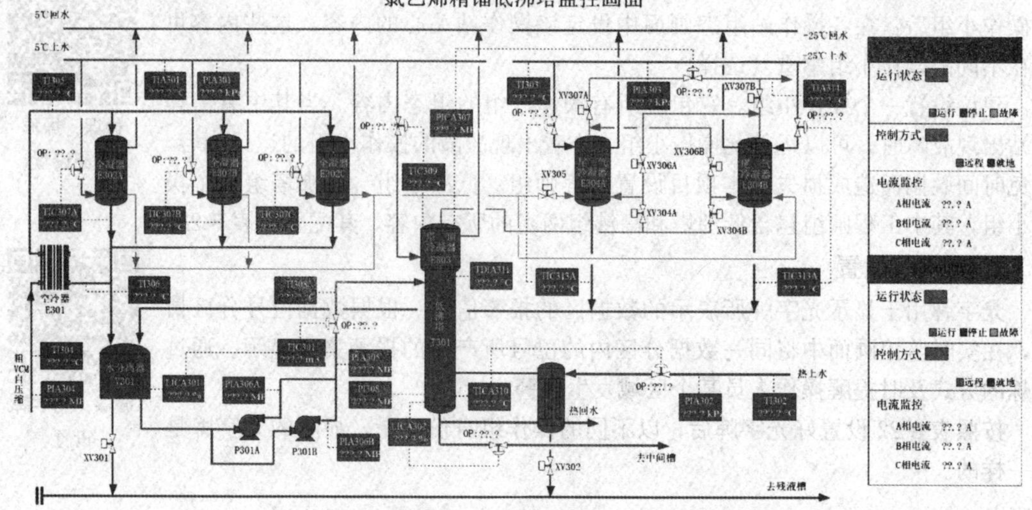

图 8-41　氯乙烯精馏低沸塔监控流程图画面

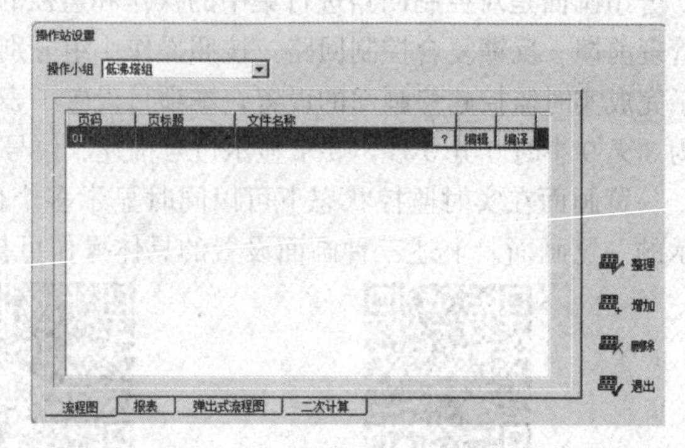

图 8-42　流程图设置画面

需要注意的是，在图 8-42 所示的界面中，对流程图文件名的直接定义无意义。单击“编辑”按钮进入相应的流程图制作界面，流程图制作完毕后选择保存命令，将组态完成的流程图文件保存在工程文件夹的 Flow 子文件夹中。然后进入设置对话框，单击?按钮，选择刚刚编辑好的流程图文件即可。具体操作可扫描相关二维码观看相应视频。

2. **静态图形绘制**

此部分工作包括流程图画面尺寸、分辨率及背景的设置、工艺设备、管道线、文字注释等不随工艺参数的改变而变化的静态显示内容的绘制。

流程图画面的尺寸、分辨率根据操作站显示器的硬件配置而定，此处尺寸设为 1 672×922，分辨率设为 1 680×1 050，画面背景建议设为灰白色、暗绿色等对眼睛友好的颜色。

工艺设备可通过直线、矩形、椭圆等基本图形组合绘制，该软件也在“工具”→“模板窗口”提供了常见设备的图形模板。为提高绘图效率，建议从模板库中导入相关设备图形，再通过分解、组合、颜色设置等操作将其修改成需要的样式。

管道线一般用直线绘制，按下 Shift 键，可绘制横平竖直的直线，不同物料管道一般应使用不同颜色和粗细的直线绘制。具体操作可扫描相关二维码观看相应视频。

微课：流程图设置

微课：静态图形的绘制

微课：仪表控制点的设置

3. 动态数据设置

动态数据设置包括工艺参数实时显示，各种阀门开度、泵和阀门开关状态的显示等。作为监控画面的流程图与图 8-6 和图 8-7 所示的管道仪表流程图不同，不必按照标准详尽地绘制各个仪表控制点以及管道标志，只需示意性绘制即可。如对低沸塔的中间过料控制 LICA302，就不必将前馈信号绘制出来，其余前馈－反馈控制系统也是如此。

(1)仪表控制点的绘制。首先利用矩形和文字命令绘制位号，然后用“动态数据”对象与 I/O 测点(包括控制回路)连接以显示位号对应的工艺参数，并将矩形框、文字和动态数据组合在一起。绘制好一个位号后，将其复制到各个仪表控制点，更改相应的文字和动态数据即可。仪表信号线采用虚线表示。

(2)阀门与设备运行状态的显示组态。本项目中 XV301、XV302、XV303、XV304A、XV304B、XV305、XV306A、XV306B、XV307A、XV307B、XV308 均为气动切断阀，切断阀的手柄用小方块表示，阀体与一般的调节阀相同。一般来说，切断阀有“已关闭”和“已打开”两个状态要显示，此外也有可能在打开或关闭的过程中卡住，即出现故障，该状态也需要表示。同样的，本项目的两个泵 P301A 和 P301B 的状态也有“运行”“停止”“故障”三个状态要表示。在工程实践中，一般用表 8-28 表示切断阀和泵的状态显示。

表 8-28　切断阀和泵的状态显示

状态 设备	开启＼运行	关闭＼停止	故障
切断阀	绿色	红色	手柄红色，阀体黄色
泵	绿色	红色	黄色

在流程图中，可以在图形元素的“动态特性”设置中用一个变量来表示设备的运行状态，如图 8-43 所示，可根据变量_stxv301 的值来判断切断阀 XV301 处于何种状态。但是，XV301 用了两个 DI 信号 ZSO301 和 ZSC301 分别表示开启和关闭状态，再加上表示故障的信号，就有三个开关型变量。

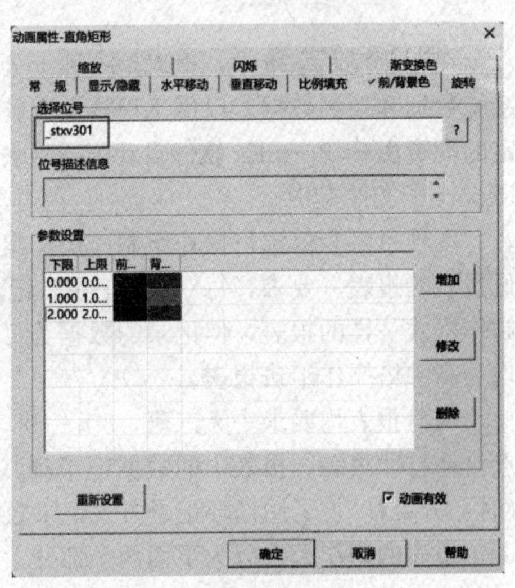

图 8-43　图形的动态特性设置

为了用一个变量_stxv301 表示三个开关型变量的信息，可以将_stxv301 设置为整数型，如果 ZSC301 为 ON 状态，表示阀门关到位，则令_stxv301＝0；如果 ZSO301 为 ON 状态，表示阀门开到位，则令_stxv301＝1；如果 ZSC301 和 ZSO301 均为 OFF 状态，说明阀门卡住或者正在开启/关闭的过程中，此时可令_stxv301＝2。这样通过判断_stxv301 的值(如图 8-43 设置背景色)即可表示阀的三种状态，泵的状态表示也是如此。

可采用二次计算功能实现_stxv301 的赋值操作。二次计算指的是操作站、工程师站相关的计算、事件、任务等由操作站、工程师站自身而非控制站来完成，其目的是把控制站的一部分任务交由上位机来做，既提高了控制站的工作速度和效率，又可提高系统的稳定性。

由二次计算实现 XV301 三种状态显示的流程如下：

(1)在二次计算软件中新建一个名为_stxv301 整型内存位号。

(2)新建三个分别代表阀门开启、阀门关闭、阀门卡住的事件。

微课：二次计算设置

(3)新建三个任务分别对应上述三个事件，当其中的事件发生后，该任务给_stxv301 赋值，即对应阀门开启事件的任务使_stxv301=1，对应阀门关闭事件的任务使_stxv301=0，对应阀门卡住事件的任务使_stxv301=2。

(4)在流程图画面中按照图 8-43 设置阀门动画属性。具体操作可扫描右侧二维码观看相应视频。

4. 交互操作设置

在监控画面中，DCS 操作员存在如下的操作：

(1)切换控制回路的手/自动模式，更改设定值等。此项可通过单击监控画面上控制回路的显示值，在弹出的面板中切换手/自动模式，更改设定值，设置手动阀门开度等，也可单击面板中的调整画面按钮，通过调整画面更改 PID 参数。可见，此类操作无须特殊组态设置。

(2)切断阀和泵的操作。切断阀的开启和关闭操作可通过"动态开关"关联其对应的 DO 点进行操作。泵的操作设置以 P301A 为例，其开启和关闭各有一个 DO 点。可在此泵图形上放置一个"命令按钮"，然后新建一个名为"P301A 操作"的弹出式流程图，该图上放置两个与开启和关闭 DO 点关联的"动态开关"，然后在"命令按钮"的"按钮设置"→"左键弹起时"中输入"OPENSCG 416 733 P301A 操作"，该语句的意思是，单击左键弹起后，在屏幕坐标(416，733)位置处，打开"P301A 操作"弹出式流程图。具体操作可扫描右侧二维码观看相应视频。

微课：切断阀状态显示设置

微课：泵和切断阀的交互操作设置

8.8.5 报表组态

在工业控制系统中，报表是一种十分重要且常用的数据记录工具。它一般用来记录重要的系统数据和现场数据，以供工程技术人员进行系统状态检查或工艺分析。JX-300XP 可以根据一定的配置由 SCFormEx 软件自动生成报表，制作完成的报表文件应保存在系统组态文件夹下的 Report 子文件夹中。

本项目将为低沸塔操作组制作操作组班报表，见表 8-26，名称及页标题均为低沸塔操作组班报表的报表。要求：每 0.5 h 记录，记录数据为 TE309、TE310、TDIA311；高沸塔操作组也制作格式一样的报表，但记录的数据为 TE315、TIA316、TDIA317、TDIA318，名称及页标题均为高沸塔操作组班报表。

两份报表均要求一天三班，8 h 一班，换班时间为 0 点、8 点、16 点，每天 0 点、8 点、16 点自动打印报表。报表中的数据记录到其真实值后面两位小数，时间格式为××：××：××(时：分：秒)，采用循环记录方式记录数据。

报表的制作大致分为下面两个部分。

1. 静态表格格式的设置

制作报表的第一步就是制作报表格式，即在报表软件制作表 8-26。表格格式设置可扫描右侧二维码观看相应视频。

微课：表格格式设置

2. 报表数据的组态

报表数据组态主要通过报表制作界面的"数据"菜单及填充功能来完成。组态流程依次为事件定义、时间引用、位号引用、报表输出设置、数据填充五项。

(1)事件定义。用于设置数据记录、报表产生的条件，系统一旦发现事件信息被满足，即记录数据或触发产生报表。SCFormEx软件内置了许多事件函数，事件定义中使用事件函数设置数据记录条件或设置报表产生及打印的条件，系统一旦发现组态信息被满足，即触发数据记录或产生并且打印报表。表达式所表达的事件结果必须为布尔值。用户填写完表达式后，按Enter键予以确认。

根据报表要求，本项目需要新建事件EVENT[1]用于记录数据，EVENT[2]用于输出报表。

EVENT[1]表达式为：getcurmin() mod 30 = 0 and getcursec()=0。其中，报表函数getcurmin()表示取得当前时刻的分，getcursec()表示取得当前时刻的秒，mod为求余操作。该事件表达式将当前时刻的分与30求余，结果若为0，则说明当前时刻的分要么为30，要么为0。and为逻辑“与”，上述表达式的意思是只有当前分为30或0，且当前秒为0时才记录数据，即每隔0.5 h记录一次数据。

EVENT[2]表达式为：getcurtime()=0：00：00 or getcurtime()=8：00：00 or getcurtime()=16：00：00。其中，报表函数getcurtime()为取得当前时刻的时间，or为逻辑“或”。该表达式的意思是当时刻为0点、8点、16点时输出报表。

(2)时间引用。即设置一个时间量Timer，将该时间量与事件关联，当该事件发生时，时间量Timer记录下事件发生的时刻。在进行各种相关位号状态、数值等记录时，必须先设置时间量。

(3)位号引用。在位号量组态中，用户必须对报表中需要引用的位号进行组态，以便能在事件发生时记录各个位号的状态和数值。组态内容包括设置位号对应的事件及数据格式。位号可以与事件关联，则当事件发生时，按照下一步中报表输出的设置记录数据。位号也可以不与任何事件关联，此时，位号对应数据完全按照报表输出组态中的设置进行记录，而不受任何事件条件的制约。

(4)报表输出设置。报表输出用于定义报表输出的周期、精度及记录方式和输出条件等。其设置对话框如图8-44所示，分为数据的“记录设置”，以及整张报表的“输出设置”。

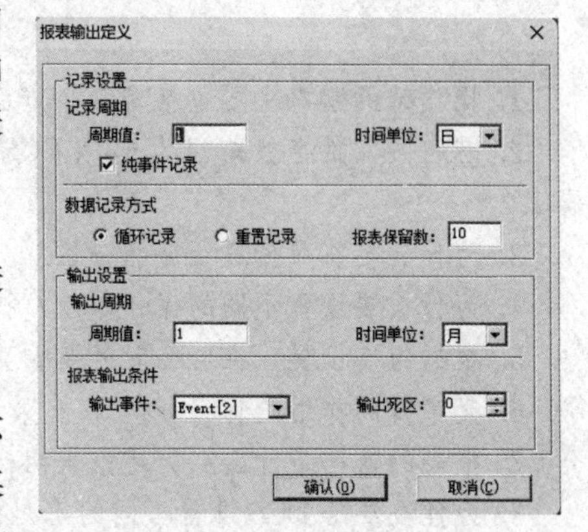

图8-44 “报表输出定义”对话框

1)记录设置。

①记录周期：对报表中组态完成的位号及时间量进行数据采集的周期设置。记录周期必须小于输出周期，输出周期除以记录周期必须小于50 000。

②纯事件记录：开始运行后，没有事件为真，则不对相关的任何时间变量或位号量进行数据记录，直到某个与添加变量相关的事件为真时，才进行数据记录。

③数据记录方式：用户可以为报表输出确定其数据记录方式，分为循环记录或重置记录。

④循环记录是指在输出条件满足前，系统循环记录一个周期的数据，即系统在时间超过一个周期后，报表数据记录头与数据记录尾的时间值向前推移，保证在报表满足输出条件输出时，输出的报表是一个完整的周期数据记录，且报表尾为当前时间值；如果事件输出条件满足时，未满一个周期，则输出当前周期的数据记录。

⑤重置记录是指如果报表在未满一个周期时满足输出条件，输出当前周期数据记录，如果系统已记录了一个周期数据，而输出条件尚未满足，则系统将当前数据记录清除，重新开始新一个周期的数据记录。

2)输出设置。

①输出周期：当报表输出事件为No Event时，按照输出周期输出。若输出周期为1天，则

当 AdvanTrol-Pro 启动后，每天将产生一张报表；当报表定义了输出事件时，则由事件触发来决定报表的输出。

②报表输出条件：用户可使用在事件组态中定义的事件作为输出条件。在此定义的输出事件条件优先于系统默认条件下的一个周期的输出条件，也即当定义的输出事件未发生时，即使时间已达到或超过一个周期了，仍然不输出报表；相反，如果定义的输出事件发生，即使时间上尚未达到一个周期，仍然会输出一份报表。

微课：报表数据组态

(5)数据填充。用来产生一串相关联的数据，如位号、数值、日期等。

上述是报表组态的基本原理，本项目报表组态的具体操作，可扫描右侧相关二维码观看。

8.8.6 用户授权设置

完善的用户管理系统在 DCS 中非常重要，对用户设定不同的级别和操作权限，可追溯、分析用户的操作行为，保障系统安全。一个用户关联一个角色，用户的所有权限都来自其关联的角色。可设置的角色等级分成 8 级，分别为操作员－、操作员、操作员＋、工程师－、工程师、工程师＋、特权－、特权。角色的权限分为功能权限、数据权限、特殊位号、操作小组权限。只有超级用户 admin 才能进行用户授权设置，其他用户均无权修改权限，工程师及工程师以上级别的用户可以修改自己的密码。admin 的用户等级为特权＋，权限最大，默认密码为 supcondcs。本任务要求按表 8-27 设置系统用户及其权限。具体操作可扫描右侧二维码观看视频。

微课：用户授权设置

任务测评

1. 操作站的组态主要包括哪几个方面的内容？
2. 若组态文件存放路径为 C:\DCSData\test.sck，则流程图和报表文件的存放路径分别是什么？
3. 为什么要将数据进行分组分区？
4. 为什么要设置不同的操作小组？操作小组机制有什么作用？
5. 根据组态设置，在监控时若要调整低沸塔加热控制回路的前馈系数应在哪个画面中进行？
6. 光字牌的作用是什么？
7. 报表的作用是什么？简述报表组态的流程。
8. 为什么要给 DCS 设置不同的用户授予不同的权限？

参考文献

[1] 李志松，王少青．聚氯乙烯生产技术[M]. 3 版．北京：化学工业出版社，2020.

[2] 张倩．聚氯乙烯制备及生产工艺学[M]. 成都：四川大学出版社，2020.

[3] 颜才南，胡志宏，曾建华．聚氯乙烯生产与操作[M]. 2 版．北京：化学工业出版社，2014.

[4] 戴连奎，张建明，谢磊，等．过程控制工程[M]. 4 版．北京：化学工业出版社，2020.

[5] 孙洪程，翁维勤．过程控制系统及工程[M]. 4 版．北京：化学工业出版社，2021.

[6] 李忠明．过程控制系统及工程[M]. 北京：化学工业出版社，2020.

[7] 薄翠梅．过程控制[M]. 北京：机械工业出版社，2022.

[8] 王锦标．计算机控制系统[M]. 北京：清华大学出版社，2018.

[9] 叶小岭，叶彦斐，林屹，等．过程控制工程[M]. 北京：机械工业出版社，2017.

[10] 厉玉鸣．化工仪表及自动化[M]. 6 版．北京：化学工业出版社，2019.

[11] 刘文定，王东林，等．MATLAB/Simulink 与过程控制系统[M]. 北京：机械工业出版社，2013.

[12] 卢京潮．自动控制原理[M]. 北京：清华大学出版社，2013.

[13] 刘金琨．先进 PID 控制 MATLAB 仿真[M]. 5 版．北京：电子工业出版社，2023.

[14] 黄德先，王京春，金以慧．过程控制系统[M]. 北京：清华大学出版社，2011.

[15] 王正林，郭阳宽．过程控制与 Simulink 应用[M]. 北京：电子工业出版社，2006.

[16] 东南大学，邵裕森，戴先中．过程控制工程[M]. 2 版．北京：机械工业出版社，2011.

[17] 王骥程，祝和云．化工过程控制工程[M]. 2 版．北京：化学工业出版社，1991.

[18] 陆德民．石油化工自动控制设计手册[M]. 3 版．北京：化学工业出版社，2020.

[19] 何衍庆，黎冰，黄海燕．工业生产过程控制[M]. 2 版．北京：化学工业出版社，2010.

[20] 周泽魁．控制仪表与计算机控制装置[M]. 北京：化学工业出版社，2002.

[21] 金以慧．过程控制[M]. 北京：清华大学出版社，1993.

[22] 金文兵．过程检测与控制技术应用[M]. 北京：机械工业出版社，2015.

[23] 马建国，张雄堂，李鹏智．干法与湿法乙炔发生工艺的对比[J]. 聚氯乙烯，2014，42(2)：4－5＋8.

[24] 杨登萍．乙炔清净技术探讨[J]. 聚氯乙烯，2015，43(10)：15－17.

[25] 王晓明，马龙，李杨，等．氯化氢合成炉灯头在线清洗[J]. 氯碱工业，2022，58(3)：27－28.

[26] 颜华，任康斌．24 万 t/a 氯乙烯精馏装置湿式氯乙烯空气冷却器运行总结[J]. 聚氯乙烯，2006(6)：36－48＋44.

[27] 韩琪．电石法和乙烯法 PVC 的生产成本分析与发展预测[J]. 当代石油石化，2023，31(3)：18－21.

[28] 高茂刚，赵春虑，苗亚玲．安全仪表系统在氯乙烯悬浮聚合中的应用[J]. 聚氯乙烯，2021，49(6)：35－36＋39.

[29] 鲁小斌．氯乙烯精馏装置控制系统的设计[D]. 成都：电子科技大学，2011.

[30] 周有平．DCS 控制系统在氯乙烯精馏中的应用[J]. 聚氯乙烯，2004(1)：43－44.

[31] 周小文，马越峰，赖景宇．先进的控制系统在氯乙烯精馏工艺中的应用[J]. 聚氯乙烯，2006(3)：32－35.

[32] 张春明，孙明，孟德州．PVC 生产中测量仪表的选择与应用[J]．聚氯乙烯，2016，44(5)：29－33＋41.
[33] 周哲民．PVC 汽提装置的自动控制系统设计[J]．制造业自动化，2011，33(4)：192－194.
[34] 张春严，刘月菊，张文敬，等．典型复杂控制回路在 VCM 生产中的应用[J]．聚氯乙烯，2010(5)：38－41.
[35] 黄鹏．70 m³ 聚合釜 PVC 生产中自动化控制系统的核心问题[J]．聚氯乙烯，2007(6)：28－33.
[36] 夏庆男．聚氯乙烯生产环节的自动控制系统设计[D]．唐山：华北理工大学，2021.
[37] 王波．PVC 生产过程 DCS 控制系统的安全性设计[D]．杭州：浙江工业大学，2013.
[38] 方原柏．变送器的量程比与精确度[J]．冶金自动化，2003(1)：54－56.
[39] 方原柏．变送器量程设置的合理性研究[J]．自动化仪表，2007(Z1)：83－85.
[40] 方原柏．变送器选型失误分析[J]．自动化博览，2005(4)：42－43.
[41] 方原柏．微压微差压变送器的选型[J]．自动化博览，2003(4)：43－45.
[42] 田小娟，张亚洲，霍中德．聚氯乙烯生产中关键工序的危险因素分析和控制措施[J]．中国氯碱，2012(5)：16－21.
[43] 中华人民共和国国家质量监督检验检疫总局，中国国家标准化管理委员会．GB/T 1226—2017 一般压力表[S]．北京：中国标准出版社，2018.
[44]中华人民共和国工业和信息化部．HG/T 20507—2014 自动化仪表选型设计规范[S]．北京：化学工业出版社，2014.
[45] 中华人民共和国工业和信息化部．SH/T 3005—2016 石油化工自动化仪表选型设计规范[S]．北京：中国石化出版社，2016.
[46] 任国建，张明华．涡街流量计在三氯乙烯装置的应用[J]．山东化工，2012，41(12)：103－105＋110.
[47] 杨雪花，李金凤．70 m³ 聚合釜 PVC 生产过程的安全控制[J]．聚氯乙烯，2010，38(7)：31－34.
[48] 王海文．3051 SFCC 流量计在氯化氢合成中的应用[J]．氯碱工业，2012，48(6)：40－42.
[49] 靖志国．PVC 浆料汽提塔的控制操作[J]．石河子科技，2008(4)：27－28.
[50] 李晓冬，杨克俭．PVC 聚合过程控制方案的分析及应用[J]．石油化工自动化，2011，47(4)：26－29.
[51] 杨广鑫，张珍妹，陈燕．浅析国产 70 m³ 聚合釜 PVC 生产的自动控制[J]．化工自动化及仪表，2007(4)：76－79.